北大别杂岩带的高温变质作用和多阶段演化

High-temperature Metamorphism and Multistage Evolution of the North Dabie Complex Zone, Central China

刘贻灿　杨　阳　古晓锋　邓亮鹏　李　洋　著

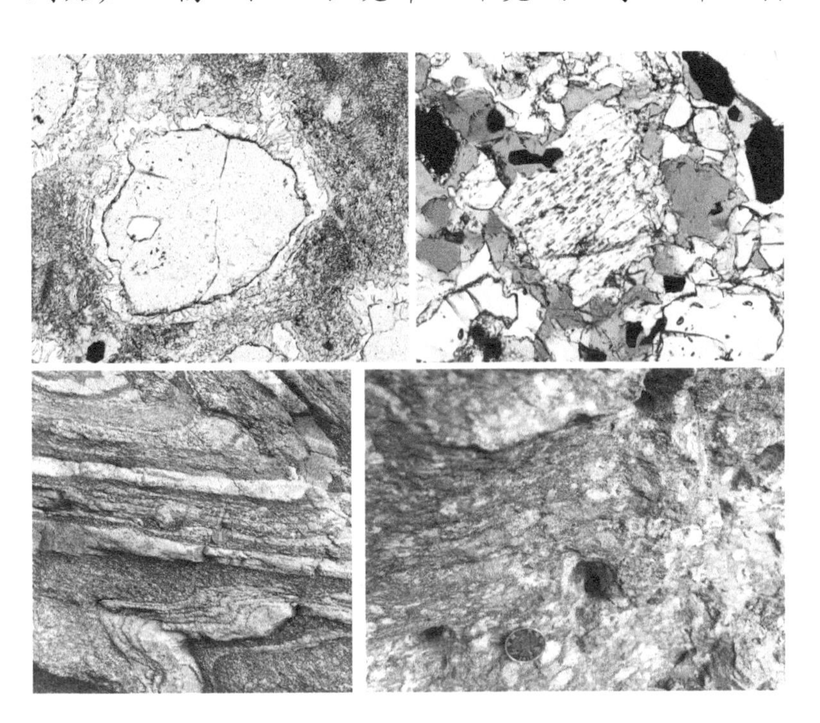

科 学 出 版 社

北　京

内 容 简 介

北大别杂岩带(简称北大别)是大别碰撞造山带三个含榴辉岩的构造岩石单位之一，属于扬子三叠纪深俯冲陆壳的一部分(下地壳岩片)，为中生代高温超高压变质带，经历了麻粒岩相变质叠加等多阶段高温演化过程，以及山根垮塌期间的大规模部分熔融与混合岩化作用，是研究碰撞造山带根部带岩石组成及其形成和演化的天然实验室。本书重点介绍了笔者获得的北大别榴辉岩、混合岩及相关岩石、含刚玉黑云二长片麻岩等方面的系列重要成果，解决了北大别的大地构造属性等重大基础地质问题，为大陆碰撞造山带根部带研究提供了范例。

本书可供高等地质院校师生以及从事变质岩石学、地球化学、构造地质学、大地构造学和地球物理学等方面的生产和科学研究工作人员参考。

图书在版编目（CIP）数据

北大别杂岩带的高温变质作用和多阶段演化 / 刘贻灿等著. -- 北京 : 科学出版社, 2024. 10. -- ISBN 978-7-03-079640-0

Ⅰ. P548.2

中国国家版本馆 CIP 数据核字第 20246A7Z51 号

责任编辑：蒋　芳　沈　旭　李佳琴/责任校对：郝璐璐

责任印制：张　伟/封面设计：许　瑞

科学出版社出版

北京东黄城根北街 16 号

邮政编码：100717

http://www.sciencep.com

北京建宏印刷有限公司印刷

科学出版社发行　各地新华书店经销

*

2024 年 10 月第　一　版　开本：720×1000　1/16

2024 年 10 月第一次印刷　印张：17

字数：343 000

定价：199.00 元

(如有印装质量问题，我社负责调换)

谨以此书纪念徐树桐先生九十五周年诞辰、大别山超高压变质带建立三十五周年，以及徐树桐先生为超高压带的建立并推向世界和建成国际性地质研究基地所作出的巨大贡献！

作 者 简 介

刘贻灿，1962 年生于安徽潜山，教授、博士生导师。1985 年和 1988 年分别获合肥工业大学地质学专业学士学位和构造地质学专业硕士学位，2000 年获中国科学技术大学地球化学专业博士学位。

1988 年 7 月～2004 年 1 月，在安徽省地质科学研究所(现为安徽省地质调查院)工作，历任助理工程师、工程师、高级工程师和教授级高级工程师；1994 年 5 月～1994 年 7 月，被派遣去瑞士联邦理工学院(ETH)地质系进修构造地质学；1999 年以来，多次去意大利、日本、挪威、澳大利亚、法国和美国等国进行合作研究与学术交流。2004 年 2 月至今任中国科学技术大学教授，2005 年任博士生导师，2011 年晋升为二级教授。

主要从事变质岩石学、地球化学以及构造地质学和区域大地构造学方面的科研与教学工作。1988 年以来，主持或参与了多项有关大别造山带以及华北东南缘蚌埠—五河一带早前寒武纪变质基底岩石的国家自然科学基金、973 计划和教育部博士点基金等项目，在大别山超高压带的建立、北大别杂岩带的大地构造属性及高温超高压变质作用与多阶段演化、北秦岭在大别山的东延和北淮阳带东段古生代汇聚过程以及五河杂岩的岩石组成及其形成和演化方面取得了突破性成果和创新性认识。在 *Journal of Metamorphic Geology*、*Geological Society of America Bulletin*、*Gondwana Research*、*Precambrian Research* 和 *Lithos* 等国内外重要专业期刊上发表论文 160 余篇，出版专著四部和研究生教材一部。1991 年获安徽省科学技术进步奖二等奖(排名第二)，1997 年获国家自然科学奖三等奖(排名第三)，2002 年和 2008 年分别获安徽省自然科学奖一等奖(均排名第二)，2010 年获国家自然科学奖二等奖(排名第二)。2001 年享受国务院政府特殊津贴。

前　言

北大别杂岩带，又称北大别高温超高压变质带或北大别带，简称北大别，是大别碰撞造山带三个含榴辉岩的构造岩石单位之一，位于三叠纪超高压变质带(扬子中生代深俯冲陆壳)的北部，属于根部带，是研究大别山地质的关键地区。该带经历了中生代多阶段高温变质演化过程，尤其是折返早期的高温-超高温麻粒岩相变质叠加与改造，而且又因燕山期山根垮塌而引发的大量碰撞后岩浆岩(花岗岩类和镁铁-超镁铁质岩石)侵位和破坏，以及多期部分熔融与混合岩化作用的影响，榴辉岩等与深俯冲陆壳相关的高级变质岩露头较差，仅零星分布且退变质改造强烈，因而其研究程度相对于大别山另外两个含榴辉岩的岩石单位(中大别和南大别)来说较低。1997 年之前，北大别一直未发现榴辉岩，仅发现极少的榴辉岩相变质证据或线索(徐树桐等，1994；刘贻灿等，1997)，尤其缺乏与三叠纪大陆深俯冲相关的岩石学、年代学和地球化学方面的证据或文献资料报道。因此，北大别的大地构造属性和演化过程在 2000 年之前一直存在较大争议，并限制了人们对大别碰撞造山带中生代陆壳深俯冲过程及其折返机制的准确理解和深刻认识。

自 1988 年开始，笔者一直从事大别碰撞造山带及相邻地区变质岩的岩石学、年代学、元素-同位素地球化学以及大地构造学等方面的研究。其中，北大别的重点研究主要集中在 1998 年及之后，取得了一些突破性成果和创新性认识，如解决了长期受争议的“北大别的大地构造属性”(证明其主体属于扬子北缘中生代深俯冲陆壳-下地壳岩片)；率先揭示了北大别经历了三叠纪大陆深俯冲和高温超高压变质作用以及折返期间的麻粒岩相变质叠加等多阶段演化过程(包括伴随的晚三叠世折返早期的减压脱水熔融和早白垩世山根垮塌期间有水加入的加热熔融或水致熔融与混合岩化作用)，为大别碰撞造山带中生代深俯冲陆壳内部多层次拆离解耦和多板片差异性折返机制的建立与完善提供了关键的岩石学、年代学和地球化学方面的证据等。此外，本书还简要介绍了笔者研究团队有关大别山北淮阳带东段的最新重要研究进展，如率先为北秦岭在大别山的东延以及华南与华北陆块之间的大别山古生代汇聚过程提供了关键的年代学和岩石地球化学方面的约束，揭示了该带具有汇聚板块边缘常见的多个构造岩石单元(lithotectonic elements)残留体(relics)，首次系统证明了它属于扬子北缘由不同块体构成的构造拼贴(tectonic collage)带，并提供了岩石学、元素-同位素地球化学和年代学方面的直接证据，以及认为扬子与华北之间的古缝合线位置应位于北淮阳带以北，因而填补了研究区古生代构造演化过程记录的空白，解决了北淮阳带东段岩石组成及其大地构造属性和演化方面的争议，发现了石炭纪高温变质的证据。

本书的前言、第一章、第二章、第六章和后记由刘贻灿执笔；第三章由古晓锋、刘贻灿和邓亮鹏执笔；第四章由杨阳和刘贻灿执笔；第五章由杨阳、李洋和刘贻灿执笔。相关研究成果是在国家自然科学基金项目（42302049、42072059、41773020、41503002、41273036、40973043、40572035、40172079 和 49794041）、国家重点基础研究发展计划项目（“973”计划项目）（2015CB856104、2009CB825002 和 2003CB716500）和教育部博士点基金项目（200803580001）等的资助下取得的，集成了笔者近 25 年来有关北大别高温麻粒岩化榴辉岩、混合岩和含刚玉黑云二长片麻岩等典型岩石的主要研究成果（涉及笔者的五位博士学位论文研究工作）。此外，刘佳在攻读硕士学位期间（2008～2011 年）参加了北大别花岗片麻岩的年代学和岩石地球化学方面的研究工作。这些成果的研究工作相继得到了徐树桐先生、李曙光院士等老师和前辈们的指导、关怀和大力帮助，并包含了意大利都灵大学地球科学系 Franco Rolfo 和 Chiara Groppo 两位变质岩石学博士的合作研究，同时得到了相关部门实验室与同行的支持和帮助。在此一并表示衷心的感谢！

刘贻灿

2023 年 8 月

目　录

第一章　绪　　论

第一节　大陆碰撞带

大陆碰撞带一般位于两个板块之间，属于陆间造山带，常常历经了复杂的演化过程。保存在碰撞造山带岩石记录中板块构造作用的证据，宏观上通常涉及一系列地质方面的岩石学记录或构造表现，如大洋岛弧、大陆弧、蛇绿岩、混杂岩(mélange)、增生楔(accretionary wedge)或增生杂岩(accretionary complex)、弧前和弧后盆地沉积、高压-超高压变质岩石、蓝片岩、大规模推覆体以及与伸展构造相伴生的岩浆岩等。其中，许多特征常见于汇聚板块之间因俯冲、地体增生以及挤压等而产生的造山带中。经典板块构造理论认为，碰撞造山带的形成通常涉及威尔逊旋回(Wilson cycle)洋盆的打开和关闭(Dewey and Spall, 1975)，并伴随着与俯冲-碰撞相关的变形、变质作用和最终因陆-陆碰撞作用而形成造山带(Wilson, 1966; Dewey, 1969; Brown, 2009; Cawood et al., 2009)。因此，形成于汇聚板块边缘的造山带可以划分为增生型(accretionary-type)和碰撞型(collisional-type)两大类(Cawood and Buchan, 2007; Cawood et al., 2009)。其中，增生造山带主要形成于大洋板块的俯冲时期，以发育岩浆弧和俯冲-增生杂岩(subduction-accretion complex)为主要特征，典型例子是科迪勒拉(Cordilleran)造山带；而碰撞造山带则形成于大洋板块俯冲结束后的陆-陆碰撞阶段，最典型的例子是阿尔卑斯造山带和喜马拉雅造山带。此外，陆-陆碰撞之前往往涉及洋盆的关闭，所以对于大陆碰撞带而言，碰撞造山之前的大洋岩石圈俯冲和伴生的岛弧岩浆活动与沉积作用以及因俯冲作用而导致的洋盆关闭可能是重要的板块构造作用过程(O’Brien, 2001)。因此，这种复合造山作用常造成碰撞造山体系(collisional orogenic systems)叠加在早期俯冲增生造山体系(accretionary orogenic systems)之上(Brown, 2007, 2009)。也就是说，增生阶段事件叠加了与陆-陆碰撞和山根垮塌相关的事件(Lahtinen et al., 2009)，从而为识别和重建原始造山带结构及两期造山作用的精细演化过程(尤其是碰撞前的增生历史)带来了巨大困难。然而，对板块俯冲-增生杂岩的甄别，不仅可以为确定古俯冲带(或消减带)相对位置、古洋盆和古岛弧的存在以及造山作用类型等提供直接证据，而且它的组成、结构和形成过程也可以为恢复、重建碰撞造山带的形成与构造拼贴过程提供最基本的地质依据，因而具有极其重要的大地构造意义。

大陆碰撞带主要涉及板块构造作用的三个典型汇聚构造过程(three distinct convergent tectonic phases)(Beaumont et al., 1996; Carry et al., 2009)，即大洋俯冲、大陆俯冲和碰撞造山(图1-1)。不同演化阶段对应于不同的产物，如大洋俯冲常导致增生楔和高压低温变质岩(蓝片岩等)的形成；大陆俯冲因不同地壳位置俯冲深度的差异而往往形成不同类型和不同变质程度的变质岩，甚至导致陆壳岩片的构造堆叠(tectonic stacking of continental slices)；大陆碰撞阶段引起明显的地壳缩短(more penetrative shortening)，导致岩石圈规模、地壳厚度显著增加(pronounced thickening)以及碰撞后的山根垮塌(mountain-root collapse)等。柯石英(Chopin, 1984; Smith, 1984; Okay et al., 1989; Wang et al., 1989)和金刚石(Sobolev and Shatsky, 1990; Xu et al., 1992)等超高压变质矿物及相关证据的相继发现，已证明巨量陆壳岩石能俯冲到地幔深处，尔后折返至地表。然而，近35年来，地壳深俯冲和超高压变质岩石的形成与折返机制，一直是国际上大陆动力学的研究热点和前沿问题。其中，俯冲带高压-超高压变质岩石的折返机制是长期争议的焦点，并且已提出多种解释模型，如陆内逆冲及伴随侵蚀模型(Okay and Şengör, 1992; Chemenda et al., 1995, 1996)、挤出-伸展模型(Maruyama et al., 1994; 钟增球等, 1998; Faure et al., 1999; 索书田等, 2000)、浮力-楔入-热穹隆模型(Dong et al., 1998)、角流及浮力联合模型(Wang and Cong, 1999)、平行于造山带的挤出及伴随

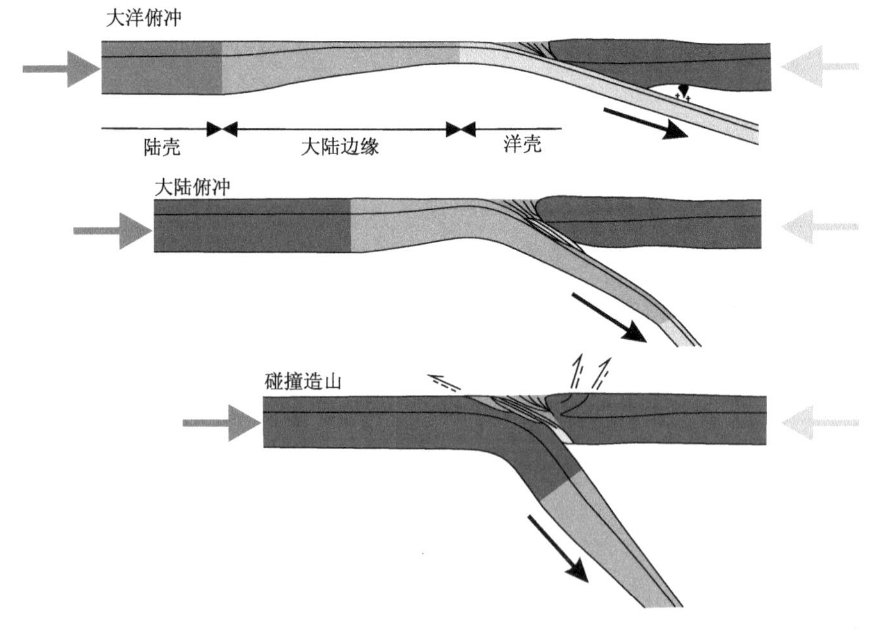

图 1-1　大陆碰撞带的三个典型汇聚构造过程

资料来源：Carry 等(2009)

减薄模型(Hacker et al., 2000; Ratschbacher et al., 2000)和连续俯冲-折返-热穹隆模型(Liu et al., 2004b)等。大多数模型都是假定整个俯冲中上陆壳与下伏镁铁质下地壳及岩石圈地幔发生拆离、解耦，并在浮力作用下俯冲陆壳整体折返(Chemenda et al., 1995; Ernst et al., 1997; Hacker et al., 2000; Massonne, 2005)。

与此相反，近25年来中国部分学者根据大别-苏鲁造山带的研究成果，提出俯冲陆壳内部曾发生多层次拆离、解耦，并呈多板片差异性折返的模型(李曙光等, 2001, 2005; 刘贻灿和李曙光, 2005, 2008; 许志琴等, 2005; Xu et al., 2006; Liu et al., 2007d, 2009, 2011a)。已有研究表明，俯冲陆壳不仅在深部发生拆离、解耦(李曙光等, 2001, 2005; 刘贻灿和李曙光, 2005, 2008; 许志琴等, 2005; Xu et al., 2006; Liu et al., 2007d)，而且俯冲初期，即榴辉岩相变质之前在浅部不同深度也可能发生地壳拆离并逆冲折返(Zheng et al., 2005; 刘贻灿等, 2006, 2010; Tang et al., 2006)。因此，深俯冲陆壳是整体折返，还是内部拆离，解耦成若干岩片并相继折返，已成为超高压变质岩折返机制研究的核心争议问题，它涉及我们对大陆地壳俯冲行为与洋壳俯冲行为的差异性认识。

实际上，除了上述俯冲地壳的折返机制外，碰撞造山带还涉及诸多的板块构造作用以及变质岩石学、年代学和元素-同位素地球化学等学科方面的科学问题需要解决或探讨，如①碰撞造山之前的俯冲增生和汇聚过程；②板块缝合带位置；③板块(大陆)碰撞时代；④俯冲地壳与上覆地幔之间的相互作用；⑤陆-陆碰撞过程；⑥超高压变质作用的岩石学和矿物学证据以及 *P-T* 条件；⑦俯冲地壳岩石的成因以及原岩和变质时代；⑧地壳俯冲-折返期间的变质作用和深熔作用及其效应等。

第二节 高温变质作用

一、超高压岩石高温变质作用的概念

超高压变质岩是指经历过超高压(压力大于石英-柯石英相转变线)变质作用的地壳岩石，其变质压力对应于上地幔深度(>80 km)。大陆地壳由于密度较低，最初被普遍认为不能俯冲进入地幔深处且不能发生超高压变质作用，但自从陆壳岩石中发现典型的超高压变质矿物——柯石英(Chopin, 1984; Smith, 1984)和金刚石(Sobolev and Shatsky, 1990; Xu et al., 1992)以来，人们逐渐认识到，陆壳物质可以俯冲到>120 km 的地幔深处并发生超高压变质作用，尔后再折返至地表。截至目前，世界上已发现的超高压变质带有二十多条(Carswell and Compagnoni, 2003)，而且大多位于大陆俯冲碰撞造山带内。这是由于俯冲大洋板块主要为镁铁质岩石，这些岩石在高压-超高压条件下常转变为密度高于地幔橄榄岩的榴辉岩，

因而在重力作用下进入地幔深部而难以折返至地表；相比之下，俯冲大陆板块含有大量低密度的长英质岩石，因此其整体密度较低而难以依靠自身重力俯冲至地幔，只能在俯冲洋壳的重力拖曳之下才能俯冲至地幔深部，随着更多的低密度岩石进入地幔，俯冲板块在洋壳岩石产生的重力和低密度岩石产生的浮力共同作用下发生断离，前者进入地幔深部，而后者则在浮力作用下折返，并经过后期构造运动和风化剥蚀等过程出露地表。

俯冲板片的高压-超高压变质作用及其 *P-T-t* 轨迹与折返机制，是近 40 年来变质岩石学和地球动力学研究领域广泛关注的热点问题(Chopin, 1984; Smith, 1984; Coleman and Wang, 1995; Carswell and Compagnoni, 2003; Liu et al., 2007d; 刘贻灿和李曙光, 2008; Gilotti et al., 2014; 刘贻灿和张成伟, 2020)。目前已发现的俯冲板片都表现为特征性的顺时针、发夹状变质 *P-T-t* 轨迹(Chopin, 1984; Smith, 1984; Wang and Cong, 1999; Ernst and Liou, 2008; Gilotti, 2013; 刘贻灿等, 2015)，但它们的变质温压条件具有较大的变化范围。一般来说，在大洋俯冲带中，洋壳岩石可以被认为是富水，甚至是水饱和的，其最低熔融温度即固相线温度较低，这也导致俯冲洋壳的峰期变质温度较低(通常<650℃)。相对于洋壳俯冲而言，大陆地壳由于缺水，固相线温度较高，通常在俯冲过程中不会发生大规模的脱水反应，因此一般没有对应的岛弧型火山岩，峰期变质温度通常>700℃(可以高达800～900℃，甚至> 900℃)。

根据峰期变质温度的高低，Gilotti(2013)将超高压岩石的变质 *P-T* 轨迹分为冷的(cold，<600℃)、温的(tepid，600～800℃)和热的(hot，800～1000℃)三类。其中冷的 *P-T* 轨迹通常对应于洋壳俯冲岩石的变质演化(如 Lago di Cignana; Reinecke, 1998; Groppo et al., 2009)，而多数大陆超高压变质带具有温的(中温，峰期变质温度大多数约为 750℃)*P-T* 轨迹(Carswell et al., 1997; Hacker, 2006)，热的 *P-T* 轨迹通常伴随着超高压岩石的部分熔融，对应的超高压变质带相对较少，但研究程度都较高(如 Kokchetav; Dobretsov et al., 1995; Hermann et al., 2001)。重建超高压岩石 *P-T-t* 轨迹时，McClelland 和 Lapen(2013)根据定年方法的适用性认为：石榴子石 Lu-Hf 和 Sm-Nd 定年适于限定低温(<700℃)、快速折返(>1 cm/a)的超高压变质岩的进变质和峰期年龄；而对于高温(>800℃)、慢速折返(<1 cm/a)的超高压变质岩而言，则宜选择含柯石英等超高压矿物的变质锆石进行 U-Pb 定年，同时可以结合石榴子石的 Lu-Hf 和 Sm-Nd 定年方法，综合限定其峰期变质时代。高温超高压变质岩在峰期后初始折返过程中通常会保持近等温状态(见后文“三”小节)，即在中高压阶段仍然可以保持高温。

刘贻灿等(2015)将峰期变质温度在 850℃以上者称为高温变质作用，如果是超高压变质岩受到高温叠加，则称为高温超高压变质岩。之所以将温度下限定为850℃，是因为大陆俯冲带超高压变质岩在进变质过程中会发生脱水，从而使固相线温度上升，但当温度超过 850℃、压力小于 2 GPa 时，大多数陆壳岩石，包括基性岩即使在相对缺水的条件下也可以发生部分熔融(Wolf and Wyllie, 1994; Hermann and Green, 2001; Vielzeuf and Schmidt, 2001; Schmidt et al., 2004; Auzanneau et al., 2006)。因此，这种高温超高压变质岩在减压过程中必然会发生部分熔融，这也是它区别于中低温超高压变质岩的关键。目前，已发现含高温超高压变质岩的大陆碰撞带有中国大别山(Liu et al., 2011a, 2015)、哈萨克斯坦北部 Kokchetav 地块(Hermann et al., 2001)、格陵兰东北部加里东山系(Gilotti and Ravna, 2002)、希腊北部罗多彼山(Rhodope，Mposkos and Krohe, 2006)以及德国厄尔士山(Erzgebirge，Massonne and O'Brien, 2003)等。这些大陆碰撞带中的高温超高压变质岩普遍经历过较长时间的高温变质过程以及多阶段退变质叠加与改造，使早期超高压矿物组合和标志性矿物发生不同程度的转变/退变或减压分解，目前主要表现为高压变质作用的矿物组合，甚至仅少数高压矿物的残留(Mosenfelder et al., 2005; Liu et al., 2011b; Tedeschi et al., 2017)，这为它们的不同变质阶段温压条件估算，特别是峰期变质条件的准确限定带来了巨大困难(Liu et al., 2015; Verdecchia et al., 2022; Tedeschi et al., 2023)。

二、研究意义及方法

位于汇聚板块边缘的大陆俯冲碰撞带高温变质作用之所以受到广泛关注和深入研究，除了因其涉及地壳深俯冲和极端条件下超高压变质作用外，还有它对超高压岩石中矿物的稳定性和岩石的物理性质有重要影响，并且会引发超高压岩石的部分熔融及其相关效应(Deng et al., 2018)。部分熔融是大陆碰撞带中最重要的地质过程之一，它可以发生于加热和/或减压阶段(Deniel et al., 1987; Downes et al., 1990; Williamson et al., 1992; Inger and Harris, 1993; Guillot and Le Fort, 1995; Vanderhaeghe and Teyssier, 2001; Visonà and Lombardo, 2002; Solgadi et al., 2007; Groppo et al., 2012; Vanderhaeghe, 2012; Deng et al., 2018)。部分熔融会显著影响岩石的流变学行为(Faure et al., 1999; Hermann and Green, 2001; Zhong et al., 2001; Labrousse et al., 2002; Whittington and Treloar, 2002; Chopin, 2003; Whitney et al., 2003; Rosenberg and Handy, 2005; Burov et al., 2014)(图 1-2)，从而对大陆俯冲板片内部的拆离、折返过程与折返速率产生重要影响(刘贻灿等, 2015; Deng et al., 2018; 刘贻灿和张成伟, 2020; Feng et al., 2021)。另外，部分熔融也对超高压岩石的元素和同位素成分具有重要影响。研究表明，未经熔融的超高压岩石具有与其原岩几乎相同的全岩成分(Zhang et al., 2009)，而部分熔融及熔体萃取能显著改变固相残留体中大离子亲石元素、高场强元素(HFSE)和轻稀土元素的含量(Shatsky et al., 1999; Stepanov et al., 2014; Yu et al., 2015; Deng et al., 2018)；而且，超高压

岩石的部分熔融能够导致 Sr-Nd 同位素重置或不平衡(Ayres and Harris, 1997; Kogiso et al., 1997; Harris and Ayres, 1998; Chavagnac et al., 2001; Zeng et al., 2005a, 2005b; Taylor et al., 2015)。同时，大陆俯冲板片的部分熔融也是地壳化学成分分异的重要机制，对俯冲带的元素和同位素行为具有重要影响(Shatsky et al., 1999)，其产生的熔体可能是壳源岩浆岩的重要物质来源(Brown et al., 2011; Sawyer et al., 2011)。此外，经历了长期变质演化的岩石，其早期事件的证据有可能完全或部分被后期地质事件所抹去(除了保持在石榴子石核部和锆石变质增生区的矿物和微量元素记录外)(Liu et al., 2011a, 2015; Verdecchia et al., 2022)。因此，如果没有详细的岩相学结构、矿物化学和年代学等方面的研究，很难重建岩石复杂的变质演化过程。

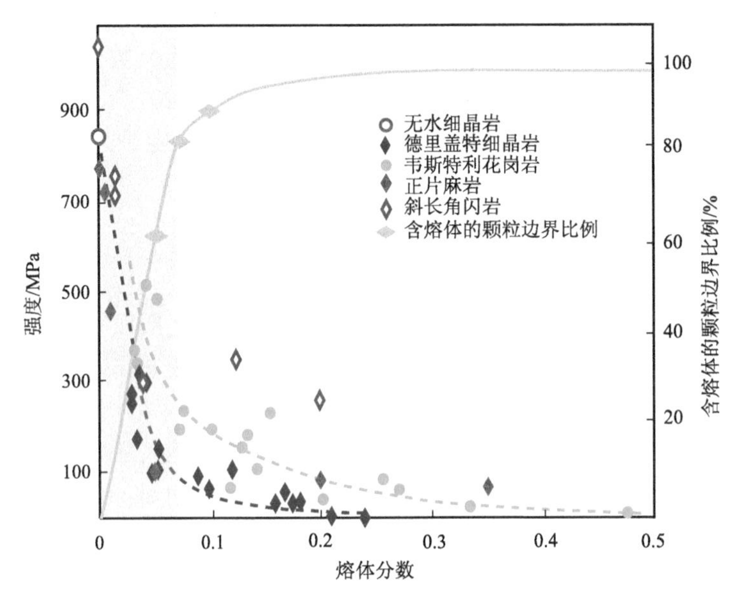

图 1-2　岩石强度与熔体分数之间的关系

资料来源：据 Rosenberg 和 Handy (2005) 修改

由于高温超高压变质的峰期变质温度、压力条件相对极端，以及它们的多阶段退变质演化与再平衡等，许多适用于中低温及中低压变质岩的常规温压计和定年方法往往不能限定其峰期变质的温压条件和年龄，如与黑云母和角闪石相关的一些温压计、Rb-Sr 等时线定年及 Ar-Ar 定年等方法。这些温压计及定年方法所采用的矿物封闭温度较低，因此通常被用来限定高温超高压变质及退变质阶段的温度、压力及年龄(Zhang et al., 1997; Li et al., 2000; Elvevold and Gilotti, 2000; Hacker et al., 2003)。石榴子石-单斜辉石 Fe-Mg 交换温度计(Råheim and Green, 1974; Ellis and Green, 1979; Pattison and Newton, 1989; Ai, 1994; Ravna, 2000;

Baldwin et al., 2007）是高温超高压变质岩中常用的限定峰期变质温度的方法，在一些高温超高压变质岩的实际应用中限定了 900℃以上的峰期温度（Okamoto et al., 2000; Liu et al., 2007c）。但是，因退变质期间 Fe-Mg 交换反应造成矿物的扩散再平衡（尤其在高温条件下，容易发生扩散而均一化，Caddick et al., 2010），仅仅用石榴子石-单斜辉石两种矿物的常规地质温度计，有时很难限定高温超高压变质岩的准确峰期变质温度，估算压力时还需要考虑将多硅白云母或蓝晶石纳入计算（Hacker, 2006）。锆石 U-Pb 定年是目前高温超高压变质岩最常用的定年方法，尤其是锆石 SHRIMP 微区原位分析结合锆石的阴极发光（CL）图像、矿物包裹体和微量元素分析，可以帮助限定岩石从进变质到峰期，再到退变质的各个阶段的年龄（Liu et al., 2004a, 2006b, 2011a; Gilotti et al., 2014）。

然而，高温超高压变质岩的峰期及折返初期的变质温度（>850℃）超出许多传统矿物对 Fe-Mg 交换地质温压计的适用范围，也就是说，大多数 Fe-Mg 交换地质温压计记录的温度范围是 600～750℃（Baldwin et al., 2007; Kelsey and Hand, 2015）；而且，这些高温岩石经历了多阶段减压分解、退变质与再平衡和部分熔融作用等，高压-超高压变质矿物及相关岩石学证据不易保存（Tual et al., 2018），这为不同变质阶段温压条件的估算与时代的限定以及 *P-T-t* 轨迹的重建带来了巨大困难。因此，目前流行的微量元素温度计（锆石中 Ti 和金红石中 Zr 温度计等）为经历了高温变质作用和复杂变质演化的岩石的 *P-T* 轨迹的限定以及与年代学数据之间关系的建立提供了重要途径和可能性（Watson and Harrison, 2005; Watson et al., 2006; Baldwin et al., 2007; Ferry and Watson, 2007; Tomkins et al., 2007; Kooijman et al., 2011; Timms et al., 2011; Gilotti et al., 2014; Liu et al., 2015）。此外，由于锆石和金红石的相对稳定性以及它们在岩石的进变质、峰期和退变质阶段都能生长，这两种温度计可以限定其各阶段的变质温度，而且这些温度可以直接与 U-Pb 定年结果联系起来（Liu et al., 2011a, 2015）。近年来，随着相关热力学数据库和活度模型的不断更新和完善（White et al., 2007, 2014; Holland and Powell, 2011; Green et al., 2016），相平衡模拟也越来越多地被应用于高级变质岩（Connolly, 1990, 2009; Holland and Powell, 1998; Groppo et al., 2007, 2009, 2010; Wei et al., 2010, 2013, 2015; Ramacciotti et al., 2022），包括高温超高压变质岩的温压估算（Lang and Gilotti, 2015），而相平衡模拟取得了与传统矿物对温压计估算一致的结果。相对于传统温压计而言，视剖面（pseudosection）是重建高压深熔岩石变质 *P-T* 演化的最有效方法（Indares et al., 2008; Powell and Holland, 2008; Groppo et al., 2010）。此外，相平衡模拟除了用于估算变质温压条件以外，还能呈现岩石中矿物、熔流体成分和含量在变质演化过程中的变化情况（Massonne and Fockenberg, 2012），甚至还可以模拟锆石和独居石等副矿物的生长（Kelsey et al., 2008; Kelsey and Powell, 2011; Kohn et al., 2015）。因此，相平衡模拟必将在未来高温超高压变质岩的研究领域得到越来越广泛的重视和应用。

关于大陆俯冲碰撞带超高压岩石的高温变质作用和部分熔融及其效应，尚存在一些关键科学问题，如①高温变质作用 *P-T* 条件的准确限定；②高温变质作用中热的来源或发生的热力学条件；③高温变质作用对地壳和地幔岩石的物理化学性质(包括矿物的稳定性、岩石的力学强度等)的影响；④部分熔融的识别；⑤不同岩石成分及流体含量的陆壳岩石发生部分熔融的 *P-T* 条件与涉及的反应；⑥部分熔融过程中元素和同位素行为以及部分熔融过程对岩石流变学性质的影响；⑦影响高温超高压岩石中峰期变质矿物保存的因素和条件等。这些问题的深入研究和解决，将对理解和查明大陆碰撞带中超高压岩石的高温变质作用特点和其地球动力学效应以及超高压岩石的折返机制等具有重要意义。

三、典型高温超高压变质带及其多阶段折返

目前，世界上典型的高温超高压变质带有哈萨克斯坦北部的 Kokchetav 地块(Dobretsov et al., 1995)、格陵兰东北部榴辉岩省(Gilotti and Ravna, 2002)、希腊罗多彼地块(Rhodope massif，Mposkos and Krohe, 2006)、德国厄尔士山(Erzgebirge，Massonne and O'Brien, 2003)以及中国的北大别(刘贻灿等，2015)等。它们的共同点都是经历了高温超高压变质作用和多阶段折返过程。

1. 哈萨克斯坦 Kokchetav 地块

哈萨克斯坦北部的 Kokchetav 地块位于中亚造山带内部，西伯利亚地台和东欧地台之间，是由一个元古宙微陆块与一个晚前寒武–早寒武岛弧系统在芙蓉世碰撞形成的大陆碰撞带的一部分。Kokchetav 地块通常被分为七个岩石单位(Dobretsov et al., 1995)。其中，Kumdy-Kol 杂岩带(单位Ⅰ)被认为是变质等级最高的，该杂岩带根据岩石类型又可分为两个亚单元：一个主要含正片麻岩和榴辉岩；另一个主要由含碳酸盐岩的副变质岩组成，主要为含石榴子石的长英质片麻岩和黑云母片岩，以及少量的物质来源为硅质大理岩的黑云母石榴子石辉石岩、金云母钙硅质大理岩和玄武质成分的榴辉岩透镜体。在 Kumdy-Kol 杂岩带中，大量的微粒金刚石以矿物包裹体形式存在于副变质岩内的锆石、石榴子石和单斜辉石中，而正片麻岩和榴辉岩中则尚未发现金刚石(Dobretsov et al., 1995)。锆石 U-Pb 定年结果显示，副变质岩从超高压榴辉岩相到麻粒岩相变质作用的时代为(528±3) Ma (Hermann et al., 2001)。根据石榴子石–单斜辉石 Fe-Mg 交换温度计，Kumdy-Kol 超高压变质岩的峰期变质温度被估算为>1000℃ (Okamoto et al., 2000)；在峰期变质之后，该杂岩带经历了>900℃的高压榴辉岩相退变质作用和约 800℃的麻粒岩相变质叠加，而后经过近等压冷却至角闪岩相变质条件，并经

历了两期角闪岩相退变质作用(Zhang et al., 1997; Hermann et al., 2001)。

2. 格陵兰东北部榴辉岩省

格陵兰东北部榴辉岩省位于劳亚古大陆边缘，是加里东期劳亚古大陆与波罗的海板块碰撞形成的加里东造山带的一部分，超高压岩石出露于其东部一座名为“兔耳朵”的小岛上(Gilotti and Ravna, 2002)。与其他大陆碰撞带中超高压岩石源于俯冲板块的变质不同，该地区的超高压岩石被认为是仰冲板片(劳亚古大陆)的组成部分(Gilotti and McClelland, 2007)。其中，高压变质的时代为410～390 Ma，对应于大陆碰撞造成的陆壳加厚(Gilotti et al., 2004)；而超高压岩石在365～350 Ma经历峰期变质(McClelland et al., 2006)，可能对应于碰撞后期仰冲板块的陆内俯冲(Gilotti and McClelland, 2007)。该地区主要岩石类型为长英质的正片麻岩和副片麻岩，以及包裹于其中的直径为数米至数千米的榴辉岩透镜体(Kalsbeek et al., 2008)，榴辉岩的原岩主要为层状的辉长质侵入岩(Gilotti et al., 2008)。根据榴辉岩中的石榴子石+绿辉石+蓝晶石+石英/柯石英+多硅白云母矿物转换反应，超高压变质的峰期变质条件为约972℃和3.6 GPa(Gilotti and Ravna, 2002)，在此之后，榴辉岩经历了350～330 Ma期间的麻粒岩相变质叠加和角闪岩相退变质作用(Gilotti et al., 2014)。

3. 希腊罗多彼地块

罗多彼地块位于希腊北部罗多彼高压变质岩省，形成于白垩纪—新近纪非洲大陆与欧洲大陆的碰撞(Mposkos and Wawrzenitz, 1995; Liati and Gebauer, 1999; Krohe and Mposkos, 2002)。它包含几个不同变质级别的构造岩片，其东部的Kimi杂岩带则是其中变质级别最高、构造上处于最上部的岩石单位，经历了高温超高压变质作用及之后的麻粒岩相和角闪岩相退变质作用，峰期超高压变质时代≥148 Ma(Mposkos and Krohe, 2006)，在65～63 Ma又经历了加厚下地壳部分熔融和混合岩化作用(Baziotis et al., 2008)。Kimi杂岩带的岩石可分为壳源岩石和幔源岩石，前者包括榴辉岩、正变质岩、大理岩及混合岩化的泥质片麻岩，后者主要由尖晶石-石榴子石变质橄榄岩及尖晶石石榴辉石岩组成，两者分别经历了不同的演化历史(Mposkos, 2002; Mposkos et al., 2004; Mposkos and Krohe, 2006)。以包裹体形式存在于石榴子石中的微粒金刚石(Kostopoulos et al., 2000; Mposkos and Kostopoulos, 2001; Perraki et al., 2006)表明Kimi杂岩带中泥质片麻岩曾俯冲至>120 km深度，超高压岩石经历了温度为约1000℃的峰期变质，以及随后的>800℃的高压榴辉岩相退变质作用、约750℃的麻粒岩相变质叠加和随后的高角闪岩相退变质作用(Mposkos and Kostopoulos, 2001; Mposkos, 2002; Mposkos and Krohe, 2006)。

4. 德国厄尔士山

欧洲大陆中部波希米亚地块，出露于芙蓉世冈瓦纳与劳亚古大陆碰撞形成的华力西造山带东北部，而德国厄尔士山则位于波希米亚地块的西北部，其中，中-高级变质岩出露的地区分为三个亚单元：一为云母片岩-榴辉岩单元，二为红色和灰色片麻岩单元，三为片麻岩-榴辉岩单元(Massonne and O'Brien, 2003)。这三个高级变质单元的周围是一个主要由低级变质的片岩组成的千枚岩单元。片麻岩-榴辉岩单元位于厄尔士山的中部，是超高压变质岩出露的主要地区，主要岩石包括正片麻岩和副片麻岩，以及包裹于其中的直径数米至数千米的榴辉岩透镜体(Massonne and O'Brien, 2003)。片麻岩中柯石英和金刚石包裹体(Nasdala and Massonne, 2000; Massonne, 2001; Hwang et al., 2001)的发现表明岩石曾俯冲至地幔深处。超高压变质岩经历了温压条件为约1000℃和>4.23 GPa的峰期变质作用，以及之后的高压榴辉岩相退变质作用和麻粒岩相变质叠加(Hwang et al., 2001; Massonne and O'Brien, 2003; Nakamura et al., 2004)。超高压岩石中的绿辉石常被细粒的角闪石+斜长石后成合晶所替代(Massonne and O'Brien, 2003)，表明岩石又经历了角闪岩相退变质作用。

此外，还有中国的北大别(刘贻灿等，2015)，详见第三章。

根据上述典型实例，高温超高压变质岩的特点可以概括如下：第一，它们都含有变质的微粒金刚石和/或柯石英等标志性超高压矿物，俯冲深度>120 km；第二，它们的峰期超高压变质温度都大于900℃，超过了多种岩石的“干”(不含自由流体)固相线温度(Hermann and Green, 2001; Patiño Douce, 2005)；第三，在峰期变质之后，都经历了从超高压榴辉岩相到高压榴辉岩相，再到麻粒岩相变质叠加的过程，并始终保持在750℃以上的高温条件；第四，这些超高压变质岩都发生了强烈的角闪岩相退变质作用。因此，大陆俯冲碰撞带高温超高压变质岩都经历了>900℃和>4.0 GPa(俯冲深度>120 km)的高温超高压变质作用。然而，不同地区的高温超高压变质岩的岩石组成和原岩性质存在较大差异，如北大别超高压岩石主要为正变质岩(原岩为辉长岩/玄武岩和花岗岩)，而其他几个变质带(地体)中则发育大量超高压副变质岩，包括泥质片麻岩和变质碳酸盐岩(原岩为硅质和钙-硅质沉积岩)。岩石组成和原岩性质的差异对超高压岩石的部分熔融、折返过程与速率以及 *P-T-t* 轨迹的重建等都可能产生影响(刘贻灿等，2015)。

因此，高温超高压变质岩在达到变质峰期后，都先经历了一个近等温降压的过程(包括高压榴辉岩相退变质作用和麻粒岩相变质叠加)，尔后又经历了一个近等压冷却的过程至压力和温度分别为0.5～1 GPa和(650±50)℃(图1-3)。对应于 *P-T-t* 轨迹，超高压岩石在变质峰期后开始折返，不同碰撞带超高压岩石的折返速率有很大差别，快速的如 Kokchetav 中 Kumdy-Kol 超高压岩石约 18 mm/a

(Hermann et al., 2001)，相对慢速的如北大别超高压岩石 4～5 mm/a(Liu et al., 2015)。当岩石折返到地壳中下部后，其密度与周围岩石相近(Ernst and Liou, 2008; Warren et al., 2008)，因此会逐渐停滞并在此经历较长时间的近等压冷却，直至岩

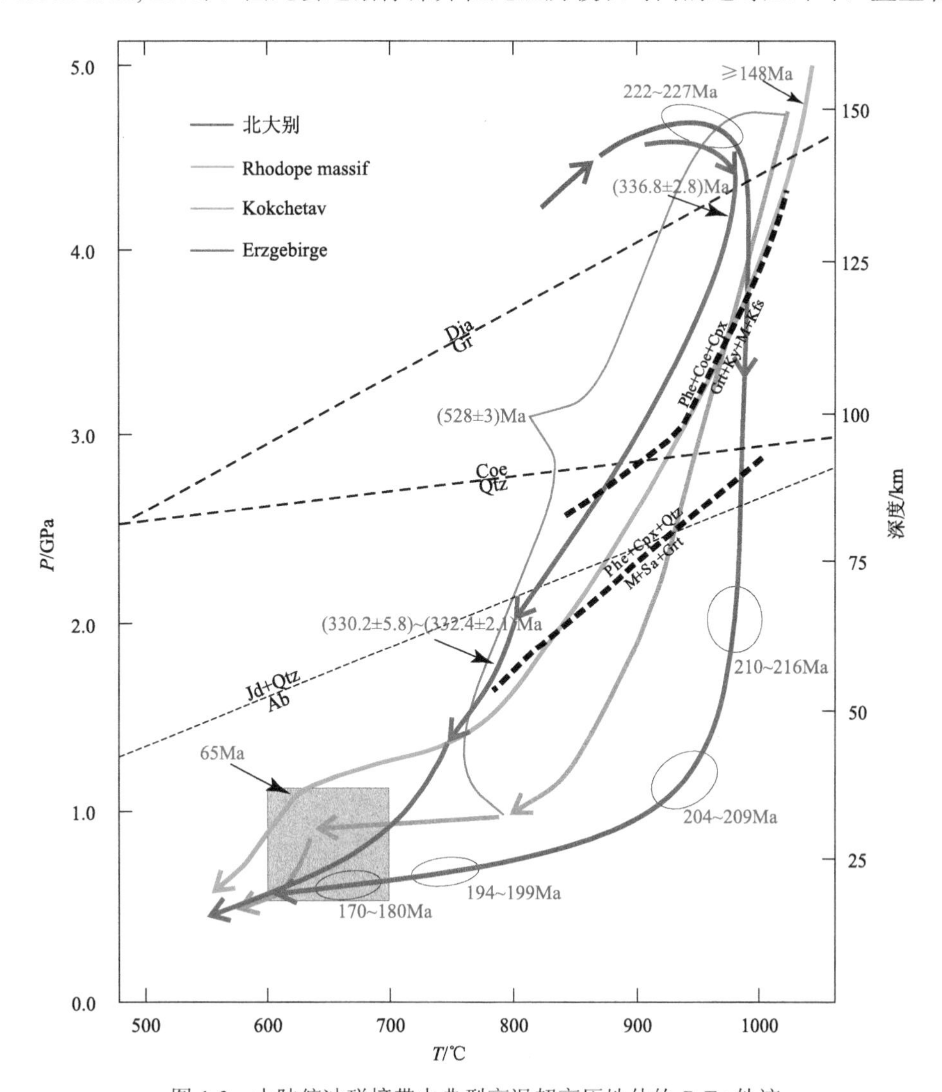

图 1-3　大陆俯冲碰撞带中典型高温超高压地体的 *P-T-t* 轨迹

中国大别山(北大别)、希腊罗多彼、哈萨克斯坦和德国厄尔士山高温超高压变质岩的 *P-T-t* 轨迹分别根据刘贻灿等(2015)、Mposkos 和 Krohe(2006)、Hermann 等(2001)、Rötzler 和 Kroner(2012)修改。金刚石-石墨反应曲线引自 Kennedy 和 Kennedy(1976)，柯石英-石英反应曲线引自 Hemingway 等(1998)，硬玉+石英-钠长石反应曲线引自 Holland(1980)，两条熔融曲线(黑色粗虚线)引自 Hermann 和 Green(2001)(Phe+Coe+Cpx→Grt+Ky+M+Kfs)、Auzanneau 等(2006)(Phe+Cpx+Qtz→M+Sa+Grt)。M 代表熔体；Kfs 代表钾长石；Grt 代表石榴子石；Dia 代表金刚石；Gr 代表石墨；Coe 代表柯石英；Cpx 代表单斜辉石；Ky 代表蓝晶石；Phe 代表多硅白云母；Sa 代表透长石；Jd 代表硬玉；Qtz 代表石英；Ab 代表钠长石

石与围岩达到热力学再平衡，其平衡温压条件对应于陆壳的中部。以北大别为例，如图 1-3 所示，超高压岩石经过一个相对高 *P-T* 的进变质阶段后，在 222～227Ma 达到变质峰期，其温度>950℃、压力>4.5 GPa，而后发生折返，折返速率为 4～5 mm/a。在折返初期，北大别超高压岩石的变质温度基本保持不变(900～1000℃)，并先后经历 210～216 Ma 期间的高压榴辉岩相和 204～209 Ma 期间的麻粒岩相变质叠加作用。而在此之后，板片从下地壳折返至中-上地壳，随后经历一个约 20 Ma 的冷却过程至温度为(650±50)℃，这个温度可能代表角闪岩相条件下再平衡的温度(Liu et al., 2015)。

哈萨克斯坦北部 Kokchetav 地块 Kumdy-Kol 杂岩带和希腊罗多彼山 Kimi 杂岩带中的泥质片麻岩具有类似于北大别高温超高压变质岩的 *P-T-t* 轨迹(图 1-3)。在从上地幔折返至地壳底部的过程中，它们同样先经历一个较快的近等温降压过程，到达中下地壳部位以后，再经历一个近等压的冷却过程，最终再平衡温度同样为(650±50)℃(Hermann et al., 2001; Mposkos and Krohe, 2006)。Kokchetav、Rhodope 和北大别三个超高压变质带在这一阶段的压力略有差异，这可能是由于地壳厚度的不同，或者超高压岩石停留在地壳中的位置有一定的差异，如 Kimi 杂岩带中的泥质片麻岩在折返初期与大量的地幔岩石耦合在一起(Mposkos and Krohe, 2006)，造成折返的板片密度较一般的壳源超高压岩石更大，以致停留的深度以及对应的压力也就更大。另外，与北大别不同的是，Kumdy-Kol 杂岩带和 Kimi 杂岩带在折返初期，伴随着压力的下降，其温度也有一定的下降，尤其 Kimi 杂岩带的变质温度下降更为明显(刘贻灿等，2015)。

第二章　区域地质背景

第一节　引　　言

甄别和准确划分大陆碰撞造山带的构造岩石单位，是建立造山带构造格架(tectonic framework)或恢复造山带结构(architecture)及其运动学(kinematics)的重要前提，也是研究造山带形成与演化过程的关键和重要基础。大别碰撞造山带发育了与板块俯冲和大陆碰撞及碰撞后山根垮塌等相关的、不同变质等级的特征性构造岩石单位(lithotectonic units)(徐树桐等, 1992, 1994, 2002; Liu et al., 2007c, 2011a, 2015, 2017; Xu et al., 2012; 刘贻灿和杨阳, 2022)。

中国中部近东西向延伸且长约2000 km的秦岭—桐柏—大别—苏鲁造山带是一条复合型造山带，主要由华北和华南(扬子)两大陆块碰撞形成，并在陆-陆碰撞之前经历了长期的大洋俯冲、岛弧增生和弧-陆碰撞等复杂过程(Mattauer et al., 1985; 许志琴等, 1988, 2015; 张国伟, 1988; 张国伟等, 2001; Ma, 1989; 徐树桐等, 1992, 1994, 2002; 杨经绥等, 2002; Yang et al., 2003a, 2003b; Dong et al., 2011; Dong and Santosh, 2016)，形成了南、北分带的中生代碰撞造山体系(collisional orogenic systems)和古生代增生造山体系(accretionary orogenic systems)。然而，由于沿造山带横向上构造过程的复杂性、多期性、复合性、叠置性和穿时性(许志琴等, 2015)，不同地段出露的构造岩石单位及其岩石组成差别较大。其中，秦岭—桐柏—红安造山带均保留了明显的古生代洋壳俯冲的证据，如北秦岭商丹缝合带蛇绿混杂岩和古生代岛弧成因的岩石(张国伟, 1988; 张国伟等, 2001; 孙卫东等, 1995; 董云鹏等, 2007; 裴先治等, 2009; Dong et al., 2011; Dong and Santosh, 2016; Liu et al., 2016)、桐柏—红安北缘古生代变质复理石(Liu et al., 2004b; 刘晓春等, 2015)、定远奥陶纪岛弧成因变质火山岩(Li et al., 2001; 刘贻灿等, 2006)以及熊店、胡家湾和苏家河古生代洋壳成因榴辉岩(Sun et al., 2002; Cheng et al., 2009a; Wu et al., 2009)。然而，东部大别—苏鲁造山带中却鲜见古生代大洋俯冲的记录和证据：一方面可能与三叠纪陆-陆强烈碰撞改造、燕山期山根垮塌与热事件叠加以及多期构造作用和破坏等有关，进而影响了人们对华北与华南板块之间的古生代-中生代演化的横向分布的认识；另一方面也与研究程度有关。秦岭—大别—苏鲁造山带又称中央造山带(杨经绥等, 2002)，新元古代以来，从冈瓦纳大陆分离的南、北中国板块，经过原特提斯洋和古特提斯洋的演化以及板块多次离散、汇聚和碰撞，形成显生宙以来以原特提斯和古特提斯为主体的复合构造格架，以及以古生代和印支期为主体的秦岭—大别—苏鲁复合造山系（Mattauer et al., 1985; Hsü et al., 1987; 许志琴等, 1988, 2015; 张国伟, 1988; 张国伟等, 2001; Jin, 1989; Ma, 1989; 杨经绥等, 2002; Ratschbacher et al., 2003, 2006; 刘良等, 2013; Liu et al., 2016）。实际上，北秦岭古生代造山带及商丹洋在大别山及相邻地区的东延问题至今仍没有解决。Dong 等（2011）根据区域地质背景分析，认为商丹洋/商丹缝合带可能通过北秦岭向东延伸（图 2-1），但至大别山之后，如何衔接一直是值得深入研究的重大基础地质问题；刘晓春等（2015）根据桐柏造山带的研究，推测古生代商丹洋可能向东延伸到信阳乃至商城以西地区。然而，北淮阳带东段（商-麻断裂以东）一直缺乏与之相对应的与古生代大洋俯冲、岩浆作用和变质作用等相关的构造岩石单位及其岩石学和年代学方面的直接证据。直到最近，刘贻灿等（2020，2021）发现金寨县铁冲石榴斜长角闪岩及相伴生的大理岩经历了石炭纪变质作用，并发现该地区发育与大洋俯冲相关的早古生代奥陶纪[(457±2) Ma]岛弧成因花岗岩。由此，限定并完善了大别碰撞造山带印支期大陆俯冲碰撞之前的古生代构造演化过程，尤其重要的是为秦岭—桐柏造山带在大别山的东延以及大别山碰撞造山带的古生代俯冲增生和华北-华南陆块之间汇聚、拼贴过程提供了关键的岩石学和年代学方面的制约，这也是解决该区古生代大地构造演化认识上分歧的关键。

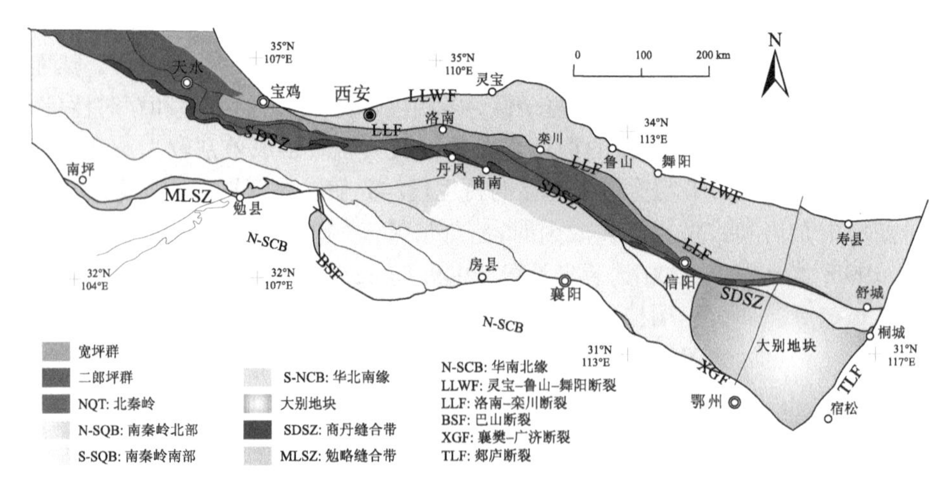

图 2-1　秦岭—桐柏—大别造山带地质简图

资料来源：据 Dong 等（2011）修改

第二节 大别山特征性构造岩石单位

大别山是秦岭造山带的东延部分，东端被郯庐断裂带所切割(图 2-2)。郯庐断裂带以东的苏鲁造山带是大别山东延并位移了的部分。在地质位置上，它位于华北和华南两个大陆板块之间，是华南板块向华北板块之下俯冲形成的印支期大陆碰撞造山带(徐树桐等, 1992; Xu et al., 1992; Li et al., 1993)，发育了与板块俯冲和碰撞过程相关的、具有不同变质等级和岩石组成的特征性构造岩石单位(徐树桐等, 2002; Liu et al., 2007c)。大别山因含柯石英(Okay et al., 1989; Wang et al., 1989)和金刚石(Xu et al., 1992)、超高压变质带出露的规模巨大和岩石类型齐全而闻名于世。此外，大别山“特征性构造岩石单位”最早是由徐树桐等(1995)在前期“构造单元”(徐树桐等，1992)或“构造岩石单位”(徐树桐等，1994)划分方案基础之上明确提出的:“大别山地区出露的岩石中，大部分都经历过多期变质作用和复杂的变形过程。其中，副变质岩是无序的层状；正变质岩也因多期变质和变形事件的叠加而有复杂的岩性成分和结构，因而其原岩岩性已面目全非。但通过研究可以发现，大部分岩石组合具有相似的变质过程和变形历史。我们把具有相同或相似变质过程和变形历史的这种单位称为构造岩石单位，对其中具有最醒目、最特征的标志从而能反映其构造背景和变质、变形过程的构造岩石单位称为特征性构造岩石单位。”徐树桐等(1989，1992，1994，1995，2002)在国家自然科学基金委员会和安徽省地质矿产局等单位的多个项目的持续资助下，开展了 15 年的野外地质调查及岩石学、构造地质学和年代学等方面的系统研究，率先建立并不断完善了大别碰撞造山带的构造格架，鉴别并合理划分出大别山不同的特征性构造岩石单位。这些单位的划分方案，已经得到普遍证实和广泛应用，并为后来人们深入开展相关研究提供了重要基础和保障。从南到北，大别山可分为前陆带、宿松变质带、南大别低温榴辉岩带、中大别超高压变质带、北大别杂岩带及北淮阳带等(图 2-2)。然而，根据区域地质背景分析和北淮阳带沉积地层的物源研究等，大别山印支期陆-陆碰撞之前，华北与华南陆块之间应该存在已经消失或未被识别的古大洋和相关岛弧(徐树桐等, 1992, 1994, 2002; 李任伟等, 2005; 李双应等, 2011; Xu et al., 2012; Zhu et al., 2017)。直到最近，刘贻灿等(2020，2021)获得了大别山古生代洋壳俯冲和南北板块汇聚过程最直接的岩石学和年代学方面的证据，填补了大别山古生代构造演化过程记录的空白。因此，大别山中生代大陆俯冲碰撞事件是叠加在古生代大洋俯冲增生事件基础之上的，是一个典型的复合型造山带，并造成北淮阳带经历了复杂的演化过程，发育了分别与古生代洋壳/弧后俯冲增生和中生代大陆碰撞造山作用相关的、具有汇聚板块边缘不同构造属性的多个地体(multiple terranes)拼贴而成的复杂岩石组合。

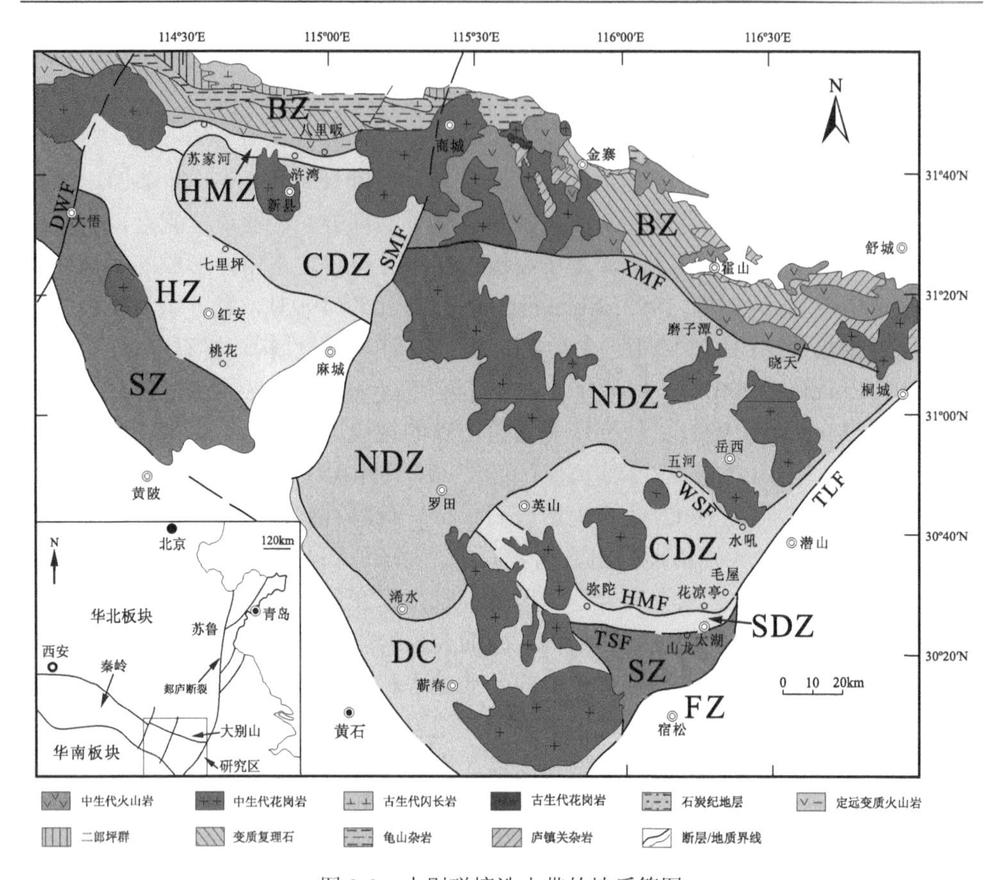

图 2-2　大别碰撞造山带的地质简图

BZ，北淮阳带；NDZ，北大别杂岩带；CDZ，中大别超高压变质带；SDZ，南大别低温榴辉岩带；SZ，宿松变质带；FZ，前陆带；HMZ，浒湾混杂岩带；HZ，红安低温榴辉岩带；DC，角闪岩相大别杂岩；XMF，晓天-磨子潭断裂；WSF，五河-水吼断裂；HMF，花凉亭-弥陀断裂；TSF，太湖-山龙断裂；TLF，郯庐断裂；SMF，商(城)-麻(城)断裂；DWF，大悟断裂

一、北淮阳带

北淮阳带，又称北淮阳变质带或北淮阳构造带，是位于大别山最北部的一个构造岩石单位，为扬子北缘与华北南缘之间的过渡带，其南部以晓天-磨子潭断裂与北大别分割。笔者等最近研究(见“2.变质岩”)表明，该带具有复杂的岩石组成及大地构造属性，经历了多期次裂解-聚合等复杂的演化过程，属于扬子北缘的、由不同地体拼贴而成的构造拼贴带。该带主要包含三套岩石，即岩浆岩、变质岩和盆地沉积岩。北淮阳带被商(城)-麻(城)断裂分割成西段和东段。其中，北淮阳带西段(商-麻断裂以西)，主要由二郎坪群、原信阳群南湾组(变质复理石)和龟山

组(又称龟山杂岩)、原苏家河群定远组和原石炭纪梅山群等构造岩石单位，以及变质火成岩、古生代闪长岩等花岗岩类岩石和中生代岩石等组成(图 2-3)。其中，原岩时代为新元古代晚期约 630 Ma(Liu et al., 2017)的变质(橄榄)辉长岩沿苏家河-八里畈断裂的北侧，在千斤乡王母观向西经苏家河至信阳南部西双河和桐柏一带呈大小不等的岩块或岩片出露，千斤乡向东经吴陈河乡至八里畈乡一带也有类似岩石断续分布。其围岩为定远组变质火山岩，目前表现为含石榴子石绿帘云母石英片岩。二者之间为断层接触，被称为定远变质火山岩带(刘贻灿等，2006)或肖家庙-八里畈构造混杂岩带(刘晓春等，2015)。其南、北分别与浒湾混杂岩带和“南湾组”变质复理石等构造岩石单位相邻，再向南为新县超高压变质带。变质复理石的形成和演化过程的厘定被认为是揭示南、北秦岭构造归属关系的关键(Ma, 1989)。原苏家河群浒湾组中既有石炭纪洋壳俯冲成因榴辉岩(如熊店)，又有三叠纪陆壳俯冲成因榴辉岩，它们的原岩时代分别为古生代和新元古代(Sun et al., 2002; Cheng et al., 2009a; Wu et al., 2009)，因而称之为浒湾混杂岩带(刘贻灿等，2006)或浒湾高压榴辉岩带(刘晓春等，2015)，它的变质相及形成时代完全不同于岛弧成因的定远变质火山岩(表现为绿帘角闪岩相和原岩的形成时代为奥陶纪)(Li et al., 2001; 刘贻灿等, 2006)。

北淮阳带东段(商-麻断裂以东)，主要由佛子岭群变质复理石(对应于刘岭群和原信阳群南湾组)和庐镇关杂岩(原庐镇关群)和原石炭纪梅山群(杨山煤系)等构造岩石单位及中新生代岩浆岩和盆地沉积岩组成(刘贻灿等，2006，2010；图 2-3)。其中，庐镇关杂岩主要包括原小溪河组新元古代变质花岗岩、变质中酸性火山岩(变粒岩和浅粒岩)和变基性岩等，以及仙人冲组大理岩和相伴生的(石榴)斜长角闪岩等。然而，该区可能因印支期两个大陆的强烈碰撞改造和多期构造变形叠加，早期一些构造岩石单位或地体被破坏/肢解或者被盆地沉积所掩盖(徐树桐等，1992，1994，2002)，造成长期未发现确切的与古生代俯冲增生等相关的构造岩石单位或直接证据。直到最近，刘贻灿等(2020，2021)在金寨县西部的铁冲查明存在奥陶纪[(457±2) Ma]花岗岩以及与大理岩相共生的石榴斜长角闪岩中存在的石炭纪[(355±5) Ma]高压变质记录，进而证明该带发育奥陶纪岩浆岩并经历了石炭纪多阶段变质演化过程(王辉等，2019；刘贻灿和杨阳，2022)。

1. *岩浆岩*

除了中生代火山岩盆地沉积(包括燕山期火山岩等，具体见后文)外，北淮阳带未变质的岩浆岩主要为中生代早白垩世花岗岩、正长岩、二长岩和闪长岩等，金寨县西部还发育少量变质、变形的早古生代奥陶纪花岗岩(刘贻灿等，2021；图 2-3)。最近，龚店子南(东冲毛竹园)发现了变形的奥陶纪-志留纪流纹质凝灰岩(产于原小溪河组中，刘贻灿和杨阳，2022)。因此，这些岩石地球化学研究(作者

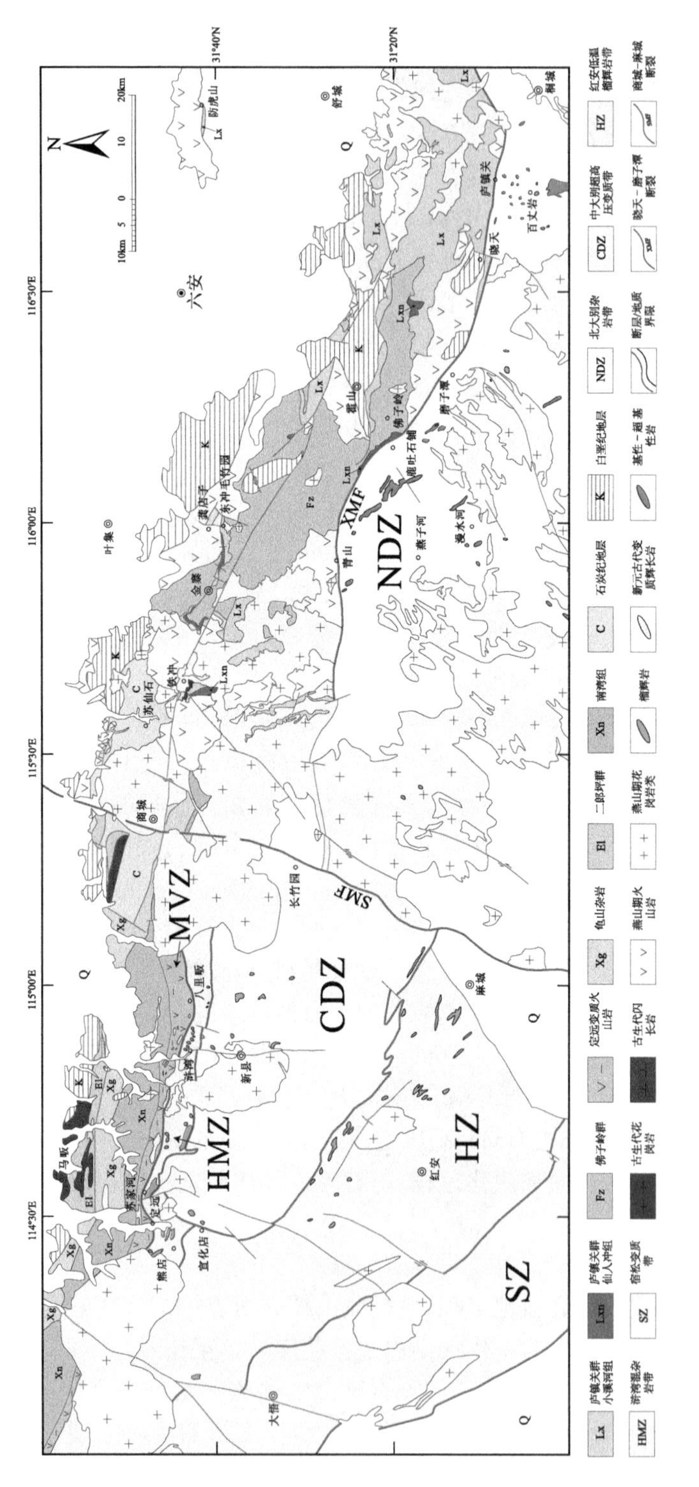

图 2-3　北淮阳带及相邻地区地质简图

Q 表示第四系；MVZ 指变质火山岩带

资料来源：据刘贻灿和杨阳（2022）修改

未发表资料）为北淮阳带东段早古生代大洋俯冲以及岛弧和弧后盆地的形成提供了直接证据。

2. 变质岩

该类岩石主要包括原佛子岭群和庐镇关群。其中，庐镇关群又称庐镇关杂岩，实际上已不具有原来的地层学意义了，主要包括原小溪河组新元古代（含石榴）变质花岗岩或花岗片麻岩、变质中酸性火山岩（变粒岩/浅粒岩/石榴黑云斜长片麻岩）和变基性岩/（石榴）斜长角闪岩等，以及仙人冲组大理岩和相伴生的（石榴）斜长角闪岩等，总体表现为角闪岩相变质，局部有可能达到高压、高温变质条件。最近研究（王辉等，2019；刘贻灿等，2020；刘贻灿和杨阳，2022）表明，金寨县铁冲大理岩及其相伴生的石榴斜长角闪岩经历了（355±5）Ma 峰期高温变质以及约 330 Ma 和约 310 Ma 等多阶段退变质作用；而且，产于龚店子南（东冲毛竹园）的原小溪河组石榴黑云斜长片麻岩（变质火山岩）的原岩形成时代为早新元古代（约 950 Ma），并同样经历了石炭纪多阶段变质作用（偶见约 220 Ma 三叠纪变质锆石增生记录）。然而，变质的中新元古代（750～780 Ma）火成岩（花岗片麻岩和斜长角闪岩）仅经历了三叠纪［最早可能从（258±2）Ma 开始］（绿帘）角闪岩相变质作用（未发现石炭纪变质锆石记录和相关证据），曾被认为是在大别山俯冲陆壳内部最早被拆离、解耦并在南、北陆块汇聚、碰撞及造山过程中被推覆到华北陆块南缘古生代浅变质岩系之上（刘贻灿等，2006，2010；刘贻灿和李曙光，2008）。因此，庐镇关杂岩至少包括峰期为古生代石炭纪变质的早新元古代变质火山岩和中生代三叠纪变质的中新元古代变质火成岩（含石榴花岗片麻岩和石榴斜长角闪岩等）两大类岩石，二者可能是因约 220 Ma 碰撞造山作用而构造拼贴在一起的。但是，其具体岩石组成及其时代、成因和就位机制仍有待进一步研究和查明。此外，根据锆石 U-Pb 定年结果并结合相关岩石和区域地质对比分析可知，研究区大理岩及其相伴生的石榴斜长角闪岩可能代表了古生代奥陶纪-志留纪弧后盆地形成的一套岩石，并经历了石炭纪弧后俯冲-关闭及高温变质作用（这是首次发现和厘定的）；鉴于大理岩中含有少量 750～780 Ma 的碎屑锆石并发生了约 450 Ma 和 350～310 Ma 等多期变质增生（未发表资料），该弧后盆地的基底形成与扬子北缘有一定的构造亲缘属性，因而首次系统揭示了北淮阳带东段属于扬子北缘新元古代-古生代经历多期次裂解的边缘（rifted margins）。

原佛子岭群，又称变质复理石（徐树桐等，1992；刘贻灿等，1998），包括原诸佛庵组、潘家岭组和祥云寨组，主要由（石榴）云母石英片岩、（含石榴）变质粉砂岩、石英岩等组成，峰期达到（绿帘）角闪岩相变质作用（陈跃志和桑宝梁，1995；王智慧等，2021；刘贻灿和杨阳，2022）。岩石地球化学及岩石建造特征等表明，其原岩主要为杂砂岩和岩屑砂岩，少数为长石砂岩等，形成于活动大陆边缘环境，是一套复理石建造(刘贻灿等,1996),并且可能属于弧前复理石(徐树桐等,1992)。该套岩石经历了多期褶皱变形和断层作用，但不同地段变形程度不等，局部地方由于褶皱和脆性断层作用破坏了地层的完整性而类似于阿尔卑斯造山带中的破碎地层(broken formation)。根据区域构造和地层对比分析(徐树桐等，1992；刘贻灿等，1998)、碎屑锆石 U-Pb 定年结果(Chen et al., 2003; Zhu et al., 2017；王智慧等，2021；刘贻灿和杨阳，2022)以及古生代奥陶纪-志留纪岛弧成因岩石的厘定，推断变质复理石的原岩形成时代为奥陶纪-志留纪,其形成构造背景与古生代洋盆向北俯冲有关，进一步证明其具有弧前复理石构造属性。

综上所述，北淮阳带东段包含了原岩时代为早新元古代的石榴黑云斜长片麻岩(变质火山岩,类似于北秦岭的相关岩石)、中新元古代的变基性岩(斜长角闪岩)和变质花岗岩(花岗片麻岩)以及古生代岩浆弧、弧前盆地和弧后盆地沉积等不同时代和不同成因的岩石构成的多个构造岩片，涉及新元古代大陆裂解、古生代俯冲增生体系和中生代碰撞造山体系等。这些具有汇聚板块边缘不同构造属性的地体(terrane)或岩片(slices)分别经历了石炭纪多阶段变质演化和三叠纪变质作用等，但因中生代三叠纪大陆碰撞而最终以不同构造块体形式拼贴在大别山北淮阳带。因此，尽管在碰撞后盆地沉积覆盖和多期次强烈构造作用与岩浆作用的破坏下，北淮阳带东段仍发现有记录了南、北板块中生代大陆碰撞之前汇聚过程的岩石学和年代学方面的确凿证据，填补了研究区古生代演化过程的空白，解决了北淮阳带东段的岩石组成及其大地构造属性方面的争议。研究区古生代沟-弧-盆体系的厘定，将为与北秦岭和桐柏造山带的对比和进一步寻找有关金、银、铅等有色金属矿产提供极大可能性和重要靶区，也为徐树桐等(1994)提出的大别山北淮阳带“找矿远景”提供新的关键科学依据和理论支撑。

3. 盆地沉积

该类岩石包括中-新生代磨拉石和火山盆地沉积，以及古生代石炭纪盆地(梅山群)沉积。中-新生代磨拉石沉积是指大别山以北的侏罗纪-第四纪盆地，局部称合肥盆地。称之为磨拉石盆地是因为其形成与大别造山带的隆升、剥蚀以及之后的反向冲断作用有关,即红色磨拉石及大规模的逆冲-推覆作用发生在侏罗纪或稍晚，又称后陆磨拉石盆地(徐树桐等，2002)。中侏罗统的三尖铺组和上侏罗统的凤凰台组出露在龙河口—响洪甸一线以北，岩性为厚层巨砾岩夹薄层砂砾岩。砾石呈次圆到次棱角状，砾径大小悬殊(几厘米至几十厘米)，有相当部分的砾径大于 50 cm，接触式胶结，为典型的磨拉石建造；砾石成分有变质砂岩、板岩、千枚岩、石英岩、大理岩、脉石英、花岗岩等。此外，金寨县独山镇附近的上侏罗统凤凰台组中发现有退变的含多硅白云母榴辉岩砾石(王道轩等，2001)，其岩石学表现和矿物学特征类似于中大别超高压榴辉岩，由此表明晚侏罗世时期大别山已经隆起、中大别及相关岩石已抬升至地表并受到剥蚀，榴辉岩等印支期深俯冲地壳岩石、庐镇关杂岩、佛子岭群变质复理石以及与早古生代大洋俯冲相关的岩石等成为上侏罗统盆地沉积物的主要物源。上侏罗统还包括毛坦厂组和黑石渡组，分布在晓天、龙河口以及响洪甸等地，岩性为安山质、英安质的中酸性火山岩及火山-沉积岩；白垩系主要为白大畈组，是一套粗面质或粗面安山质火山岩。这些晚侏罗世-白垩纪的火山岩表现为碱性特征，指示典型的伸展环境下形成的盆地沉积。古近系红砂岩和蒸发岩出露在盆地的北部，盆地南北两侧有零星的第三纪玄武岩。

沉积于盆地南缘局部地段并不整合于变质复理石之上的下石炭统花园墙组及其上的杨山组(河南省境内)和梅山群(安徽省境内)，特别是底部的砾岩层，其源区可能是与古生代洋壳俯冲有关的，是由海相向陆相过渡的岩石建造。金福全等(1987)的古生物地层学研究表明：①下石炭统杨山组砾石中含有形成时代主要为晚奥陶世-早志留世的珊瑚类和牙形石类等化石组合。特别是砾石中所含安徽日射珊瑚比较种(*Heliolites* cf. *anhuiensis*)，则见于扬子陆块的安徽含山下志留统高家边组和三峡下志留统罗惹坪组，证明灰岩砾石的源区为扬子陆块，即北淮阳带存在类似于扬子的早古生代地层。②上石炭统胡油坊组发现了丰富的小型原单脊叶肢介(*Protomonocarina*)化石(仅见于华北陆块)，指示晚石炭世北淮阳带和华北陆块处于同一个古生物区系，两者是连为一体的。因此，这不仅反映了北淮阳带与扬子陆块之间在石炭纪已经没有分隔性大洋，而且也证明扬子陆块和华北陆块在石炭纪以前已经拼接(Jin, 1989)，即扬子陆块在泥盆纪已拼贴到华北陆块(Zhang et al., 1997)。这也与马文璞(Ma, 1989)关于“大洋关闭发生在泥盆纪末之前”的认识一致。中侏罗统-白垩系则是与大陆碰撞造山有关的陆相磨拉石建造。

此外，北淮阳带石炭系未变质或轻微变质的沉积地层(如胡油坊组、杨山组等)，记录了其物源信息和古生代的构造演化(李双应等，2011)。其中：①碎屑岩的微量元素地球化学特征揭示其物源区的大地构造属性为岛弧；②碎屑锆石 U-Pb 年龄和碎屑白云母的 Rb-Sr 年龄也指示了岛弧的时代可能为早古生代(400～500 Ma，Li et al., 2004a; 李任伟等, 2005; 杨栋栋等, 2012; Chen et al., 2009)，这与北秦岭、桐柏及北淮阳带西段(定远变质火山岩)的岛弧时代相一致。侏罗纪-白垩纪盆地沉积物(李任伟等, 2004, 2005; 王薇等, 2017; Zhu et al., 2017)的碎屑锆石 U-Pb 年龄分析也表明，大别山北淮阳带东段经历过早古生代的岩浆活动。因此，石炭纪和侏罗纪-白垩纪盆地沉积地层的部分物源区类似于北秦岭等地的古生代岛弧成因岩石，这也被最近发现的金寨县铁冲早古生代奥陶纪变形、变质花岗岩以及金寨县东冲毛竹园奥陶纪-志留纪变流纹质凝灰岩(刘贻灿等，2021；刘贻灿和杨阳，2022)所证实。

二、北大别杂岩带

北大别杂岩带，又称北大别高温超高压变质带或北大别带，简称北大别，大致分布于晓天-磨子潭断裂以南至五河-水吼断裂以北地区，其南、北分别为中大别超高压变质带和北淮阳带(图 2-2)。该带高级变质岩的岩石类型主要有花岗质片麻岩类(包括英云闪长质片麻岩、花岗闪长质片麻岩和二长花岗质片麻岩等)、不同类型混合岩、(石榴)斜长角闪岩，以及少量的(蛇纹石化)变质橄榄岩、石榴二辉麻粒岩、榴辉岩和含(蓝/红)刚玉黑云二长片麻岩等，低级变质或未变质岩石类型主要有中生代燕山期的(变)辉石岩、角闪石岩、辉长岩、闪长岩和花岗岩类等(变)火成岩。此外，还有少量零星分布于北部(如燕子河、上土市、黄栗园、黄尾河、官庄和塘湾等地)和西南部(罗田、木子店等地)的不纯大理岩/变钙硅酸岩、石英岩等副变质岩(刘贻灿等，2001a；孔令耀等，2022)。该带榴辉岩及相关变质岩石在中生代大陆俯冲碰撞期间经历了多阶段高温变质演化，尤其是强烈的麻粒岩相变质叠加和角闪岩相退变质作用(Xu et al., 2000; 刘贻灿等, 2000a, 2001b; Liu et al., 2005, 2007c, 2011b, 2015; Groppo et al., 2015; Deng et al., 2019)，目前主要表现为角闪岩相变质矿物组合，局部保留麻粒岩相和榴辉岩相矿物组合。石榴子石和单斜辉石中针状矿物出溶体以及锆石中柯石英和石榴子石中金刚石等矿物包裹体指示北大别榴辉岩经历了压力>3.5 GPa 的超高压变质作用(Xu et al., 2003, 2005; Liu et al., 2005, 2011a, 2011b; Malaspina et al., 2006)。榴辉岩的新元古代和三叠纪锆石 U-Pb 年龄(刘贻灿等, 2000a; Liu et al., 2007c, 2011a)和 Sm-Nd 石榴子石+绿辉石矿物等时线年龄(Liu et al., 2005)证明北大别类似于中大别和南大别榴辉岩，属于印支期华南俯冲陆壳的一部分；而北大别条带状花岗片麻岩的三叠纪变质时代(刘贻灿等, 2000a; 谢智等, 2001; 薛怀民等, 2003; Liu et al., 2007d; Zhao et al., 2008; Xie et al., 2010)以及变质锆石中金刚石、金红石和石榴子石等矿物包裹体(Liu et al., 2007d)反映北大别片麻岩同样参与了大陆深俯冲。由此证明，北大别整体经历了三叠纪深俯冲和超高压变质作用(Liu et al., 2011b)。

“罗田穹隆”位于北大别带西南部的罗田及相邻地区，是大别山剥蚀最深的地区，除了原岩时代为新元古代的榴辉岩和花岗片麻岩(Liu et al., 2007c, 2007d, 2011a)外，局部还零星出露有原岩时代为太古宙的中酸性麻粒岩或 TTG 片麻岩，如黄土岭紫苏石榴黑云片麻岩(原岩时代为 2.7～2.8 Ga 和变质时代约为 2.0 Ga，Chen et al., 1998; Chen et al., 2006; Wu et al., 2008)、团风混合岩(原岩时代约为 2.8 Ga 和变质时代约为 2.0 Ga，邱啸飞等，2020)、木子店 TTG 片麻岩(原岩时代约为 3.6 Ga 并经历了约 2.5 Ga 和约 2.0 Ga 的变质作用，是目前大别山已发现最古老的再循环花岗质陆壳岩石，见第四章第五节)等。岩石地球化学和同位素年代学等方面的研究(刘贻灿和李曙光, 2005; Liu et al., 2007c；古晓锋等, 2017)已经证明该带榴辉岩是新元古代镁铁质下地壳岩石在三叠纪发生深俯冲变质形成的。此外，岩石学和年代学的研究(Liu et al., 2007c, 2007d, 2011b; Deng et al., 2019, 2021)表明，罗田一带榴辉岩和花岗质片麻岩同北大别东北部一样，原岩形成时代为新元古代并经历了三叠纪超高压榴辉岩相以及折返期间的高压榴辉岩相、麻粒岩相和角闪岩相退变质作用过程，不同之处是局部保留有新元古代麻粒岩相变质记录。此外，与中大别和南大别相比较，北大别榴辉岩三叠纪变质岩石经历了多阶段高温(>850℃)变质演化过程(Liu et al., 2015)，特别是经历了多阶段麻粒岩相变质叠加(Liu et al., 2007c, 2016; Groppo et al., 2015; Deng et al., 2019)、折返早期的减压脱水熔融和山根垮塌期间的水致熔融等多期深熔作用(刘贻灿等, 2014, 2019b; Liu et al., 2015; Deng et al., 2019; Li et al., 2020b; Yang et al., 2020)以及燕山期大规模混合岩化作用(Liu et al., 2007d; Wu et al., 2007b; Wang et al., 2013; Xu and Zhang, 2017; Yang et al., 2020)。此外，北大别广泛发育145～110 Ma碰撞后(变质)侵入体(Jahn et al., 1999; Zhao et al., 2005, 2007; Xu et al., 2007; He et al., 2011；李曙光等, 2013; Yang et al., 2022)。

三、中大别超高压变质带

中大别超高压变质带，又称中大别带，简称中大别，大致分布于五河-水吼断裂以南至花凉亭-弥陀断裂以北地区，属于中温超高压变质带(Liu et al., 2007c；刘贻灿和李曙光, 2008)，其南、北分别为南大别和北大别(图 2-2)。东段主要分布于潜山—英山一带，西段(商-麻断裂以西)主要分布于新县一带。该带是大别山最早发现柯石英(Okay et al., 1989; Wang et al., 1989)和金刚石(Xu et al., 1992；徐树桐等, 1991, 1994)的超高压变质单位。该带出露了丰富的变质岩石类型，如榴辉岩、花岗片麻岩/变质花岗岩、绿帘黑云斜长片麻岩、石榴斜长角闪岩、大理岩、变质钙硅酸岩、硬玉石英岩、片岩及少量石榴橄榄岩和石榴辉石岩等。不同类型的变质岩都发现有柯石英等超高压变质作用的矿物学证据，如榴辉岩的石榴子石和绿辉石(Okay et al., 1989; Wang et al., 1989)、变质钙硅酸岩的白云石(Schertl and Okay, 1994)、硬玉石英岩的硬玉、石榴子石(Su et al., 1996)以及片麻岩(Tabata et al., 1998; Liu J.B. et al., 2001；刘贻灿等, 2019a; Zhang et al., 2023)、大理岩(Liu et al., 2006b)、变质花岗岩(Zhang et al., 2023)和榴辉岩(Liu et al., 2007a)的锆石中含有的柯石英包裹体。其中，榴辉岩常呈大小不等、透镜状或条带状产出于大理岩、花岗质片麻岩、绿帘黑云斜长片麻岩、硬玉石英岩和石榴橄榄岩中，其原岩包括壳源和幔源成因。此外，碧溪岭和毛屋是中大别发育最大的两个超高压镁铁-超镁铁质杂岩体，但是它们的Sr-Nd同位素成分有较大差异(Jahn et al., 2003)。

Jahn 等(2003)认为毛屋榴辉岩原岩是一个堆晶杂岩体，其在岩浆侵位和三叠纪俯冲-折返期间体系是开放的，并遭受了上地壳岩石的混染和之后的交代作用从而表现出高的($^{87}Sr/^{86}Sr)_i$值(0.707～0.708)和负的$\varepsilon_{Nd}(t)$值(–10～–3)以及钾(K)和铷(Rb)等的亏损。

硬玉石英岩断续成带分布在中大别的东部，最早称为硬玉岩或石英硬玉岩(徐树桐等, 1991, 1994; Xu et al., 1992; Su et al., 1996)。东起潜山县的野寨、毛岭、苗竹园、韩长冲，呈东西向分布，向西到潜山县横冲、五庙、新建，在岳西县菖蒲、女儿街和五河一带呈北西向产出，分布在长度大于 40 km、宽约 1 km 的范围内。硬玉石英岩呈透镜状产出在云母斜长片麻岩中并与大理岩和榴辉岩共生，常因糜棱岩化和伴随的退变质作用而变为含硬玉的片麻岩，原岩为杂砂岩。已知最大的硬玉石英岩块在中大别超高压变质带西端潜山县的新建附近(出露面积为 600 m×150 m)以及东端苗竹园附近(出露面积 750 m×250 m)。其中，硬玉石英岩的峰期变质矿物主要有硬玉、柯石英、石榴子石、金红石和多硅白云母等，退变质矿物有霓石、霓辉石、石英、黝帘石、斜长石、角闪石和绿帘石等。硬玉及石榴子石中有柯石英包裹体(Su et al., 1996; 吴维平等, 1998; Rolfo et al., 2004)，证明硬玉石英岩也是超高压变质带的重要成员，属于超高压变质的表壳岩的一部分。由于它的原岩为杂砂岩(徐树桐等，1994)并与大理岩和榴辉岩(原岩为泥灰岩)密切共生，进一步证明陆壳岩石可以俯冲到>90 km 的深度，因而对研究超高压变质带的构造背景及其形成和折返机制等都具有重要意义。

岩石学和年代学研究表明，该带(中大别)不同类型的变质岩大多数都经历了超高压榴辉岩相、高压榴辉岩相和角闪岩相等多阶段变质演化(刘贻灿和杨阳，2022)并伴随多阶段部分熔融作用(常发育高压脉体)。其中，花岗片麻岩中至少可以识别出约 230 Ma 和约 220 Ma 两期部分熔融作用，并且分别发生在榴辉岩相和角闪岩相变质 *P-T* 条件下(刘贻灿等，2019a)。此外，锆石 U-Pb 定年结果表明，中大别超高压榴辉岩及相关的花岗质正片麻岩的原岩形成时代主要为新元古代(700～800 Ma)(Ames et al., 1996; Rowley et al., 1997; Liu, 2006a, 2007a; Zhang et al., 2023)。最近的元素-同位素地球化学和锆石 U-Pb 年代学研究(刘贻灿等，2019a)表明，中大别超高压花岗片麻岩的原岩形成时代至少包括 780～800 Ma 和约 750 Ma 两大类；二者的($^{87}Sr/^{86}Sr)_i$分别为 0.769907～0.824067 和 0.704510～0.728989，$\varepsilon_{Nd}(t)$值分别为–14.79～–10.79 和–4.99～–4.43，指示它们具有不同的岩石成因，后者形成过程中明显有较多的幔源物质加入。因此，结合中大别超高压变质带和宿松变质带已发现的约 830 Ma 形成的花岗片麻岩或变质花岗岩(Li et al., 2017, 2020a)，充分证明了扬子北缘新元古代大陆裂解从约 830 Ma 即已开始，其峰期时代为约 750 Ma 并同时引发大量幔源物质加入到壳源岩浆活动中并伴随相关的热变质作用(Li et al., 2017, 2020a)，从而为罗迪尼亚(Rodinia)超大陆的裂解时间和演化特点提供了新的年代学以及元素和同位素地球化学方面的制约。

四、南大别低温榴辉岩带

南大别低温榴辉岩带，又称南大别“冷”榴辉岩带，简称南大别。该带大致分布于花凉亭–弥陀断裂以南至太湖–山龙断裂以北地区。最早，Okay(1993)提出大别山南部“冷”榴辉岩带和“热”榴辉岩带，认为二者之间大致以花凉亭水库南岸的剪切带为界。其中，南大别“冷榴辉岩”或“低温榴辉岩”这个名词后来被广泛采用(Carswell et al., 1997)。“低温榴辉岩”的主要表现：①石榴子石和绿辉石颗粒粗大，大部分石榴子石都有明显的成分环带，内部含有很多矿物包裹体且具有筛状结构或环礁状(atoll-like)结构(Castelli et al., 1998)；②具有相对较低的峰期变质温度，可能因所采用的计算方法和分析样品等方面的差异其温压条件被不同的研究者分别估算为580～610℃/2.1～2.5 GPa(Wang et al., 1992)、(635±40)℃/1.8～2.6 GPa(Okay, 1993)、570～620℃/1.9～2.1 GPa(Franz et al., 2001)、670℃/3.3 GPa(Li et al., 2004b)和(3.0±0.6)GPa/(615±6)℃(Wei et al., 2015)等；③强烈的退变质作用和发育黝帘石+石英+金红石+钠云母±蓝晶石等矿物组成的高压脉；④有较多的含水矿物包裹体，$\varepsilon_{Nd}(t)$为正值，指示其原岩为洋壳成因。该带榴辉岩主要由石榴子石、绿辉石、金红石和斜黝帘石组成，含有少量石英(或柯石英假象)、蓝晶石、黝帘石、蓝色闪石和钠云母。它包括分布在东段花凉亭水库以南朱家冲等地的榴辉岩及相关岩石、西段红安县高桥一带的榴辉岩及相关岩石等。主要岩石类型有榴辉岩、石榴斜长角闪岩、大理岩、花岗片麻岩、石榴二云绿帘斜长片麻岩等。榴辉岩的超高压变质时代约为240 Ma，退变质时代约为220 Ma(Li et al., 2004b; Cheng et al., 2009b)且榴辉岩中发育多种类型的高压脉体(Castelli et al., 1998; 刘贻灿和杨阳, 2022)。

五、宿松变质带

宿松变质带，又称宿松变质杂岩带或宿松杂岩带，位于大别碰撞造山带的南部，主体属于印支期华南(扬子)俯冲板块的后缘部分，出露于南大别低温榴辉岩带和前陆带之间，其北部与南大别低温榴辉岩带之间被太湖–山龙断裂所分割。相对于北大别、中大别和南大别超高压变质带来说，该带是一个相对低级变质的构造岩石单位，但岩石类型和成因比较复杂。以前主要认为其包括一套含磷岩系(宿松群)和变质的细碧石英角斑岩系(张八岭群)。实际上，原宿松群除含磷岩系外，还包含蓝晶石石英岩、(含石榴)花岗片麻岩、(含石榴)变质花岗岩、(含石榴)变基性岩(变玄武岩和变质辉长岩)、蛇纹岩、异剥钙榴岩、变流纹质凝灰岩、石榴云母石英片岩、变质砂岩、石墨片岩/石墨片麻岩和大理岩等。该带总体表现为

(绿帘)角闪岩相变质作用(徐树桐等，1994，2002；魏春景和单振刚，1997；石永红等，2012; Wu et al., 2023)，结合约 220 Ma 的峰期变质时代，应代表扬子三叠纪俯冲板块的后缘部分(Li et al., 2017；李远等，2018；刘贻灿和杨阳，2022; Wu et al., 2023)；但是，局部可能达到高压或超高压榴辉岩相变质条件，如蒲河黄玉蓝晶石石英岩(徐树桐等，1994，2002；翟明国等，1995；刘雅琴和胡克，1999)和吴家河石榴斜长角闪片麻岩等岩石，它们有可能是印支期碰撞造山期间卷入的外来深俯冲构造岩片(有待于进一步查明)。下文重点简述原宿松群中发育的三大类变质岩的主要特征及其时代。

1. *花岗片麻岩*

花岗片麻岩的原岩形成时代至少包括新太古代(2.5～2.7 Ga)、古元古代(约 2.0 Ga)、中元古代(约 1.38 Ga)和新元古代(770～830 Ma)四大类。其中：①新元古代花岗片麻岩在宿松变质带广泛分布(如亭子岭、蒲河、枫香驿、南冲等地)，并常与含石榴斜长角闪岩相伴生，其原岩是由经历了约 2.0 Ga 变质作用的 2.5～2.7 Ga 新太古代岩石在新元古代大陆裂解过程中发生重熔作用形成的,并在约 750 Ma 时遭受了热变质叠加(Li et al., 2017；李远等，2018)；②中元古代花岗片麻岩目前仅发现于宿松县北浴地区，形成时代为约 1.38 Ga，其原岩属于板内 A 型花岗岩，元素地球化学指示其可能形成于大陆裂解构造环境中(杨阳等，2024)；③古元古代花岗片麻岩主要分布于该带的西南部，如杨岩、罗汉尖和梓树坞等地，并常与形成时代约为 2.0 Ga 的变质含电气石流纹质凝灰岩及变质砂岩相伴生，其原岩主要是由 3.0～3.3 Ga 太古宙变质基底岩石发生部分熔融作用形成(刘贻灿和杨阳，2022)；④新太古代含石榴花岗片麻岩仅发现于宿松县趾凤乡吴家河，呈构造透镜体或岩块产出于石榴云母石英片岩中(李远等，2018)，可能属于扬子北缘前寒武纪变质基底——“大别杂岩”(徐树桐等，2002)的一部分。

2. *变基性岩和镁铁-超镁铁质岩石*

变基性岩包括变质辉长岩、变玄武岩/(石榴)斜长角闪岩和异剥钙榴岩等；镁铁-超镁铁质岩石主要为蛇纹岩和少量蛇纹石化橄榄岩等。其中，镁铁-超镁铁质岩石主要沿宿松二郎河董家山、亭子岭、蒲河一带分布，蛇纹岩或蛇纹石化橄榄岩中常伴有异剥钙榴岩。锆石 U-Pb 定年结果表明：①变质辉长岩和变玄武岩的形成时代约为 780 Ma；②蛇纹岩和异剥钙榴岩的原岩形成时代约为 1.4 Ga，异剥钙榴岩化的时间约为 1.0 Ga；③它们都经历了约 220 Ma 的绿帘角闪岩相变质作用(Li et al., 2017；李远等，2018)。徐树桐等(2006)根据董家山蛇纹岩中碳硅石的产出，推断它们的形成条件为：温度高于 1000℃、压力约 10 GPa。然而，至于它们的具体岩石成因和变质演化过程，尚有待进一步查明。

3. 变沉积岩和变质火山岩

该类岩石包括石榴云母石英片岩、变质砂岩、变流纹质凝灰岩、石墨片岩、大理岩和含磷岩系等，其原岩可以分为古元古代和新元古代两类盆地沉积形成的岩石。其中，古元古代盆地沉积的主要为变质砂岩及相伴生的变质含电气石流纹质凝灰岩，锆石 U-Pb 定年结果指示其原岩形成时代约为 2.0 Ga；原岩为新元古代沉积形成的岩石主要有石榴云母石英片岩、变质砂岩、石墨片岩/石墨片麻岩和大理岩以及含磷岩系等，锆石U-Pb定年结果指示它们的原岩沉积时代为750～800 Ma，并经历了约 220 Ma 的(绿帘)角闪岩相变质作用(刘贻灿和杨阳，2022; Wu et al., 2023)。

此外，原张八岭群断续出露于大别碰撞造山带南部宿松破凉、河塌至太湖江塘一带，呈狭长带状分布，全长近 30 km，走向北东。这套浅变质岩系主要由变石英角斑岩、石英绢云母千枚岩及少量变铁质碧玉岩、石英岩等组成，以变质的双峰式火山岩为主，原岩主要为细碧石英角斑岩建造(桑宝梁等，1987；徐树桐等，1994，2002)。总体表现为绿片岩相–绿帘角闪岩相变质作用和强烈的褶皱变形。桑宝梁等(1987)测得一组全岩 Rb-Sr 等时线年龄为(848±73)Ma 和 Sr 同位素初始比为 0.7054。最近，钠长云母石英片岩(变质的石英角斑岩)的锆石 SHRIMP U-Pb 定年结果表明，其原岩形成时代为(784±5)Ma，并经历了约 750 Ma 的热变质叠加(Li et al., 2017)。这与张八岭地区变质石英角斑岩的锆石 U-Pb 定年结果(Yuan et al., 2021)一致。因此，这套张八岭群岩石的原岩可能为新元古代由海底喷发形成的富钠的酸性火山岩，以石英角斑岩为主，其形成时代约 780 Ma 与宿松群变玄武岩等一致(Li et al., 2017)。

六、前陆带

前陆带，又称前陆褶皱冲断带(徐树桐等，1992)。该带位于大别碰撞造山带的最南端，包括前陆褶皱-冲断带和前陆盆地。东界为高河埠—安庆一线，西到湖北的鄂州一带，也许延伸到武汉附近。这个区域内未变质的扬子大陆盖层受到强烈的褶皱和断裂作用，褶皱的前三叠系呈雁列状山链断续分布，中段向南突出，并与大别山内中段超高压岩石单位向南突出的前缘对应，表现为弓-箭式向南逆冲的运动图案(徐树桐等，2002)。卷入前陆冲断和褶皱作用的扬子大陆未变质沉积地层从震旦系到下三叠统，指示强烈的俯冲碰撞作用应发生在中三叠世及其之后。因此，根据前陆带卷入的最新地层时代，可以大致限定扬子大陆板块的俯冲碰撞时间为中–晚三叠世，这也与大别山深俯冲地壳岩石的同位素定年结果一致。不连续的雁列状山链之间是侏罗系–第四系盆地的陆相碎屑沉积。

第三节　北大别杂岩带的关键科学问题

正如第二节所述，大别山中生代印支期深俯冲地壳岩片包括三个含榴辉岩的构造岩石单位，即南大别低温榴辉岩带、中大别超高压变质带和北大别杂岩带(分别简称南大别、中大别和北大别)(图 2-2)。其中，北大别榴辉岩及相关三叠纪变质岩石以折返期间经历过独特的麻粒岩相变质叠加而区别于中大别和南大别，显示它们具有不同的折返历史(Xu et al., 2000；刘贻灿等, 2000b, 2001b; Rolfo et al., 2004; Liu et al., 2005, 2007c, 2007d, 2011b; Malaspina et al., 2006; Groppo et al., 2015)。三个超高压岩片的峰期变质温度由南向北逐渐升高，即南大别低温榴辉岩(T<700℃，一般为 580～670℃)(Wang et al., 1992; Okay, 1993; Castelli et al., 1998; Li et al., 2004b; Wei et al., 2015)→中大别中温榴辉岩(T 一般为 700～850℃)(徐树桐等, 1994; Okay, 1993; Cong, 1996; Rolfo et al., 2004; Wei et al., 2013)→北大别高温榴辉岩(T=808～874℃、P=2.5 GPa 或 T=880～1080℃、P=4.0 GPa)(Liu et al., 2005, 2007c, 2015)。这种峰期变质温度的有规律变化，可能分别与三个超高压岩片的原岩在俯冲陆壳内所处的位置或地壳层次有关，即南大别和北大别分别相当于上、下地壳，也就是说，三个超高压岩片原岩温度就有高、低区别。这也与三个超高压岩片的岩石组成和原岩性质及其含水矿物与流体成分的特点相吻合(刘贻灿和李曙光，2008)。

鉴于南大别和中大别含有较多的表壳岩，富含水矿物和流体包裹体以及较低的峰期变质温度并结合它们各自的岩石组合特点，推测它们分别来自俯冲上地壳的上、下部；北大别则因峰期缺乏含水矿物、富 N_2 和 CO_2 包裹体、较高的峰期变质温度以及榴辉岩由镁铁质麻粒岩转变形成等而推测其来自俯冲下地壳。同时考虑它们有不同的变质 P-T 演化历史，说明印支期华南陆壳俯冲过程中有可能在不同深度发生了壳内的解耦(Okay et al., 1993; Zheng et al., 2005; 刘贻灿等, 2006, 2010; Tang et al., 2006; Xu et al., 2006; Liu et al., 2007d, 2011a, 2017)。

北大别榴辉岩和片麻岩的锆石 SHRIMP U-Pb 定年结果表明，超高压变质时代为(226±3)～(224±3) Ma(Liu et al., 2011a)，而北大别榴辉岩的 2 石榴子石+2 绿辉石的 Sm-Nd 等时线年龄为(212±4) Ma(Liu et al., 2005)。中大别超高压岩石的峰期变质时代已被很好测定，且老于北大别。例如，由三个榴辉岩相矿物确定的 Sm-Nd 等时线年龄为(226±3) Ma(Li et al., 2000)；锆石 U-Pb 测定的精确年龄为 225～238 Ma(Ames et al., 1996; 李曙光等, 1997; Rowley et al., 1997; Hacker et al., 1998; Ayers et al., 2002; Wan et al., 2005; Liu et al., 2006a, 2006b)。南大别低温榴辉岩的峰期变质时代最老，如石榴子石+绿辉石+金红石+蓝晶石的 Sm-Nd 矿物等时线年龄为(236±4) Ma和锆石 U-Pb 年龄为(242±3)～(243±4) Ma(Li et al.,

2004b)。此外，苏鲁超高压带中对应于中大别超高压变质带的超高压片麻岩锆石SHRIMP U-Pb年龄研究也表明，含柯石英等超高压矿物的锆石幔部年龄为231～227 Ma(Liu et al., 2004a; 李秋立等, 2004)，而含石英等角闪岩相退变质矿物的锆石增生边部年龄为(211±4) Ma。该超高压片麻岩锆石的幔部、边部年龄正好分别与中大别超高压变质带及北大别的峰期变质时代一致。这些表明，三个超高压岩片的峰期变质时代，由南向北逐渐变新，并且中大别超高压变质带岩石的退变质年龄，如双河片麻岩退变质矿物Sm-Nd年龄为(213±5) Ma(Li et al., 2000)、双河石英硬玉岩和毛屋榴辉岩中独居石的退变边部年龄为(209±3) Ma和(209±4) Ma(Ayers et al., 2002)与北大别榴辉岩的Sm-Nd矿物等时线年龄(Liu et al., 2005)一致。

据此，刘贻灿等提出了印支期大陆深俯冲过程中华南俯冲陆壳内部曾发生多层次地壳拆离、解耦以及超高压变质岩呈多板片差异性折返机制模型(Liu et al., 2007d; 刘贻灿和李曙光，2008)：陆壳俯冲过程中，首先在俯冲上地壳中发生拆离、解耦，上部岩片(如南大别低温榴辉岩带)沿拆离面逆冲折返，下部陆壳继续俯冲；此后，在上、下地壳之间发生第二次解耦，上部岩片(中大别超高压变质带)沿拆离面逆冲折返，下地壳(北大别杂岩带)继续俯冲；最终，在俯冲板片断离后，长英质下地壳与下伏镁铁质下地壳和岩石圈地幔拆分、解耦，三个超高压岩片全部折返，并呈现出大别山由南向北三个超高压岩片峰期变质时代逐步变新、变质温度逐步升高的趋势。已有研究证明这种深俯冲陆壳是大陆岩石圈组成和力学性质存在高度不均一性，形成多个低黏滞带(Meissner and Mooney, 1998)的结果，是大陆板块俯冲有别于大洋板块俯冲的实际例证。然而要完全证明这一俯冲-折返模式，尚需要更多的证据；否则，这三个超高压岩片的折返过程并不都像上述模型中那样简单，我们尤其需要对北大别开展更深入的岩石组成及其峰期变质条件、退变质岩石学、元素-同位素地球化学和精细年代学等方面的研究，揭示它真实的俯冲-折返轨迹，进一步完善大别山超高压变质带的多板片差异性折返模型。

中大别是大别山最早发现含柯石英和金刚石超高压变质岩(Okay et al., 1989; Wang et al., 1989; Xu et al., 1992)的地区，而且该带发育了大量不同类型的超高压变质岩，因而受到国内外同行的广泛关注并对该地区开展了变质岩石学、同位素地球化学与年代学、构造地质学等不同学科系统深入的研究工作，取得了丰硕成果。然而，北大别的研究程度相对较低。其中，北大别折返早期的高温-超高温麻粒岩相和角闪岩相退变质作用、碰撞后山根垮塌引发的岩浆热事件以及伴随的多期部分熔融与混合岩化作用等，造成出露的榴辉岩等与三叠纪深俯冲陆壳相关的高级变质岩露头较差，仅零星分布且退变质改造强烈，也许是北大别研究程度比较薄弱的重要原因。碰撞后燕山期大规模的岩浆作用已造成北大别变质岩露头的破坏(仅零星出露)与强烈改造，在一定程度上已经严重影响了人们对其原来面貌及其岩石组成与演化过程的准确认识。因此，北大别尚存在一些重大基础地质问题与分歧或模糊认识，有必要开展北大别不同地点榴辉岩及相关俯冲地壳岩石（不同类型花岗片麻岩类、混合岩等）的系统岩石学、元素-同位素地球化学和年代学等方面的深入研究。涉及北大别的关键科学问题概括如下。

1. *变质岩石学方面*

1997 年以前，北大别未发现榴辉岩等与中生代大陆深俯冲相关的岩石学和年代学方面的直接证据，也未在片麻岩中发现相关的岩石学和年代学记录，造成学者对北大别的大地构造属性和演化过程存在较大分歧：北部构造混杂岩带或含有扬子俯冲基底的变质蛇绿混杂岩带（表现为麻粒岩相，局部有早期榴辉岩相变质证据或线索）（徐树桐等，1992，1994）、古岛弧或岛弧杂岩（角闪岩相变质）（董树文等，1993；Cong et al., 1994; Zhai et al., 1994, 1995; Cong, 1996）、华北仰冲盘的高温变质地体（麻粒岩相高温变质）（Zhang et al., 1996）、北大别微地块（northern Dabie microblock）（深俯冲陆壳的仰冲盘）（Dong et al., 1998）和白垩纪岩浆杂岩（Cretaceous magmatic complex）（Hacker et al., 1998）等。随后，北大别北部百丈岩、华庄、黄尾河和铙钹寨等地陆续发现有榴辉岩（Wei et al., 1998; Xu et al., 2000; 刘贻灿等, 2000a, 2001b; Xiao et al., 2001；Liu et al., 2005）或榴辉岩相残留（Tsai and Liou, 2000）以及木子店等地发现了曾经过榴辉岩相变质作用的石榴辉石岩（张泽明等，2000），并在榴辉岩（Xu et al., 2003, 2005）和花岗片麻岩（Liu et al., 2007d）中发现金刚石，在榴辉岩的单斜辉石中发现针状石英出溶体（Tsai and Liou, 2000; 刘贻灿等, 2001b）或钾长石+钠长石+石英等组成的针状出溶体（Malaspina et al., 2006）和石榴子石中金红石+单斜辉石等组成的针状矿物出溶体（Xu et al., 2005）等超高压变质证据；北大别西南部-罗田穹隆中金家铺、板船山水库、石桥铺和罗田等地也陆续发现榴辉岩以及柯石英和柯石英假象等超高压变质证据（Liu et al., 2007c, 2011a, 2011b）。此外，Chen 等（2006）的研究表明，黄土岭中酸性麻粒岩可能参与了大别山的大陆深俯冲，但可能因缺乏流体等方面原因而造成大多数样品没有岩石学和年代学记录，或者因为后期多期退变质作用而未能保存早期深俯冲的证据，具体原因尚需进一步查明。这些岩石学研究，至少证明北大别的榴辉岩及相关岩石（条带状花岗片麻岩和混合岩化片麻岩等）曾经历了榴辉岩相乃至超高压变质作用。

综上所述，北大别经历了较长时间的高温变质作用和多阶段退变质过程，特别是在减压期间经历了高压麻粒岩相和高角闪岩相退变质作用，它有可能造成早期形成的变质矿物发生化学成分再平衡或者变质分解（Tual et al., 2018）和同位素发生再平衡或不平衡（Liu et al., 2005）：一方面使早期形成的超高压矿物及有关变质证据消失；另一方面严重影响了不同变质阶段温度、压力以及年龄的有效测定与计算，因而采用常规矿物对温度计得到的变质温度有可能偏低（刘贻灿等，2001b；石永红等，2011），甚至可能代表晚期再平衡的温度（Liu et al., 2015），常规的矿物 Sr-Nd 同位素定年结果代表冷却年龄而并不代表矿物的形成年龄甚至无地质意义（Liu et al., 2005, 2011a）。因此，鉴于北大别榴辉岩及相关岩石中很少保留有早期超高压变质作用的岩石学和（或）年代学证据，有人认为北大别可能包括两个岩片（Zhao et al., 2008; Xie et al., 2010），少数同行甚至怀疑北大别是否经历过超高压变质作用。

然而，令人可喜的是，锆石和金红石是高级变质岩中常见的矿物并被广泛应用于岩石学和年代学研究：一方面是因为它们稳定、抗风化和不易受后期热事件的影响，尤其是锆石，它被认为是保留寄主岩石所经历复杂过程记录（多期变质锆石生长和常含有同期变质矿物包裹体）的最好矿物（Gebauer et al., 1997; Ye et al., 2000; Hermann et al., 2001; Katayama et al., 2001; Liu et al., 2001, 2007a, 2007d, 2009, 2011a; Möller et al., 2002）；另一方面是它们除了用于 U-Pb 定年外，还被用作温度计，即锆石中 Ti 和金红石中 Zr 温度计（Zack et al., 2004; Watson et al., 2006; Ferry and Watson, 2007），并已被广泛使用（Zack and Luvizotto, 2006; Baldwin et al., 2007; Liu S.J. et al., 2010; Jiao et al., 2011）。这种微量元素温度计，结合岩相学、矿物包裹体和 U-Pb 年龄以及相平衡模拟等，对于经历了复杂演化过程和多期变质作用的岩石来说，显得尤其重要，为揭示北大别多阶段演化过程的变质温度、压力，以及寻找峰期变质矿物与超高压变质证据提供了重要途径和可能性。

2. 岩石组成与原岩性质方面

早期关于北大别大地构造属性和原岩性质的认识（徐树桐等，1992，1994；Xu et al., 1992; 董树文等，1993；Cong et al., 1994; Zhai et al., 1994, 1995; Cong, 1996; Zhang et al., 1996），主要是根据岩石组合特点、混合岩化片麻岩或混合岩的元素地球化学特征（和有限的同位素分析数据），以及斜长角闪岩和镁铁质-超镁铁质麻粒岩等的初步岩石学研究结果得出的，缺乏系统的同位素年代学和地球化学等方面的深入研究，难免存在片面性和不确定性，甚至是错误的。然而，1998 年及之后的系统野外地质调查以及岩石学和地球化学等方面深入的研究成果，改变了大多数同行早期有关北大别大地构造属性和原岩性质方面的传统认识并开始对其重新审视和进一步研究。此外，北大别还表明有以下特点：榴辉岩及相关岩石中无多硅白云母或其他高压-超高压含水矿物，反映它们变质过程中缺乏流体（可能与原岩性质有关或经过高温变质脱水过程）（刘贻灿等, 2000a, 2000b, 2001b; Liu et al., 2005, 2007c, 2011b）；具有低放射性成因 Pb（李曙光等，2001；张宏飞等，2001；Shen et al., 2014）；岩石组合方面，以花岗质正片麻岩为主，含有少量麻粒岩和榴辉岩透镜体；榴辉岩都经历了高压麻粒岩相退变质作用（Xu et al., 2000；刘贻灿等，2001b；Liu et al., 2007c, 2011b）；罗田榴辉岩是由新元古代基性麻粒岩经三叠纪超高压变质转变而来(Liu et al., 2007c)。这些成果表明，北大别榴辉岩等正变质岩的原岩总体具有下地壳特点(李曙光等，2001；张宏飞等，2001；刘贻灿和李曙光，2005，2008；Shen et al., 2014；古晓锋等，2017)。

Zhao 等(2008)根据北大别北部片麻岩中有三叠纪变质锆石记录和北大别南部片麻岩样品中没有三叠纪变质锆石记录等，认为北大别可能包括两个岩片(但没有 Pb 同位素等其他方面证据来支持)，即认为在俯冲过程中北大别内部曾发生拆离、解耦并形成两个岩片；Xie 等(2010)根据北大别片麻岩的 Sr-Nd 同位素分析数据认为北大别中含有类似于南大别的岩片(但没有 Pb 同位素数据来支持)。因此，北大别是由单一的岩片所组成，还是由所研究样品在分析方面的原因而得出的不合理结论？然而，北大别因经历了长时间高温变质作用和多期减压与退变质作用而具有复杂性，并有可能引起某些元素和有关同位素特征发生变化。因而不能仅仅根据目前所研究样品获得的年代学和全岩 Sr-Nd 同位素数据来简单判断原岩性质等。例如，可以结合全岩和长石的 Pb 同位素以及锆石的 Hf 同位素等综合研究限定原岩性质。此外，北大别在俯冲过程中因缺乏流体等方面的原因，也会造成某些地点或部位岩石中的锆石在变质过程中并不发生生长或虽发生生长但变质增生的边非常薄而不能定年(Liu et al., 2007c)，因而也不能仅仅根据在局部样品的锆石中能否测定出三叠纪变质年龄来判断其是否参与了深俯冲(Liu et al., 2003)，它需要更多方面的数据或证据来制约。

因此，北大别变质岩的原岩性质是否一致？是否存在类似于中大别或南大别的岩片分布，或者说北大别是否由两个及以上岩片组成？为此，除了详细的野外地质调查外，还需要对北大别南、北不同地区进行岩石地球化学和年代学等多方面综合研究，该问题才有可能得到解决，并为大别碰撞造山带的形成和演化以及俯冲陆壳内部的拆离、解耦过程提供新的证据与制约。

3. 同位素年代学方面

1997 年以前，北大别因未发现榴辉岩以及在片麻岩中未测定出与大陆俯冲、碰撞有关的三叠纪变质年龄，而被认为是一个白垩纪岩浆杂岩体(Xue et al., 1997; Hacker et al., 1998)。然而，Bryant 等(2004)测定出北大别花岗片麻岩的原岩时代为新元古代并在片麻岩锆石中发现三叠纪变质记录，由此认为“北大别不是一个简单的白垩纪伸展地体”(“the Northern Dabie Complex is not simply a Cretaceous extensional terrane”)，但是，认为“北大别没有经历过三叠纪深俯冲”(“the Northern Dabie Complex was not deeply subducted in the Triassic”)。实际上，无论是北大别北部还是北大别南部，无论是榴辉岩还是片麻岩，它们都有三叠纪变质记录，它们的原岩时代主体为新元古代且都经历了中生代多阶段变质演化，具体见下文分析。

北大别北部：饶钹寨榴辉岩和塔儿河片麻岩单颗粒锆石同位素稀释法(ID-TIMS)U-Pb定年结果指示它们的原岩时代都为新元古代、高压变质时代为(230±6)Ma和(226±6)Ma以及燕山期热事件年龄为(145±2)Ma(刘贻灿等，2000a)；谢智等(2001)对石竹河片麻岩、江来利等(2002)对漫水河片麻岩、葛宁洁等(2003)对燕子河英云闪长质片麻岩，以及薛怀民等(2003)对大山坑花岗片麻岩等的单颗粒锆石U-Pb定年结果也都测定出北大别片麻岩的原岩时代为新元古代和高压变质时代为三叠纪。百丈岩榴辉岩的Sm-Nd等时线年龄为(219±11)Ma和(229±13)Ma(Xie et al., 2004)；黄尾河榴辉岩的2石榴子石+2绿辉石的Sm-Nd等时线年龄为(212±4)Ma(Liu et al., 2005)；塔儿河花岗片麻岩的锆石SHRIMP U-Pb定年结果指示其原岩时代为新元古代、高压变质时代为(207±10)Ma以及燕山期热事件年龄为(126±5)Ma(Liu et al., 2007d)。

北大别西南部-罗田穹隆地区：板船山水库的两个榴辉岩中锆石SHRIMP U-Pb定年结果表明，原岩时代为(791±9)Ma，而样品中大多数锆石不发育变质增生边或非常薄(<10 μm，不能进行原位定年)，只有2颗锆石增生边可以定年并给出(212±10)Ma，结合锆石增生边部含有的绿辉石和石榴子石矿物包裹体，证明所研究样品经历过三叠纪榴辉岩相变质作用(Liu et al., 2007c)。金家铺和罗田等地的榴辉岩锆石SHRIMP U-Pb定年及其微量元素和矿物包裹体的研究表明，锆石具有多期变质作用年龄记录，即(238±2)Ma、(222±4)～(227±2)Ma[平均(226±3)Ma]、(210±4)～(215±2)Ma[平均(214±3)Ma]、(199±2)Ma和(176±2)～(188±2)Ma(Liu et al., 2011a)。其中，锆石微量元素及矿物包裹体证明(226±3)Ma和(214±3)Ma分别代表超高压榴辉岩相和高压榴辉岩相变质时代，其他年龄仅由1～3个数据给出，尚需更多的年龄数据给予制约并确定其地质意义。此外，金家铺花岗片麻岩(榴辉岩的直接围岩)的锆石SHRIMP U-Pb定年结果，给出类似榴辉岩的多期变质年龄数据(Liu et al., 2007d, 2011a)。另外，黄土岭中酸性麻粒岩的黑云母Ar-Ar年龄为(195±2)Ma并被认为其代表麻粒岩相变质时代(Wang et al., 2002)。

值得关注的是，“罗田穹隆”中黄土岭和木子店一带的麻粒岩是大别山最具有典型意义的露头，可能代表着“大别杂岩”(原大别群)中变质级最高的(麻粒岩相)古老岩石(游振东等，1995；刘贻灿和李曙光，2005)。其中，黄土岭紫苏石榴黑云片麻岩(中酸性麻粒岩)明显不同于北大别其他地点的变质岩石：一方面是其原岩形成时代为新太古代(约2.77 Ga)，是经历了古元古代(约2.0 Ga)麻粒岩相变质作用的古老变质岩(Zhou et al., 1999; Chen et al., 2005; Sun et al., 2008; Wu et al., 2008; Jian et al., 2012)；另一方面可能因其原岩性质等方面原因，大多未发现三叠纪时期大陆深俯冲的岩石学和年代学记录，只有少数地点片麻岩样品锆石中保留有印支期(刘贻灿等，2000a；龚松林等，2007; Wu et al., 2008; Jian et al., 2012)或燕山期(刘贻灿等，2000a；江来利等，2002；Wu et al., 2007b; Jian et al., 2012)年龄记录。据此，结合岩相学分析(Chen et al., 2006)等，表明该中酸性麻粒岩可能参与了大别山的大陆深俯冲，但可能因缺乏流体等方面的原因而造成大多数样品没有岩石学和年代学记录，或者因为后期多期退变质作用而未能保存早期深俯冲的证据。还有一种可能性，岩石原岩形成时代为太古宙，又经历了约 2.0 Ga 麻粒岩相变质作用但没有参与中生代三叠纪大陆深俯冲，属于扬子北缘古老的变质基底(下地壳岩片)或大别杂岩(徐树桐等，2002)，然而因碰撞造山和山根垮塌而出露地表。

此外，已发表资料表明，罗田穹隆中还有一期 136 Ma 左右的麻粒岩相变质作用记录(侯振辉等，2005)、北大别花岗片麻岩 120～140 Ma 的锆石 U-Pb(刘贻灿等，2000a；Wang et al., 2002; Bryant et al., 2004; Xie et al., 2004, 2010; Liu et al., 2007d; Wu et al., 2007b; Zhao et al., 2008)和角闪石或长石 Ar-Ar 年龄(陈廷愚等，1991；牛宝贵等，1994；王国灿和杨巍然，1996)的热变质作用记录，以及黄土岭中酸性麻粒岩锆石中也有 120～140 Ma 的热变质作用记录(Wu et al., 2008)。研究区广泛发育燕山期花岗岩和强烈的混合岩化作用等(Hacker et al., 1998; Liu et al., 2007d; Wu et al., 2007b; Zhao et al., 2008; Xie et al., 2010)，由此证明北大别明显经历了早白垩世岩浆作用和变质作用的叠加与改造，这可能暗示了该时期大别造山带深部的拆离和去根过程，也是大别山超高压变质岩在早白垩世被进一步抬升至近地表的重要原因(侯振辉等，2005)。

由于北大别经历了多期高温变质演化过程，一般都会造成变质岩中锆石在不同阶段发生不同程度的变质生长与后期叠加改造，而在阴极发光(CL)图像上表现出复杂的核-幔-边结构。因此，以前用单颗粒锆石同位素稀释法(ID-TIMS)测定出的锆石 U-Pb 年龄，大多数测点较少和误差较大，有些可能代表混合年龄甚至没有地质意义(Liu et al., 2011a)。然而，用锆石 SHRIMP U-Pb 定年方法获得的精确年龄又相对比较少，特别是北大别退变质阶段的精确年龄更少。同样，因研究区的多阶段变质演化和长期高温变质作用常常造成不同矿物之间同位素不平衡(Liu et al., 2005)，精确的矿物 Sr-Nd 等时线年龄就更难获得。此外，上述年代学研究还表明：①无论是北大别北部还是南部，榴辉岩及花岗片麻岩中都有多期变质年龄记录，花岗片麻岩与榴辉岩不同的是有 120～140 Ma 燕山期热事件记录；②无论是北大别北部还是南部的花岗片麻岩，都有少数样品没有测定出三叠纪变质年龄，这也许反映它们未经历深俯冲而没有年代学记录。不排除另一种可能，虽然经历了深俯冲但没有长出变质锆石或发生变质增生但比较薄(<10 μm)而不能测定出。因为中大别也有类似情况，如碧溪岭含柯石英榴辉岩的围岩——花岗片麻岩锆石中未发现三叠纪变质记录(Liu et al., 2003)。为此，需要开展对北大别

南、北不同地区的榴辉岩、花岗片麻岩类、混合岩及有关岩石进行更多样品的年代学研究，特别是锆石的 U-Pb 定年、矿物包裹体和微量元素分析等。

综上所述，在作者等开展系统深入研究之前，北大别仍存在一些有待进一步查明和解决的关键科学问题，可以归纳如下。

(1) 北大别的岩石组成以及其是否整体经历了相同的变质演化过程？也就是说，北大别是由单一岩片(岩石单位) (single tectonic unit/slice)，还是由多个岩片(两个及以上)组成，或者主体是一个岩片但含有少量外来的残留岩片(或推覆体) (如类似于中大别或南大别的岩片，Lin et al., 2007)，甚至是否有可能存在因碰撞造山、抬升和强烈剥蚀而出露来自古老的下地壳，但未参与三叠纪深俯冲的变质基底岩石或岩片(相当于原大别杂岩或大别群)？

(2) 北大别的大地构造属性如何？研究区为何难以发现柯石英和有关超高压变质的证据，以及是否整体经过了超高压变质作用？它的峰期及各退变质阶段的确切温度、压力如何？

(3) 北大别是否经历了多期麻粒岩相变质作用？北大别高压榴辉岩相以及麻粒岩相和角闪岩相等退变质阶段的确切时代以及北大别从俯冲至折返的完整 *P-T-t* 轨迹如何？是否属于高温变质带？

(4) 北大别折返早期及山根垮塌期间的多期深熔作用特点及其机制和 *P-T* 条件如何？

(5) 北大别在俯冲-折返及深熔作用过程中的元素和同位素行为及其影响因素有哪些？

为此，针对研究现状和存在的关键问题，我们开展了持续 25 年的北大别相关研究。本书以高温榴辉岩、混合岩和含刚玉黑云二长片麻岩等北大别最具有代表性的岩石类型为主要研究对象，重点介绍了我们有关岩石学、同位素年代学和元素-同位素地球化学方面的突出研究成果和创新性进展，查明了北大别的岩石组成及其原岩性质和大地构造属性，率先揭示了该带榴辉岩及相关岩石的三叠纪高温超高压变质作用、折返期间的高温-超高温麻粒岩相变质叠加和多阶段演化过程及其岩石学和年代学证据以及变质和部分熔融过程中的元素和同位素行为等。

第三章　高温榴辉岩

榴辉岩是北大别比较少见，但又是极其重要的一种变质岩类型，它记录了北大别俯冲-折返的多阶段高温变质演化过程。尽管中大别和南大别都发育有榴辉岩，但它们不同于北大别，没有经历过折返早期的高温-超高温麻粒岩相变质叠加，而且三个构造岩石单位的榴辉岩有不同的岩石学特点、峰期变质 *P-T* 条件及野外表现。例如，位于大别山北部的桐城汪洋水库及毛花岩等地的榴辉岩，靠近郯庐断裂西侧，明显不同于北大别黄尾河、铙钹寨、百丈岩等地的榴辉岩，未发现经历过高温变质脱水和麻粒岩相变质叠加的证据，野外可见(多硅)白云母等含水矿物，应属于中大别；"罗田穹隆"西北部中生代花岗岩中榴辉岩捕虏体类似于南大别低温榴辉岩(Lin et al., 2007)。因此，北大别榴辉岩缺乏峰期多硅白云母和蓝晶石，也限制了其峰期变质压力的准确限定(Carswell et al., 1997; Hacker, 2006)。由于北大别的多阶段高温退变质演化，尤其是折返期间高温-超高温麻粒岩相变质叠加和强烈的角闪岩相退变质作用以及山根垮塌期间的热变质作用，研究区目前主要表现为角闪岩相矿物组合，仅局部保留有榴辉岩相和麻粒岩相变质证据。因此，这些也是造成北大别的变质演化过程以及北大别与大别山大陆深俯冲之间的关系长期存在争议的重要原因(详见第二章)。为此，我们开展了北大别系统的野外地质调查，查明研究区存在经历不同程度多阶段退变质和改造的榴辉岩，并进行了深入的岩石学、年代学和元素-同位素地球化学等方面的研究。本章重点介绍北大别榴辉岩的野外分布特征、高温超高压变质作用和多阶段演化与深熔作用的岩石学和年代学制约、榴辉岩的原岩性质和岩石成因以及变质和部分熔融期间的元素和同位素行为等。

第一节　引　　言

1998 年之前，对北大别的大地构造属性和变质演化过程的认识存在较大分歧(Okay and Sengor, 1992; 徐树桐等, 1992, 1994; 董树文等, 1993; Cong et al., 1994; Zhai et al., 1994, 1995; Zhang et al., 1996; Hacker et al., 1998)。其中，一个最重要的原因是该带之前未发现三叠纪变质榴辉岩或其他超高压变质岩。因此，是否有三叠纪变质榴辉岩或榴辉岩相变质证据是解决这些分歧的关键。随后，北大别东北部和西南部陆续发现了一些(退变)榴辉岩出露点(Wei et al., 1998; Xu et al., 2000; 刘贻灿等, 2000a, 2001b, 2005; Liu et al., 2005, 2007c, 2011b)或榴辉岩相残留(Tsai and Liou, 2000; Xiao et al., 2001)，并在榴辉岩中发现了变质金刚石(Xu et al., 2003, 2005)和柯石英(Liu et al., 2011a, 2011b)等超高压变质矿物，以及在石榴子石中发现了针状矿物出溶体等超高压变质证据(刘贻灿等, 2001b; Liu et al., 2007c, 2011b)。深入的岩石学研究表明，北大别榴辉岩经历了高压麻粒岩相变质叠加和角闪岩相退变质作用(Xu et al., 2000; 刘贻灿等, 2000b, 2001b)，同时，结合年代学和元素-同位素地球化学等方面的研究，揭示了北大别榴辉岩经历了三叠纪高温超高压变质作用，属于印支期华南俯冲陆壳的一部分(刘贻灿和李曙光, 2005; Liu et al., 2005, 2007c, 2007d, 2011a)。

第二节　多阶段演化及超高压变质作用的岩石学证据

一、榴辉岩的分布和岩石学特征

1. 分布

北大别榴辉岩仅零星出露(图 3-1 和图 3-2)，东北部的榴辉岩大致沿磨子潭-晓天以南分布，如舒城县百丈岩和华庄、岳西县黄尾河、霍山县饶钹寨等地，西南部的榴辉岩主要位于罗田穹隆内的英山县金家铺和板船山、罗田县石桥铺和凤山等地。此外，燕子河、斑竹园和鹿吐石铺等地还发现有退变很强的榴辉岩，主要表现为含石榴子石斜长角闪岩、石榴辉石岩或石榴二辉麻粒岩等，其中的早期绿辉石大多已退变为钠长石和透闪石的后成合晶或交生体(图 3-3 和图 3-4)。本区榴辉岩主要有两种产状：一种产于变形较强(面理化)的变质橄榄岩中，如黄尾河和饶钹寨等地的榴辉岩；另一种产于含石榴子石条带状片麻岩中(图 3-2)，如百丈岩、华庄、金家铺、石桥铺和凤山等地的榴辉岩。二者的远围岩均为花岗质片麻岩。榴辉岩多呈透镜状构造体产于围岩中，变形较强和已面理化，靠近核部较新鲜，向边部退变强烈，部分已经变成榴闪岩或含石榴子石斜长角闪岩等[图 3-2(d)]。此外，还有少部分榴辉岩与大理岩共生，如罗田县程家湾的榴辉岩，但该种产状榴辉岩大多已经强烈退变，很少保留早期绿辉石；鹿吐石铺产于花岗片麻岩中的退变榴辉岩，目前表现为石榴斜长角闪岩。退变榴辉岩中绿辉石大多已退变为透辉石和斜长石，并以包裹体形式产于石榴子石中[图 3-3(c)]，甚至减压分解为紫苏辉石和斜长石交生体[图 3-3(d)]。

2. 岩石学特征

(退变)榴辉岩的主要组成矿物有石榴子石、绿辉石、石英/柯石英(假象)、金红石、褐帘石和氟磷灰石，以及退变质形成的斜长石、紫苏辉石、透辉石、(钛)磁铁矿和角闪石等(图 3-3)，在东北部和西南部的榴辉岩中还分别发现有变质金

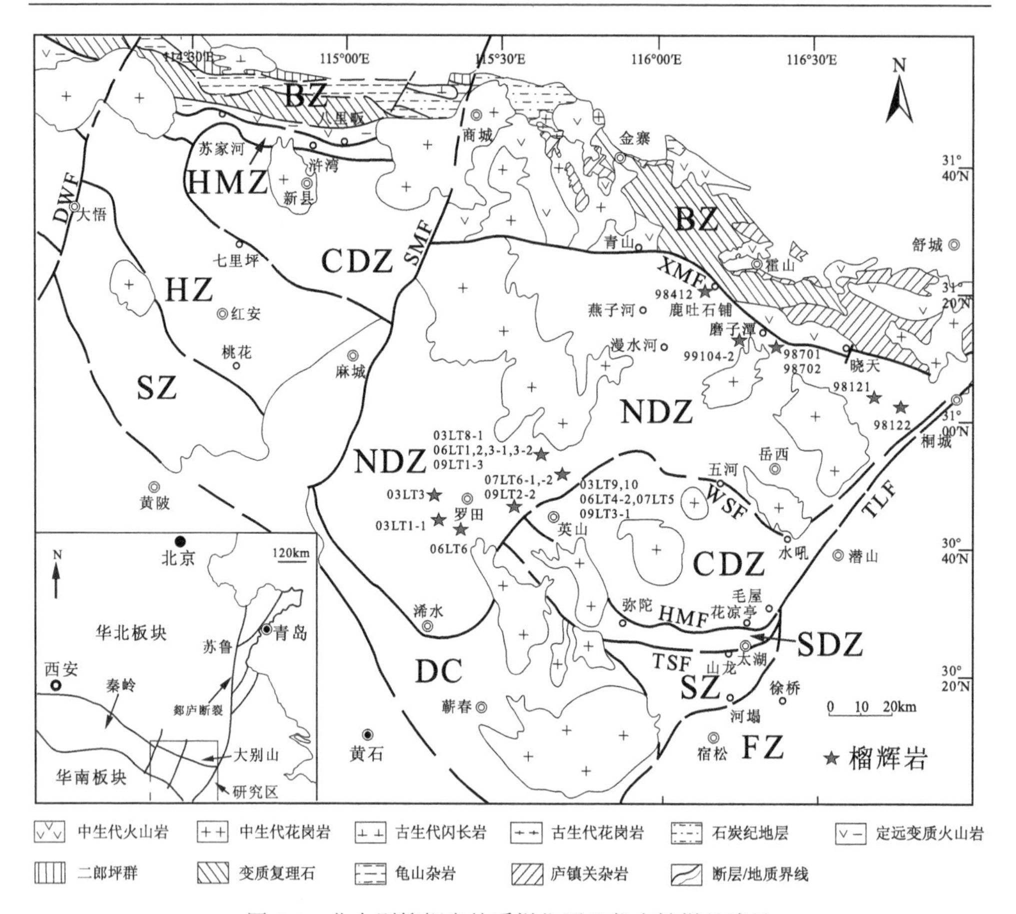

图 3-1　北大别榴辉岩的采样位置及代表性样品编号

BZ，北淮阳带；NDZ，北大别杂岩带；CDZ，中大别超高压变质带；SDZ，南大别低温榴辉岩带；SZ，宿松变质带；FZ，前陆带；HMZ，浒湾混杂岩带；HZ，红安低温榴辉岩带；DC，角闪岩相大别杂岩；XMF，晓天-磨子潭断裂；WSF，五河-水吼断裂；HMF，花凉亭-弥陀断裂；TSF，太湖-山龙断裂；TLF，郯庐断裂；SMF，商(城)-麻(城)断裂；DWF，大悟断裂

刚石和柯石英等超高压矿物(Xu et al., 2003, 2005; Liu et al., 2011b)。在岩石薄片上，榴辉岩常具有斑状变晶结构，石榴子石大多为变斑晶状，高钠绿辉石大多呈包裹体形式存在于石榴子石[图 3-3(b)]或变质锆石中，少数以残晶形式存在于基质中，早期绿辉石大多因折返后期减压而形成具有针状石英出溶体的低钠绿辉石或钠质透辉石[图 3-3(a)和图 3-4(c)]。透辉石主要以后成合晶形式与斜方辉石(紫苏辉石)、斜长石和钛铁矿等共存(图 3-3 和图 3-4)，少数以基质形式存在。

榴辉岩发育一系列特征性减压退变质显微结构，如多种针状矿物出溶体、后成合晶或冠状体、反应边或退变边等，最大的特点是发育多阶段后成合晶和冠状体(图 3-3)。绿辉石先是退变成钠质透辉石，随着温度和压力的降低，钠质透辉

(a) 百丈岩　(b) 铙钹寨

(c) 板船山　(d) 罗田

图 3-2　北大别榴辉岩的典型野外照片

石进一步分解成角闪石和钠长石的后成合晶(图 3-3 和图 3-4)。石榴子石的冠状体主要由细粒的角闪石+斜长石等组成的内环后成合晶，以及非常细粒的透辉石+紫苏辉石+斜长石等组成的外环后成合晶所构成(图 3-3 和图 3-4)。它们分别由 Grt(石榴子石)+Qtz(石英)+H_2O→Hbl(角闪石)+ Pl(斜长石)+ Mt(磁铁矿)和 Grt(石榴子石)+ Omp(绿辉石)→Di(透辉石)+ Hy(紫苏辉石)+ Pl(斜长石)两种不同的变质反应形成，分别发生在角闪岩相和麻粒岩相退变质阶段，又称“双层”后成合晶。高压麻粒岩相叠加和角闪岩相退变质阶段形成的后成合晶广泛发育，一方面指示榴辉岩在这两个阶段经历的时间较短并反映快速折返过程，另一方面也可能说明退变质期间缺乏流体(与原岩为下地壳岩石有关)。此外，晚期绿辉石经常有透辉石退变边，透辉石常具有角闪石[图 3-4(c)]或紫苏辉石[图 3-4(d)]退变边，而金红石常具有钛铁矿的退变边。

罗田榴辉岩中存在多期斜方(紫苏)辉石(图 3-3～图 3-6)。早期紫苏辉石常与斜长石(中长石)共生并呈包裹体形式存在于石榴子石中[图 3-5(a)]或呈残晶形式存在于基质中或新元古代变质锆石的核部[图 3-5(b)]。晚期紫苏辉石，常与透辉

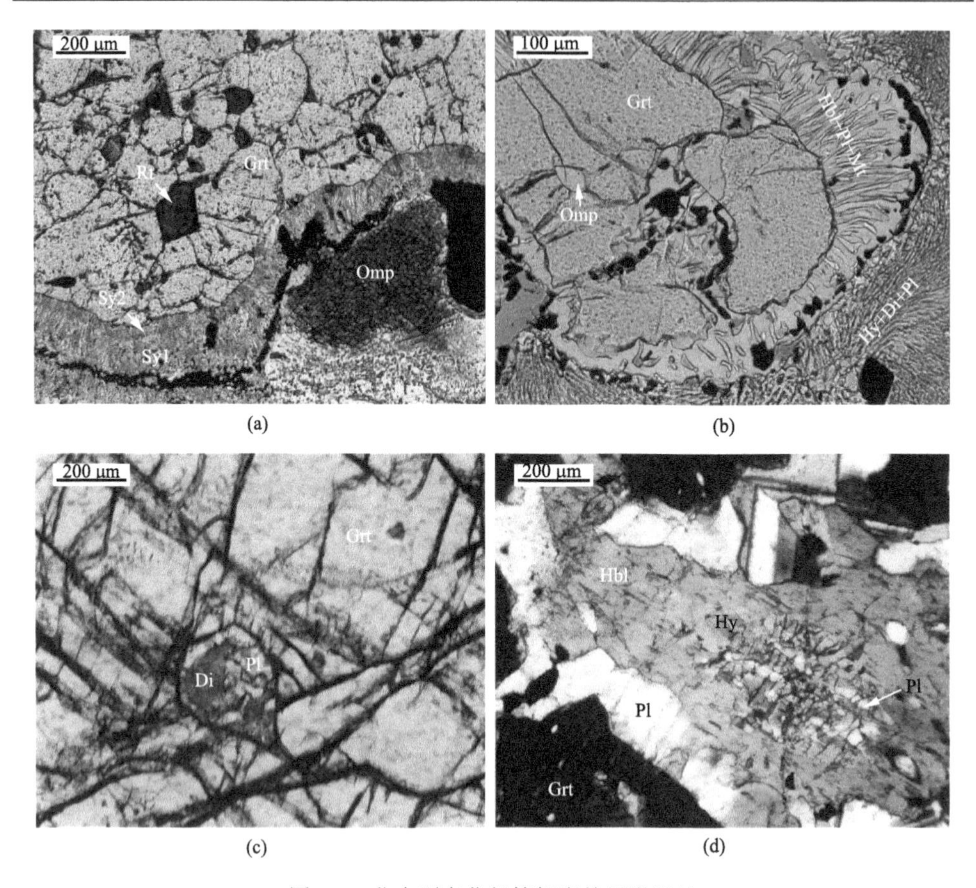

图 3-3　北大别东北部榴辉岩的显微照片

(a)绿辉石、石榴子石中金红石包裹体和两期后成合晶，百丈岩(样品 98121)；(b)石榴子石中绿辉石包裹体和两期后成合晶，华庄(样品 98122)；(c)石榴子石中透辉石和斜长石包裹体，鹿吐石铺(样品 98412)；(d)石榴子石及紫苏辉石与斜长石交生体存在于角闪石中，鹿吐石铺(样品 98412)。Grt，石榴子石；Omp，绿辉石；Di，透辉石；Hy，紫苏辉石；Rt，金红石；Hbl，角闪石；Pl，斜长石；Mt，磁铁矿；Sy1，早期麻粒岩相后成合晶；Sy2，晚期角闪岩相后成合晶

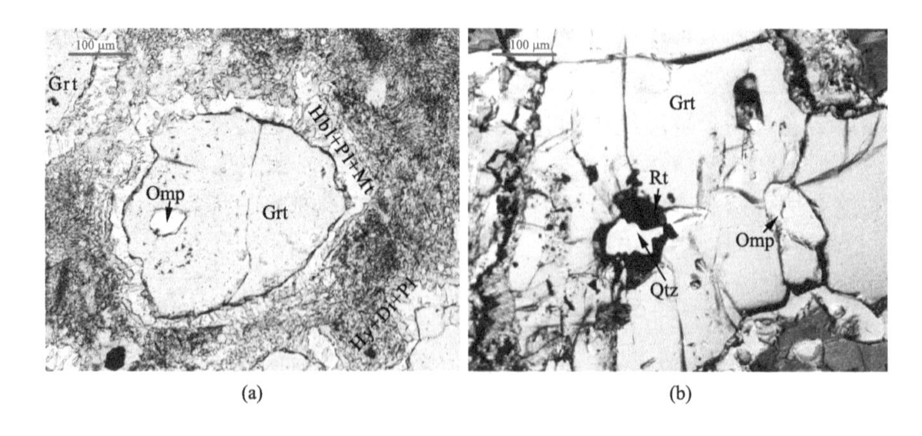

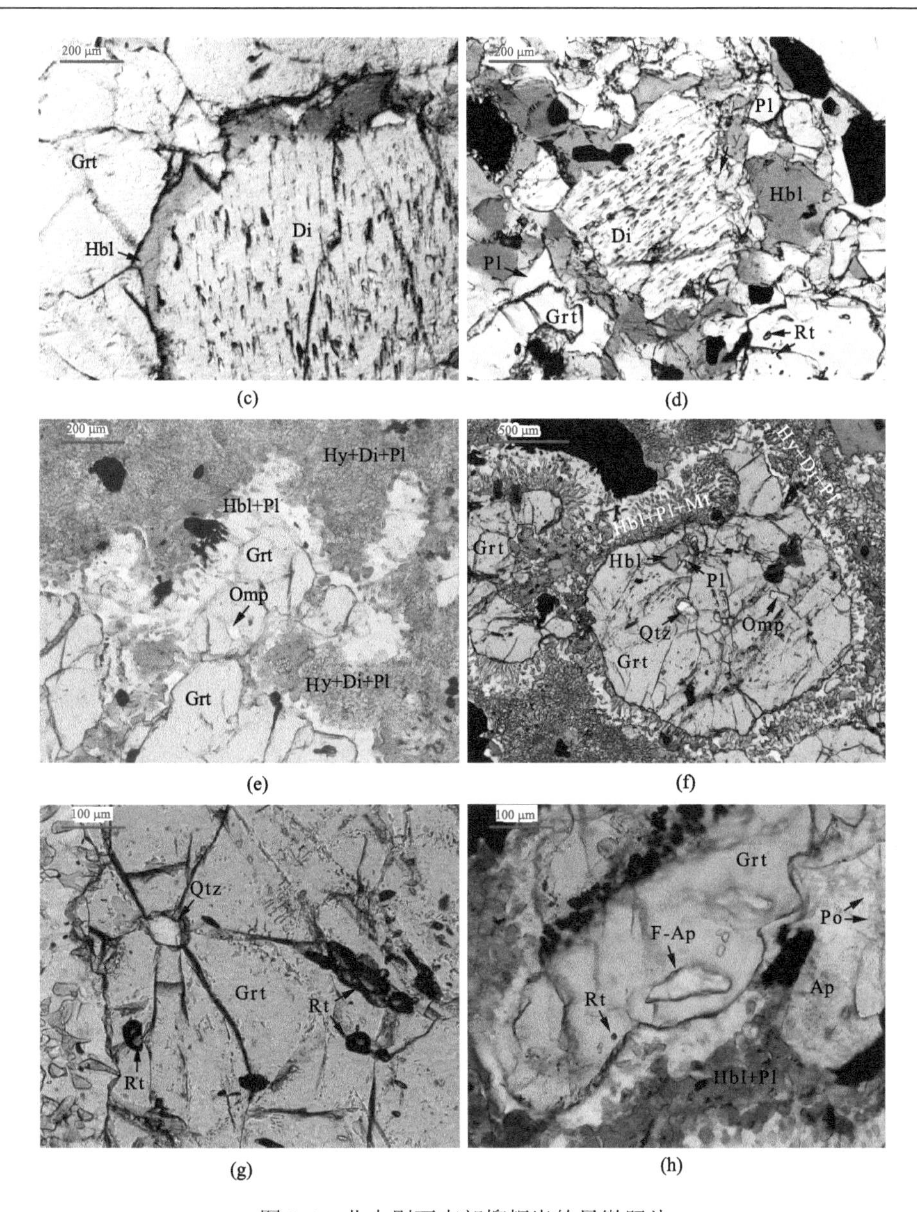

图 3-4　北大别西南部榴辉岩的显微照片

(a)石榴子石中绿辉石包裹体和两期后成合晶，板船山(样品 03LT10)；(b)石榴子石中绿辉石、金红石和石英包裹体，金家铺(样品 03LT8-1)；(c)含针状石英出溶体的钠质透辉石有角闪石退变边，金家铺(样品 03LT8-1)；(d)含针状石英出溶体的钠质透辉石有紫苏辉石退变边，金家铺(样品 03LT8-1)；(e)石榴子石中绿辉石和石英包裹体以及两期后成合晶，石桥铺(样品 07LT6-1)；(f)石榴子石中绿辉石和石英包裹体以及两期后成合晶，石桥铺(样品 07LT6-1)；(g)石榴子石中石英(伴有放射状胀裂纹)和金红石包裹体，石桥铺(样品 07LT6-1)；(h)石榴子石中绿辉石和石英包裹体以及两期后成合晶，板船山(样品 06LT4-2)。Grt，石榴子石；Omp，绿辉石；Di，透辉石；Hy，紫苏辉石；Rt，金红石；Qtz，石英；Hbl，角闪石；Pl，斜长石；Ap，磷灰石；Mt，磁铁矿；Po，磁黄铁矿；F-Ap，氟磷灰石

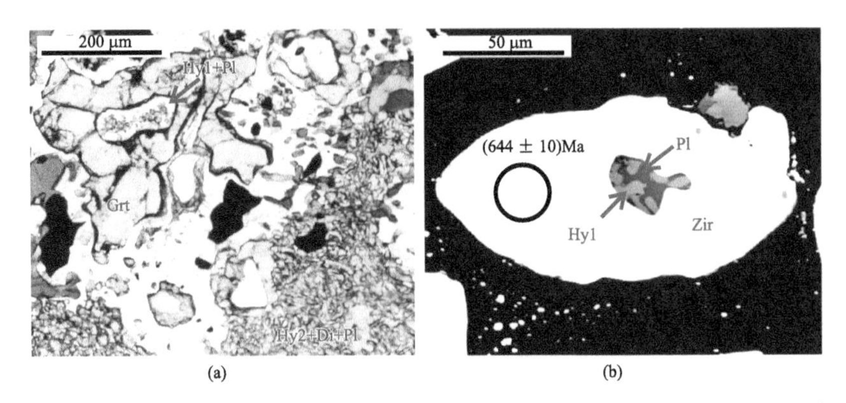

图 3-5　北大别罗田榴辉岩两期紫苏辉石的显微照片

(a)石榴子石中紫苏辉石(Hy1)+斜长石矿物包裹体组合以及麻粒岩(Hy2 + Di + Pl)退变质矿物组合，样品 03LT3；(b)含紫苏辉石+斜长石包裹体的新元古代变质锆石的背散射图像，样品 03LT10。Grt，石榴子石；Zir，锆石；Pl，斜长石；Di，透辉石；Hy1，早期紫苏辉石；Hy2，晚期紫苏辉石

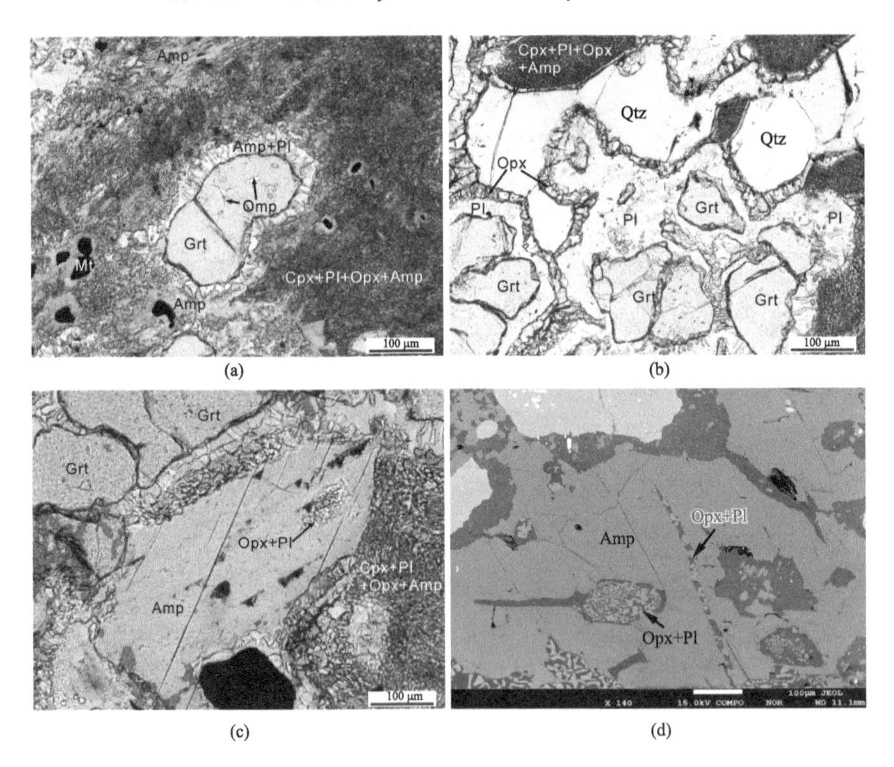

图 3-6　样品 03LT10 中多期矿物组合的显微照片

(a)石榴子石和其中的绿辉石包裹体为峰期变质矿物；石榴子石周围生长角闪石+斜长石冠状体，以及以斜长石+单斜辉石+斜方辉石+角闪石后成合晶为主的基质；(b)石英和石榴子石之间的斜方辉石+斜长石双层冠状体；(c)角闪石变斑晶及其中的斜方辉石+斜长石后成合晶；(d)角闪石变斑晶中斜方辉石+斜长石包裹体及裂隙中斜方辉石+斜长石交生体的背散射图像。Grt，石榴子石；Omp，绿辉石；Amp，角闪石；Pl，斜长石；Cpx，单斜辉石；Opx，斜方辉石；Qtz，石英

石、斜长石等共生，并以后成合晶形式存在[图 3-5(a)]或者呈钠质透辉石的退变边[图 3-4(c)]，其成分也有明显差异，后成合晶中的紫苏辉石具有较高的 $Mg^{\#}$值[$Mg^{\#}$=Mg/(Mg+Fe)×100；如 65～67]，而冠状体中紫苏辉石的 $Mg^{\#}$值则较低(如 57～61)，表明它们可能分别形成于高压和低压麻粒岩相变质阶段。此外，罗田榴辉岩中存在一些具有自形且比后成合晶中矿物颗粒大得多的角闪石变斑晶[图 3-6(c)]，代表了更晚一期的角闪岩相退变质作用(Deng et al., 2021)。在这些角闪石变斑晶的裂隙中还存在斜方辉石+斜长石组合[图 3-6(c)、(d)]，可能反映了晚于该角闪岩相变质之后的一期麻粒岩相变质事件。因此，北大别榴辉岩经历了多期麻粒岩相变质作用，即新元古代和中生代，其中，中生代主要涉及晚三叠世折返期间高温减压分解和脱水熔融以及早白垩世山根垮塌等引发的麻粒岩变质作用。

根据上述岩相学结构和矿物之间的相互关系，北大别榴辉岩大致可以划分出八期主要的变质矿物共生组合。

(1)早期麻粒岩相阶段，主要矿物组合为石榴子石+紫苏辉石+斜长石等。

(2)榴辉岩相峰期变质阶段，以石榴子石和其中矿物包裹体为代表，其组合为石榴子石+绿辉石+金红石+柯石英/金刚石等。

(3)石英榴辉岩相变质阶段，组合为石榴子石+绿辉石+金红石+石英等。

(4)高压麻粒岩相退变质阶段，以非常细粒的斜长石+单斜辉石+紫苏辉石组成后成合晶为代表，主要由石榴子石与绿辉石等矿物发生反应形成，其组合主要为石榴子石+透辉石+斜长石+紫苏辉石+钛铁矿等。

(5)低压麻粒岩相退变质阶段，以位于石英和石榴子石之间的由斜长石+斜方辉石+少量单斜辉石组成的冠状体为代表，其矿物组合主要为石榴子石+斜长石+斜方辉石，其中的斜方辉石为较低 $Mg^{\#}$值的紫苏辉石或正铁辉石。

(6)高角闪岩相退变质阶段，以角闪石交代透辉石等为代表，其相应的退变质反应为石榴子石+石英+水→角闪石+斜长石+磁铁矿、透辉石→角闪石+斜长石及石榴子石+透辉石+水→角闪石+斜长石，其组合主要为角闪石+斜长石+磁铁矿等。

(7)低角闪岩相退变质阶段，以具有自形或半自形颗粒且比后成合晶中矿物颗粒大得多的角闪石变斑晶[图 3-6(c)、(d)]为代表，矿物组合主要为角闪石+斜长石+磁铁矿等。

(8)后期麻粒岩相叠加，以角闪石变斑晶裂隙中的斜方辉石+斜长石组合[图 3-6(d)]为代表，主要矿物为石榴子石+斜方辉石(顽火辉石)+斜长石等。

其中，第(2)～(8)阶段与中生代大陆深俯冲-折返和山根垮塌有关。

3. 深熔作用的野外证据及岩石学表现

北大别麻粒岩化榴辉岩在折返期间经历了多阶段变质演化过程，并保存了多期部分熔融作用的野外和岩石学证据。

榴辉岩的部分熔融作用，主要有两种野外表现：一是榴辉岩中发育由金红石和石英等组成的浅色脉体[图 3-7(a)]，这与(207±4) Ma 形成的麻粒岩相变质锆石中石榴子石＋金红石＋斜长石等矿物组合(Liu et al., 2011a; 古晓锋等, 2013)一致，指示折返至下地壳深处发生的部分熔融作用；二是片麻岩和退变质榴辉岩或斜长角闪岩中广泛发育浅色体(钾长石＋斜长石＋石英等)和暗色体，它们形成于约 130 Ma 的深熔作用和混合岩化作用[图 3-7(b)]。

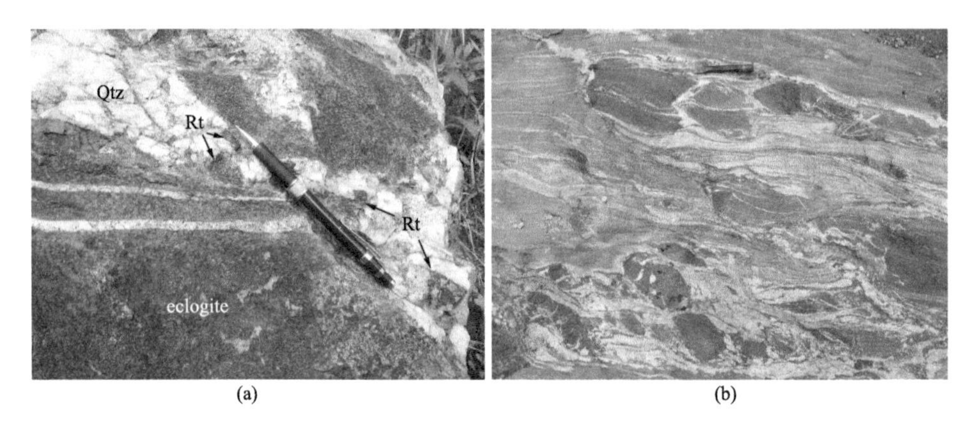

图 3-7　北大别罗田榴辉岩的两期深熔事件及混合岩化作用的野外照片

(a) 榴辉岩(eclogite)中含金红石(Rt)和石英(Qtz)的浅色脉体；(b) 退变质榴辉岩及片麻岩的深熔作用和混合岩化作用

岩石学薄片观察表明，石桥铺和板船山等地榴辉岩中存在两类含黑云母+斜长石交生体(图 3-8)。第一类为以多硅白云母假象形式存在于基质中的黑云母+斜长石±石榴子石±角闪石交生体[图 3-8(a)、(b)]，整体外形呈半自形到自形的豆荚状，并包含它形的彼此交互生长的颗粒，且这些颗粒之间具有不规则的边界，表明这些交生体是由早期豆荚状矿物分解形成的假象。锆石中也发现了折返期间从熔体中结晶的钾长石＋石英包裹体(表现为岩浆锆石被含钾长石和石英包裹体的熔体所交代)[图 3-9(a)、(b)]以及变质锆石中多硅白云母向黑云母转变的矿物组合[图 3-9(c)、(d)]。目前很难发现多硅白云母或黑云母，可能与北大别榴辉岩经历了高温减压熔融有关，这与自然样品观察(Braun et al., 1996; Brown, 2004; Gilotti and McClelland, 2011)和实验结果(Hermann and Green, 2001; Auzanneau et al., 2006)一致。第二类为角闪石变斑晶裂隙中的黑云母+斜长石交生体[图 3-8(c)、(d)]，其中黑云母呈自形到半自形并具有大的长宽比，这是在熔体条件下生长的晶体的典型特征(Vernon, 2011)。角闪石变斑晶与这些交生体的边界表现为侵蚀状，表明前者是交生体形成过程中的反应物之一。这些角闪石变斑晶中还存在一些被黑云母+斜长石交生体包围的石榴子石，在其中一颗石榴子石中发现有绿辉石包裹体[图 3-8(c)]，证明它们是榴辉岩相石榴子石的残留体。此外，这些交生体内还存在一些角闪石，它们表现为侵蚀状的外形和与角闪石变斑晶同样的棕色，暗示其为后者的残片。如前文所述，角闪石变斑晶是榴辉岩发生角闪岩相退变质的产物。因此，这些黑云母+斜长石交生体应该反映了晚于角闪岩相退变质的一期消耗角闪石的深熔事件，而存在于角闪石变斑晶裂隙中的斜长石+斜方辉石则表明该期深熔事件的温压条件处于麻粒岩相变质范围内。

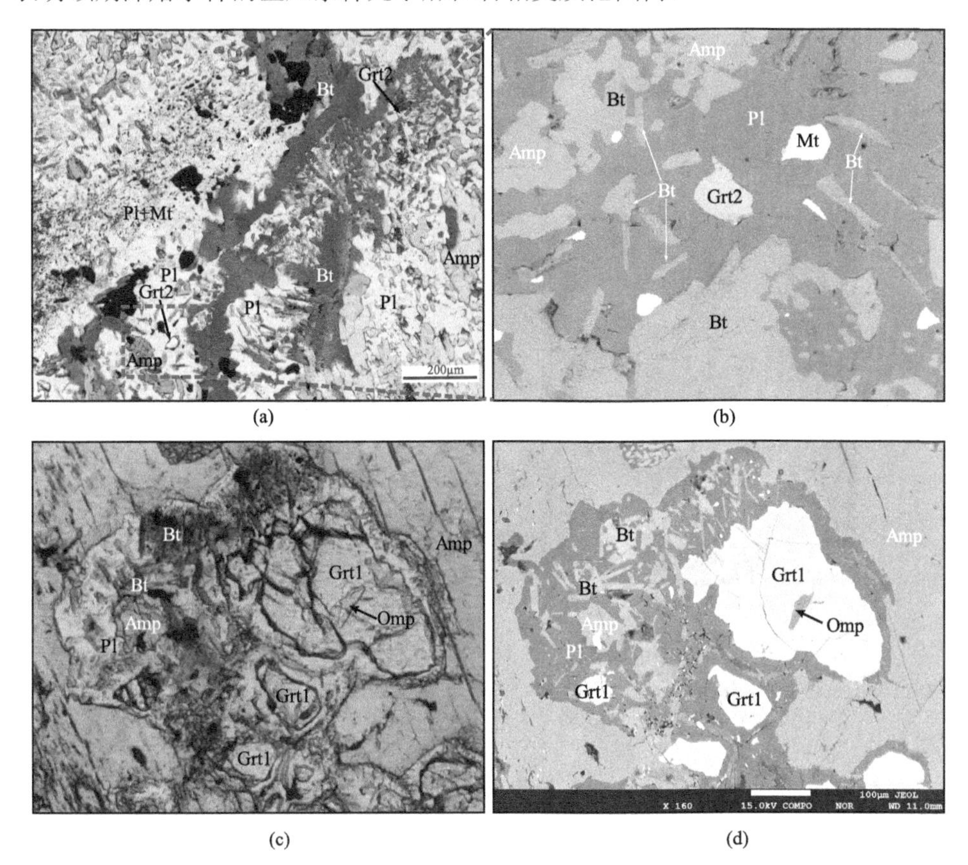

图 3-8　罗田榴辉岩(样品 03LT10 和样品 07LT6-2)中代表性的退变质显微结构

(a)黑云母+斜长石+深熔石榴子石(Grt2)±角闪石组成的多硅白云母假象，以及早期黝帘石/绿帘石被斜长石+磁铁矿取代，样品 07LT6-2；(b)图像是(a)图中红色虚线矩形区域的背散射图像；(c)早期石榴子石(Grt1)周围发育黑云母+石榴子石交生体，该交生体又被一大颗粒侵蚀状的角闪石变斑晶部分包裹，黑云母薄片呈现良好的晶面，样品 03LT10；(d)图像是(c)图的背散射图像。Grt，石榴子石；Omp，绿辉石；Amp，角闪石；Pl，斜长石；Bt，黑云母；Mt，磁铁矿

两类黑云母+斜长石交生体具有相同的矿物组成，但两类之间也存在显著的差异(图 3-8)：①第一类交生体只出现在基质中，而第二类交生体无一例外都存在于角闪石变斑晶的裂隙中；②相对于第一类交生体，第二类交生体中的黑云母具有更规则的晶形和更大的长宽比；③第一类交生体整体表现为半自形到自形并且

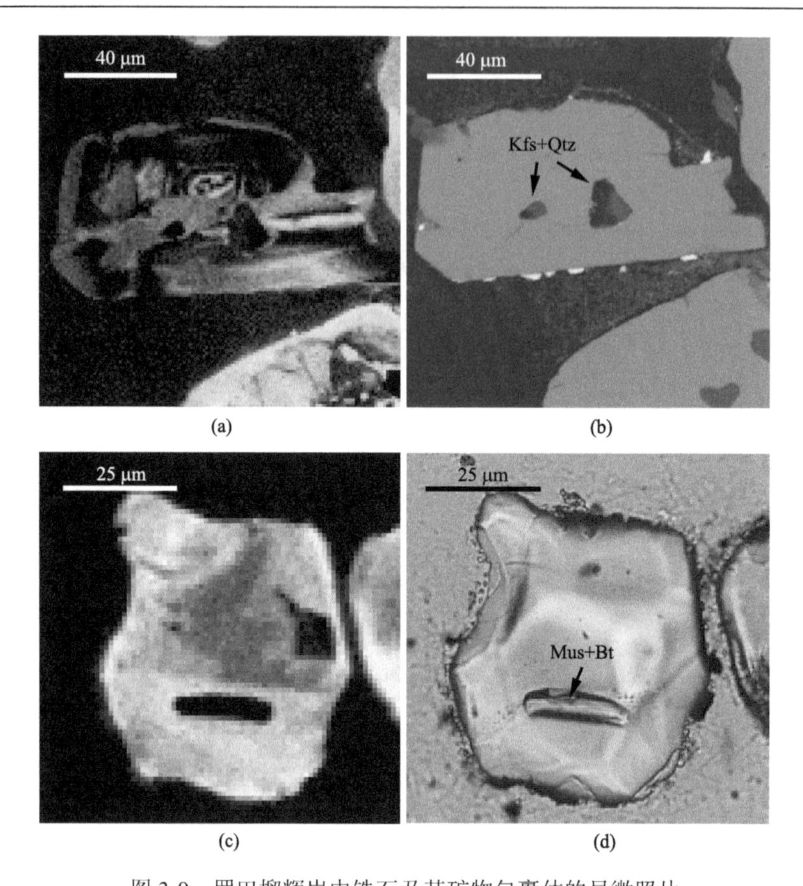

图 3-9　罗田榴辉岩中锆石及其矿物包裹体的显微照片

(a)和(c)为阴极发光图像，(b)为(a)锆石的背散射图像，(d)为(c)锆石的单偏光照片。Kfs，钾长石；Qtz，石英；Mus，白云母；Bt，黑云母

局部含有细粒的石榴子石和角闪石包裹体，而第二类交生体的外形则由寄主矿物(角闪石变斑晶)限定。因此，这两类交生体是两个不同过程的产物。其中，第一类交生体是折返早期多硅白云母减压熔融(脱水熔融——第一期深熔事件)的产物，而第二类交生体则形成于造山后垮塌期间消耗角闪石的加热熔融(水致熔融——第二期深熔事件)。

二、矿物化学

1. *石榴子石*

北大别榴辉岩中代表性石榴子石的成分见表 3-1。本区榴辉岩中石榴子石成分都属于铁铝榴石-镁铝榴石系列，产于橄榄岩和片麻岩中的榴辉岩分别相当于 Coleman 等(1965)中的 B 型和 C 型榴辉岩(图 3-10)。不同地点或不同世代石榴子石成分仍有差异，如铁铝榴石端元组分为 25%～57%(摩尔分数)、镁铝榴石端元组分为 18%～57%(摩尔分数)和钙铝榴石端元组分为 3%～30%(摩尔分数)(刘贻灿等, 2001b)。大多数石榴子石成分比较均一，未见明显的成分环带，仅有少数石榴子石变斑晶具有微弱的成分环带。对铙钹寨榴辉岩的一个石榴子石颗粒(半径为 400 μm 左右)作较密的电子探针点分析(刘贻灿等, 2001b)，显示其中心含 Ca 较高，

表 3-1　北大别榴辉岩中代表性石榴子石的电子探针成分分析　(单位：%)

点号	98121	99104-2	98122-3	98702	03LT8-1	03LT9	03LT10	06LT4-2	06LT3-2
位置	百丈岩	铙钹寨	华庄	黄尾河	金家铺	板船山	板船山	板船山	金家铺
SiO_2	37.26	39.03	37.23	40.27	39.51	39.95	40.78	38.43	38.88
TiO_2	0.11	0.10	0.05	0.00	0.01	0.00	0.00	0.07	0.02
Al_2O_3	22.22	22.83	22.03	20.61	22.26	21.79	22.97	21.88	21.24
FeO	19.91	17.74	24.12	15.13	22.08	21.82	18.88	24.84	24.10
Fe_2O_3	3.45	1.65	1.99	0.06	—	—	—	—	—
MnO	0.18	0.36	0.53	0.55	0.31	0.23	0.57	0.38	0.52
MgO	4.37	8.47	4.42	9.66	8.35	5.26	10.28	5.78	8.14
CaO	12.60	10.32	8.67	11.90	7.47	10.74	6.48	8.91	7.07
Na_2O	0.14	0.07	0.22	0.00	0.00	0.00	0.00	0.12	0.00
总量	100.24	100.57	99.26	98.18	99.99	99.79	99.96	100.41	99.97
O	12	12	12	12	12	12	12	12	12
Si	2.888	2.940	2.931	3.072	3.010	3.080	3.07	2.964	2.985
Al^{IV}	0.112	0.060	0.069	0.000	0.000	0.000	0.00	0.036	0.015
Al^{VI}	1.917	1.965	1.973	1.852	2.000	1.980	2.03	1.951	1.905
Fe^{3+}	0.201	0.094	0.118	0.000	0.070	0.010	0.06	0.090	0.102
Ti	0.006	0.005	0.003	0.000	0.000	0.000	0.00	0.004	0.001
Fe^{2+}	1.291	1.118	1.588	0.969	1.340	1.340	1.13	1.512	1.445
Mg	0.506	0.952	0.518	1.099	0.950	0.600	1.15	0.664	0.932
Mn	0.012	0.023	0.035	0.036	0.020	0.020	0.04	0.025	0.034
Ca	1.047	0.833	0.732	0.973	0.610	0.900	0.52	0.736	0.581
Na	0.021	0.010	0.034	0.000	0.000	0.000	0.00	0.018	0.000
Alm	45.2	38.2	55.3	31.5					
And	10.6	4.8	6.2	0.0					
Gro	26.1	23.7	19.3	31.6					
Pyr	17.7	32.5	18.0	35.7					
Spe	0.4	0.8	1.2	1.2					

注：石榴子石五个端元组分缩写为 Alm-铁铝榴石、And-钙铁榴石、Gro-钙铝榴石、Pyr-镁铝榴石、Spe-锰铝榴石。

边部相对较低，由边缘至中心，CaO 含量为 7.60%—9.61%—10.86%—9.70%—10.33%—10.22%，MnO 含量为 0.78%—0.54%—0.43%—0.23%—0.36%—0.33%，钙铝榴石端元组分(X_{Gro})为 10.6%—15.5%—18.9%—24.7%—23.7%—29.8%(摩尔分数)。这表明石榴子石核部所受到的变质压力较高，反映了峰期变质之后的抬升降压过程。石桥铺榴辉岩中存在一些具有微弱成分环带的石榴子石(刘贻灿等, 2005)，其 CaO 含量和钙铝榴石的端元组分(X_{Gro})从核部—幔部—边部分别为 7.22%—8.27%—7.55%(摩尔分数)和 17.66%—20.02%—18.56%(摩尔分数)，指示压力低—高—低的变化，而且高 CaO 的石榴子石幔部还发现有绿辉石包裹体，因此对应的榴辉岩变质演化过程为麻粒岩相—榴辉岩相—麻粒岩相的变质演化。

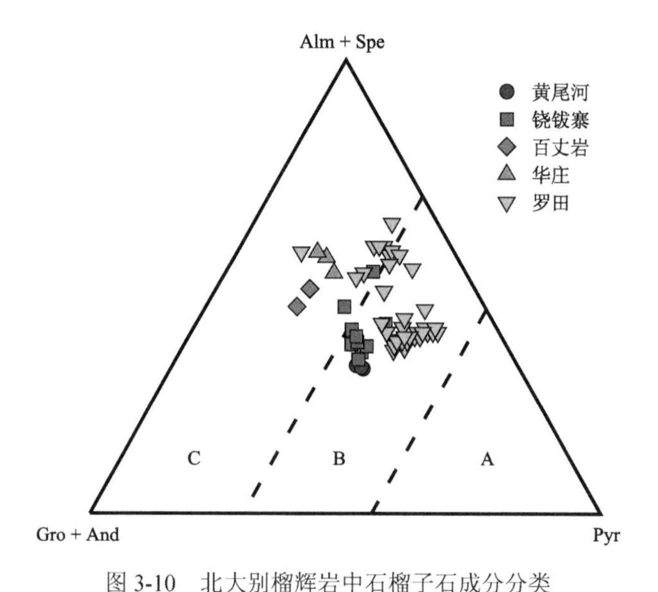

图 3-10 北大别榴辉岩中石榴子石成分分类

资料来源：据 Coleman 等(1965)

Alm-铁铝榴石；Spe-锰铝榴石；Gro-钙铝榴石；And-钙铁榴石；Pyr-镁铝榴石

2. *单斜辉石*

北大别榴辉岩中的单斜辉石主要有绿辉石和透辉石两类，不同露头榴辉岩中绿辉石和透辉石的电子探针成分见表 3-2。绿辉石又可以进一步划分为早期绿辉石(Omp1)和晚期绿辉石(Omp2)，两者具有不同的组分特征(图 3-11)。早期绿辉石主要以包裹体形式存在于石榴子石或锆石中，Na_2O 含量为 4.75%～7.91%，硬玉端元组分(Jd)为 36.2%～47.8%(摩尔分数)；晚期绿辉石具有较低的 Na_2O 含量(2.51%～4.84%)和硬玉端元组分[12.8%～25.7%(摩尔分数)]。相对于晚期绿辉石，早期绿辉石明显更富 Si、Na 和 Al 等成分，表明它们分别形成于超高压和高压榴辉岩相阶段。具有针状石英出溶体的钠质透辉石的 Na_2O 含量一般为 0.83%～1.13%，硬玉端元组分一般为 5%～10%(摩尔分数)，而后成合晶中的透辉石的 Na_2O 含量一般为 0.57%～0.79%、Al_2O_3 为 1.26%～4.37%、硬玉端元组分多为 1%～3%(摩尔分数)。从早期绿辉石到透辉石，它们的 Al_2O_3 和 Na_2O 含量逐渐降低(图 3-12)，反映折返阶段变质压力的持续降低。此外，饶钹寨榴辉岩中核部含有

表 3-2　北大别榴辉岩中绿辉石和透辉石的电子探针分析　（单位：%）

样号 (位置)	98701 (黄尾河)			98702 (黄尾河)		99104-2 (饶钹寨)	98121 (百丈岩)	98122 (华庄)	
产状 (类型)	包裹体 (Omp1)	包裹体 (Omp1)	合晶 (Di)	包裹体 (Omp2)	基质 (Omp2)	包裹体 (Omp2)	包裹体 (Omp2)	包裹体 (Omp2)	合晶 (Di)
SiO_2	55.49	55.89	50.72	53.45	54.44	54.45	53.06	54.57	52.95
TiO_2	0.01	0.09	0.60	0.08	0.06	0.02	0.07	0.11	0.16
Al_2O_3	10.78	10.68	4.37	4.85	4.60	7.53	4.29	4.89	1.26
FeO	1.64	6.39	1.25	3.92	3.45	2.54	4.02	4.00	9.11
Fe_2O_3	5.71	0.20	4.00	0.00	0.00	2.05	4.74	5.10	0.87
MnO	0.03	0.03	0.13	0.04	0.09	0.00	0.00	0.01	0.27
MgO	7.29	10.59	15.14	14.23	14.11	11.24	11.32	9.51	12.94
CaO	11.71	15.06	23.39	19.91	19.17	17.66	18.64	17.04	21.58
Na_2O	7.91	5.84	0.57	3.79	3.60	4.28	3.31	4.84	0.79
K_2O	0.01	0.00	0.02	0.00	0.00	0.01	0.01	0.02	0.02
总量	100.58	104.77	100.19	100.27	99.52	99.78	99.46	100.09	99.95
O	6	6	6	6	6	6	6	6	6
Si	1.970	2.012	1.856	1.902	1.954	1.962	1.959	1.990	1.979
Al^{IV}	0.030	0.000	0.188	0.098	0.046	0.038	0.041	0.005	0.054
Al^{VI}	0.421	0.453	—	0.105	0.149	0.282	0.145	0.205	—
Fe^{3+}	0.152	0.005	0.110	0.000	0.000	0.052	0.129	0.138	0.036
Ti	0.000	0.002	0.017	0.002	0.002	0.001	0.002	0.003	0.004
Fe^{2+}	0.049	0.193	0.039	0.117	0.103	0.080	0.126	0.125	0.274
Mg	0.386	0.391	0.826	0.755	0.755	0.604	0.623	0.518	0.721
Mn	0.001	0.000	0.004	0.001	0.003	0.000	0.000	0.000	0.009
Ca	0.445	0.454	0.917	0.759	0.737	0.682	0. 373	0.667	0.864
Na	0.545	0.486	0.040	0.261	0.251	0.229	0.237	0.343	0.057
K	0.000	0.000	0.001	0.000	0.000	0.000	0.001	0.000	0.001
WEF	44.7	51.6	95.7	75.7	76.1	69.6	75.9	65.6	94.2
Jd	40.6	47.8	1.2	24.3	23.9	25.7	12.8	20.6	2.9
Ae	14.7	0.6	3.1	0.0	0.0	4.7	11.3	13.8	2.9

续表

样号 (位置)	03LT10 (板船山)			06LT4-2 (板船山)	03LT9 (板船山)	03LT8-1 (金家铺)		06LT3-2 (金家铺)	
产状 (类型)	包裹体 (Omp1)	包裹体 (Omp1)	合晶 (Di)	包裹体 (Omp1)	包裹体 (Omp1)	包裹体 (Omp2)	基质 (Di)	包裹体 (Omp2)	包裹体 (Di)
SiO_2	56.75	56.76	54.24	55.28	54.51	54.13	52.82	54.45	52.70
TiO_2	0.00	0.04	0.02	0.04	0.07	0.17	0.00	0.00	0.10
Al_2O_3	0.10	9.49	2.15	11.03	9.13	6.65	3.65	4.84	3.50
FeO	3.26	1.89	5.47	6.86	7.14	5.64	5.93	6.15	6.38
Fe_2O_3	—	—	—	—	—	—	—	—	—
MnO	0.00	0.03	0.05	0.02	0.06	0.00	0.00	0.02	0.05
MgO	9.61	10.59	14.43	7.38	9.20	12.00	14.41	12.71	14.05
CaO	13.76	15.06	23.28	12.24	15.13	19.28	22.04	18.34	22.28
Na_2O	6.50	5.84	0.76	7.33	4.75	2.69	1.13	2.95	0.83
K_2O	0.00	0.00	0.00	0.01	0.00	0.00	0.00	0.00	0.01
总量	99.98	99.77	100.4	100.19	99.99	100.56	99.98	99.46	99.9
O	6	6	6	6	6	6	6	6	6
Si	2.010	2.010	1.990	1.967	1.970	1.960	1.930	1.986	1.938
Al^{IV}	0.000	0.000	0.010	0.033	0.030	0.040	0.070	0.014	0.062
Al^{VI}	0.420	0.400	0.090	0.430	0.360	0.240	0.090	0.194	0.090
Fe^{3+}	0.010	0.000	0.000	0.106	0.000	0.000	0.060	0.028	0.025
Ti	0.000	0.000	0.000	0.001	0.000	0.010	0.000	0.000	0.003
Fe^{2+}	0.090	0.060	0.170	0.098	0.220	0.170	0.120	0.160	0.171
Mg	0.510	0.560	0.790	0.392	0.500	0.650	0.790	0.691	0.770
Mn	0.000	0.000	0.000	0.001	0.000	0.000	0.000	0.001	0.002
Ca	0.520	0.570	0.900	0.467	0.590	0.750	0.860	0.717	0.878
Na	0.450	0.400	0.050	0.506	0.330	0.190	0.080	0.209	0.059
K	0.000	0.000	0.000	0.000	0.000	0.000	0.000	0.000	0.000
WEF	53.9	58.8	94.4	48.0	63.8	79.8	91.5	77.5	93.7
Jd	45.0	41.2	5.6	41.0	36.2	20.2	2.2	19.6	3.7
Ae	1.1	0.0	0.0	11.0	0.0	0.0	6.3	2.9	2.6

注：Omp1 和 Omp2 分别代表早期绿辉石和晚期绿辉石，Di 为透辉石，含量单位为%。WEF-硅灰石+顽火辉石+铁辉石；Jd-硬玉；Ae-霓辉石。

针状石英出溶体(长度大多数为 20～30 μm，少数为 120 μm)，边部为退变的透辉石边的晚期绿辉石的电子探针分析结果表明，Na_2O 含量从核部向边部递减(如从 3.19%至 0.34%，图 3-13)，而透辉石边部无矿物包裹体。这表明，核部代表了超高压条件下的硅超饱和矿物，折返过程中随压力降低和硅释放而出溶石英。

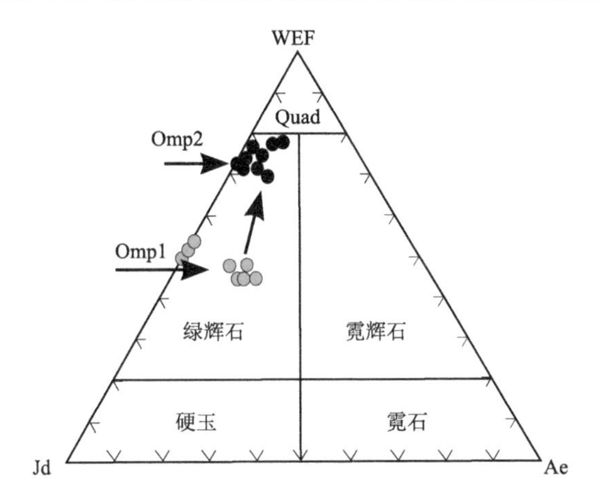

图 3-11 北大别榴辉岩中绿辉石的 WEF-Jd-Ae 图解

Omp1 和 Omp2 分别为早期绿辉石(绿色圆点)和晚期绿辉石(黑色圆点)；Quad 为钙镁铁辉石

资料来源：Morimoto 等(1988)

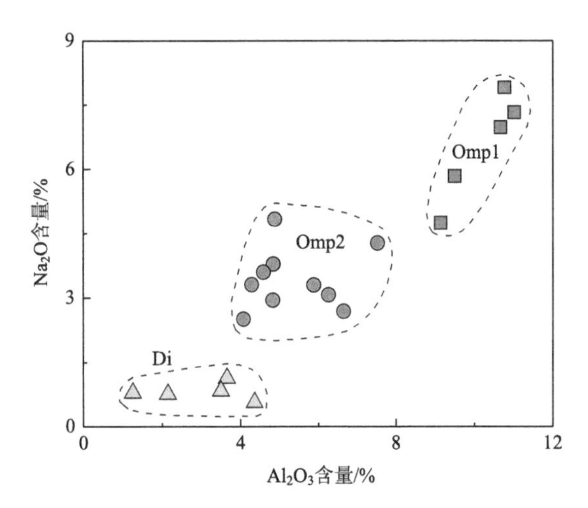

图 3-12 北大别榴辉岩中三期单斜辉石的 Na_2O-Al_2O_3 图解

Omp1 和 Omp2 分别为早期绿辉石和晚期绿辉石，Di 为第三期透辉石

3. 斜方辉石

北大别榴辉岩中存在多种产状、不同种类的斜方辉石，其成分也明显不同(图 3-14)。早期紫苏辉石目前仅发现于西南部罗田榴辉岩中，常与斜长石(中长石)共生并同时呈包裹体形式存在于石榴子石中[图 3-5(a)]或成残晶存在于基质中或新元古代变质锆石的核部[图 3-5(b)]，其 Na_2O 为 0.00%～0.20%，$Mg^{\#}$值为 49～66。晚期紫苏辉石常与斜长石和单斜辉石形成后成合晶或冠状体结构

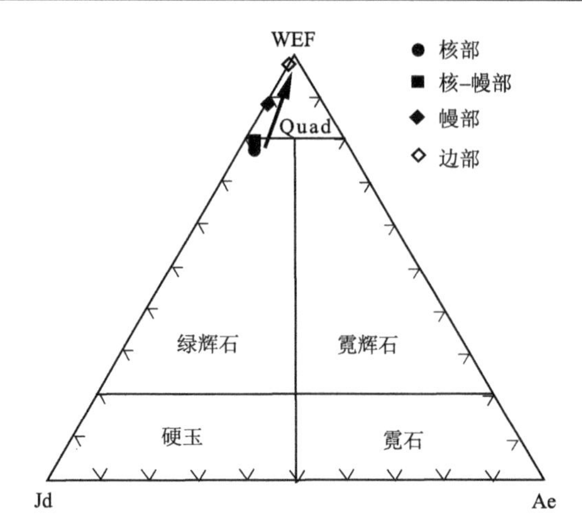

图 3-13　北大别铙钹寨榴辉岩中具有成分分带单斜辉石的 WEF-Jd-Ae 图解

Quad 为钙镁铁辉石

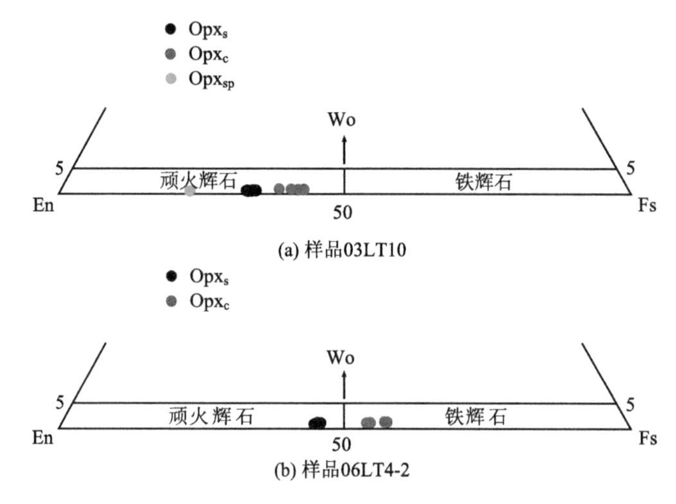

图 3-14　北大别板船山榴辉岩中斜方辉石的 En-Wo-Fs 成分图解

Opx_s，后成合晶中的斜方辉石；Opx_c，冠状体中的斜方辉石；Opx_{sp}，角闪石变斑晶裂隙中的斜方辉石；En，顽火辉石；Wo，硅灰石；Fs，铁辉石

资料来源：Morimoto 等(1988)

(图 3-3 和图 3-4)，但这两种结构中紫苏辉石的成分有明显差异。如图 3-14 所示，位于后成合晶中的斜方辉石通常为紫苏辉石，具有较高的 $Mg^{\#}$值(如 65～67 或 54～55)，而冠状体中斜方辉石的 $Mg^{\#}$值则较低(如 57～61 或 42～46)，通常为紫苏辉石或正铁辉石，表明它们可能分别形成于高压和低压麻粒岩相变质阶段。此外，位于角闪石变斑晶的裂隙中与斜长石共生组合的斜方辉石[图 3-6(c)、(d)]的成分明显不同于上述几种斜方辉石，成分更偏向于顽火辉石[图 3-14(a)]。

4. 角闪石类

北大别榴辉岩中至少存在三期角闪石(图 3-15)。在石榴子石的核部局部保存了一些富氯的棕色角闪石(Amp_0)，其 $Si_{pfu} = 5.6\sim6.5$，$X_{Na} = 0.28\sim0.35$，属于韭闪石[图 3-15(a)、(b)]。这种角闪石仅出现于石榴子石内核中，可能形成于进变质阶段，在石榴子石生长前稳定存在。大量的角闪石(Amp_1)主要与斜长石形成后成合晶或构成石榴子石冠状体的内环(图 3-3 和图 3-4)，其 Si_{pfu} 值基本为 6.0～6.5，X_{Na} 值介于 0.25～0.30，大部分属于韭闪石，少部分为镁钙闪石，主要形成于角闪岩相退变质阶段。此外，北大别榴辉岩中还存在一些角闪石变斑晶(Amp_2)，自形且颗粒较大，很可能与后期角闪岩相条件下水化过程及矿物重结晶有关。这些角闪石的 Si_{pfu} 值大部分都大于 6.5，$X_{Na} = 0.10\sim0.25$，主要为镁角闪石，还有一些为镁钙闪石。

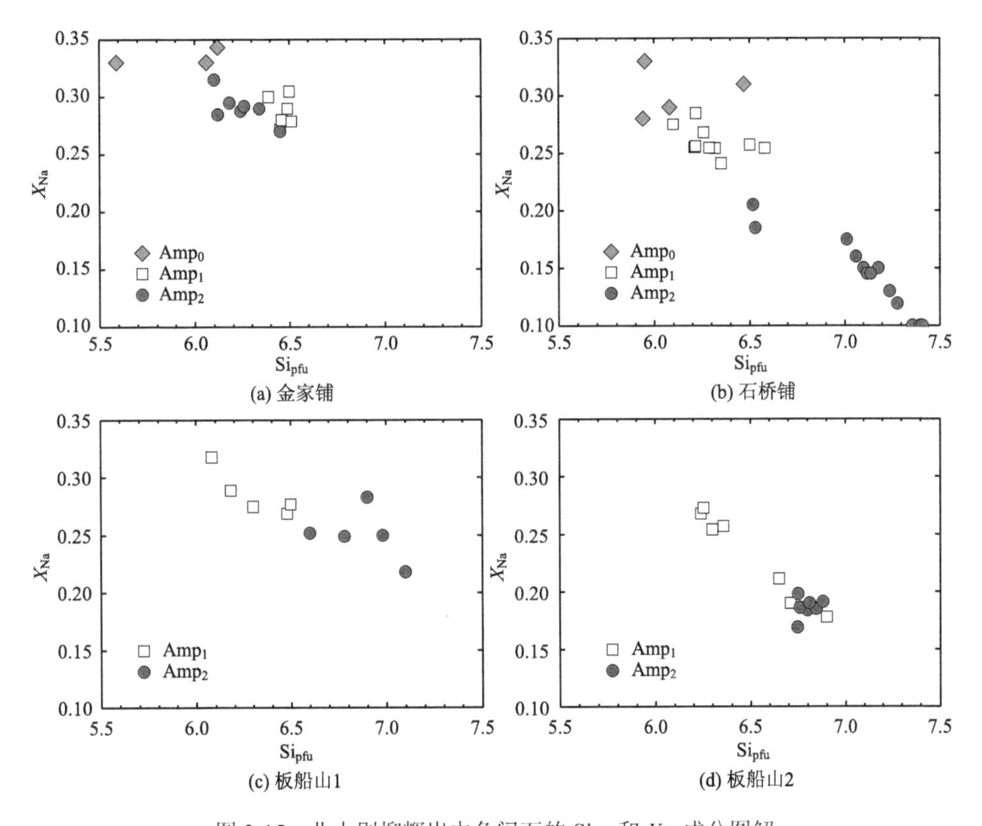

图 3-15 北大别榴辉岩中角闪石的 Si_{pfu} 和 X_{Na} 成分图解

Amp_0、Amp_1 和 Amp_2 分别表示早期石榴子石包裹体的、后成合晶中的以及变斑晶状态的角闪石

资料来源：(a)(b)的数据来源于 Groppo 等(2015)

5. 斜长石类

北大别榴辉岩中的斜长石存在多种产状和类型，涉及多种矿物组合，矿物组合不同，斜长石的成分也有明显差异(图 3-16)。早期的斜长石与早期紫苏辉石共生，同时呈包裹体形式存在于石榴子石中[图 3-5(a)]或成残晶存在于基质中或新元古代变质锆石的核部[图 3-5(b)]。这些斜长石形成于早期麻粒岩相变质阶段，钙长石端元组分 An 值为 47～58(Liu et al., 2007c)，主要为中长石。麻粒岩相退变质阶段，斜长石与不同的矿物形成后成合晶，如分别与单斜辉石或与斜方辉石形成后成合晶、与斜方辉石和单斜辉石共同构成冠状体结构，涉及的反应分别为 Omp→Pl_{S1} + Cpx、Omp + Grt→Pl_{S2} + Opx 和 Grt + Qtz±Omp→Opx + Pl_{C1}±Cpx。这三个反应可能是同时发生的,因此生成的斜长石的成分没有明显差异(图 3-16)，其 An 值都为 32～42，落在中长石的范围内，但明显都低于早期斜长石的 An 值。角闪岩相退变质阶段形成的斜长石则具有明显不同的成分，与角闪石共同构成冠状体内环的斜长石(Pl_{C2})的 An 值为 33～65。此外，产于晚期角闪石变斑晶的裂隙中、形成于后期麻粒岩相变质作用、与斜方辉石共生的斜长石(Pl_{SP})的 An 值为 29～48。

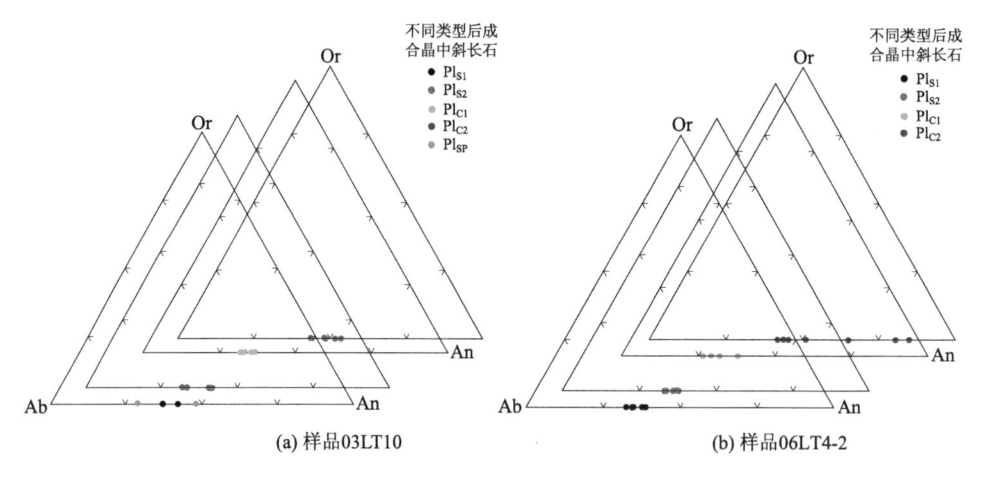

图 3-16　北大别板船山榴辉岩中斜长石的 Ab-An-Or 图解

Ab，钠长石；An，钙长石；Or，正长石

6. 金红石

金红石呈石榴子石中矿物包裹体[图 3-3(a)、图 3-4(b)和图 3-4(g)]或存在于基质中，偶尔可见产于石英脉[图 3-7(a)]中，常退变为钛铁矿或榍石。

三、超高压变质的矿物学证据

北大别榴辉岩经历超高压变质作用的证据，除了东北部榴辉岩发现的变质金刚石(Xu et al., 2003, 2005)和柯石英(见后文)等标志性矿物外，还可以通过矿物的退变质结构和组合，如石榴子石中金红石+磷灰石+单斜辉石的针状矿物出溶体、单斜辉石中石英出溶体等证据，来示踪峰期超高压变质条件。

1. 针状矿物出溶体

北大别榴辉岩的一个典型岩相学特征是单斜辉石、石榴子石和磷灰石等矿物中广泛发育定向排列的不同类型针状矿物出溶体(图 3-17 和图 3-18)。

根据矿物组合的不同，单斜辉石中的定向矿物出溶体可以分为三类组合：第一类单斜辉石含有棒状石英出溶体[图 3-17(a)]，被认为是在超高压状态下稳定存在的早期超硅绿辉石的证据(Tsai and Liou, 2000)，峰期变质压力至少应大于 2.5 GPa；第二类单斜辉石含有石英+斜长石+紫苏辉石+角闪石针状矿物出溶体[图 3-17(b)]；第三类含有石英+紫苏辉石[图 3-17(c)]。所有这些显微结构都说明它们早期是富 Si 和 Na 的绿辉石，应形成于超高压条件下(Okamoto and Maruyama, 1998; Tsai and Liou, 2000; Ye et al., 2000; Song et al., 2005)。

大多数石榴子石中的针状定向矿物出溶体是金红石，少数为金红石+单斜辉石+角闪石±磷灰石矿物组合[图 3-17(d)]，证明岩石中存在过超高压条件下(>5～7 GPa)稳定存在的富 Si-Ti-Na-P 的早期石榴子石(Ye et al., 2000; Mposkos and Kostopoulos, 2001; Song et al., 2005)。

榴辉岩中磷灰石有两种不同的产出类型：一种是以包裹体的形式存在于石榴子石中但没有出溶结构，另一种具有针状出溶结构且大部分存在于基质中，少数以包裹体形式存在于具有针状石英出溶体的单斜辉石中。其中，具有针状矿物出溶体的磷灰石含氟(F)量较低，一般为 1%(质量分数)左右，而以包裹体形式存在于石榴子石中的磷灰石则具有较高的 F 含量，一般为 3%(质量分数)左右。因此，尽管这些磷灰石均为氟磷灰石，但其成分和特征因受后期减压过程中退变质程度的影响不同而有所不同。很明显，分布于基质中、具有针状矿物出溶体的磷灰石已受到强烈退变质作用的影响，而作为石榴子石中包裹体的磷灰石因为受到石榴子石的保护，受退变质作用的影响较小，未显示出溶结构并有较高的 F 含量。Spear 和 Pyle(2002)研究结果表明，磷灰石中 F 含量与变质压力成正比，即形成压力越高，磷灰石中的 F 含量也越高。结合石榴子石中所含的富钠绿辉石+金红石+褐帘石等包裹体组合，证明以包裹体形式存在于石榴子石中的高 F 含量的氟磷灰石应形成于峰期超高压变质阶段。以包裹体形式存在于具有针状石英出溶体的单斜辉石中的氟磷灰石[图 3-4(h)和图 3-18(a)]具有相对低的 F 含量，这与其减压退变

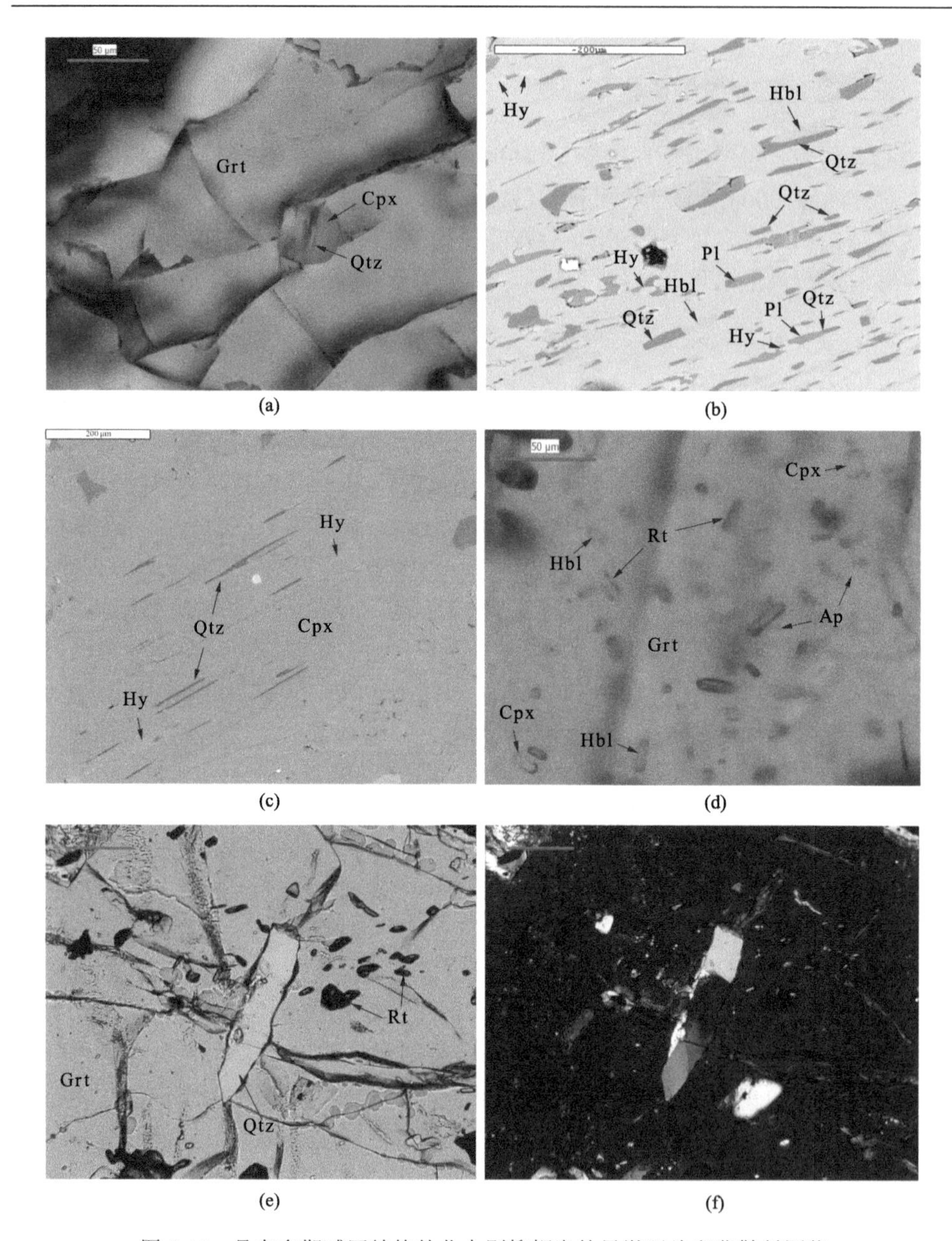

图 3-17　具有多期减压结构的北大别榴辉岩的显微照片和背散射图像

(a)石榴子石中具有针状石英(Qtz)出溶体的透辉石包裹体，榴辉岩 03LT1-1；(b)单斜辉石中石英+斜长石(Pl)+角闪石(Hbl)+紫苏辉石(Hy)定向针状出溶体，榴辉岩 03LT8-1；(c)单斜辉石中石英+紫苏辉石定向针状出溶体，榴辉岩 06LT3-2；(d)石榴子石中单斜辉石(Cpx)+金红石(Rt)+角闪石+磷灰石(Ap)定向针状出溶体，榴辉岩 03LT1-1；(e)石榴子石中柯石英转变为石英，榴辉岩 09LT2-1；(f)为(e)的正交偏光照片，显示出石榴子石中有多晶石英包裹体质作用有关：一方面，具有针状石英出溶体的单斜辉石主晶是早期超高压变质(P > 2.5 GPa)条件下超硅绿辉石减压退变的结果(Tsai and Liou, 2000)；另一方面，减压退变过程中可能引起其所包裹的高F含量的氟磷灰石包裹体发生出溶并造成低F含量(因为以包裹体形式存在于石榴子石中的氟磷灰石具有较高的F含量且没有出溶结构)。这进一步证明，高F含量的氟磷灰石形成于超高压变质阶段。

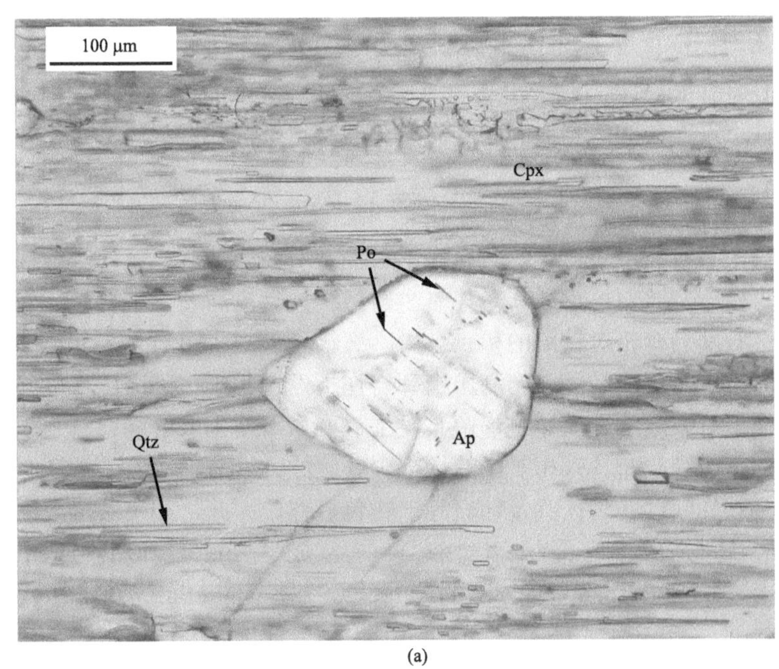

(a)

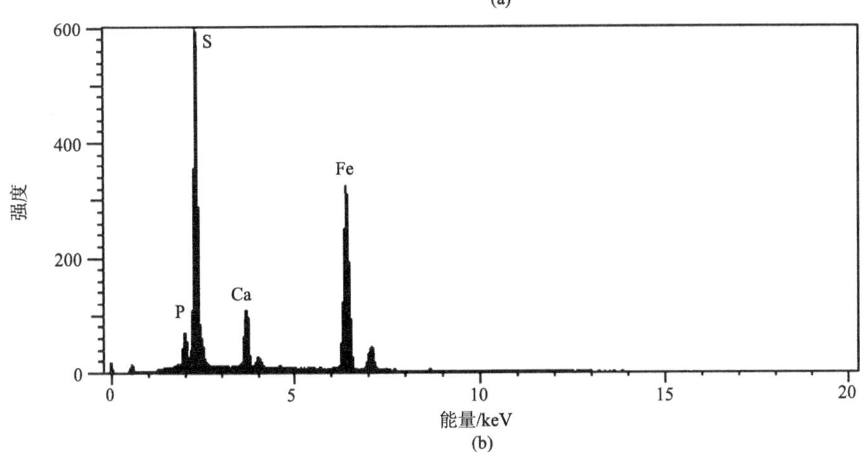

(b)

图 3-18　榴辉岩(样品 06LT3-2)具有针状石英(Qtz)出溶体的单斜辉石(Cpx)中(a)磷灰石(Ap)含有磁黄铁矿(Po)针状出溶体的显微照片和(b)氟磷灰石内针状出溶体的能谱曲线

氟磷灰石中出溶体的能谱[图 3-18(b)]指示，出溶体主要由 Fe 和 S 两种元素组成，类似于朱永峰和 Massonne(2005)报道的苏鲁超高压大理岩中磷灰石的磁黄铁矿出溶体成分。因此，北大别榴辉岩中的氟磷灰石中针状出溶体也应该是磁黄铁矿，这种氟磷灰石中磁黄铁矿出溶体的发现，可能具有两方面的意义：一方面是指示其所赋存的主矿物(氟磷灰石)形成于还原环境；另一方面可能指示其主晶矿物形成于较高的压力条件下，并且 F、Fe 和 S 等元素能够轻易地进入氟磷灰石的晶格中，这也许类似于超高压条件下形成的镁铁榴石(Majorite 或者 Majoritic garnet)富含 Si、Na、Ti 和 P 等元素(Ye et al., 2000)的成因机制。因此推测在超高压条件下，不同的矿物对不同的元素可能具有不同的富集能力或亲和力。

2. 褐帘石产出特征

褐帘石目前以包裹体形式存在于石榴子石中，部分已经退变成绿帘石，因而表现为核-边结构(图 3-19)。其中，褐帘石具有较高的稀土含量，而退变质形成的绿帘石则具有相对较低的稀土含量。石榴子石中褐帘石包裹体能够退变为富含水的绿帘石，可能是因为超高压榴辉岩在折返过程中，因减压形成的退变质流体沿石榴子石裂隙渗透而导致褐帘石发生退变质，新生成的绿帘石则因流体挟带走部分稀土的缘故而具有相对低的稀土含量。此外，石榴子石中常还有富 Na 绿辉石[如 6.5%(质量分数)]+金红石等矿物包裹体。因此，褐帘石形成于超高压变质岩阶段，这与前人对东海超高压榴辉岩(王汝成等, 2006)以及其他造山带超高压岩石(Nagasaki and Enami, 1998; Hermann, 2002; Enami et al., 2004)中褐帘石的研究

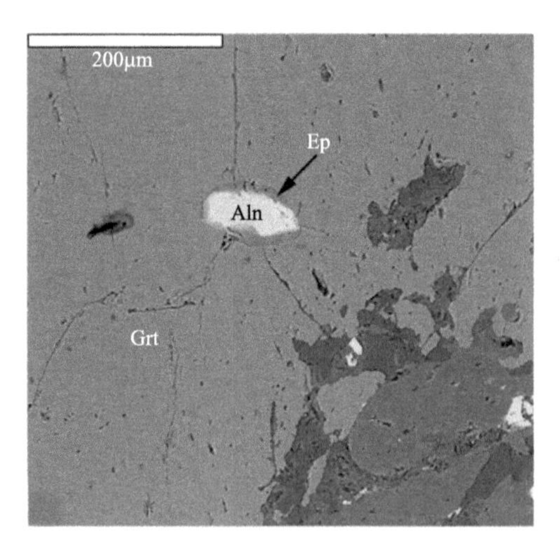

图 3-19 榴辉岩(样品 06LT3-2)的石榴子石中褐帘石及其退变质形成的绿帘石包裹体的背散射(BSE)扫描图像

Grt，石榴子石；Aln，褐帘石；Ep，绿帘石

结果一致。同时也证明，绿帘石形成于退变质阶段，与超高压变质榴辉岩的实验结果一致，即在高温高压（$T = 800℃$和$P = 2.5$ GPa）条件下绿帘石消失（Malaspina et al., 2006）。

3. 石榴子石中柯石英假象

石榴子石经常有近圆形或椭圆形的单晶或多晶石英包裹体［图 3-4（g）和图 3-17（f）］，且主晶石榴子石常发育放射状胀裂纹，而含有其他矿物包裹体的石榴子石中放射状胀裂纹不常见。这种石榴子石含有石英包裹体并具有放射状胀裂纹的特征，通常被认为是高温、减压退变的结果，由柯石英转变成石英的过程中，体积膨胀造成主晶石榴子石产生发射状胀裂纹（Chopin, 1984）。

4. 锆石中柯石英残晶

北大别榴辉岩经历了多阶段高温退变质作用，其中的柯石英等峰期矿物绝大多数都发生了强烈退变或变质分解，如柯石英转变成石英或在石榴子石中形成柯石英假象，偶尔可见有少许残晶存在于榴辉岩中。Liu 等（2011b）在凤山镇榴辉岩的三叠纪变质锆石中发现了以包裹体形式保存的柯石英残晶。该柯石英颗粒大部分已转变为石英［图 3-20（a）、（b）］，在激光拉曼光谱上显示出强的石英（466 cm^{-1}）和较弱的柯石英残晶（521 cm^{-1}）的特征峰［图 3-20（c）］。这得益于锆石的化学性质比较稳定，能在很宽的温压条件下存在，且很少受到后期地质事件的扰动，因此被认为能保存超高压或峰期变质条件下形成的矿物相（Chopin and Sobolev, 1995; Tabata et al., 1998; Parkinson and Katayama, 1999）。柯石英的峰比较弱，可能与锆石中出现微小裂隙［图 3-20（a）、（b）］和因受减压退变质而造成大部分柯石英颗粒

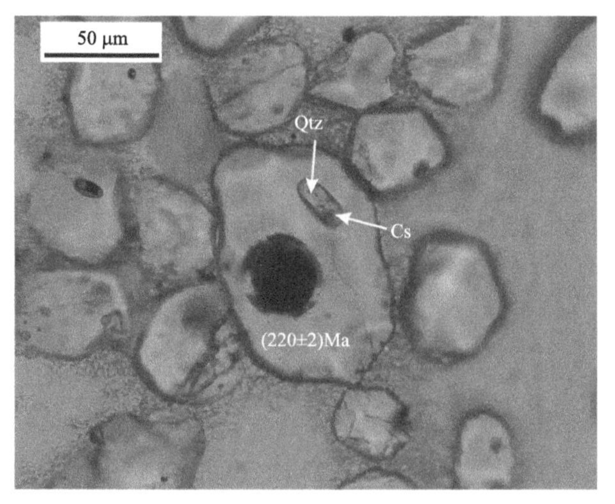

(a)

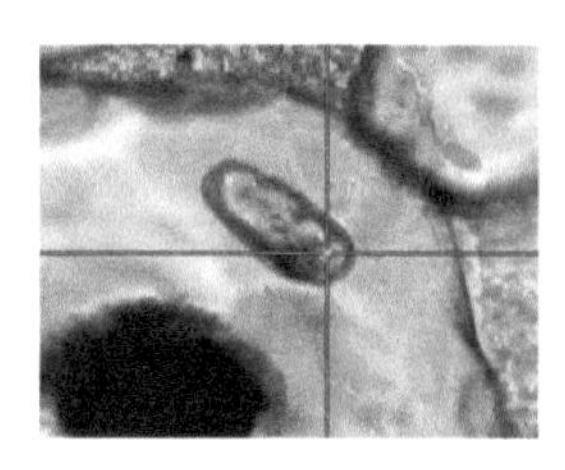
(b)

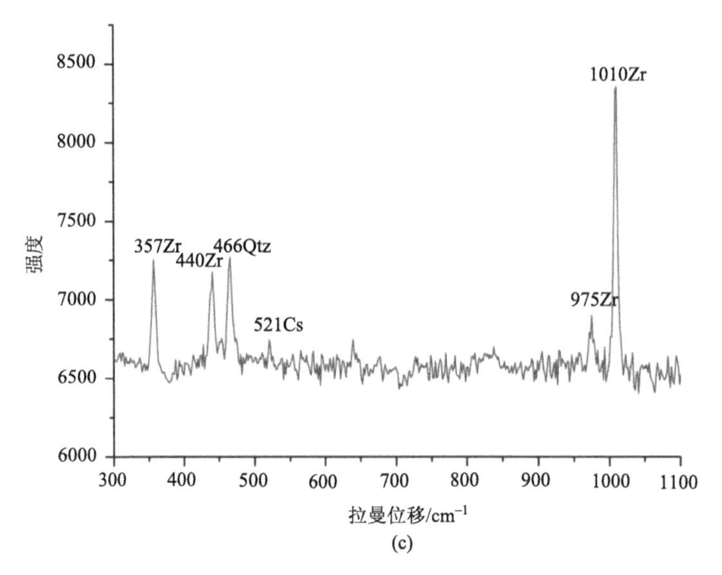

图 3-20　北大别罗田榴辉岩(样品 03LT1-1) (a)三叠纪变质锆石(Zr)中柯石英残晶(Cs)和(b)石英(Qtz)包裹体的显微照片及其(c)激光拉曼光谱曲线

已转变为石英有关。这也进一步证明，北大别榴辉岩及有关岩石因经过强烈的多阶段高温变质叠加，变质锆石中超高压柯石英包裹体已基本转变成低压石英，只偶尔发现有微量的残晶保留下来，而石榴子石中柯石英已完全转变为石英[图 3-4(g)]。

四、多阶段高温变质 *P-T* 条件的限定

石榴子石和单斜辉石中定向排列的多种矿物出溶体，以及微粒金刚石和柯石英的存在，表明北大别榴辉岩经历了超高压变质作用，其峰期变质压力 P >3.5 GPa(刘贻灿等, 2001b; Xu et al., 2003, 2005; Liu et al., 2005, 2007c, 2011b; Malaspina et al., 2006)。超高压峰期变质之后，北大别榴辉岩先后经历了高温(等温)减压和降压冷却过程，并相继叠加了高压榴辉岩相变质、麻粒岩相变质和角闪岩相退变质作用(Xu et al., 2000; 刘贻灿等, 2001b, 2005; Liu et al., 2007c, 2011b)。因此，常表现为岩石中同时存在石榴子石+绿辉石+石英+金红石榴辉岩相矿物组合、透辉石+斜长石+紫苏辉石麻粒岩相矿物组合以及普通角闪石+斜长石角闪岩相矿物组合等多阶段变质演化，有可能造成早期矿物成分发生变质改造和再平衡，这为峰期变质 *P-T* 条件的估计和重建带来了巨大困难和挑战。然而，准确估算每个变质阶段的温度和压力，进而重建岩石的变质 *P-T* 轨迹，对于更好地理解北大别的俯冲和折返过程，乃至于整个大别碰撞造山带的形成和演化历史，都具有十分重要的意义。

1. 矿物对温压计

传统矿物对地质温压计是常见的不同变质阶段温压条件估算和评价的重要途径。针状矿物出溶体和柯石英残晶等岩石学证据都表明，北大别榴辉岩形成于 $P \geqslant 2.5$ GPa 的超高压条件下。因此，以 2.5 GPa 作为计算榴辉岩相峰期变质温度的压力值，利用石榴子石-单斜辉石地质温度计(Raheim and Green, 1974; Ellis and Green, 1979; Krogh, 1988)对北大别东北部的榴辉岩相峰期变质温度开展了计算(表 3-3)。三种方法对同一矿物的计算结果十分接近，其中黄尾河榴辉岩给出了 808℃和 874℃的峰期变质温度，而华庄和百丈岩的榴辉岩给出的温度较低(595℃和 681℃)，可能与它们经历了多阶段强烈的退变质改造和 Fe-Mg 交换有关。利用二辉石对(Wood and Banno, 1973)计算麻粒岩相变质温度为 817～909℃，利用石榴子石-斜方辉石对(Wood, 1974)计算麻粒岩相变质压力为 1.10～1.37 GPa(表 3-4)。此外，根据共存的角闪石-斜长石温压计(Plyusnina, 1982)以及角闪石中

表 3-3　北大别东北部榴辉岩相峰期变质温度计算结果(P = 2.5 GPa)

样号	石榴子石		绿辉石		温度/℃				K_D
	Fe^{2+}	Mg	Fe^{2+}	Mg	EG	RG	K	平均	
99104-2	1.113	0.927	0.080	0.604	739	696	705	713	9.08
98121	1.291	0.506	0.126	0.623	727	630	686	681	12.6
98122	1.673	0.462	0.125	0.518	617	599	570	595	15.0
98701	1.141	1.432	0.049	0.386	819	847	758	808	4.9
98702	0.963	1.129	0.117	0.755	908	817	897	874	5.4

注：用石榴子石-单斜辉石地质温度计对电子探针分析结果计算。

资料来源：EG 来自 Ellis 和 Green(1979)；RG 来自 Raheim 和 Green(1974)；K 来自 Krogh(1988)；K_D 表示平衡常数(分配系数)。

表 3-4　北大别东北部榴辉岩退变质阶段温度和压力计算结果

样号	方法	矿物对	温度/℃	压力/GPa
98701-1	Wood 等(1973)	Cpx-Opx	820	
	Wood(1974)	Grt-Opx		1. 22
98701-2	Wood 等(1973)	Cpx-Opx	845	
	Wood(1974)	Grt-Opx		1. 10
98122-3	Wood 等(1973)	Cpx-Opx	909	
	Wood(1974)	Grt-Opx		1. 37
	Wood 等(1973)	Cpx-Opx	817	
99104-2	Plyusnina(1982)	Amp-Pl	600	0.6
	Brown(1977)	Amp 中 NaM_4-Al^{IV}		0.6

MaM$_4$-Al^{IV}(Brown, 1977)估算出角闪岩相变质温度、压力分别为 $T = 500$～600℃、$P = 0.5$～0.6 GPa(表 3-4)。这些结果反映了北大别东北部榴辉岩在榴辉岩相峰期变质之后经历了近等温减压和降温减压变质过程。

同样，利用矿物对地质温压计又对北大别西南部榴辉岩的变质温压条件进行了初步的估算。以 2.5 GPa 作为榴辉岩的峰期变质压力值，利用石榴子石-单斜辉石地质温度计(Raheim and Green, 1974; Ellis and Green, 1979; Krogh, 1988)，估算得到的峰期变质温度为 853～880℃(平均 864℃)；利用单斜辉石-斜方辉石地质温度计(Wood and Banno, 1973; Wells, 1977)和石榴子石-斜方辉石地质压力计(Wood, 1974)，估算出峰期后麻粒岩相变质叠加的温度和压力分别为 804～857℃和 1.1～1.4 GPa；利用角闪石-斜长石地质温度计(Blundy and Holland, 1990)和角闪石中 Al 压力计(Schmidt, 1992)估算角闪岩相退变质阶段的变质温度和压力分别为 706～777℃和 0.5～0.7 GPa。如果以形成金刚石的最小压力 $P = 4.0$ GPa 计算，根据石榴子石-绿辉石矿物对可以得出超高压峰期变质温度为 $T = 900$～960℃(平均 930℃)。单斜辉石中斜方辉石出溶体通常被认为是麻粒岩相超高温变质作用的岩相学证据之一(Nakano et al., 2007)。根据单斜辉石-斜方辉石地质温度计(Wood and Banno, 1973; Wells, 1977)计算出单斜辉石(透辉石)与其中紫苏辉石出溶体[图 3-17(c)]的平衡温度为 911℃，它代表高压麻粒岩相变质温度。这也与东北部榴辉岩中麻粒岩相后成合晶中单斜辉石-斜方辉石矿物对计算得出的变质温度结

表 3-5　北大别西南部榴辉岩的变质温压条件

变质相	温度/℃			压力/GPa
早期麻粒岩相				石榴子石-紫苏辉石
				0.8 (Wood, 1974)
榴辉岩相	石榴子石-绿辉石			
	K	RG	EG	
	853	860	880	2.5
	904	963	927	4.0
晚期麻粒岩相	透辉石-紫苏辉石			石榴子石-紫苏辉石
	W	WB		(Wood，1974)
	804	813		1.4
	857	849		1.1
角闪岩相	斜长石-角闪石			角闪石中的 Al 压力计
	BH			BH, JR, S
	706～777			0.5～0.7

资料来源：K 来自 Krogh(1988)；RG 来自 Raheim 和 Green(1974)；EG 来自 Ellis 和 Green(1979)；W 来自 Wells(1977)；WB 来自 Wood 和 Banno(1973)；BH 来自 Blundy 和 Holland(1990)；JR 来自 Johnson 和 Rutherford(1988)；S 来自 Schmidt(1992)。

果(最高达 909℃)一致。因此，北大别榴辉岩的高压麻粒岩相退变质温度为 910℃左右，结合获得的变质压力结果(1.1～1.4 GPa，表 3-4 和表 3-5)，证明它们属于超高温变质作用(Harley, 2008)。

由于不同露头上榴辉岩样品经历后期退变质改造和矿物再平衡影响的程度可能存在较大差别，上述对各个变质阶段的温压估算结果也存在一定的差异。尽管如此，不同地点榴辉岩的研究结果一致表明，北大别榴辉岩在峰期后经历了多阶段高温退变质作用。

2. 锆石中 Ti 和金红石中 Zr 温度计

北大别榴辉岩经历了复杂的多阶段演化过程，特别是经历了高温-超高温麻粒岩相变质叠加，这有可能造成早期形成的矿物发生化学再平衡或变质分解并影响不同变质阶段温度、压力的准确计算，因而采用传统矿物对温度计得到的变质温度有可能代表晚期再平衡的温度，不能获得高级变质岩的确切峰期变质温度。矿物微量元素温度计，如锆石中 Ti 和金红石中 Zr 温度计(Zack et al., 2004; Watson and Harrison, 2005; Watson et al., 2006; Baldwin et al., 2007; Ferry and Watson, 2007; Tomkins et al., 2007)往往能够估算出更高的变质温度。此外，锆石中 Ti 和金红石中 Zr 温度计还能与年代学数据更直接地联系起来(Watson and Harrison, 2005; Watson et al., 2006; Timms et al., 2011)，因此，这对研究经历复杂过程的榴辉岩和相关变质岩的峰期和峰期后变质温度更有优势。

根据锆石中 Ti 和金红石中 Zr 温度计计算了北大别西南部榴辉岩不同变质阶段的温度。Zr-in-rutile 温度计采用由 Tomkins 等(2007)标定的、与压力因素相关的版本，应用对象为石榴子石和锆石中的金红石包裹体。这是由于石榴子石和锆石作为相对刚性的矿物，能够极大降低后期作用对金红石成分的影响。锆石 M_1(内幔)、M_2(外幔)和边部区域分别形成于超高压、高压榴辉岩相及麻粒岩相条件；因此在计算锆石中金红石包裹体的 Zr 含量温度时，根据其在变质锆石中的不同区域(domains)，压力分别设定为 4.0 GPa(内幔——M_1)、2.0 GPa(外幔——M_2)和 1.0 GPa(增生边)。而在计算石榴子石中包裹体金红石的温度时，则分别采用了 2.0 GPa 和 4.0 GPa 这两个压力。所有这些金红石包裹体中的 Zr 含量有一个很大的变化范围，从低于 900 ppm[①]到超过 4000 ppm，对应的温度从低于 700℃到超过 1100℃(图 3-21 和图 3-22)。结果显示，处于不同锆石区域中的金红石包裹体 Zr 含量温度具有系统的差别：落在锆石内幔(即 M_1 区域)的金红石的 Zr 含量为 1030～4310 ppm，记录了对应的 880～1080℃的温度范围，平均温度为 970℃；锆石外幔(即 M_2 区域)中的金红石 Zr 含量为 800～5800 ppm，对应一个相对更宽

① 1 ppm=1×10^{-6}。

的温度范围(780～1030℃)，其平均温度为 873℃，少量的落在 901～1028℃；锆石边部的金红石颗粒给出较低的温度范围(838～852℃)，平均值为 845℃(图 3-22)；石榴子石中的金红石包裹体具有最低的 Zr 含量(100～800 ppm)，以及相对应的更低的温度[压力设定为 4.0 GPa 时温度为 600～850℃，压力 2.0 GPa 时温度为 600～800℃；图 3-21(a)]，可能与角闪岩相阶段退变质作用有关，类似于变质锆石中 Ti 的温度(图 3-23)。

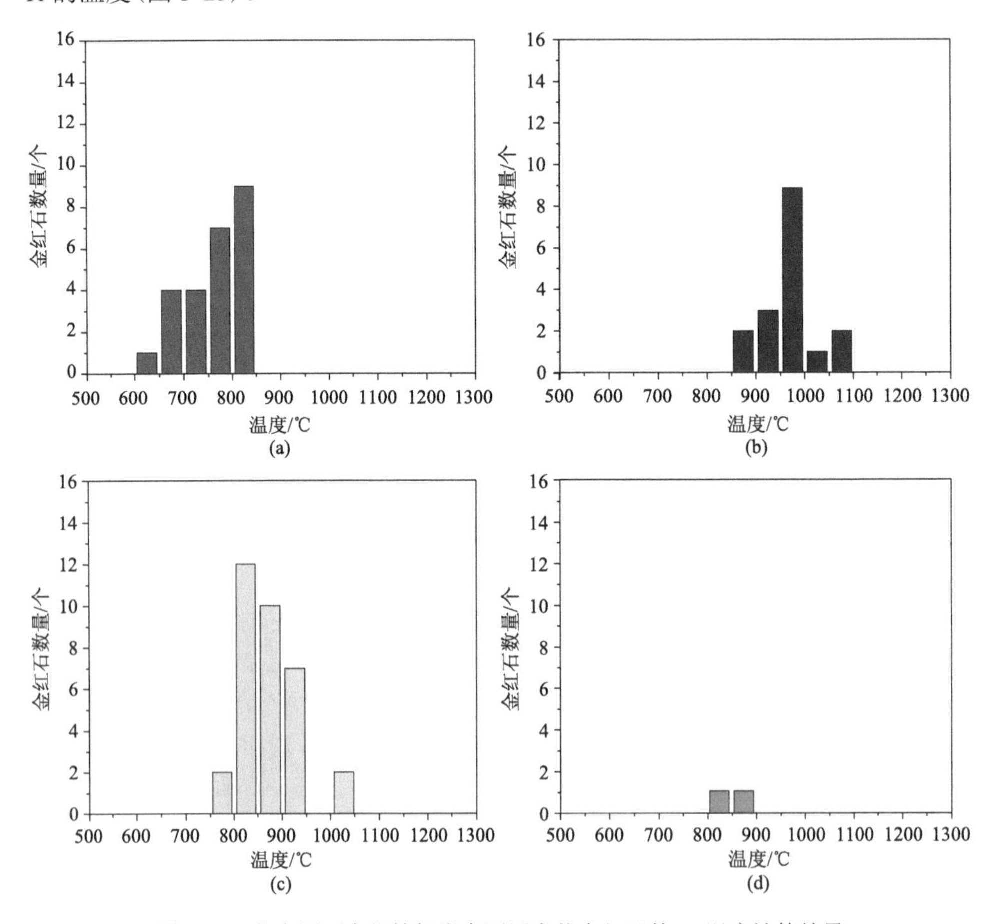

图 3-21　北大别西南部榴辉岩中不同产状金红石的 Zr 温度计算结果

(a)、(b)、(c)和(d)分别代表石榴子石、锆石超高压榴辉岩相内幔(M_1)、锆石高压榴辉岩相外幔(M_2)和锆石麻粒岩相边部中的金红石包裹体

锆石中 Ti 温度计算则基于 Ferry 和 Watson(2007)修正版的温度计。由于所有样品中都有石英，因此二氧化硅的活度可以认为等于 1。二氧化钛的活度(α_{TiO_2})根据是否包含金红石包裹体分别设置为 1 和 0.6，即对于含金红石包裹体的锆石，其α_{TiO_2}设为 1，而不含金红石的锆石，其α_{TiO_2}值根据 Watson 和 Harrison(2005)

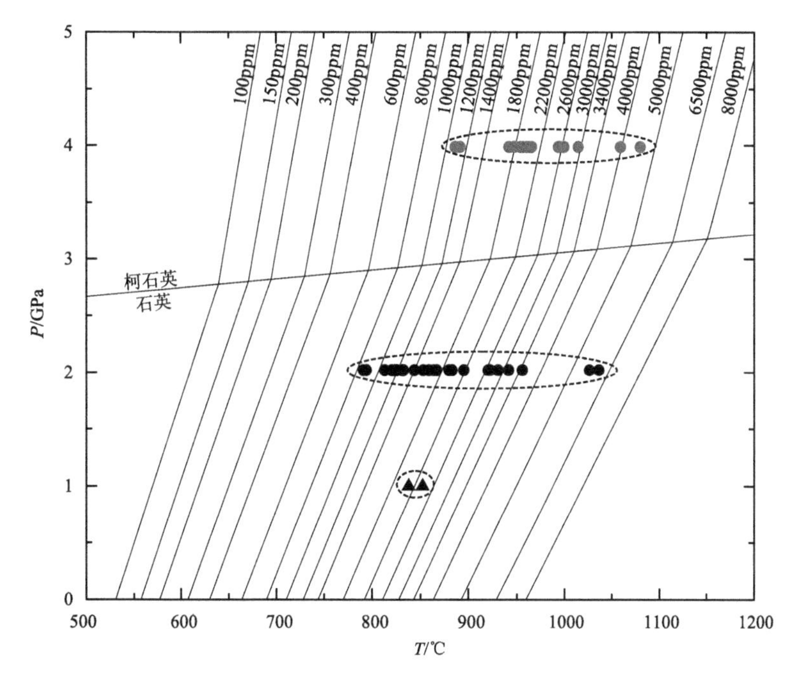

图 3-22　罗田榴辉岩锆石中金红石包裹体 Zr 温度(*T*)在推定的变质压力(*P*)下的计算结果

红色圆点、黑色圆点和黑色三角分别代表锆石超高压榴辉岩相内幔(M_1)、锆石高压榴辉岩相外幔(M_2)和锆石麻粒岩相边部中金红石包裹体的温度计算结果

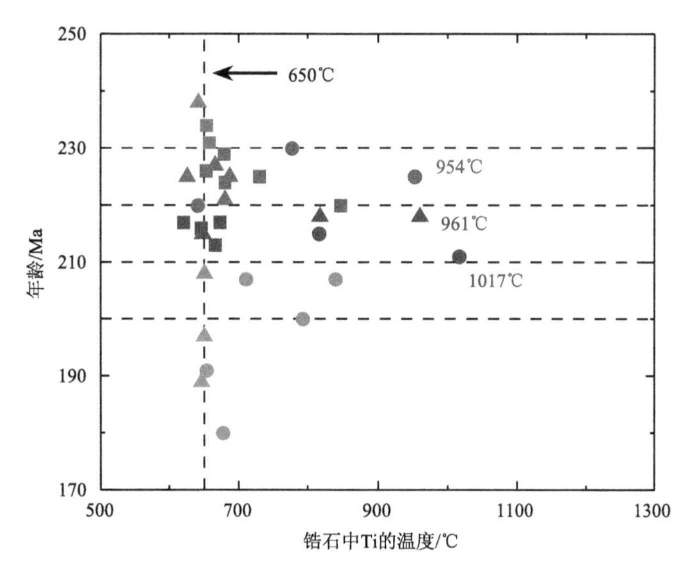

图 3-23　罗田第一类榴辉岩的变质锆石 U-Pb 年龄及相关锆石中 Ti 温度图解

正方形、圆点和三角形符号分别代表样品 03LT1-1、06LT3-2 和 07LT6-1。蓝色、红色、粉色、绿色和灰色符号分别对应形成于 230～240 Ma(峰期前幔部)、220～230 Ma(超高压榴辉岩相内幔 M_1)、210～220 Ma(高压榴辉岩相外幔 M_2)、200～210 Ma(麻粒岩相边部)和 180～200 Ma(角闪岩相边部)的不同组的变质锆石区域

中关于变基性岩的建议设为 0.6。锆石中 Ti 的含量和计算的温度如图 3-23 和图 3-24 中所示。第一类榴辉岩的三个样品中的锆石可分为三个区域，其中内幔(M_1)和外幔(M_2)分别生长于超高压和高压榴辉岩相条件，U-Pb 年龄分别为约 226 Ma 和约 214 Ma。这些超高压和高压锆石区域的 Ti 含量为 2.15～97.8 ppm，对应锆石中 Ti 温度为 620～1017℃。两个麻粒岩相的增生边给出了 793～840℃的温度，其余大部分锆石边部具有低 Ti 含量(<7 ppm)和相应的温度(650～700℃)。总之，绝大部分不同区域的变质锆石得到的温度小于 800℃，大部分落在(650±50)℃。此外，有三个位于超高压和高压榴辉岩相区域的锆石分析点位分别给出了 954℃、961℃和 1017℃的较高温度(图 3-23)。第一类榴辉岩中的锆石几乎不含岩浆核，绝大部分为变质成因，其低 Th/U 值、矿物包裹体、Hf 同位素和 CL 图像也说明了这一点(Liu et al., 2011a)；它们没有记录早期岩浆结晶事件的温度，最可能的原因是这些早期的锆石在峰期高温变质过程中被溶解了。

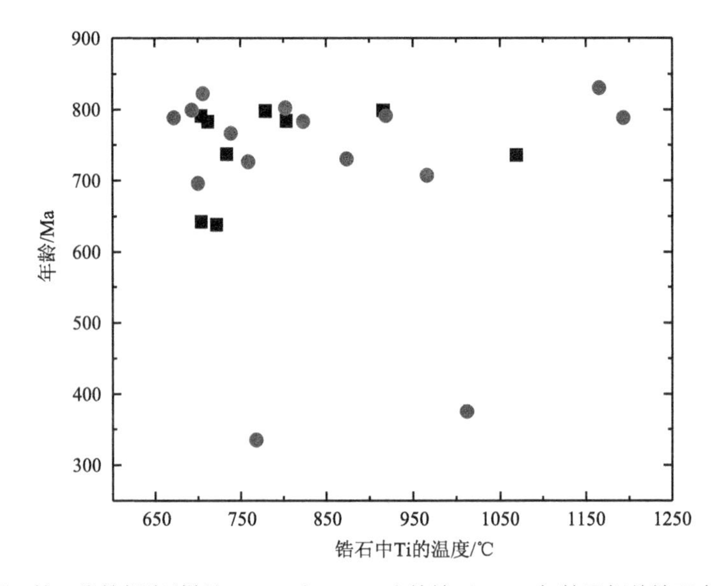

图 3-24　罗田第二类榴辉岩(样品 03LT9 和 03LT10)的锆石 U-Pb 年龄及相关锆石中 Ti 温度图解

黑色正方形和红色圆点标识分别代表新元古代岩浆和变质锆石核

资料来源：年龄数据来自 Liu 等(2007c)

在第二类榴辉岩的两个样品(03LT9 和 03LT10)中可以观察到一些含有新元古代岩浆或变质核以及薄的三叠纪增生边的锆石(Liu et al., 2007c)。这些锆石核的钛含量为 4.3～274 ppm，应用 Watson 等(2006)版本的锆石中 Ti 温度计给出的温度为 672～1193℃(图 3-24)。这些温度大部分落在 670～800℃，少数高于 900℃。第二类榴辉岩中的锆石增生边由于太薄，无法用 LA-ICPMS 对其进行 Ti 含量测定。

锆石中 Ti 和金红石中 Zr 温度计给出了相似的超高压和高压榴辉岩相阶段的

温度结果，尽管第一类榴辉岩的大部分分析点给出了(650±50)℃的再平衡温度或封闭温度，仍有少量三叠纪峰期和峰期后变质锆石记录了高温(>900℃)的变质条件(图 3-23)，与使用石榴子石-单斜辉石地质温度计计算得到的峰期超高压变质温度(900～960℃，压力设定为 4.0 GPa)基本一致。变质锆石增生边中仅发现一颗金红石包裹体并得到平均值为 845℃的温度(图 3-22)，这与麻粒岩相锆石增生边的 Ti 含量温度(图 3-23 中绿色圆点)在误差范围内一致，但该温度低于通过矿物对温度计得到的 905～917℃和 1.1～1.4 GPa 的超高温估算结果。

对于第二类榴辉岩的两个样品，它们的新元古代岩浆及变质锆石核给出了锆石中 Ti 温度为 672～1193℃(图 3-24)，其中大部分落在 670～800℃，少数高于 900℃。这些更高的大于 900℃的温度值可能最接近真实温度(Liu et al., 2010b)，可能是新元古代的一次高温变质事件被首次证实。相反，那些较低的温度可能代表再平衡的结果(Timms et al., 2011)。

3. 高温 Mg 同位素平衡温度计

单矿物的 Mg 同位素分析结果(图 3-25)显示，北大别榴辉岩中石榴子石的 δ^{26}Mg 值从–0.92‰变化到–0.72‰，单斜辉石的 δ^{26}Mg 值从–0.09‰变化到 0.26‰，角闪岩的 δ^{26}Mg 值从–0.13‰变化到–0.05‰。角闪岩的 δ^{26}Mg 值普遍低于单斜辉石，这显然与岩浆体系中角闪石相对于辉石富集重 Mg 同位素的理论计算结果不一致(Liu et al., 2010a)，表明北大别榴辉岩中石榴子石、单斜辉石与角闪石的 Mg 同位素未达到平衡状态。因此，不能用角闪石代替单斜辉石进行矿物对 Mg 同位素温度计的计算。北大别榴辉岩的石榴子石-单斜辉石矿物对 Mg 同位素温度计给出了北大别榴辉岩峰期变质温度是 800～1000℃(图 3-25)，与传统的矿物对温度计给出的结果基本一致，但明显高于中大别和南大别，较宽的变化范围可能是受强烈退变质作用的影响。此外，还有一个样品的矿物对温度约为 700℃，接近于锆石中 Ti 温度计和金红石中 Zr 温度计给出的最低变质温度(650℃)，表明在后期角闪岩相退变质阶段又经历了 Mg 同位素再平衡。

4. 相平衡模拟

相平衡模拟是目前确定变质 *P-T-t* 轨迹和探索变质演化过程的最有效研究手段(Groppo et al., 2009; Wei et al., 2009; Groppo and Castelli, 2010)。即使对具有复杂演化历史的变质岩，在平衡热力学原理的基础上，也有可能应用该方法获得准确的 *P-T* 演化轨迹(Tajčmanová et al., 2006; Groppo et al., 2007; Cruciani et al., 2011, 2012)。北大别榴辉岩经历了多阶段变质作用叠加，广泛发育复杂的后成合晶和冠状体结构，局部保留不同变质阶段的矿物组合。因此，对北大别榴辉岩中不同区域开展相平衡模拟计算，有助于确定不同变质阶段的温压条件。

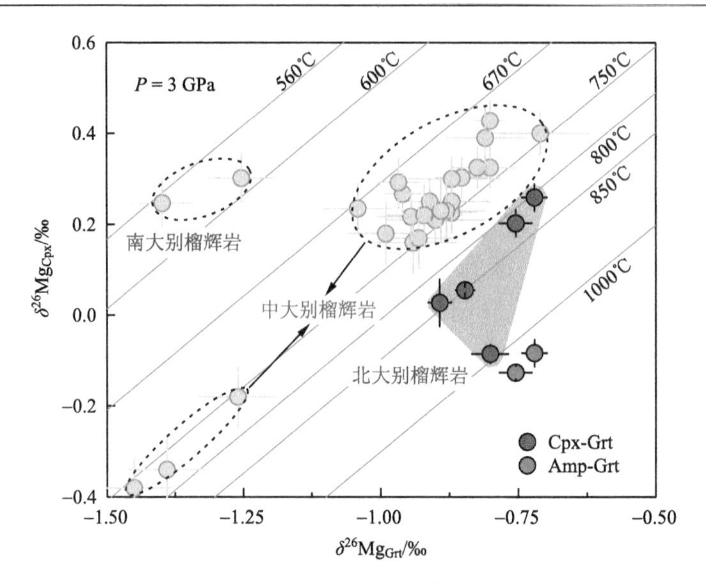

图 3-25　北大别榴辉岩中矿物对的 $\delta^{26}Mg_{Cpx}$-$\delta^{26}Mg_{Grt}$ 图解

资料来源：南大别和中大别榴辉岩的数据来自 Wang 等(2014)

Groppo 等(2015)选取北大别西南部的金家铺和石桥铺榴辉岩开展了相平衡模拟研究，发现了石榴子石中包含早期角闪石的岩石学证据，确定了进变质阶段矿物组合为 Grt + Cpx + Qtz ± Amp + Rt，由此计算获得了进变质作用发生时的温度和压力条件分别为 650℃和 1.2 GPa。但是，由于石榴子石和单斜辉石成分在峰期矿物组合(Grt + Cpx + Coe + Rt)稳定域内对压力极不敏感以及多阶段退变质改造，峰期变质的压力条件一直未能被准确限定。

相对于金家铺的榴辉岩，板船山榴辉岩(如样品 03LT10 和 06LT4-2)退变质更为强烈，峰期绿辉石很少保存(主要以包裹体形式存在于石榴子石或锆石中)，基质中大量发育各种细粒后成合晶和冠状体结构，其中的矿物颗粒通常为它形到半自形，并相互交生形成蠕虫状结构或文象结构(图 3-26)。这些特征表明，后成合晶形成期间及之后岩石至少局部缺乏流体，使得其中的矿物无法进行重结晶生长(Liu et al., 2007c)。因此，后成合晶中的矿物可能只在一个微观而非全岩尺度上达到了热力学平衡，这使得它们很可能保存了形成时的原始成分，这些成分可以被用来揭示相关的变质 *P-T* 条件。

根据背散射(BSE)图像显示的矿物组合(图 3-26)，上述两个板船山榴辉岩中的后成合晶可以分为两个微区，其矿物组合从内到外分为 S1(Pl_{S1} + Cpx_{S1})和 S2(Pl_{S2} + Opx_{S2})。两个微区之间没有明显的边界或反应结构，指示它们可能是同时生长的。相关的矿物反应可能是：Omp = Pl_{S1} + Cpx_{S1}(1)和 Omp + Grt = Pl_{S2} + Opx_{S2}(2)。冠状体结构也可以分为两类。第一类冠状体(C1)主要由斜长石和斜方

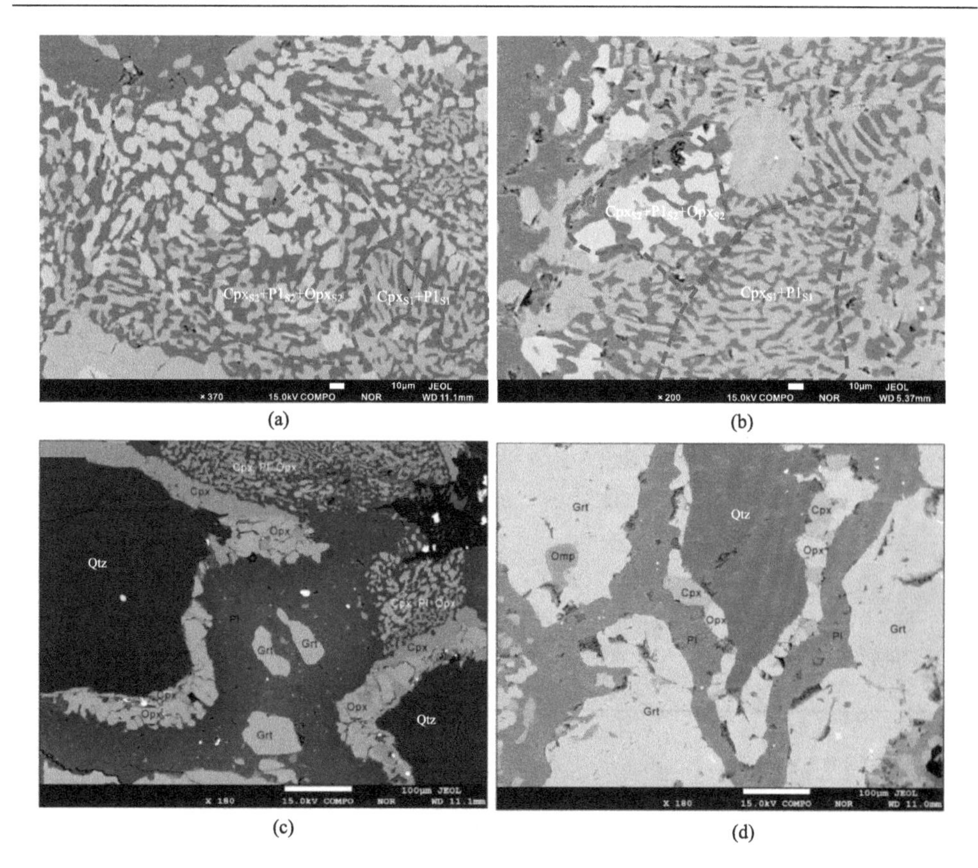

图 3-26　榴辉岩基质中的细粒后成合晶和石英与石榴子石间的冠状体结构背散射(BSE)图像

根据矿物组合不同，后成合晶可分为 S1 ($Pl_{S1}+Cpx_{S1}$) 和 S2 ($Pl_{S2}+Opx_{S2}+Cpx_{S2}$) 两个微区，其中 S1 位于后成合晶内部，S2 位于后成合晶外部。冠状体由单斜辉石和斜方辉石组成，周围被斜长石冠状体围绕。其中，(a)和(d)来自样品 03LT10，(b)和(c)来自样品 06LT4-2。Grt，石榴子石；Cpx，单斜辉石；Opx，斜方辉石；Qtz，石英；Pl，斜长石；Amp，角闪石

辉石以及少量单斜辉石组成。石榴子石和石英颗粒粗大，其中部分石榴子石中还有绿辉石包裹体。它们被一种双层冠状体分开：石英周围是一圈斜方辉石+单斜辉石，而石榴子石被斜长石所包裹。根据结构特征，这种冠状体是石英和石榴子石在麻粒岩相条件下发生如下反应的产物：Grt + Qtz±Omp = Opx_{C1} + Pl_{C1}± Cpx_{C1}(3)。第二类冠状体(C2)由栅栏状的角闪石和斜长石组成[图 3-6(a)]，部分冠状体中有少量的磁铁矿。C2 冠状体中的颗粒比绿辉石分解形成的后成合晶中的颗粒大许多，似乎反映了它们是生长于后期角闪岩相条件下的水化过程，该过程发生于绿辉石假象形成之后。

不过，对于上述微区或冠状体，采用湿化学法或 XRF 方法测定全岩成分并不合适，因此需要计算相应视剖面的“有效全岩成分”。运用 Godard(2010)提供的

一个 excel 工具对反应式(1)～(3)进行配平，可以计算出上述各微区的“有效全岩成分”。对于样品 03LT10，对应 S1、S2 和 C1 的平衡反应式为 Omp = $0.302Pl_{S1}$ + $0.610Cpx_{S1}$(4)、Omp + 0.100Grt = $0.577Pl_{S2}$ + $0.411Opx_{S2}$(5)和 0.149Grt + Qtz + 0.249Omp = $0.499Pl_{C1}$ + $0.289Opx_{C1}$(6)。对于样品 06LT4-2，相应的平衡反应式则为 Omp = $0.486Cpx_{S1}$ + $0.380Pl_{S1}$(7)、Omp + 0.184 Grt = $0.618Opx_{S2}$ + $0.525Pl_{S2}$(8)和 0.160Grt + 0.620Qtz + Omp = $0.785Pl_{C1}$ + $0.511Opx_{C1}$(9)。基于这些反应产物的成分和它们的化学当量系数，将各微区“有效全岩成分”的计算结果列于表 3-6。

表 3-6 计算得到的样品 03LT10 和 06LT4-2 各微区的“有效全岩成分”［单位：%(摩尔分数)］

成分	03LT10			06LT4-2		
	S1	S2	C1	S1	S2	C1
SiO_2	55.19	59.13	61.48	57.68	57.36	59.67
Al_2O_3	6.57	9.90	9.92	7.30	7.73	10.07
CaO	18.19	5.96	4.61	16.31	4.52	5.94
Na_2O	2.83	4.23	5.52	3.67	3.44	4.68
MgO	13.67	13.90	10.45	10.82	14.71	8.96
FeO	3.54	6.88	8.03	4.22	12.24	10.69

根据表 3-6 的“有效全岩成分”，在 Na_2O-CaO-FeO-MgO-Al_2O_3-SiO_2-H_2O(NCFMASH)体系下构建的 S1、S2、C1 各微区的 *P-T* 视剖面见图 3-27。视剖面的计算采用 Perple X 软件和 Holland 和 Powell(1998)提供的内恰热力学数据库以及水的状态方程。计算中考虑的矿物有：石榴子石、绿辉石、角闪石、斜方辉石、斜长石、绿帘石、石英、蓝晶石、夕线石、金红石、钛铁矿、磁铁矿和赤铁矿。涉及的固溶体活度模型有：石榴子石(Holland and Powell, 1998)、单斜辉石(Green et al., 2007)、角闪石(Dale et al., 2000)、斜方辉石(Powell and Holland, 1999)、斜长石(Newton et al., 1980)和绿帘石(Holland and Powell, 1998)。计算中不考虑 Fe_2O_3，因为这些矿物中的 Fe^{3+}含量非常低；而 H_2O 则被认为是过量的流体相，这是因为微区 S1、S2 和 C1 中的矿物都是无水矿物，因此体系中的 H_2O 总是饱和的。此外，对微区 C2 的形成压力和温度则分别采用角闪石中的 Al 压力计(Schmidt, 1992)和角闪石-斜长石温度计(Holland and Blundy, 1994)进行估算。

榴辉岩 03LT10 的相平衡模拟结果见图 3-27(a)～图 3-27(c)。S1(Pl_{S1} + Cpx_{S1})在视剖面中对应一个温度 800℃、矿物组合为斜长石+单斜辉石+斜方辉石+石英的 4 变度域。模拟的单斜辉石成分等值线(X_{Na} = 0.04～0.06；$Mg^{\#}$ = 80～84)进一步将 S1 的温压条件限制到>880℃和 8.5～11.5 kbar[①]［图 3-27(a)］。S2(Pl_{S2} + Opx_{S2})在

① 1 bar=10^5 Pa=1 dN/mm^2。

视剖面中对应一个温度>830℃，矿物组合为斜方辉石+斜长石+单斜辉石+石英的 4 变度域。*P-T* 视剖面显示平衡反应式(5)对应一个连续的、从约 15 kbar 到约 7 kbar 的减压反应过程，其间石榴子石和单斜辉石被消耗[ΔGrt = –13%(体积分数)；ΔCpx = –7%(体积分数)]，而斜长石和斜方辉石增长[ΔPl = 12%(体积分数)；ΔOpx = 12%(体积分数)]，这与反应式(5)的预期是一致的。模拟的斜长石(X_{Ca} = 0.32～0.39)和斜方辉石($Mg^{\#}$ = 65～67)成分等值线进一步将 S2 的温压条件限制到>850℃和 7～12 kbar[图 3-27(b)]。C1(Pl_{C1} + Opx_{C1} ± Cpx_{C1})在视剖面中对应两个矿物组合稳定域，其中一个为 3 变度域，矿物组合为石榴子石+石英+斜长石+斜方辉石+单斜辉石；另一个为 4 变度域，矿物组合为石英+斜长石+斜方辉石+单斜辉石。*P-T* 视剖面显示平衡反应式(6)对应一个连续的、从约 15 kbar 到约 8 kbar 的减压反应过程，其间石榴子石和单斜辉石被消耗[ΔGrt = –13%(体积分数)；ΔCpx = –7%(体积分数)]，而斜长石和斜方辉石增长[ΔPl = 12%(体积分数)；ΔOpx = 11%(体积分数)]，这与反应式(6)的预期是一致的。模拟的斜长石(X_{Ca} = 0.32～0.35)和斜方辉石($Mg^{\#}$ = 59～61)成分等值线进一步将 C1 的温压条件限制到>850℃

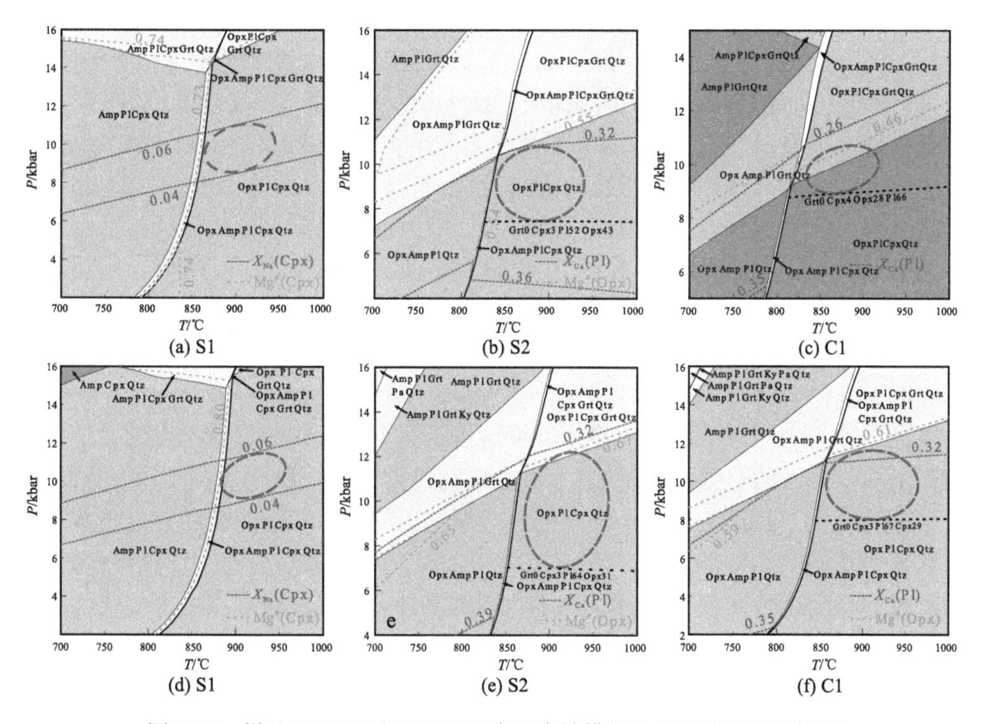

图 3-27　样品 03LT10 和 06LT4-2 中三个被模拟的微区的 *P-T* 视剖面

(a)～(c)，03LT10；(d)～(f)，06LT4-2。*P-T* 结果根据对应的矿物组合的稳定域和成分等值线(图中虚线)进行限定，如图中红色虚线椭圆所示。Cpx，单斜辉石；Opx，斜方辉石；Grt，石榴子石；Amp，角闪石；Qtz，石英；Pl，斜长石；Pa，钠云母和 8～11 kbar[图 3-27(c)]。应用角闪石中的 Al 压力计(Schmidt, 1992)和角闪石-斜长石温度计(Holland and Blundy, 1994)，计算出 C2 的温度和压力范围为 793～912℃和 7.6～10.5 kbar，误差分别为±40℃和±0.6 kbar。

榴辉岩 06LT4-2 的相平衡模拟结果见图 3-27(d)～图 3-27(f)。S1(Pl_{S1} + Cpx_{S1})在视剖面中对应一个温度>800℃、矿物组合为斜长石+单斜辉石+斜方辉石+石英的 4 变度域。模拟的单斜辉石成分等值线(X_{Na} = 0.04～0.06；$Mg^{\#}$ = 73～74)进一步将 S1 的温压条件限制到>850℃和 8～11 kbar[图 3-27(d)]。S2(Pl_{S2} + Opx_{S2})在视剖面中对应一个温度>800℃、矿物组合为斜方辉石+斜长石+单斜辉石+石英的 4 变度域。*P-T* 视剖面显示平衡反应式(8)对应一个连续的、从约 15 kbar 到约 7.5 kbar 的减压反应过程，其间石榴子石和单斜辉石被消耗[ΔGrt = –14%(体积分数)；ΔCpx = –6%(体积分数)]，而斜长石和斜方辉石增长[ΔPl = 12%(体积分数)；ΔOpx = 11%(体积分数)]，这与反应式(8)的预期是一致的。模拟的斜长石(X_{Ca} = 0.32～0.36)和斜方辉石($Mg^{\#}$ = 54～55)成分等值线进一步将 S2 的温压条件限制到>830℃和 7.5～11 kbar[图 3-27(e)]。C1(Pl_{C1} + Opx_{C1}±Cpx_{C1})在视剖面中对应两个矿物组合稳定域，其中一个为 3 变度域，矿物组合为石榴子石+石英+斜长石+斜方辉石+单斜辉石；另一个为 4 变度域，矿物组合为石英+斜长石+斜方辉石+单斜辉石。*P-T* 视剖面显示平衡反应式(9)对应一个连续的、从约 14 kbar 到约 9 kbar 的减压反应过程，其间石榴子石和单斜辉石被消耗[ΔGrt = –17%(体积分数)；ΔCpx = –7%(体积分数)]，而斜长石和斜方辉石增长[ΔPl = 14%(体积分数)；ΔOpx = 14%(体积分数)]，这与反应式(9)的预期是一致的。模拟的斜长石(X_{Ca} = 0.26～0.35)和斜方辉石($Mg^{\#}$ = 43～46)成分等值线进一步将 C1 的温压条件限制到>820℃和 9～11 kbar[图 3-27(f)]。此外，根据角闪石中的 Al 压力计(Schmidt, 1992)和角闪石-斜长石温度计(Holland and Blundy, 1994)计算得到 C2 的压力和温度分别为 559～882℃和 4.3～8.9 kbar，误差分别为±40℃和±0.6 kbar。

两个榴辉岩样品的相平衡模拟计算给出了完全一致的结果(图 3-27)，证明了相平衡模拟方法的有效性。麻粒岩相微区矿物组合 S1、S2 和 C1 都给出了在>850℃下，压力从 11 kbar 减小到 8 kbar 的近等温减压的 *P-T* 轨迹，表明它们形成于同一阶段，这与其结构的关系一致(图 3-26)。这一温压条件与前文通过单斜辉石-斜方辉石温度计和石榴子石-单斜辉石地质温度计得到的麻粒岩相温压值域(表 3-4 和表 3-5)基本一致，表明它们基本没有受到后期麻粒岩相变质叠加的影响。不过，样品 03LT10 中 C2 给出的 793～912℃和 7.6～10.5 kbar 温压范围明显高于样品 06LT4-2 中的 559～882℃和 4.3～8.9 kbar，表明后期的加热事件明显影响到了样品 03LT10 中的角闪岩相矿物组合，但是对样品 06LT4-2 的影响不明显。总的来说，北大别榴辉岩的相平衡模拟研究，揭示了折返阶段在>850℃条件下，压力从 11 kbar 到 8 kbar 的近等温减压过程，随后是温度从 880℃减小到 560℃的冷却过程。

五、多阶段变质 *P-T* 演化

矿物对温度计、锆石中 Ti 和金红石中 Zr 温度计、高温 Mg 同位素温度计和相平衡模拟给出的结果表明，北大别榴辉岩超高压榴辉岩相、高压榴辉岩相和麻粒岩相变质阶段在误差范围内具有近乎一致的变质温度，并指示高温变质条件。因此，从超高压榴辉岩相到麻粒岩相变质阶段，是一个近乎等温减压的过程并一直处于高温条件下，而长时间处于高温、低压条件下，有可能使超高压岩石部分或全部转变为低压矿物组合，特别容易使柯石英转变为石英，如以包裹体形式存在于石榴子石中的柯石英转变成石英过程中体积膨胀并使主晶石榴子石发育放射状胀裂纹，这也许是很难在北大别榴辉岩及相关岩石中发现柯石英等超高压变质证据的重要原因之一。

综合上述岩石学、矿物学和 *P-T* 研究结果，北大别榴辉岩经历了多阶段变质演化(图 3-28)：①早期麻粒岩相变质阶段，P = 0.8 GPa 和 T > 900℃；②超高压榴辉岩相变质阶段，P = 4.0 GPa 和 T = 910～980℃；③高压榴辉岩相变质阶段，

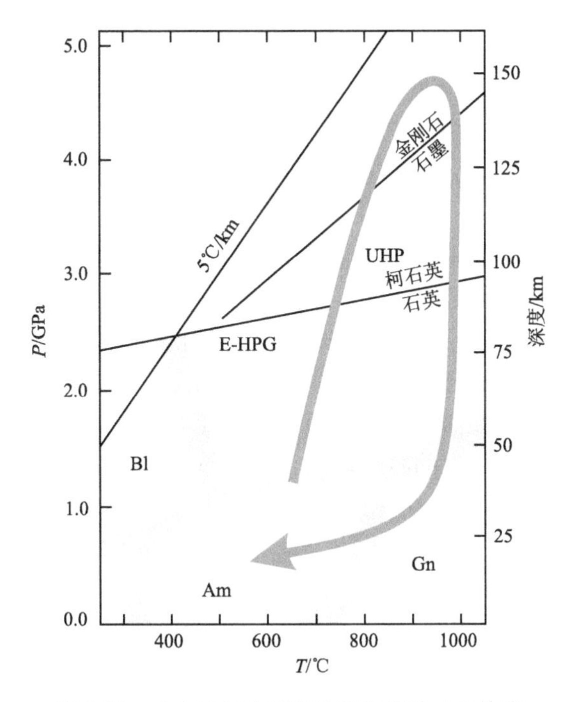

图 3-28　北大别榴辉岩俯冲和折返的 *P-T* 轨迹

UHP，超高压相；E-HPG，榴辉岩-高压麻粒岩相；Gn，麻粒岩相；Bl，蓝片岩相；Am，角闪岩相；箭头表示演化方向

P = 2.0 GPa 和 T = 940～990℃；④高压麻粒岩相变质阶段，P = 1.1～1.4 GPa 和 T = 900～920℃；⑤减压麻粒岩相变质阶段，P = 0.7～1.1 GPa 和 T > 830℃；⑥高角闪岩相变质阶段，P = 0.6～0.7 GPa 和 T = 700～780℃；⑦低角闪岩相变质阶段，P = 0.5～0.6 GPa 和 T = 600～700℃。此外，在山根垮塌期间还经历了一期低压麻粒岩相变质叠加和热变质改造。

第三节 俯冲和折返过程的年代学制约

正如前文所述，北大别榴辉岩在俯冲和折返过程中经历了超高压榴辉岩相、高压榴辉岩相、高温麻粒岩相叠加和角闪岩相退变质等多期变质阶段。准确限定多期变质作用发生的时间，对于明确北大别的变质演化历史，以及整个大别碰撞造山带各岩片之间的关系，并进而对理解和完善大别碰撞造山带的折返模式都具有十分重要的意义。同位素定年是确定岩石形成和变质时代的重要途径。一般而言，不同的同位素体系因涉及不同矿物的封闭温度(Dodson, 1973)，获得的年龄也具有不同的地质意义(Li et al., 2000; Liu et al., 2005, 2007c, 2011a)。例如，变质岩的 Rb-Sr、Sm-Nd 全岩等时线定年可以获得原岩时代或变质时代，而变质矿物的 Rb-Sr 和 Sm-Nd 等时线方法能够获得精确的变质时代。由于 Sm-Nd 和 Lu-Hf 体系封闭温度很高，超高压变质矿物组合石榴子石+绿辉石±多硅白云母+全岩±金红石等的 Sm-Nd 同位素定年方法有机会获得榴辉岩相峰期变质时代。就锆石而言，其 U-Pb 体系的封闭温度也很高，而且通常可以记录岩石的多阶段岩浆和变质历史，因此通常能给出多阶段岩浆或变质年龄。例如，含有榴辉岩相矿物包裹体或微量元素特征的变质锆石，通常给出了榴辉岩相变质年龄。此外，对于超高压变质岩来说，角闪石和云母等矿物的 Rb-Sr 和 Ar-Ar 同位素年龄或金红石 U-Pb 年龄，因这些矿物的同位素封闭温度较低，通常指示退变质时代或冷却年龄。

通过对北大别榴辉岩开展多种不同的同位素定年方法，如锆石 U-Pb 定年、单矿物 Sm-Nd 和 Rb-Sr 定年、金红石 U-Pb 定年和角闪石 Ar-Ar 定年等，可以准确测定每一个变质阶段发生的时代，结合不同阶段的 P-T 条件，为重建变质演化过程的 P-T-t 轨迹提供年代学依据。

一、锆石年代学研究

锆石 U-Pb 体系通常具有很高的封闭温度，能够保存变质岩经历的多期变质事件，因此经常被用于变质岩年代学研究。利用高灵敏度离子探针(SHRIMP)和激光剥蚀等离子质谱(LA-ICPMS)等手段，先后对北大别饶钹寨、板船山、凤山镇、金家铺和石桥铺等地的榴辉岩开展了锆石 U-Pb 定年，并结合锆石微量元素组成和矿物包裹体特征，精确限定了北大别榴辉岩的原岩时代和多期变质作用发生的时代。

1. 锆石阴极发光(CL)图像特征

根据锆石的CL图像特征(图3-29和图3-30)，北大别榴辉岩基本可以分为两类。第一类榴辉岩主要采自北大别西南部的板船山，锆石主要为扁平或棱柱形，直径100～300 μm，其中大部分的锆石都具有典型的核，以及很薄的或没有变质边，表明榴辉岩相变质作用发生在缺乏变质流体的情况下(Liu et al., 2007c)。锆石核可以分为两类：一类为灰色或亮灰色，并具有振荡的环带结构，另一类则为

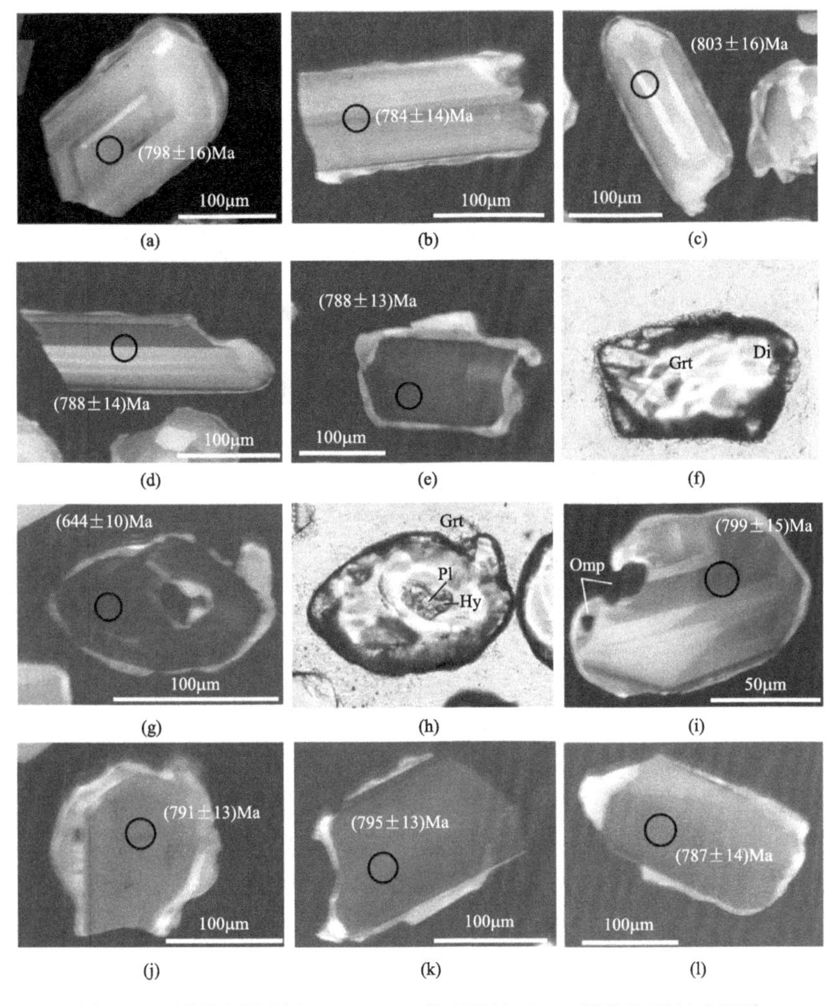

图3-29 板船山榴辉岩03LT10的代表性锆石CL图像和透射光照片

(e)和(f)、(g)和(h)是同一个锆石颗粒。Grt，石榴子石；Di，透辉石；Omp，绿辉石；Pl，斜长石；Hy，紫苏辉石

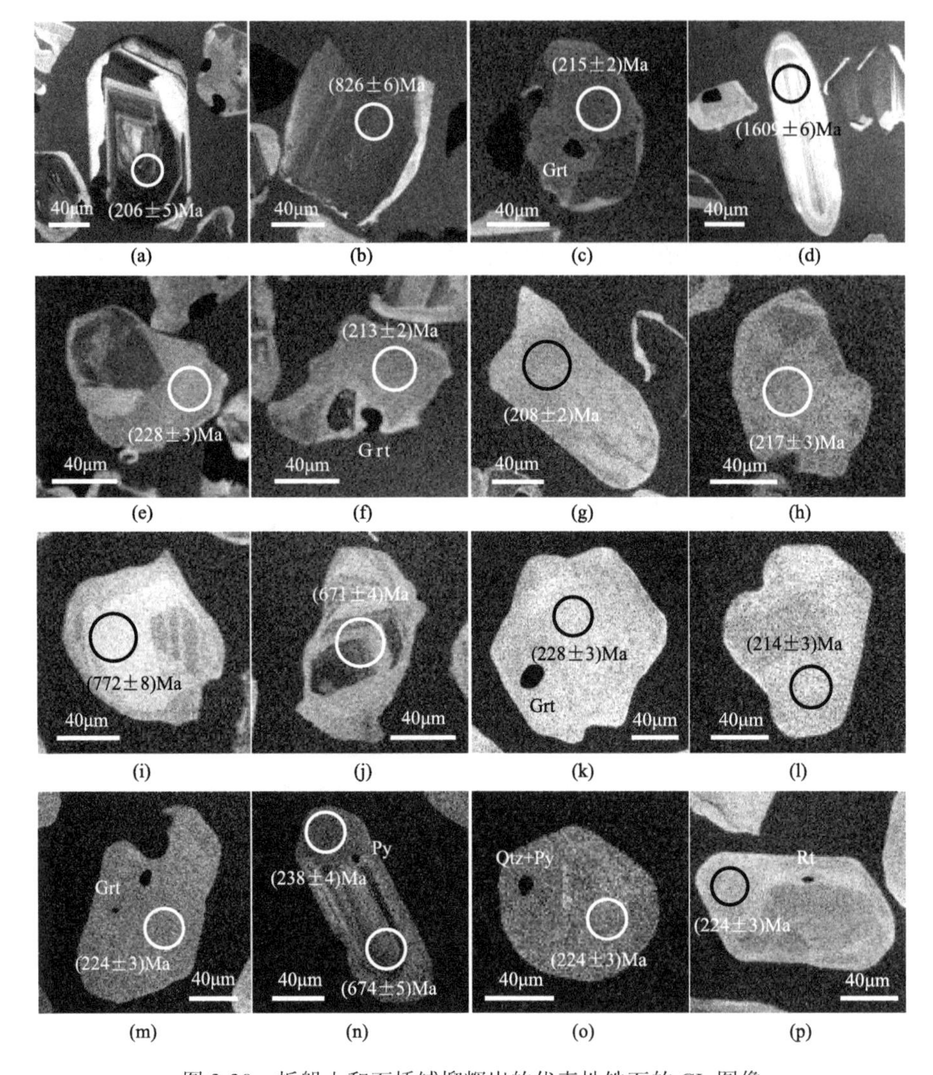

图 3-30　板船山和石桥铺榴辉岩的代表性锆石的 CL 图像

(a)～(f)和(g)～(j)分别为板船山榴辉岩 06LT4-2 和 09LT3-1，(k)～(p)为石桥铺榴辉岩 09LT2-2。Grt，石榴子石；Rt，金红石；Py，单斜辉石

黑色或深灰色，没有环带结构。第一类锆石核通常包含磷灰石、石英等矿物或没有矿物包裹体，第二类则具有麻粒岩相矿物组合，如石榴子石、紫苏辉石或斜长石等。因此，这两类锆石核分别代表了岩浆和早期麻粒岩相变质来源。另外，还有少数锆石边有石榴子石、绿辉石或金红石包裹体，表明可能形成于榴辉岩相变质条件下。

第二类榴辉岩的锆石通常为近圆形，颗粒较小且表现出比较均一的特征，没有岩浆核或仅含少量残留核(图 3-30)，可能是由于温度太高足以发生部分熔融以至于原岩锆石完全重新溶解或丢失并形成新的变质锆石(Rubatto and Hermann, 2007)，表明为变质来源。综合 CL 图像、微量元素特征、矿物包裹体组成和年代学结果，这些变质锆石可以识别出两类不同的变质幔，按其年龄范围可以分为内幔(M_1；$t \geqslant 220$ Ma)和外幔(M_2；210 Ma $< t <$ 220 Ma)，代表了不同的变质时代。此外，该类型榴辉岩中还偶尔存在少量具有弱的环带结构和高 Th/U 值的继承核，可能是被变质重结晶作用不同程度改造的岩浆锆石。北大别铙钹寨、凤山镇、金家铺、石桥铺等地的榴辉岩大都属于这一类。

2. 锆石 U-Pb 定年结果

五个板船山榴辉岩样品(03LT9、09LT10、06LT4-2、07LT5 和 09LT3-1)给出了基本一致的锆石 U-Pb 定年结果[图 3-31 和图 3-32(k)～图 3-32(o)]。样品中绝

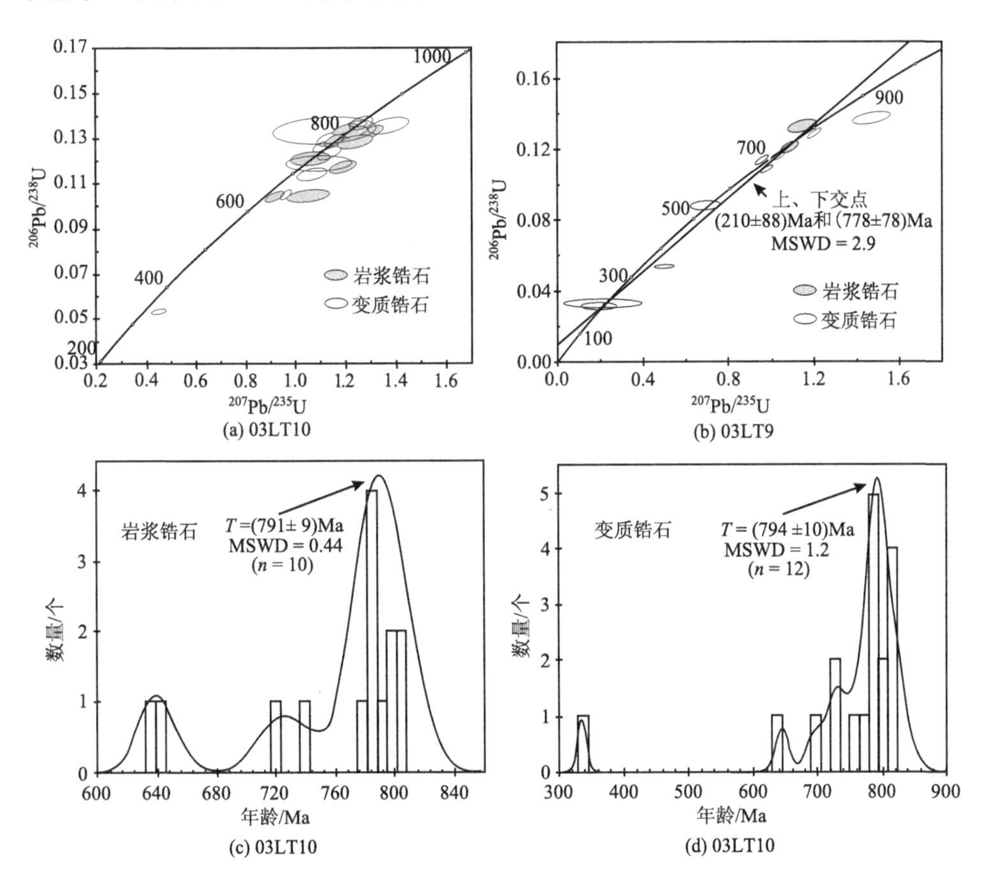

图 3-31 板船山榴辉岩(样品 03LT9 和 03LT10)的锆石 SHRIMP U-Pb 定年结果

(a)和(b)分别为样品 LT10 和 LT9 的锆石年龄谐和图；(c)和(d)分别为样品 03LT10 的岩浆锆石和变质锆石继承核的表观 ^{206}Pb/^{238}U 年龄直方图，峰值分别为 791 Ma 和 794 Ma

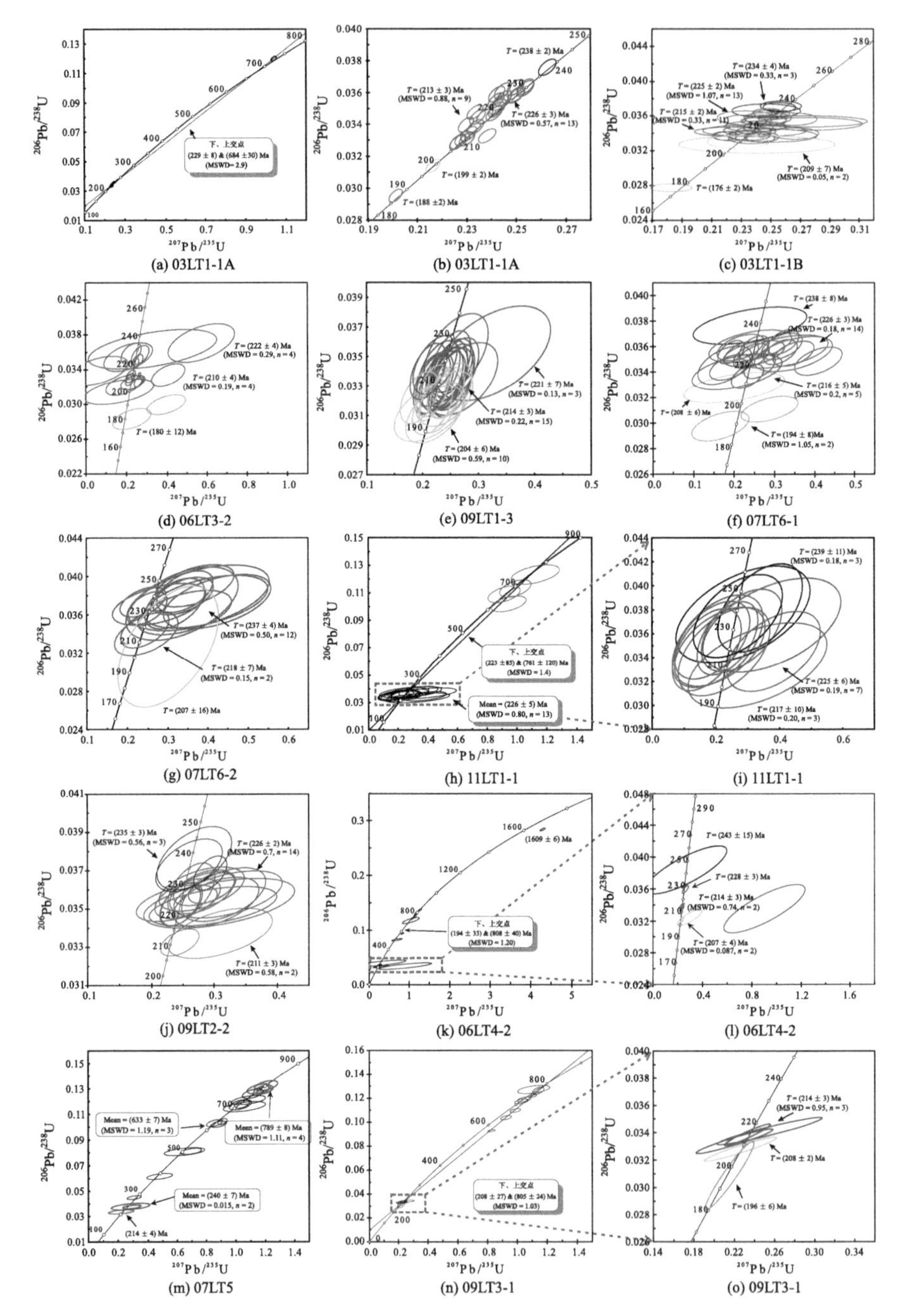

图 3-32　北大别凤山镇、金家铺、石桥铺和板船山榴辉岩的锆石 SHRIMP U-Pb 年龄谐和图

样品 03LT1-1A[(a)和(b)]和 03LT1-1B(c)来自凤山镇；样品 06LT3-2(d)和 09LT1-3(e)来自金家铺；样品 07LT6-1(f)、07LT6-2(g)、11LT1-1[(h)和(i)]和 09LT2-2(j)来自石桥铺；样品 06LT4-2[(k)和(l)]、07LT5(m)和 09LT3-1[(n)和(o)]来自板船山水库。其中，样品 03LT1-1A、07LT6-2 和 07LT5 的锆石 U-Pb 年龄由 LA-ICPMS 测定，其他样品的锆石年龄则由 SHRIMP 测定。图中数据点的误差椭圆为一个标准差

大部分都是岩浆锆石或继承锆石，只有很少锆石幔部或边部有石榴子石、绿辉石或金红石包裹体，表明是变质增生锆石。不谐和线上交点年龄为(803±9)～(808±40) Ma，下交点年龄为(194±33)～(208±27) Ma。其中，锆石核部按 CL 图像特征和矿物包裹体组成可以分为岩浆锆石和麻粒岩相变质锆石两类(图 3-29)，分别给出了(791±9) Ma(加权平均方差 MSWD = 0.44)和(794±10) Ma(MSWD = 1.2)的新元古代年龄(图 3-31)，分别代表了榴辉岩原岩的岩浆年龄和早期麻粒岩相变质时代(Liu et al., 2007c)。变质锆石幔部和边部还给出了多期三叠纪变质记录，其中包括内幔(M_1)的 $^{206}Pb/^{238}U$ 谐和年龄(228±3) Ma，外幔(M_2)的 $^{206}Pb/^{238}U$ 谐和年龄加权平均值(214±3) Ma(MSWD = 0.74)，边部 $^{206}Pb/^{238}U$ 谐和年龄加权平均值为(205±4) Ma(MSWD = 0.087)。样品 06LT4-2 中有一颗 $^{206}Pb/^{238}U$ 谐和年龄为(206±5) Ma 的深熔锆石[图 3-30(a)]，Th/U 值为 0.609，可能是从熔体中结晶而来。此外，该样品中还有一颗锆石的表面年龄为(1609±6) Ma[图 3-32(k)]，Th/U 值为 0.101，可能是经历过变质重结晶改造的原岩继承锆石。样品 09LT3-1 中则有一颗 $^{206}Pb/^{238}U$ 谐和年龄为(138±1) Ma 的深熔锆石，具有典型的核幔结构和环带特征，Th/U 值为 1.72，表明它可能经历过燕山期部分熔融作用。

凤山镇的两个榴辉岩样品(03LT1-1A 和 03LT1-1B)给出了近乎一致的锆石 U-Pb 定年结果[图 3-32(a)～(c)]。在一个具有弱的岩浆环带结构的锆石核部得到了高的 Th/U 值(1.087)和(731±6) Ma 的 $^{206}Pb/^{238}U$ 谐和年龄，其余锆石颗粒都具有低的 Th 含量(1～31 ppm)和低的 Th/U 值(0.01～0.05)，表明它们是变质成因。这些变质锆石的谐和年龄根据峰值可以进一步分为两组，一组是(226±3) Ma (MSWD＝0.57)～(227±2) Ma(MSWD＝1.6)，另一组是(213±3) Ma (MSWD＝0.88)～(215±2) Ma(MSWD＝0.77)，分别代表了内幔(M_1)和外幔(M_2)的变质时代。此外，还有一些分析点的 $^{206}Pb/^{238}U$ 谐和年龄分别为(238±2) Ma、(199±2) Ma、(188±2) Ma 和(176±2) Ma，可能分别代表了进变质时代和不同阶段的退变质时代。

两个金家铺榴辉岩(06LT3-2 和 09LT1-3)的锆石 U-Pb 定年结果[图 3-32(d)和(e)]显示，锆石幔部的 $^{206}Pb/^{238}U$ 谐和年龄从(200±18) Ma 到(235±17) Ma，并可以进一步分成(222±4) Ma(MSWD＝0.29; M_1)和(210±4) Ma(MSWD＝0.19; M_2)两组。此外，还有两个锆石边部给出了比较年轻的 $^{206}Pb/^{238}U$ 谐和年龄(180±12) Ma 和(191±10) Ma。

四个石桥铺的榴辉岩(07LT6-1、07LT6-2、09LT2-2 和 11LT1-1)给出了近乎一致的锆石 U-Pb 定年结果[图 3-32(f)～(j)]。总体上，变质幔部的 $^{206}Pb/^{238}U$ 年龄从(210±2) Ma 变化到(247±6) Ma，并可进一步分成三组，分别是(235±3)～(239±11) Ma、(226±3) Ma(M_1)和(211±3)～(218±7) Ma(M_2)。此外，还有(208±6) Ma 和(194±8) Ma 的变质边年龄。两个榴辉岩样品中存在的少量岩浆锆石核分别

给出了(366±4)～(674±5)Ma 和(627±14)～(750±16)Ma 的不谐和 $^{206}Pb/^{238}U$ 年龄，可能分别代表了原岩和不完全变质重结晶的年龄。

综上所述，北大别榴辉岩经历了相同的变质事件并具有同样的多期 $^{206}Pb/^{238}U$ 谐和年龄组。原岩时代为新元古代约 800 Ma 并经历了不同程度的变质重结晶，此外还有(234±3)～(243±15)Ma、(222±2)～(227±2)Ma、(210±3)～(218±5)Ma、(204±2)～(208±6)Ma、(194±8)～(199±2)Ma、(176±2)～(188±2)Ma 和(138±1)Ma 七个不同年龄组(图 3-33)，其中(222±2)～(227±2)Ma 年龄组的加权平均值为(226±2)Ma，(210±3)～(216±5)Ma 年龄组的加权平均值为(214±2)Ma，它们可能分别代表了北大别榴辉岩所经历的两期榴辉岩相变质时代(图 3-34)；(234±3)～(243±15)Ma 和(204±2)～(208±6)Ma 年龄组的加权平均值分别为(237±4)Ma 和(207±4)Ma。

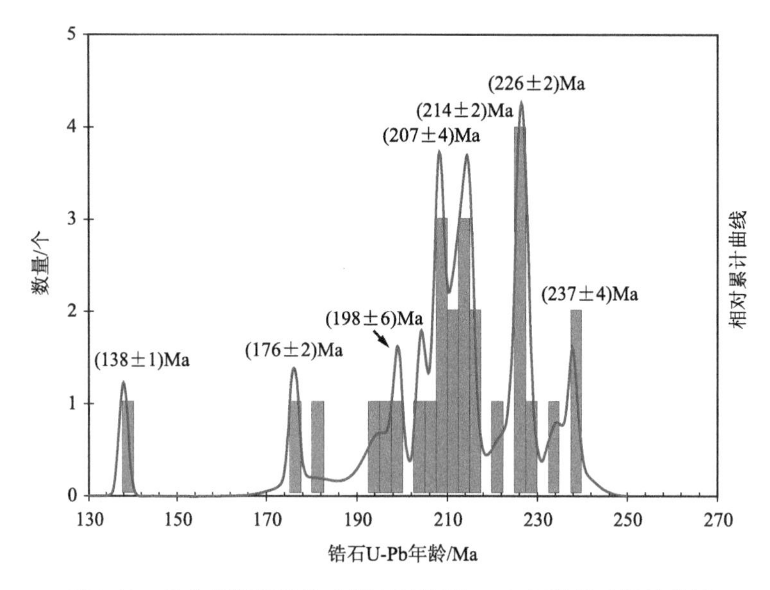

图 3-33　北大别榴辉岩的多期变质锆石 U-Pb 年龄相对累计曲线

3. 锆石的微量元素分析

锆石的微量元素一方面取决于自身的晶体化学特征和寄主岩石的稀土元素丰度，另一方面也与其共生的矿物有关，如石榴子石、长石和金红石等，因为石榴子石富集重稀土元素(HREE)，而长石则是 Eu 元素的主要载体，上述矿物的存在与否，对锆石的稀土元素含量和配分模式有显著影响。锆石有很强的稳定性，它的微量元素特征不容易受到退变质作用或二次改造的影响(Cherniak et al., 1997; Schaltegger et al., 1999; Rubatto, 2002; Hermann and Rubatto, 2003; Liu et al.,

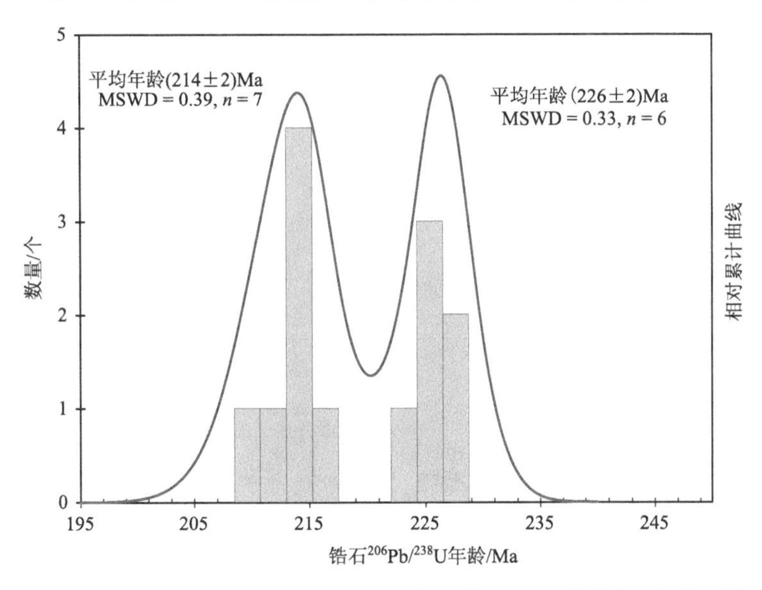

图 3-34　北大别榴辉岩的两期榴辉岩相变质锆石 U-Pb 年龄相对累计曲线

2009)。因此锆石的微量元素组成和稀土元素特征能够反映锆石形成时岩石中的化学环境，并可以辅助判断共生的矿物组合。

北大别榴辉岩不同年龄锆石区域的微量元素特征表现出明显差异(图 3-35)。锆石核部具有高的稀土元素(REE)总量和岩浆锆石典型的富集重稀土元素的特征(Rubatto, 2002)，表明它们为岩浆锆石或变质重结晶锆石，与其年龄相一致。锆石内幔(M_1)和外幔(M_2)的都表现出平缓的 HREE 配分特征组成，且都没有明显的 Eu 异常，表明在结晶过程中有石榴子石没有长石共结晶，证明它们都形成于榴辉岩相变质条件下。此外，年龄为(238±8)Ma、(208±6)Ma 和(197±6)Ma 的部分锆石的微量元素都表现出明显的 Eu 负异常，Eu/Eu*①值为 0.64～0.85，表明在结晶过程中不仅有石榴子石共结晶，还有长石共生，证明它们形成于不同于榴辉岩相的变质条件下。

4. 变质锆石中矿物包裹体组成

北大别榴辉岩的变质锆石中含有大量的石榴子石、金红石和单斜辉石等矿物包裹体，而且两期变质幔具有不同的矿物组合(图 3-36)。内幔(M_1)通常保留石榴子石+金红石+文石+柯石英等超高压矿物组合，外幔(M_2)则通常包含石榴子石+金红石+石英+单斜辉石等矿物包裹体(图 3-30)，表明其形成于石英榴辉岩相。内

① $Eu/Eu^* = Eu_N/(Sm_N \times Gd_N)^{1/2}$，N 表示球粒陨石标准化。

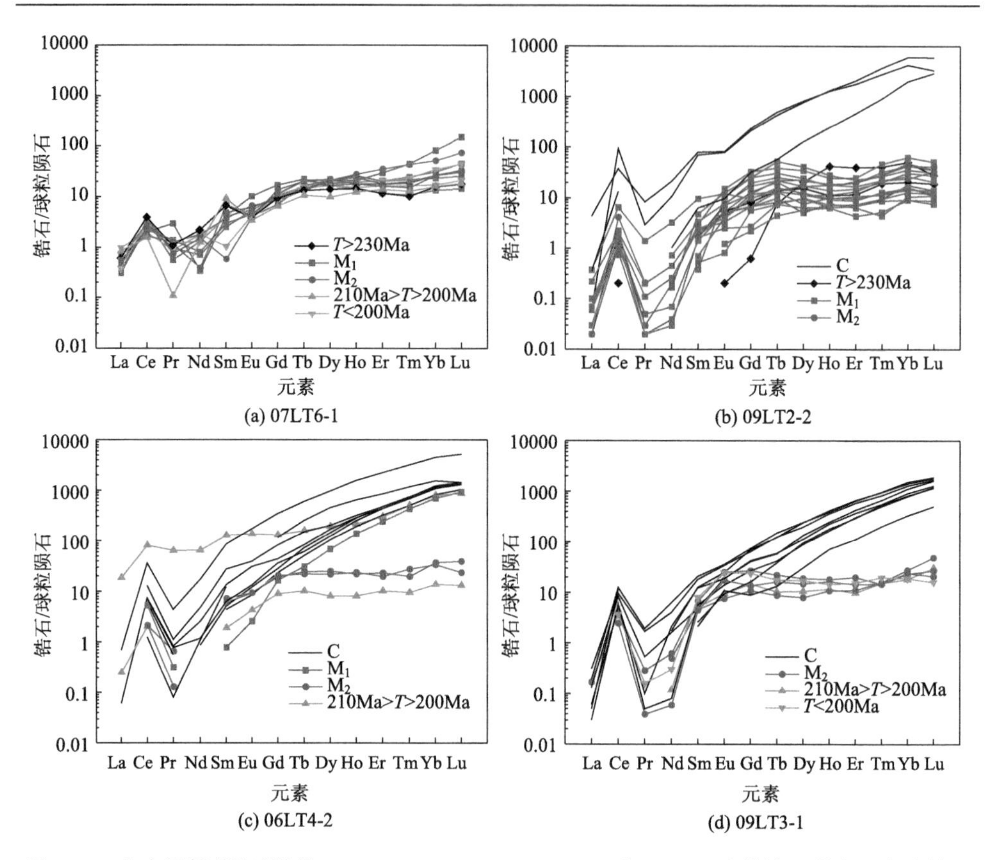

图 3-35　北大别榴辉岩(样品 07LT6-1、09LT2-2、06LT4-2 和 09LT3-1)的锆石稀土元素球粒陨石标准化图解

C，核部；M_1，内幔；M_2，外幔；T，年龄

幔区域存在柯石英残晶(图 3-20)条件下，并可以通过激光拉曼光谱同石英区别开来。如图 3-36(d)所示，柯石英包裹体的激光拉曼光谱包含 521 cm^{-1} 的柯石英特征峰以及 466 cm^{-1} 的石英特征峰，表明在减压过程中柯石英部分地转化成了石英。值得注意的是，柯石英 521 cm^{-1} 的特征峰强度比较弱，这是因为大部分的柯石英都转变成了石英，只剩下少部分残晶，但仍旧可以通过激光拉曼光谱表现出来，类似的特征 Ghiribelli 等(2002)、Liu 等(2002)和 Zhang 等(2005)都曾观察到。另外，锆石变质内幔中的石榴子石一般富集钙铝榴石而贫乏锰铝榴石成分，它们的端元组分分别为 16.99%～21.91%(摩尔分数)和 0.93%～2.28%(摩尔分数)；外幔中的石榴子石则具有相对低的钙铝榴石和高的锰铝榴石成分，其端元组分分别为 1.76%～5.67%(摩尔分数)和 11.94%～16.62%(摩尔分数)(图 3-37)。Carswell 等(2000)对中大别超高压变质岩的研究表明超高压条件下形成的石榴子石具有高 Ca 低 Mn 的特征。Liu 等(2007a)也指出北大别榴辉岩在超高压和高压条件下形成

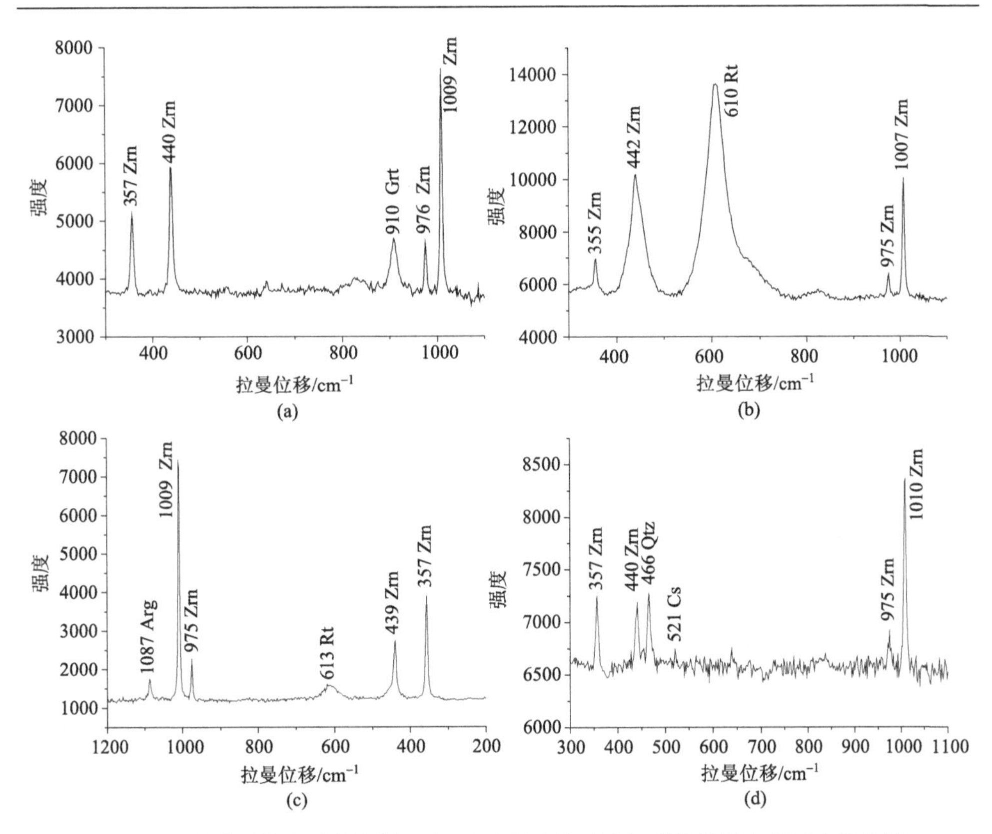

图 3-36　北大别榴辉岩样品锆石(Zrn)中代表性矿物包裹体的激光拉曼光谱曲线

(a)为石榴子石(Grt)；(b)为金红石(Rt)；(c)为文石(Arg)和金红石(Rt)；(d)为柯石英(Cs)和石英(Qtz)

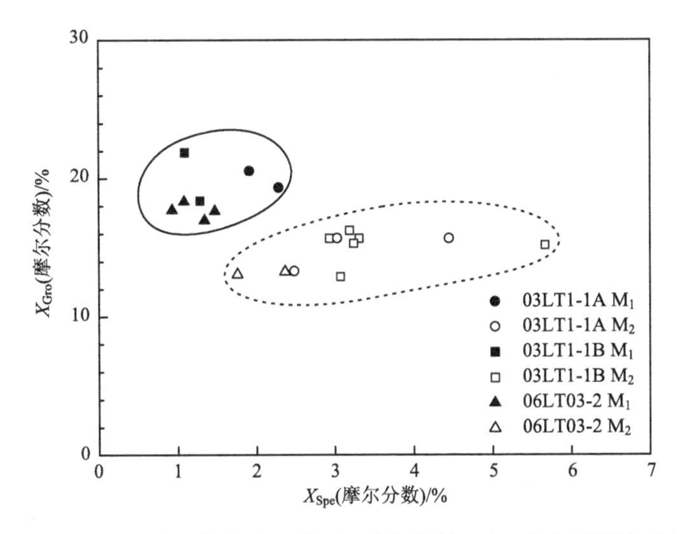

图 3-37　北大别榴辉岩锆石变质幔部中石榴子石的钙铝榴石(X_{Gro})和锰铝榴石(X_{Spe})端元组分

图中编号表示不同样品锆石的幔部 M_1 和 M_2 区

的石榴子石分别表现出高的 CaO 含量和略低的钙铝榴石成分，而且在峰期超高压条件下形成的石榴子石 CaO 含量和钙铝榴石成分分别为 8.27%(质量分数)和 20.02%(摩尔分数)，同锆石变质幔内幔中的石榴子石成分相似。在其他造山带的超高压岩石中也观察到了类似的情况(Hermann et al., 2001)。实验研究表明，在确定的温度下，石榴子石中的 CaO 含量与压力成正比(Hermann and Green, 2001)。因此，北大别榴辉岩的这两类石榴子石可能形成于不同的压力条件下，分别为超高压和高压变质条件。

二、单矿物 Sm-Nd、Rb-Sr、Ar-Ar 同位素和金红石 U-Pb 定年分析

1. 单矿物 Sm-Nd 同位素定年

黄尾河(98702)、华庄(98122-4)、铙钹寨(99104-2)、金家铺(03LT8-1 和 06LT3-2)和凤山镇(06LT6)榴辉岩的单矿物 Sm-Nd 同位素定年结果见图 3-38。其中，样品 98702 中石榴子石+全岩和石榴子石+绿辉石的 Sm-Nd 同位素等时线年龄分别为(221±5)Ma 和(212±4)Ma，与锆石给出的超高压峰期时代(226±2)Ma 和高压榴辉岩相时代(214±2)Ma 分别在误差范围内基本一致。样品 98122-4 中石榴子石+全岩的 Sm-Nd 同位素等时线年龄为(205±4)Ma，与锆石给出的麻粒岩相退变质时代(207±4)Ma 基本一致。样品 99104-2 中石榴子石+全岩和石榴子石+单斜辉石的 Sm-Nd 同位素等时线年龄分别为(194±5)Ma 和(187±5)Ma，样品 03LT8-1 中石榴子石+单斜辉石+全岩的 Sm-Nd 同位素等时线年龄则为(199±2)Ma，这两个样品年龄都显著低于锆石给出的两期榴辉岩相变质时代，但都能在榴辉岩中找到相似的年龄记录(图 3-33)。此外，样品 06LT3-2 和 06LT6 给出了基本一致的石榴子石+单斜辉石+全岩 Sm-Nd 同位素等时线年龄，分别为(174±1)Ma 和(173±7)Ma，显著低于其他样品给出的 Sm-Nd 同位素等时线年龄，但也与榴辉岩锆石中的(176±2)Ma 年龄基本一致。

2. 单矿物 Rb-Sr 同位素定年

北大别鹿吐石铺和金家铺的两个石榴斜长角闪岩样品(98412 和 06LT2)的全岩和单矿物 Rb-Sr 同位素年代学分析结果见图 3-39。其中，样品 98412 的角闪石+全岩 Rb-Sr 同位素等时线年龄为(172±3)Ma，与榴辉岩 06LT3-2 和 06LT6 的矿物 Sm-Nd 同位素等时线年龄基本一致，而其石榴子石+全岩 Rb-Sr 同位素等时线年龄为(165±3)Ma，略低于前者。样品 06LT2 中的角闪石+全岩的 Rb-Sr 同位素等时线年龄为(121±3)Ma，与北大别退变质榴辉岩中角闪石的 Ar-Ar 同位素等时线年龄在误差范围内基本一致(见“3. 角闪石 Ar-Ar 同位素定年”)，表明可能受到了同一变质事件的影响。考虑到角闪石的 Rb-Sr 同位素封闭温度高于 Ar-Ar 同

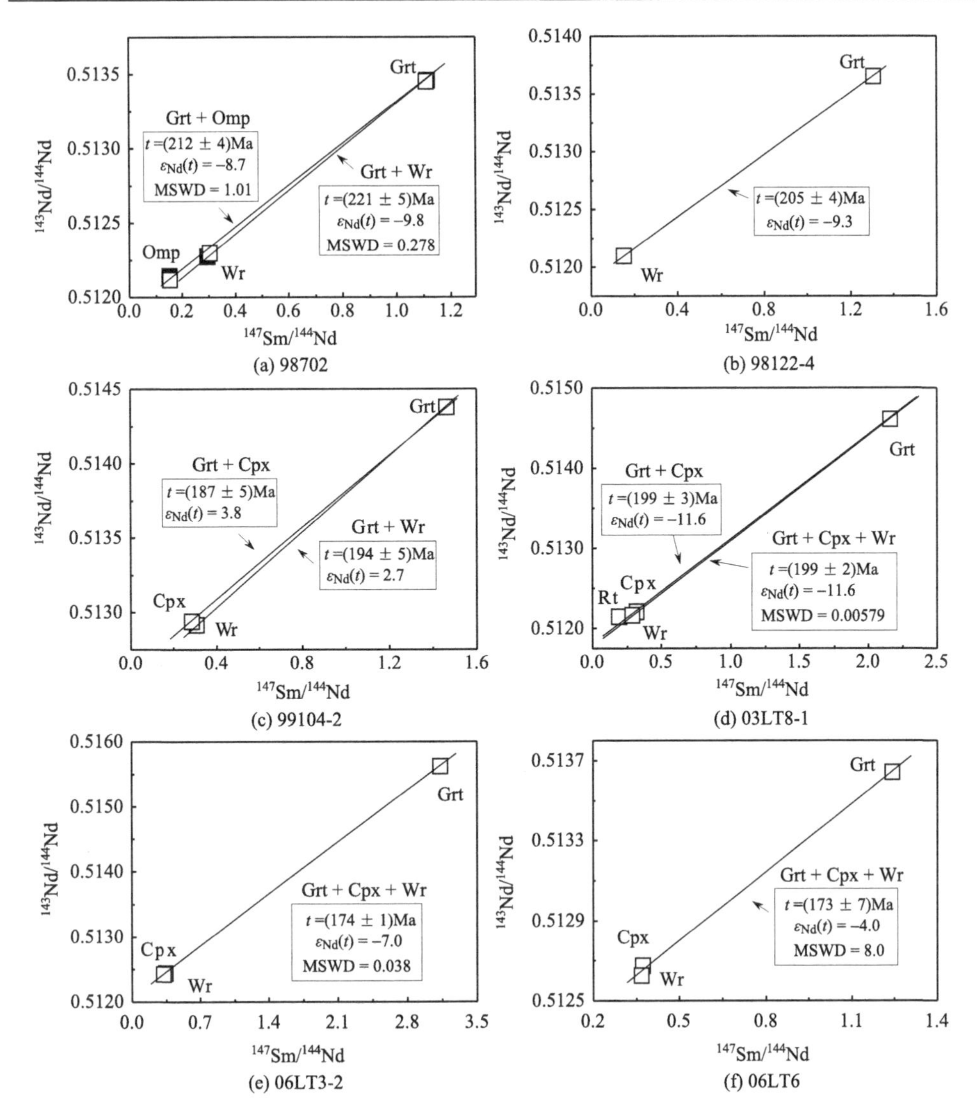

图 3-38　北大别榴辉岩的矿物 Sm-Nd 同位素等时线年龄

(a)黄尾河；(b)华庄；(c)铙钹寨；(d)～(e)金家铺；(f)凤山镇；Wr 为全岩

位素封闭温度，该样品角闪石+斜长石限定的(104±5)Ma 的 Rb-Sr 同位素等时线年龄可能不代表任何地质意义，只是后期变质事件影响或同位素不平衡或扰乱造成的虚假同位素等时线年龄。

3. 角闪石 Ar-Ar 同位素定年

对两个退变质形成的石榴斜长角闪岩和一个围岩片麻岩中的角闪石进行了 Ar-Ar 同位素年代学研究，结果见图 3-40。其中，样品 03LT1-2 的角闪石 Ar-Ar

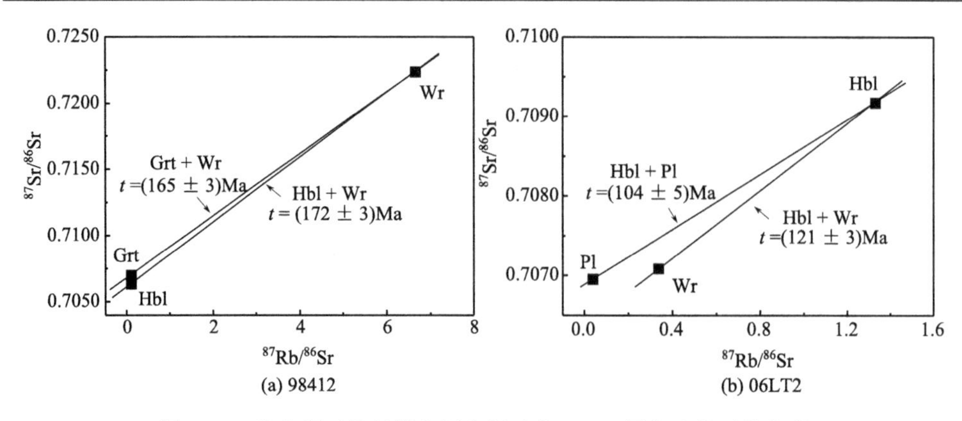

图 3-39　北大别石榴斜长角闪岩的矿物 Rb-Sr 同位素等时线年龄

坪年龄为(121.9±1.0)Ma，同位素等时线年龄为(121.8±1.1)Ma；样品 06LT2 的角闪石 Ar-Ar 坪年龄为(128.3±2.0)Ma，同位素等时线年龄为(127.9±3.1)Ma；样品 06LT3-1 的角闪石 Ar-Ar 坪年龄为(124.5±1.2)Ma，同位素等时线年龄为(125.0±1.5)Ma。这三个样品的 Ar-Ar 坪年龄和同位素等时线年龄接近一致。

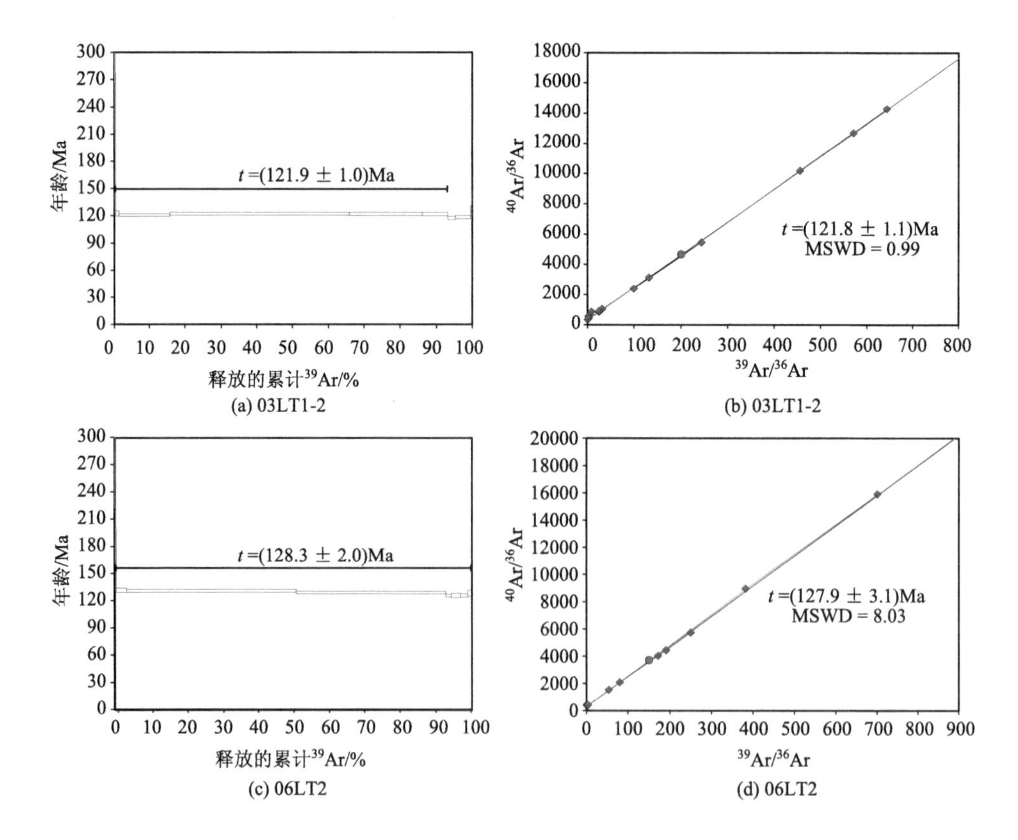

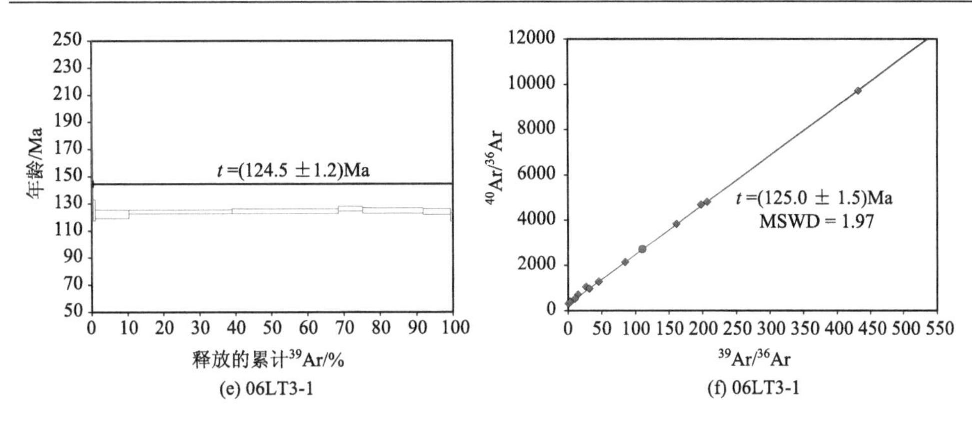

图 3-40　北大别石榴斜长角闪岩(03LT1-2 和 06LT2)和围岩片麻岩(06LT3-1)中角闪石的 Ar-Ar 坪年龄及同位素等时线年龄

4. 金红石 U-Pb 定年

对金家铺榴辉岩(07LT1)和邻近的含金红石石英脉(06LT1-1)以及凤山镇含金红石花岗片麻岩(03LT1-3)中的金红石进行了激光剥蚀等离子质谱(LA-MC-ICP-MS)U-Pb 年代学研究。榴辉岩样品 07LT1 的金红石给出的 U-Pb 年龄为(135.1±11.7)Ma[图 3-41(a)]，脉体样品 06LT1-1 的金红石 U-Pb 年龄为(127.7±10.8)Ma[图 3-41(b)]，花岗片麻岩中的金红石 U-Pb 年龄为(129.4±2.6)Ma[图 3-41(c)]。三个样品中的金红石给出的 U-Pb 年龄在误差范围内基本一致。

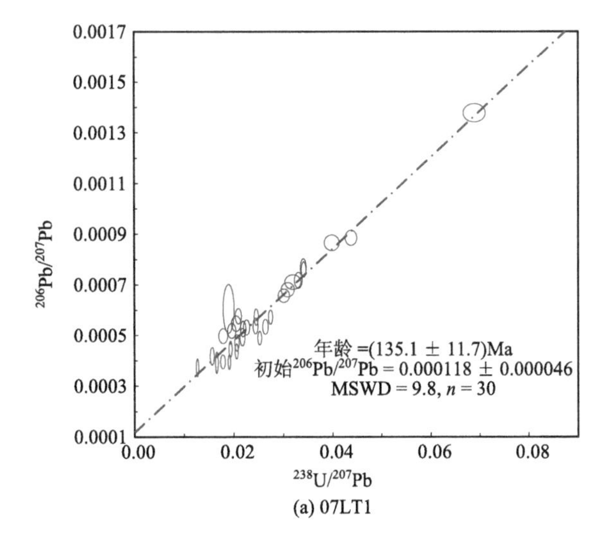

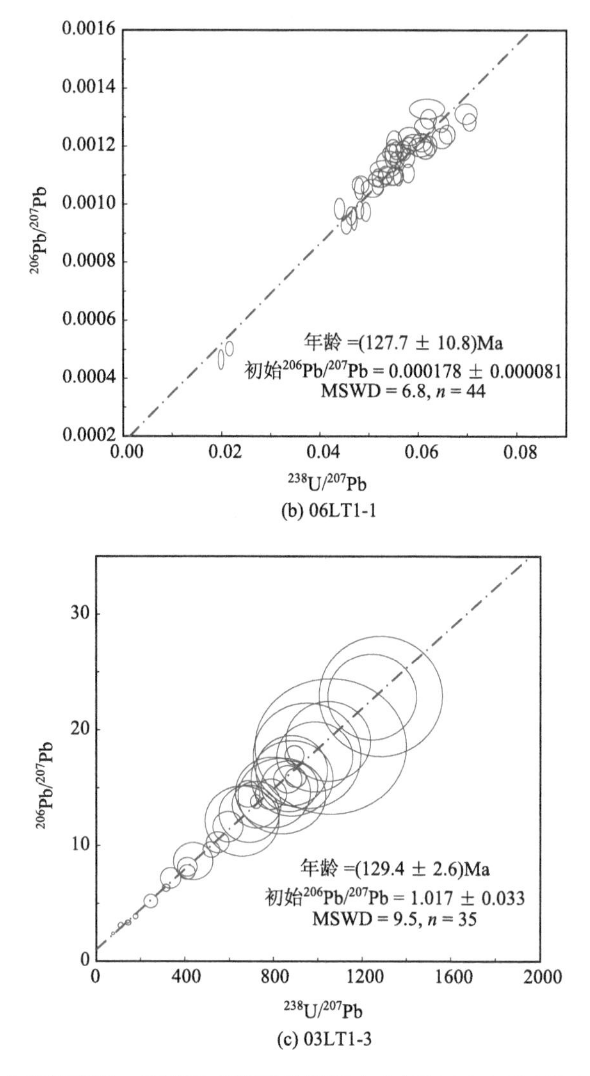

(b) 06LT1-1

(c) 03LT1-3

图 3-41　北大别榴辉岩、石英脉和花岗片麻岩中金红石 LA-MC-ICP-MS U-Pb 年龄

上述燕山期年龄结果与大别碰撞造山带山根垮塌及混合岩化作用时间一致，进一步限定了山根垮塌和混合岩化作用的时间，并导致榴辉岩有关同位素体系的扰动和重置(详见后文“六”讨论)。

三、超高压和高压榴辉岩相变质时代的限定

榴辉岩的峰期变质时代常常因多阶段退变质作用和矿物的再平衡等而难以准确限定(刘贻灿和杨阳, 2022)。然而，因锆石有很高的 U-Pb 体系封闭温度(＞800℃，甚至可能＞900℃)和很低的 U、Th 和 Pb 同位素扩散速率(Burton et al.,

1995; Lee et al., 1997)，而能够很好地保存结晶和变质历史的记录，并且不容易被后期热事件所改变(Burton et al., 1995; Mezger and Krogstad, 1997)。这表明在高级变质阶段形成的锆石记录是锆石生长或者增生发生的时代而不是冷却年龄，后期的退变质演化或次变质过程，如热事件叠加等，不影响或不会完全抹去锆石中早期形成的年代学信息(Burton et al., 1995; Ayers et al., 2002; Möller et al., 2002; Hermann and Rubatto, 2003)，因此对单颗锆石的原位 U-Pb 定年有可能同时获得锆石的初始结晶年龄以及变质事件发生的时代(Rudnick and Williams, 1987)。然而，由于封闭温度相对比较低，高温超高压变质岩的单矿物 Sm-Nd 同位素定年体系不太可能反映结晶的时代，大多数情况下是代表冷却年龄(Mezger et al., 1992; Burton et al., 1995; Klemd and Bröcker, 1999; Li et al., 2000)(详见第一章)。因此，通过锆石原位 U-Pb 定年获得超高压峰期变质时代最为可靠(Klemd and Bröcker, 1999; Ayers et al., 2002, 2003)。

锆石变质内幔和外幔分别给出了(226±2)Ma 和(214±2)Ma 的年龄(图 3-34)，其中含柯石英等矿物包裹体组合和锆石微量元素特征表明它们分别代表超高压和高压榴辉岩相变质时代。另外，Liu 等(2007d)早期报道的北大别超高压片麻岩的峰期变质时代为(218±3)Ma，但是经检查并与我们详细的榴辉岩定年结果比较，发现(218±3)Ma 的平均加权计算数据均为变质锆石幔部的谐和年龄，具有较大的变化范围(213～230 Ma)以及相对较高的 MSWD 值(2.7)，而实际上它包含两个阶段(分别对应于变质锆石的内幔和外幔两个生长阶段)的年龄数据，即(224±3)Ma(≥220 Ma，$n = 7$，MSWD = 1.02)和(215±3)Ma(＜220 Ma，$n =7$，MSWD = 0.37)。这样重新计算的片麻岩变质锆石 U-Pb 年龄结果与榴辉岩给出的定年结果在误差范围内一致，而且榴辉岩变质锆石的两类幔部具有显著不同的石榴子石端元组分和矿物包裹体组合(图 3-36 和图 3-37)，证明北大别超高压榴辉岩相和高压榴辉岩相变质时代的最佳估计应为(226±2)Ma 和(214±2)Ma。因此，北大别榴辉岩及其围岩——花岗片麻岩具有相似的变质演化过程和年代学记录，证明研究区原岩时代为新元古代的所有高级变质岩石都记录了超高压变质作用发生的时代。

四、麻粒岩相退变质作用和减压熔融时代的确定

麻粒岩相的典型矿物组合为石榴子石+紫苏辉石+斜长石等，因此传统的利用麻粒岩相矿物(如石榴子石+紫苏辉石+斜长石等)进行单矿物 Sm-Nd 同位素定年的方法受到矿物特别是石榴子石中 Sm-Nd 同位素体系封闭温度的控制或影响。正如本章“第二节”所述，北大别榴辉岩经历了超高压榴辉岩相、高压榴辉岩相、麻粒岩相及角闪岩相退变质等多期变质阶段，超高压榴辉岩相到高压麻粒岩相的

温度从 910～980℃→940～990℃→900～920℃，是一个近于等温减压的高温过程。而麻粒岩相阶段的变质温度，明显高于通常认为的石榴子石中的 Sm-Nd 同位素体系封闭温度 750～800℃（Jung and Mezger, 2001），更高于 Mezger 等（1992）和 Burton 等（1995）认为的 600～650℃。因此，利用传统的矿物 Sm-Nd 等时线定年对北大别榴辉岩麻粒岩相退变质时代进行测定，得到的很可能只是冷却年龄（Mezger et al., 1992; Burton et al., 1995; Klemd and Bröcker, 1999），而并不代表所经历变质阶段的真实时代。相对而言，锆石 U-Pb 同位素体系不易被后期热事件影响，利用此法对麻粒岩相变质锆石进行定年分析，才最有可能得到准确的麻粒岩相变质时代。

锆石 SHRIMP U-Pb 定年结果表明，北大别榴辉岩中除了（226±2）Ma 和（214±2）Ma 这两期代表超高压榴辉岩相和高压榴辉岩相变质时代的年龄组外，在多个样品中都还存在一期（204±2）～（209±4）Ma、加权平均值为（207±4）Ma（MSWD = 0.79, n = 5）并且具有低 Th/U 值（0.017～0.032）的变质锆石年龄。这期年龄所在的锆石颗粒在阴极发光图像上有明显截然界线的幔-边结构（图 3-30），锆石增生边部无矿物包裹体，不同于具有典型的石榴子石+单斜辉石+金红石等矿物包裹体、年龄为（214±3）～（215±4）Ma 且表现为高压榴辉岩相变质特征的锆石幔部，证明边部和幔部可能分别形成于不同变质阶段或条件下。对这些锆石颗粒的微量元素分析表明，它们大都具有扁平的（亏损）HREE 以及 Eu 的负异常的特征（图 3-35），指示锆石与石榴子石和斜长石的平衡，是在典型的麻粒岩相条件下形成的（Schaltegger et al., 1999; Rubatto and Hermann, 2003; Whitehouse and Platt, 2003）。因此，（207±4）Ma 的年龄可能代表了北大别榴辉岩的麻粒岩相退变质时代。此外，榴辉岩 98122-4 中石榴子石+全岩给出了（205±4）Ma 的 Sm-Nd 同位素等时线年龄，表明它的 Sm-Nd 同位素体系在麻粒岩相退变质阶段受到了重置，从而记录了麻粒岩相变质年龄。

越来越多的研究表明，超高压岩石在折返过程中常发生减压熔融（Auzanneau et al., 2006; Hermann et al., 2006; Labrousse et al., 2011; Deng et al., 2018, 2019）。高压条件下部分熔融产生的花岗质熔体具有低的 FeO、MgO、CaO、Cr 和 Ni 含量，高的 SiO_2、大离子亲石元素（LILE）和轻稀土元素（LREE）含量（Patiño Douce and McCarthy, 1998; Hermann and Green, 2001; Patiño Douce, 2005; Wallis et al., 2005）。对北大别榴辉岩全岩主、微量元素和同位素的研究表明，榴辉岩在从超高压榴辉岩相到高压麻粒岩相的近线性等温减压过程中发生了部分熔融，造成了部分样品中强烈的 LILE 和 LREE 亏损。岩石学研究表明，在麻粒岩相退变质阶段，石榴子石与绿辉石等矿物反应形成紫苏辉石+透辉石+斜长石等矿物，石榴子石的分解会释放出一定量的 HREE。因此，在榴辉岩发生减压熔融生成的熔体中，不仅强烈富集 LILE 和 LREE，还可能含有一定量的由石榴子石分解而释放的 HREE。而在这种熔体中由结晶形成的锆石，在没有石榴子石共生的条件下，不仅会具有很高的 LREE 含量，还会有比较高的 HREE 含量，但由于没有大量的石榴子石分解，因此进入熔体的 HREE 并不多，新结晶锆石中 HREE 含量会低于原岩锆石。榴辉岩 06LT4-2 的一颗 $^{206}Pb/^{238}U$ 谐和年龄为(206±5)Ma 的深熔锆石[图 3-30(a)]就具有这样的稀土元素特征[图 3-35(c)]，表明它可能从麻粒岩相变质阶段减压熔融产生的熔体中结晶并残留在榴辉岩中。这个年龄与通过 6 个板船山榴辉岩全岩得到的 Sm-Nd 同位素等时线年龄(206±9)Ma(见“第四节”讨论)基本一致，证明折返初期退变质阶段减压熔融发生的时代为(206±5)Ma，与麻粒岩相退变质时代[(207±4)Ma]基本一致。

五、Sm-Nd 同位素体系对榴辉岩退变质时代的制约

如前所述，北大别榴辉岩样品的变质锆石 U-Pb 年代学研究给出了七期年龄记录(图 3-33)，分别为(234±3)～(243±15)Ma、(226±2)Ma、(214±2)Ma、(207±4)Ma、(194±8)～(199±2)Ma、(176±2)～(188±2)Ma 和(138±1)Ma。根据锆石中的矿物包裹体组合和微量元素特征，前四期分别代表了前进变质相、超高压榴辉岩相、高压榴辉岩相和麻粒岩相变质时代。对于后三期，特别是(194±8)～(199±2)Ma 和(176±2)～(188±2)Ma 两期锆石年龄组，由于这些锆石的变质增生边比较薄且缺少矿物包裹体和微量元素的证据，不能直接给出它们代表的真实地质意义。但是，这些榴辉岩同样给出了(199±2)Ma、(194±5)Ma、(187±5)Ma、(174±1)Ma 和(173±7)Ma 的矿物 Sm-Nd 同位素等时线年龄(图 3-38)，二者在误差范围内基本一致。因此，结合矿物的 Rb-Sr 同位素定年结果，确定了榴辉岩的两期角闪岩相退变质时代。

一般地，Sm-Nd 矿物等时线法是测定榴辉岩及其他含石榴子石高级变质岩变质年龄的最有效的方法之一(Li et al., 2000; Liu et al., 2005; 李曙光等, 2005)。同位素等时线年龄代表它们的 Sm-Nd 同位素体系封闭的时代，它的地质意义则取决于矿物 Sm-Nd 同位素体系封闭温度与各变质阶段温度的对比关系，以及使该组矿物 Nd 同位素组成达到均一化的机制和变质过程的关系(李曙光等, 2005)。然而，作为榴辉岩中最重要的定年矿物之一，石榴子石的 Sm-Nd 同位素体系封闭温度一直存在争议。Mezger 等(1992)和 Burton 等(1995)认为石榴子石中 Nd 的封闭温度较低，介于 600～650℃，一些早期的研究者则认为它的封闭温度高于 850℃，不过现在的研究更倾向于 700～800℃(Jung and Mezger, 2001)。实际上，石榴子石中某一元素的封闭温度取决于多个因素，包括颗粒大小、流体活动性、主量元素组成、共生矿物性质、初始温度和冷却速率等(Dodson, 1973; Burton et al., 1995)。因此，石榴子石的 Nd 同位素封闭温度也许不是一个固定值，可能受很多因素控

制，甚至可以从 500℃变化到 850℃(Li et al., 2000)。

从超高压榴辉岩相到麻粒岩相的早期折返阶段，北大别榴辉岩经历了一个近线性等温减压的过程，而且温度一直维持在 900℃以上(图 3-28)；而后又经历了角闪岩相退变质作用，温度在 600～700℃。岩石中高压麻粒岩相退变质阶段形成的由紫苏辉石+透辉石+斜长石等矿物组成的细粒后成合晶和角闪岩相退变质阶段所形成的由角闪石+斜长石±磁铁矿等组成的粗粒后成合晶两期后成合晶的广泛发育(图 3-3 和图 3-4)，一方面指示研究区榴辉岩在这两个阶段经历的时间较短并指示快速减压与折返过程，另一方面也可能说明退变质期间缺乏流体活动，因为它的原岩为下地壳镁铁质麻粒岩，相对缺水。在北大别榴辉岩的折返过程中，先从地幔深度快速折返到下地壳深度，经历了麻粒岩相退变质作用，短暂停留后，又折返到中上地壳深度，经历了角闪岩相退变质作用。由于石榴子石中 Sm-Nd 同位素体系封闭温度一般认为是 700～800℃，低于北大别麻粒岩相退变质阶段的温度(高于 900℃)，而接近于角闪岩相退变质阶段的温度(600～700℃)，因此从麻粒岩相到角闪岩相的折返速率、岩石中石榴子石等定年矿物的颗粒大小和退变质程度，都会影响石榴子石中 Sm-Nd 同位素体系的封闭温度。

北大别榴辉岩的原岩为含水量很少的镁铁质下地壳岩石，在变质过程中缺少流体活动，但是岩石学和矿物学特征、元素和同位素地球化学研究都表明，北大别榴辉岩在退变质过程中，特别是角闪岩相退变质阶段，局部受到了流体活动的影响。四个定年样品的岩石学观察也支持这个结论。样品 03LT8-1 中的绿辉石只是部分转变成了钠质透辉石，而样品 06LT3-2 和 06LT6 中绿辉石已经全部转变成了透辉石，甚至更进一步退变成了角闪石，样品中有大量的角闪石出现，表明在角闪岩相退变质阶段有流体活动参与，但这种流体活动只是局部的，只影响了部分样品(如 06LT3-2)。研究表明，变质过程中流体存在与否，对石榴子石中 Sm-Nd 同位素体系的封闭温度影响很大(An et al., 2018)。Hensen 和 Zhou(1995)指出在干的基性麻粒岩中石榴子石的 Sm-Nd 同位素体系封闭温度要大于 700℃，而在有流体参与的条件下，石榴子石中 Sm-Nd 同位素体系封闭温度则为 600～700℃(Harrison and Wood, 1980; Humphries and Cliff, 1982)。因此，变质过程中流体活动的发生与否，会影响北大别榴辉岩石榴子石中的 Sm-Nd 同位素体系封闭温度，从而影响单矿物定年的结果。受流体活动影响较小，或者没有受到影响的样品，如榴辉岩样品 99104-2 和 03LT8-1，具有较高的 Sm-Nd 同位素体系封闭温度，因此它的石榴子石＋透辉石＋全岩给出了(194±5)Ma 和(199±2)Ma 的 Sm-Nd 同位素等时线年龄；而样品 06LT3-2 和 06LT6 则可能受到了流体活动的影响，Sm-Nd 同位素体系封闭温度较低，则给出了(174±1)Ma 和(173±7)Ma 的 Sm-Nd 同位素等时线年龄。

榴辉岩中角闪石+斜长石矿物对温度计及锆石中 Ti 和金红石中 Zr 温度计的研

究都表明，北大别榴辉岩的晚期角闪岩相退变质温度为(650±50)℃，与在湿条件下石榴子石中 Sm-Nd 的同位素体系封闭温度(600～700℃)(Harrison and Wood, 1980; Humphries and Cliff, 1982)基本一致。而且(173±7)～(174±1)Ma 的石榴子石+单斜辉石+全岩的 Sm-Nd 同位素等时线年龄，与北大别北部退变质榴辉岩的角闪石+全岩 Rb-Sr 同位素等时线年龄[(172±3)Ma；图 3-39(a)]在误差范围内一致，因此这个年龄代表了低角闪岩相阶段的退变质时代。而流体活动影响较小，或者没有受到影响的榴辉岩样品，其石榴子石中 Sm-Nd 同位素体系的封闭温度则可能高于 750℃(Hensen and Zhou, 1995)，这一温度与前人对北大别榴辉岩及相关岩石高角闪岩相退变质阶段的变质温度(706～777℃；表 3-5)一致。考虑到北大别榴辉岩的折返是一个连续的过程，因此(199±2)Ma 的石榴子石+单斜辉石+全岩的 Sm-Nd 同位素等时线年龄可能代表了高角闪岩相退变质时代，或者是冷却到接近高角闪岩相退变质的时代。Wang 等(2012)对北大别青天基性麻粒岩的锆石年代学研究显示有一期(200±3)Ma 的角闪岩相锆石生长；Liu 等(2007b)对北大别片麻岩的 SHRIMP 锆石 U-Pb 定年结果也表明有一期(192±3)～(197±4)Ma[加权平均值为(195±4)Ma，MSWD = 0.44，n = 5]的变质增生边；此外，多个罗田榴辉岩样品的锆石中都发现了年龄为(194±8)～(199±2)Ma 的变质生长锆石。这表明在北大别的确有一期(194±8)～(199±2)Ma 变质事件存在，可能代表了早期高角闪岩相变质阶段，而(172±3)～(174±1)Ma 的年龄则可能代表了晚期低角闪岩相退变质时代。因此，北大别榴辉岩两期角闪岩相退变质时间分别为194～199 Ma 和 172～174 Ma，峰期变质温度分别约为 750℃和 650℃(见前文)。

六、燕山期热事件的影响

北大别金家铺榴辉岩及其中的含金红石石英脉、凤山镇榴辉岩的围岩——花岗片麻岩三个样品的金红石 U-Pb 定年分别给出了(135.1±11.7)Ma、(127.7±10.8)Ma 和(129.4±2.6)Ma 的年龄(图 3-41)。李秋立等(2013)和 Zhou 等(2020)对北大别东段的百丈岩、麻岩岭和黄尾河(上官庄)榴辉岩，西南部的罗田榴辉岩、英山月明石榴辉石岩的金红石 U-Pb 定年也给出了相似的年龄，分别为(128.1±1.8)Ma、(127.2±3.2)Ma、(127.8±2.6)Ma、(129.4±3.3)～(129.6±2.8)Ma 和(126.9±1.1)Ma。这些定年结果在误差范围内基本一致，都集中在早白垩世，明显不同于集中在三叠纪的变质锆石 U-Pb 年龄(刘贻灿等, 2000a; Liu et al., 2011a; 李秋立等, 2013; Zhou et al., 2020; Deng et al., 2021)，相比差了约 100 Ma。与此相比，中大别榴辉岩中金红石 U-Pb 年龄为(218±1.2)Ma，比其峰期变质时代(约 238 Ma)差了约 20 Ma(Li et al., 2003b)。对北大别这种显著的年龄差别一般有两种解释：一是北大别榴辉岩在三叠纪的构造折返过程中抬升到金红石 Pb 扩散封闭温度以下的水平，一直保持在高温状态，因而金红石 U-Pb 体系处于开放状态；二是北大别榴辉岩在早白垩世受到大规模岩浆作用和/或混合岩化的影响，导致金红石 U-Pb 封闭体系被打破后又重新启动(李秋立等, 2013)。

三个北大别样品给出了一致的(121.8 ± 1.1) ~ (127.9 ± 3.1)Ma 的角闪石 Ar-Ar 同位素等时线年龄(图 3-40)。此外，一个金家铺斜长角闪岩也给出了(121±3)Ma 的角闪石+全岩 Rb-Sr 同位素等时线年龄[图 3-39(b)]。考虑到金红石中 Pb 同位素和角闪石中 Ar 同位素的封闭温度通常都为约 500℃(Harrison, 1981; Li et al., 2003b)，而北大别角闪石相退变质阶段的温度为 600～700℃，三者近乎一致的年龄表明它们应该是受到高温加热后又经历了快速冷却的过程。北大别燕山期混合岩化作用发生在约 130 Ma(Liu et al., 2007d; Wu et al., 2007b; Wang et al., 2013; Yang et al., 2020)，部分熔融温度为 665～789℃(Yang et al., 2020)，在这样高的温度下榴辉岩及其退变质岩石中的金红石 U-Pb 体系、角闪石 Ar-Ar 体系，甚至是角闪石 Rb-Sr 体系受到影响是必然的。这些燕山期年龄还与本地角闪石 Ar-Ar 同位素等时线年龄(陈廷愚等, 1991; 王国灿和杨巍然, 1998)、片麻岩和混合岩中的锆石 U-Pb 年龄(Bryant et al., 2004; Wu et al., 2007b; Zhao et al., 2008; Wang et al., 2013; Yang et al., 2020)一致，这表明它与碰撞造山带垮塌和拆沉去山根作用有关。

在板船山榴辉岩晚期角闪石变斑晶的裂隙中，发现有斜方辉石+斜长石组合[图 3-6(c)、(d)]，反映了晚于角闪岩相变质之后的又一期麻粒岩相变质事件，这也是北大别榴辉岩经历了燕山期热事件的直接证据。同时，在该地区的榴辉岩中还发现了一颗 $^{238}U/^{206}Pb$ 年龄为(138±1)Ma 的深熔锆石(古晓锋等，2013)，表明它形成于麻粒岩相变质导致的部分熔融作用。这个年龄与罗田穹隆内惠兰山基性麻粒岩的单矿物 Sm-Nd 同位素等时线年龄(136 Ma)基本一致(侯振辉等, 2005)，明显高于金红石 U-Pb 年龄和角闪石 Ar-Ar 同位素等时线年龄，这可能反映了北大别榴辉岩经历燕山期热变质的确切时代对应于造山带加厚下地壳拆沉后的地幔上涌时间。

七、快速抬升和缓慢冷却的年代学证据

综合榴辉岩锆石 U-Pb 定年、Sm-Nd 同位素等时线年龄以及角闪石 Ar-Ar 和金红石 U-Pb 年代学的研究，可以得到一条北大别榴辉岩俯冲和折返过程的 *T-t* 轨迹(图 3-42)。

北大别榴辉岩的峰期变质时代为 226 Ma，石英榴辉岩相变质时代为 214 Ma，表明这些榴辉岩从地幔深度(约 4.0 GPa)折返到地壳深度(约 2.0 GPa)，在 10 Ma 内快速抬升了至少 60 km，平均折返速度为 6 km/Ma；从石英榴辉岩相到麻粒岩相(约 207 Ma)，压力从 2.0 GPa 降到 1.1 GPa，折返速度约为 4 km/Ma。从超高压

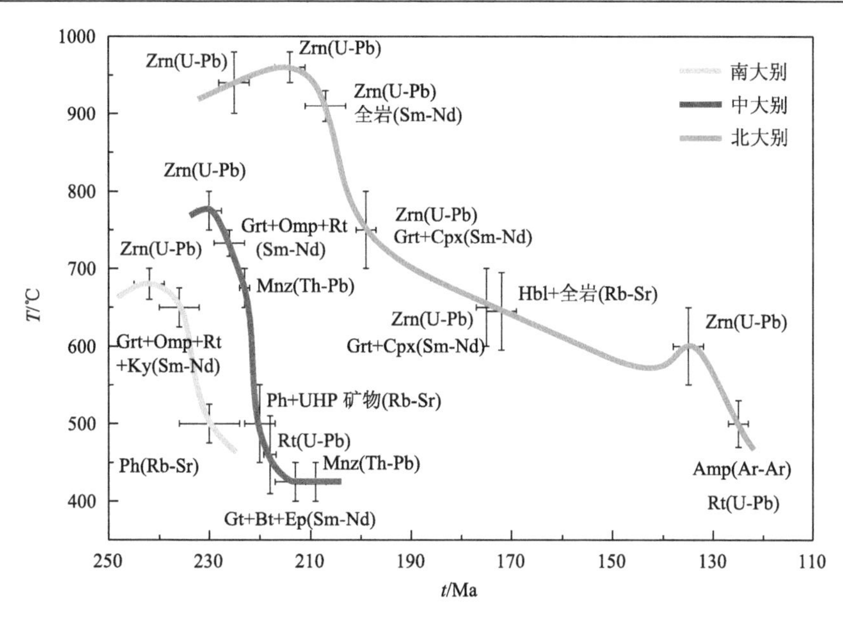

图 3-42　大别山三个超高压变质带的冷却 *T-t* 曲线

矿物缩写符号含义见 Whitney 和 Evans (2010)

榴辉岩相到麻粒岩相退变质阶段，总体上是一个近线性等温减压的过程，温度一直都维持在 900℃以上。之后则经历了减温减压的过程。

变质锆石增生边和榴辉岩的矿物 Sm-Nd 同位素等时线年龄分别给出了 199 Ma 和 174 Ma，可能分别代表了冷却到高角闪岩相和低角闪岩相的时代，变质温度分别为约 750℃和约 650℃。这表明，从麻粒岩相到角闪岩相早期变质阶段温度在约 8 Ma 内从约 900℃快速降到约 750℃，而压力从 1.1 GPa 降到约 0.8 GPa，平均冷却速率为 20℃/Ma，说明这段折返过程早期是一个快速减温缓慢减压的过程。而从早期角闪岩相到晚期角闪岩相变质阶段，温度在约 25 Ma 内降低了 100℃，平均冷却速率为 4℃/Ma，是一个缓慢降温降压的过程。不过，即使按照这个 4℃/Ma 的缓慢冷却速率，从角闪岩相的约 650℃降温到金红石和角闪石的封闭温度约 500℃需要 12.5 Ma，即在约 137 Ma 时可以冷却到角闪石 Ar-Ar 和金红石 U-Pb 体系的封闭温度(约 500℃)，但这一年龄老于我们通过角闪石 Ar-Ar 和金红石 U-Pb 定年得到的近乎一致的年龄(约 125 Ma)。因此，北大别榴辉岩受到了 130 Ma 左右的燕山期热事件的影响，打破了角闪石 Ar-Ar 和金红石 U-Pb 体系原有的封闭温度。因此，北大别榴辉岩(121.8±1.1)～(135.1±11.7)Ma 的早白垩世年龄，是受到燕山期热事件影响后体系重新封闭的时间。

第四节　原岩性质和岩石成因以及变质和部分熔融期间的元素和同位素行为

自从含柯石英或金刚石的超高压变质岩被发现以来，人们就对俯冲到地幔深处的陆壳物质能否再循环进入地幔并影响地幔的不均一性这一科学问题产生了浓厚的兴趣，也做了大量探索性的工作。从目前地表出露的岩石组成及 Pb 同位素研究看，大别山已折返至地表的高压-超高压变质岩石主要是密度较低的俯冲上陆壳及长英质下地壳岩石（李曙光等, 2001; 张宏飞等, 2001; Shen et al., 2014），而镁铁质下地壳岩石很少出露。并且，现在大别碰撞造山带乃至中国东部下地壳主要是长英质（Gao et al., 1998），因此有理由相信密度高的榴辉岩相俯冲镁铁质下地壳有可能最终再循环进入地幔。然而，在以往的研究中所获得的能令人信服的证据很少，其原因之一是大别-苏鲁造山带碰撞后，幔源镁铁质岩浆岩所表现出的 LREE 富集、高场强元素（Nb、Ti）亏损和低 $\varepsilon_{Nd}(t)$ 值特征与华北陆块中生代镁铁质岩浆岩类似。因此这些地球化学特征很难唯一地指示华南俯冲陆壳物质。另外一个原因是在地表能采集的样品都是不参与循环而折返地表的岩石，因此不能直接了解参与再循环的俯冲镁铁质下地壳岩石的地球化学特征，从而不能找准俯冲陆壳的示踪指标。但北大别镁铁质下地壳俯冲成因榴辉岩的发现为此问题的解决提供了重要研究对象和可能性，因此，对北大别榴辉岩的原岩性质和岩石成因的研究就显得更为重要。

一、地球化学特征

1. 主微量元素特征

北大别榴辉岩的 SiO_2 含量变化范围较小，为 39.42%～49.45%（质量分数），其中百丈岩榴辉岩具有最低的 SiO_2 含量（39.42%），其余大多数都集中在 45%～47%（质量分数）。其他主量元素的含量则显示出较大的变化（图 3-43），Al_2O_3 含量为 11.13%～16.81%（质量分数），FeO_T 含量为 9.90%～19.94%（质量分数），TiO_2 含量为 0.40%～4.18%（质量分数），CaO 含量为 7.38%～15.04%（质量分数），MgO 含量为 5.22%～13.85%（质量分数），Na_2O 含量为 0.50%～2.75%（质量分数），K_2O 含量为 0.01%～1.01%（质量分数），$Mg^{\#}$值为 38～62。相对于其他样品，金家铺样品具有相对较低的 Al_2O_3 含量［11.13%～13.49%（质量分数）］、TiO_2 含量［1.07%～1.98%（质量分数）］和 Na_2O 含量［1.02%～1.92%（质量分数）］，较高的 CaO［11.39%～13.34%（质量分数）］和 MgO 含量［9.92%～10.46%（质量分数）］。这可能与它们全岩矿物组成中单斜辉石含量较多（占 60%以上）有关。在 SiO_2-Zr/TiO_2 和 Zr/TiO_2-Nb/Y 图解（图 3-44）上（Winchester and Floyd, 1977），大多数样品都落

在亚碱性玄武岩区域内。

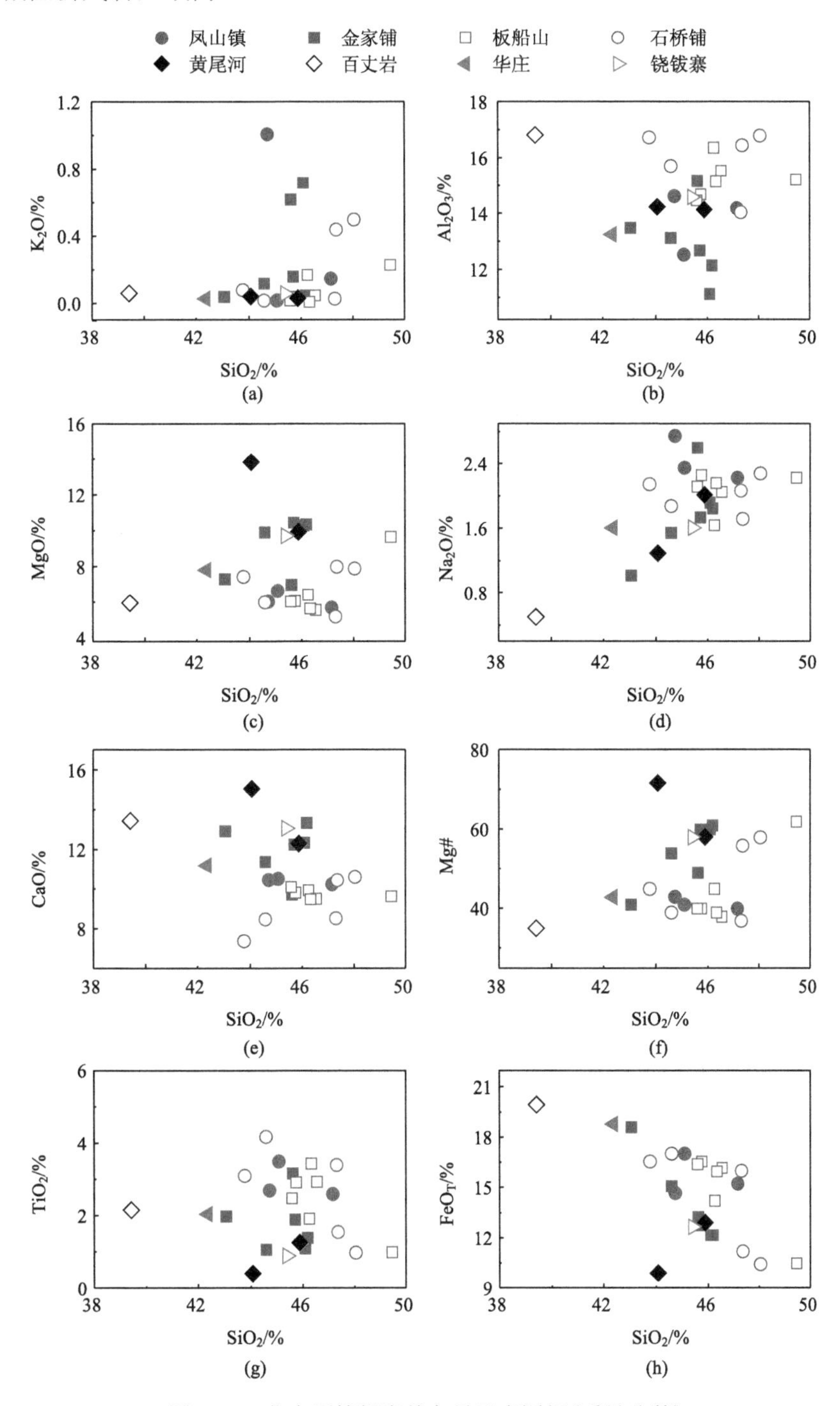

图 3-43　北大别榴辉岩的主量元素图解（质量分数）

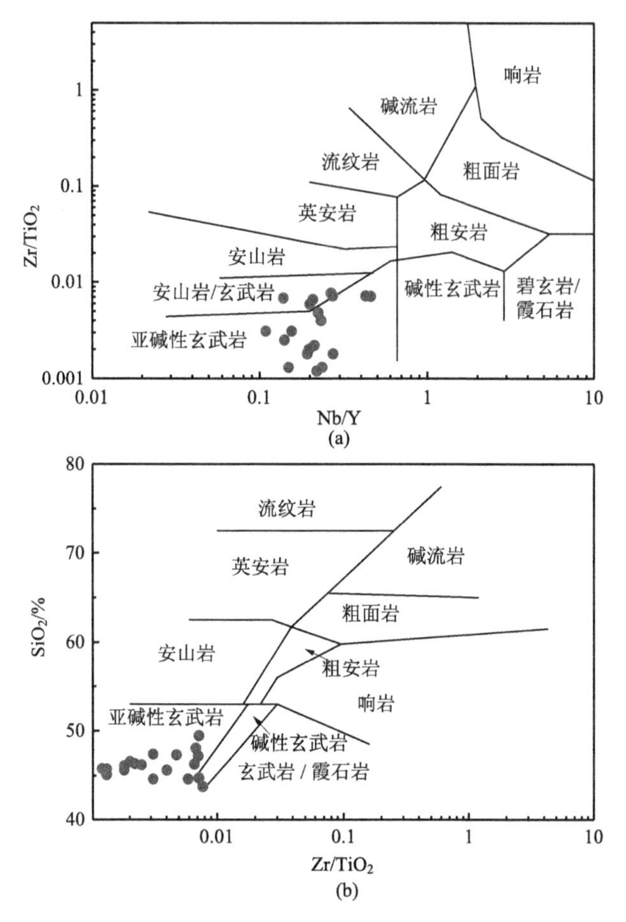

图 3-44　北大别榴辉岩的(a) Zr/TiO_2-Nb/Y 和(b) SiO_2-Zr/TiO_2 图解

资料来源：Winchester 和 Floyd(1977)

这些样品的稀土元素总量有显著差异，从 7.85 ppm 变化到 110.38 ppm。在稀土元素球粒陨石标准化图解(图 3-45)上，它们都表现为近平的重稀土元素配分模式，它们的轻稀土元素(LREE)含量和配分模式具有显著的差异。凤山镇、板船山和石桥铺的样品表现出轻稀土元素从强烈亏损到富集[$(La/Yb)_N$ = 0.07～5.19]的稀土元素配分模式[图 3-45(a)、(e)、(g)]，并表现出从微负到正的 Eu 异常(Eu/Eu* = 0.92～1.53)。这些样品的稀土元素特征和它们的主量元素组成之间没有明显的关系。铙钹寨、黄尾河和百丈岩榴辉岩表现出 LREE 亏损的特征，华庄榴辉岩则具有平的 REE 配分特征[图 3-45(i)]。金家铺样品具有较低的稀土元素总量(7.85～22.18 ppm)，金家铺地区的榴辉岩样品都显示出中稀土元素富集的配分特征并且都具有正的 Eu 异常(Eu/Eu* = 1.05～1.21)，类似于单斜辉石的稀土元素配分特征(Jacob et al., 2003; Tang et al., 2007)。这些特征可能是全岩中单斜辉石成分控制的结果，与岩相学观察及它们的主量元素特征一致。

原始地幔标准化元素蛛网图(图 3-45)上，不同样品表现出截然不同的微量元素配分特征。凤山镇、板船山和石桥铺样品的轻稀土元素和大离子亲石元素(LILE)表现出正相关关系，轻稀土元素富集的样品具有较高的大离子亲石元素含量(如 K、Rb、Ba、Th 和 U)，而轻稀土元素亏损的样品具有较低的大离子亲石元素含量。板船山的一个榴辉岩样品则具有异常的特征[图 3-45(f)]，它具有富集

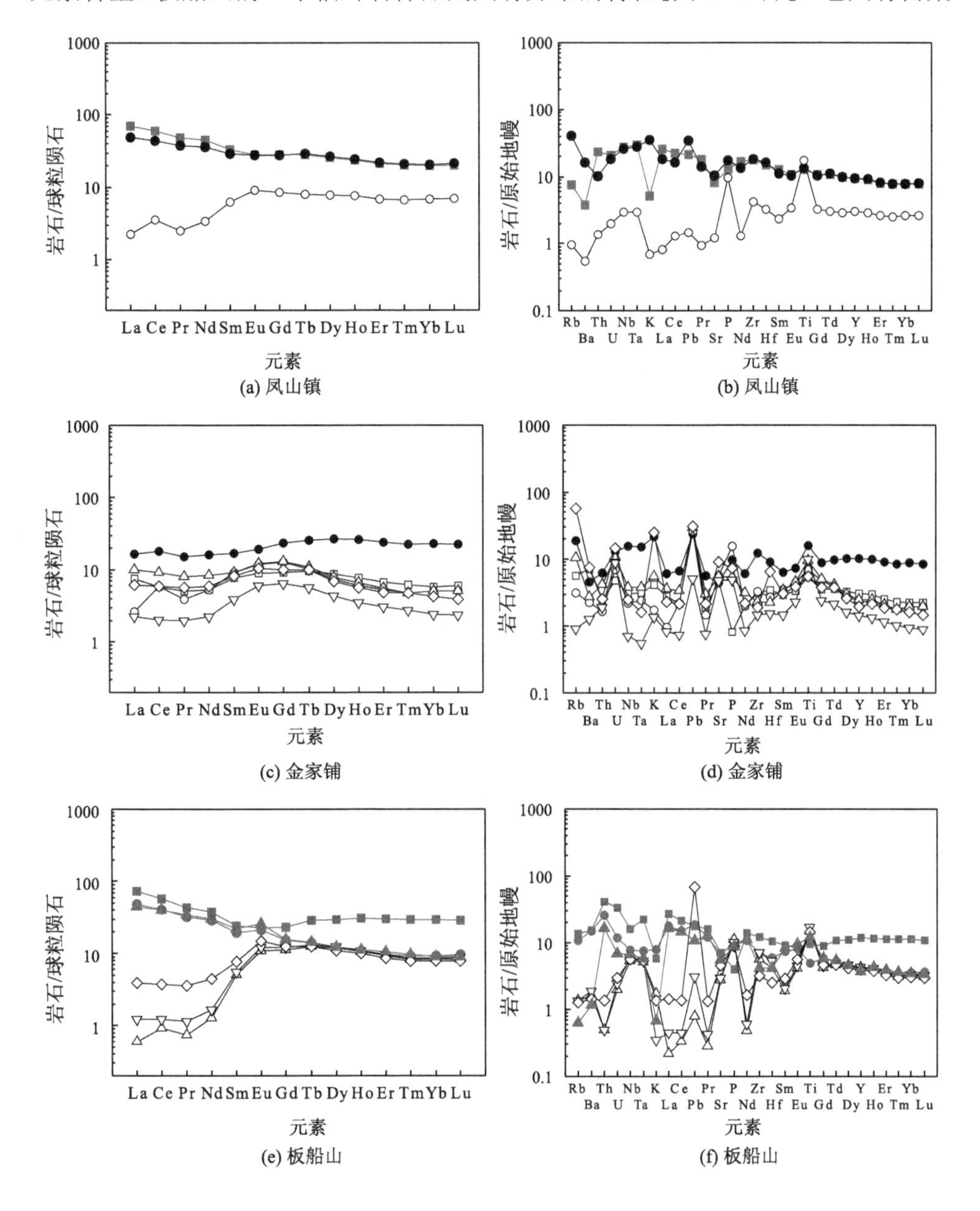

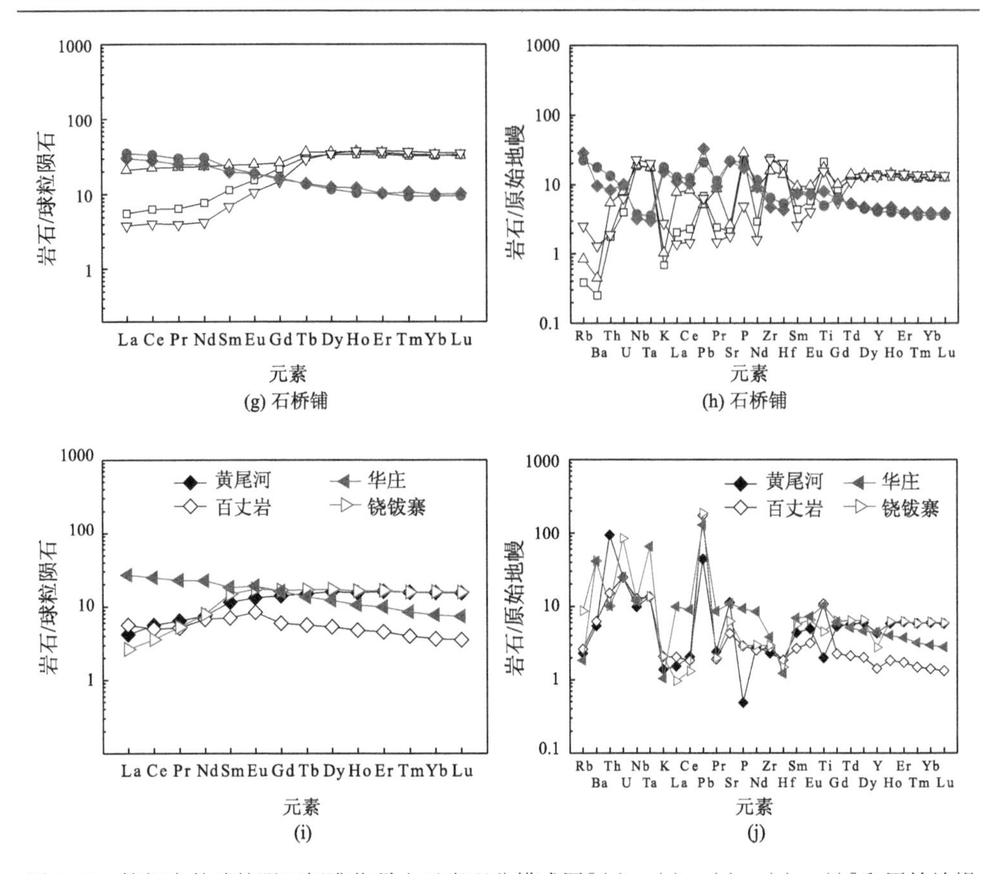

图 3-45　榴辉岩的球粒陨石标准化稀土元素配分模式图[(a)、(c)、(e)、(g)、(i)]和原始地幔标准化元素蛛网图解[(b)、(d)、(f)、(h)、(j)]

的轻稀土元素配分模式，却亏损 Rb、Ba、K 等大离子亲石元素。尽管金家铺的样品都具有较低的稀土总量和大离子亲石元素含量，但是相对于高场强元素和重稀土元素，它们的大离子亲石元素和轻稀土元素并不表现亏损的特征。相反地，金家铺的一个榴辉岩样品则表现出 Rb、Ba、K 等大离子亲石元素的强烈富集[图 3-45(d)]。北大别东段与西南部榴辉岩的微量元素特征也略有不同，尽管大都表现出 Rb 亏损的特征，但 Ba 含量却没有明显的异常[图 3-45(j)]。

2. Sr-Nd 同位素特征

北大别榴辉岩的 $^{87}Rb/^{86}Sr$ 值为 0.0103～0.5225，大部分都低于 0.2，$^{87}Sr/^{86}Sr$ 值则为 0.704699～0.710926。当校正到榴辉岩相变质时代 220 Ma 时，除黄尾河样品(为 0.71084)外，其他样品大都具有相似的全岩初始 $^{87}Sr/^{86}Sr$ 组成，为 0.70442～0.70735[图 3-46(a)]。当校正到原岩时代为 790 Ma 时，大多数样品的全岩的初始

$^{87}Sr/^{86}Sr$＝0.70363～0.71060，仅一个金家铺榴辉岩显示出极低的初始 $^{87}Sr/^{86}Sr$ 值(0.701257)[图 3-46(b)]。

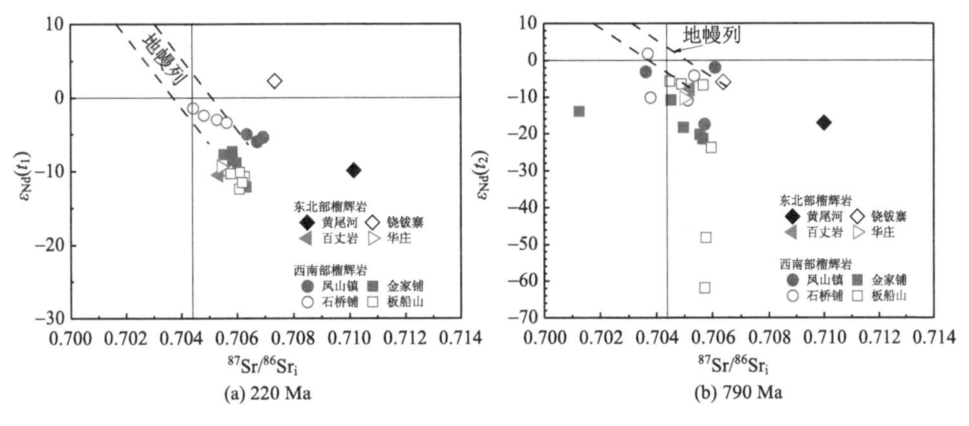

图 3-46　北大别榴辉岩的 $\varepsilon_{Nd}(t)$-$^{87}Sr/^{86}Sr_i$ 图解

t_1 = 220 Ma；t_2 = 790 Ma

北大别榴辉岩的 $^{147}Sm/^{144}Nd$ 和 $^{143}Nd/^{144}Nd$ 值变化很大，分别为 0.1371～0.8741 和 0.512003～0.512978。板船山的一些样品具有极高的 $^{147}Sm/^{144}Nd$ 和 $^{143}Nd/^{144}Nd$ 值(高达 0.8741 和 0.512978)，可能是由强烈的轻稀土元素亏损造成的。所有样品的 Nd 同位素初始比分别被校正到 220 Ma 和 790 Ma(图 3-46)。当校正到 220 Ma 时，$\varepsilon_{Nd}(t_1)$ 值为–12.4～2.3，但是当校正到 790 Ma 时，$\varepsilon_{Nd}(t_2)$ 值变化很大，为–61.9～1.7。

3. Pb 同位素特征

北大别榴辉岩的全岩 Pb 同位素组成为 $^{206}Pb/^{204}Pb$ = 15.229～17.822、$^{207}Pb/^{204}Pb$＝15.077～15.473、$^{208}Pb/^{204}Pb$＝35.226～38.589，平均的 Pb 同位素组成分别为 17.19、15.40 和 37.63，接近于下地壳的 Pb 同位素组成(Zartman and Haines, 1988)。利用全岩的 U、Th 和 Pb 含量对 Pb 同位素组成校正回 220 Ma，结果见图 3-47 和图 3-48，其 $^{206}Pb/^{204}Pb_i$＝15.217～17.522(其中大多数介于 17.007～17.522)，$^{207}Pb/^{204}Pb_i$＝15.007～15.477，$^{208}Pb/^{204}Pb_i$＝35.219～38.082。来自三个榴辉岩样品的绿辉石的 $^{206}Pb/^{204}Pb$、$^{207}Pb/^{204}Pb$ 和 $^{208}Pb/^{204}Pb$ 分别为 17.046～17.445、15.392～15.555 和 37.566～38.110(图 3-47)，与其全岩的 Pb 同位素初始校正值相比，分别表现出偏重、基本一致和偏轻的变化特征。其中，这些变化可能与折返后期发生外来流体交代或部分熔融作用有关(古晓锋等, 2017)。总体而言，除少数明显受到外来流体交代的样品外，大部分榴辉岩都具有非常低的 U、Th 含量和 U/Pb 值(大部分在 0.002～0.100)，还原计算得到的初始 Pb 同位素组成基本能反

映北大别榴辉岩相变质阶段的初始 Pb 同位素特征。

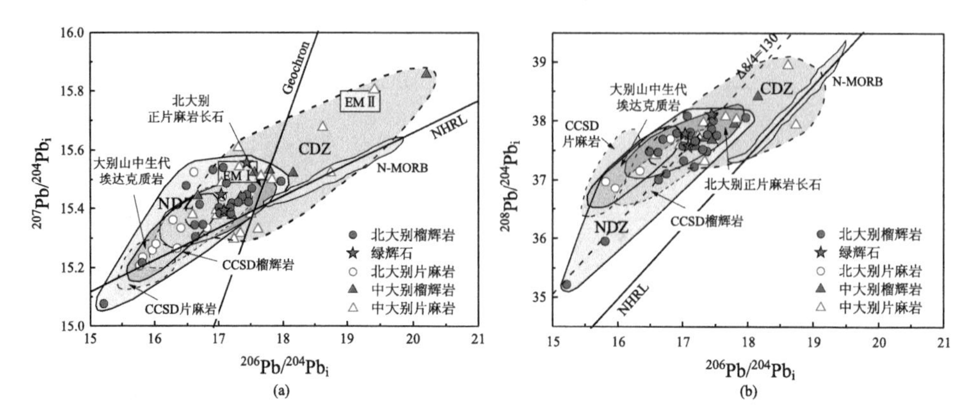

图 3-47　北大别的初始 Pb 同位素组成(t=220 Ma)及其与相关岩石的对比

$(^{207}Pb/^{204}Pb)_{NHRL} = 0.1084 \times (^{207}Pb/^{204}Pb)_i + 13.491$；$(^{208}Pb/^{204}Pb)_{NHRL} = 1.209 \times (^{206}Pb/^{204}Pb)_i + 15.627$(Hart, 1984)；Geochron，地球年龄线；NHRL，北半球参考线；N-MORB，正常型洋中脊玄武岩；EM Ⅰ，富集地幔Ⅰ；EMⅡ，富集地幔Ⅱ；CDZ，中大别；NDZ，北大别；CCSD，中国东海大陆超深钻；$\Delta 8/4=((^{208}Pb/^{204}Pb)_i-(^{208}Pb/^{204}Pb)_{NHRL})\times 100$，下标 i 表示初始比值，下标 NHRL 表示北半球参考线的比值

资料来源：中大别榴辉岩和片麻岩及北大别片麻岩来自 Zhang 等(2002)和 Li 等(2003c)；北大别正片麻岩长石 Pb 来自 Shen 等(2014)；CCSD 榴辉岩和片麻岩来自 Li 等(2009)；大别山中生代埃达克质岩来自 Huang 等(2008)和 He 等(2013)；N-MORB 来自 Zindler 和 Hart(1986)

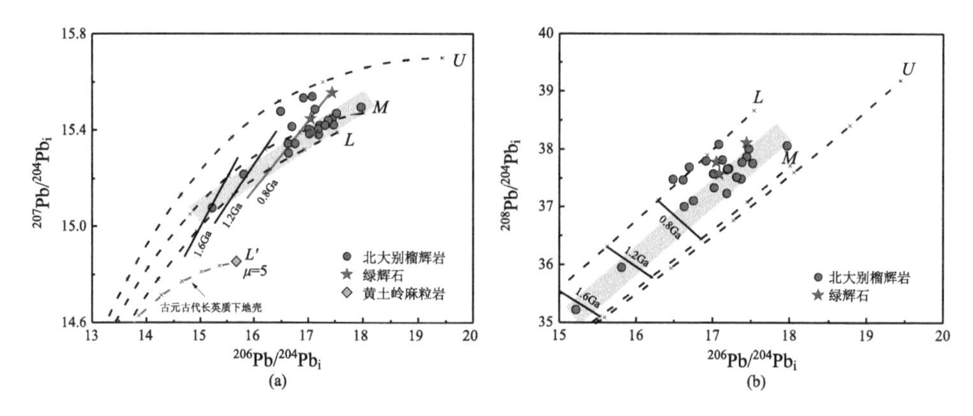

图 3-48　北大别榴辉岩全岩和绿辉石的初始 Pb 同位素图解

U、L、M 线分别为 Pb 构造模型中理想的上地壳、下地壳和地幔演化线，引自 Zartman 和 Doe(1981)；L' 线为李龙等(2001)模拟的华南板块北缘古元古代长英质下地壳演化线；实线分别为 0.8 Ga、1.2 Ga、1.6 Ga 古等时线；黄土岭麻粒岩引自葛宁洁等(2001)；$\mu = ^{238}U/^{204}Pb$；初始 Pb 同位素组成校正到 220 Ma

4. 锆石 Hf 同位素特征

北大别西南部的八个榴辉岩的锆石 Hf 同位素组成如图 3-49 所示。根据锆石

的 CL 图像、Th/U 值、矿物包裹体和 U-Pb 年龄，这些榴辉岩可以分为两类。第一类为板船山的四个榴辉岩。它们的锆石大都是岩浆锆石或者经历了变质重结晶作用的早期麻粒岩相变质锆石，只有少数几个锆石颗粒有三叠纪变质记录。它们具有相似的 Lu-Hf 同位素组成，具有高的 $^{176}Lu/^{177}Hf$ 值（0.000623～0.002570）和低的 $^{176}Hf/^{177}Hf$ 值（0.282039～0.282315）。其 ε_{Hf}(790 Ma) 值为–9.5～0.6，单阶段 Hf 模式年龄（T_{DM}）为 1.40～1.75 Ga。其中一个样品中还发现一颗 U-Pb 年龄为（1609±6）Ma 的继承锆石，它的 $^{176}Lu/^{177}Hf$ 值为 0.000560，$^{176}Hf/^{177}Hf$ 值为 0.281706，单阶段 Hf 模式年龄为 2.15 Ga。少数几颗三叠纪变质生长锆石具有低的 $^{176}Lu/^{177}Hf$ 值（0.000002～0.000010），ε_{Hf}(220 Ma) 值为–12.4～–9.4，单阶段 Hf 模式年龄为 1.22～1.32 Ga。这些变质生长锆石具有较高的 $\varepsilon_{Hf}(t)$ 值和单阶段模式年龄，可能是受石榴子石效应的影响。第二类为来自凤山镇和石桥铺的三个榴辉岩，它们的锆石基本都是三叠纪变质生长锆石，比较均一且只有少数几个颗粒有残留的岩浆核。这些锆石表现出相似的 Lu-Hf 同位素组成，具有很低的 $^{176}Lu/^{177}Hf$ 值（0.000006～0.000040）和较高的 $^{176}Hf/^{177}Hf$ 值（0.282597～0.282696），ε_{Hf}(220 Ma) 值为–1.4～2.2，单阶段模式年龄为 0.72～0.91 Ga。其中少数几颗岩浆锆石的 $^{176}Lu/^{177}Hf$ 值为 0.001482～0.003863，$^{176}Hf/^{177}Hf$ 值为 0.282411～0.282525，ε_{Hf}(790 Ma) 值为 2.6～7.9，单阶段 Hf 模式年龄为 1.04～1.29 Ga。此外，尽管金家铺榴辉岩的锆石也都是三叠纪变质生长锆石，但其 $^{176}Hf/^{177}Hf$ 值（0.282314～0.282412）、ε_{Hf}(220 Ma) 值（–11.4～–7.9）和单阶段 Hf 模式年龄（1.16～1.29 Ga）都与第一类榴

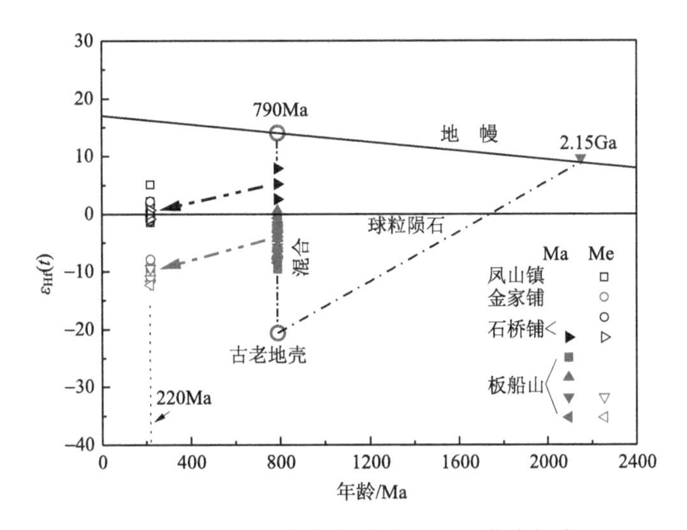

图 3-49　北大别榴辉岩的锆石 Hf 同位素组成

Ma 为新元古代岩浆锆石或麻粒岩相变质锆石，Me 为三叠纪变质生长锆石

辉岩的三叠纪变质生长锆石的特征基本一致(图 3-49)，表明金家铺和板船山榴辉岩可能具有相似的岩石成因。

5. Mg 同位素组成

全岩 Mg 同位素组成测量结果显示(图 3-50)，北大别榴辉岩的 δ^{26}Mg 值从(–0.637±0.022)‰变化到(–0.107±0.036)‰，其中大部分的样品 δ^{26}Mg 值都落在–0.347‰～–0.107‰有限区间内，平均 δ^{26}Mg 值为(–0.243±0.131)‰，与地幔平均值[(–0.25±0.07)‰; Teng et al., 2010]在误差范围内一致。但一些石桥铺榴辉岩具有明显偏轻的 δ^{26}Mg 值(–0.637‰～–0.406‰)。

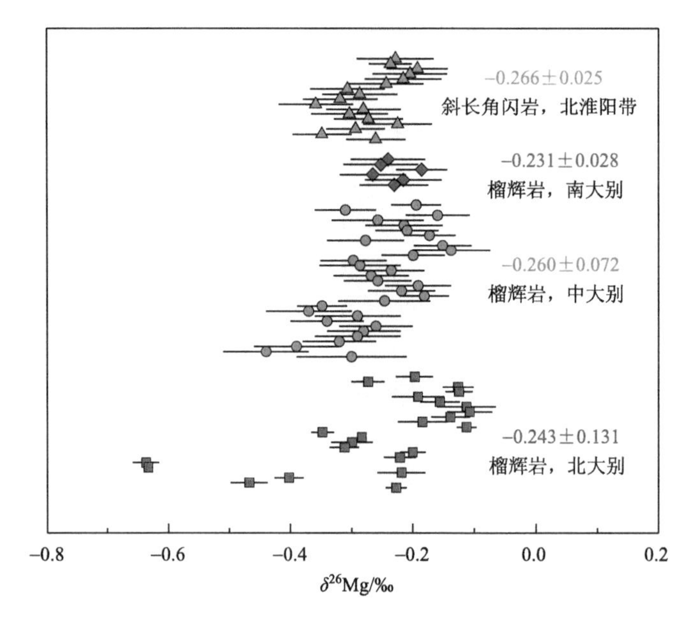

图 3-50　北大别榴辉岩的 Mg 同位素组成

资料来源：南大别、中大别和北淮阳带的 Mg 同位素数据来自 Wang 等(2014)

6. Fe 同位素组成

北大别榴辉岩的 Fe 同位素组成见图 3-51。除一个碳酸盐化榴辉岩 03LT3 具有较轻的 δ^{56}Fe 值(–0.05±0.03)‰外，其他样品具有非常均一的 Fe 同位素组成，δ^{56}Fe 从(0.06±0.02)‰变化到(0.12±0.04)‰，平均 δ^{56}Fe 值为(0.10±0.02)‰，在误差范围内基本与全球洋中脊玄武岩(MORB)的值[(0.11±0.02)‰; Teng et al., 2013]一致。

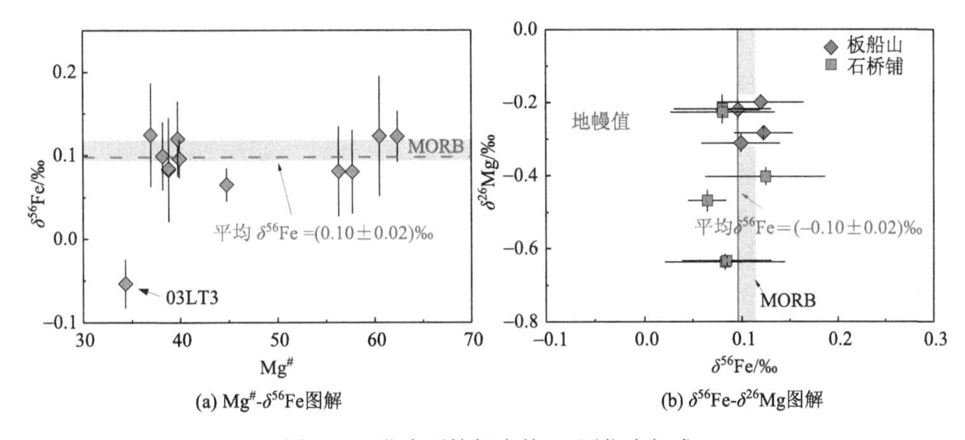

图 3-51　北大别榴辉岩的 Fe 同位素组成

二、原岩性质

为了进一步探讨变质过程中的元素活动性，首先要确定变质岩的原岩成分和来源。北大别榴辉岩具有低 SiO_2、高 MgO 和 CaO 含量的特征(图 3-43)，表明它们可能来自镁铁质原岩。但是，因为这些榴辉岩的大离子亲石元素和轻稀土元素从强烈亏损到富集的变化(图 3-45)，可能受到过变质作用的强烈影响，因此，常规的用主量元素来分类的图解可能不能用来区分它们的原岩(如 Pearce and Cann, 1973)。但是，高场强元素和重稀土元素在俯冲带变质过程中一般被认为是很少活动的，常用来对变质岩原岩类型和性质进行分类与成分区分(Pearce and Cann, 1973; Winchester and Floyd, 1977)。SiO_2-Zr/TiO_2 和 Zr/TiO_2-Nb/Y 图解(图 3-44)以及在稀土元素球粒陨石标准化图解(图 3-45)上表现出的微负的到正的 Eu 异常，都表明北大别榴辉岩的原岩主要是辉长岩，少量为玄武岩。此外，大部分样品的微量元素特征都类似于下地壳岩石(Rudnick and Gao, 2003)(图 3-45)，暗示着这些榴辉岩原岩可能来自下地壳。

Pb 同位素经常被用于示踪变质岩的源区来源(李曙光等, 2001; 张宏飞等, 2001; 刘贻灿等, 2002; Li et al., 2009; Shen et al., 2014)。由于俯冲陆壳岩石在脱水过程中有部分 Pb 会被析出的变质流体带走(李曙光等, 2001)，因此折返过程中角闪岩相退变质阶段的外来流体可能会重置榴辉岩的 Pb 同位素组成。绿辉石作为榴辉岩的一个主要组成矿物，具有很低的 U/Pb 值(Li et al., 2003b)，而且 Pb 同位素在绿辉石中的扩散活化能和封闭温度都很高(Cherniak, 1998)，不易受后期热事件的影响而改变组成。因此，绿辉石的 Pb 同位素比值能够代表矿物结晶初始的同位素组成而无须年龄校正，可以直接用来进行榴辉岩普通 Pb 同位素研究(Li et al., 2009; Shen et al., 2014)，评估后期退变质作用对榴辉岩全岩初始 Pb 同位素值计算的影响。三个绿辉石的 Pb 同位素组成同全岩校正值相比，一个基本一致，两个略有变化，表明少部分榴辉岩的全岩受到了外来流体 Pb 同位素的改造，不能真实反映其原岩的 Pb 同位素特征。因此，在进行全岩初始 Pb 同位素还原计算时，除要综合考虑样品的微量元素特征外，还要排除外来变质流体交代的影响，以判断计算结果能否真实反映其原岩初始的 Pb 同位素组成。总体而言，绝大部分北大别榴辉岩的 Pb 同位素初始值集中在 $^{206}Pb/^{204}Pb_i$ 值 16.485～17.969、$^{207}Pb/^{204}Pb_i$ 值 15.304～15.540、$^{208}Pb/^{204}Pb_i$ 值 37.001～38.082 的范围内，与北大别正片麻岩长石的 Pb 同位素值给出的范围基本一致，其 $^{206}Pb/^{204}Pb_i$ 值大部分在富集地幔 EM Ⅰ 的范围内（图 3-47）；有两个榴辉岩样品（07LT5 和 07LT6-1）则具有极低的放射性成因 Pb 同位素组成，其 $^{206}Pb/^{204}Pb_i$、$^{207}Pb/^{204}Pb_i$ 和 $^{208}Pb/^{204}Pb_i$ 值分别为 15.217～15.809、15.077～15.216 和 35.219～35.949，其中榴辉岩 07LT5 具有目前已知的大别碰撞造山带超高压变质岩中最低的 Pb 同位素组成（图 3-47），表明其原岩侵入到了很深的下地壳位置。在 $^{207}Pb/^{204}Pb_i$-$^{206}Pb/^{204}Pb_i$ 和 $^{208}Pb/^{204}Pb_i$-$^{206}Pb/^{204}Pb_i$ 图解（图 3-47）上，北大别榴辉岩同北大别片麻岩一样，都表现出低放射性成因 Pb 同位素组成，不同于中大别和南大别具有较高放射性成因 Pb 同位素的特点，进一步表明北大别榴辉岩的原岩来自俯冲的镁铁质下地壳岩石。

此外，相对于其他岩石单位来说，部分北大别榴辉岩（如石桥铺）具有明显偏轻的 $\delta^{26}Mg$ 值（图 3-50）。通常被碳酸盐交代的榴辉岩具有相对偏轻的 $\delta^{56}Fe$ 值［图 3-51（a）］，但具有很轻 $\delta^{26}Mg$ 值的石桥铺榴辉岩的 $\delta^{56}Fe$ 没有明显异常［图 3-51（b）］。没有证据表明它们是由俯冲变质过程中的碳酸盐加入、折返阶段富含轻 $\delta^{26}Mg$ 值流体交代和部分熔融等因素导致，最大的可能是轻的 $\delta^{26}Mg$ 特征继承自原岩。这表明大别山的镁铁质下地壳的 Mg 同位素并不均匀，同汉诺坝镁铁质麻粒岩具有显著不均一的 Mg 同位素组成的特征一致（Yang et al., 2016）。

三、岩石成因和源区讨论

高级变质岩的同位素组成常被用来示踪它们的源区和岩石成因（Munyanyiwa et al., 1997; Jahn et al., 2003）。当回算到变质时代为 220 Ma 时，除黄尾河和饶钹寨的样品外，其他北大别榴辉岩的初始 $^{87}Sr/^{86}Sr$ 为 0.70442～0.70693，$\varepsilon_{Nd}(t)$ 值为 –12.4～–1.4。根据 Sr、Nd 同位素的初始值，这些榴辉岩可以分为两大类［图 3-46（a）］：一类的 $\varepsilon_{Nd}(t)$ 值为–12.4～–7.3，包括百丈岩、华庄、金家铺、板船山的样品；另一类为–6.0～–1.4，包括凤山镇和石桥铺的样品。很明显，金家铺和板船山榴辉岩的原岩比凤山镇和石桥铺榴辉岩的原岩含有更多的古老地壳的组分。但是当回算到原岩形成时代为 790 Ma 时，榴辉岩 07LT6-2 具有正的 $\varepsilon_{Nd}(t)$ 值（1.7），而且还有一些样品也落在地幔趋势内［图 3-46（b）］，表明这些榴辉岩的原岩成因可能是新元古代大陆裂解的幔源岩浆作用(Liu et al., 2007c)。此外，黄尾河和铙钹寨榴辉岩的围岩都是变质橄榄岩或蛇纹石化橄榄岩，它们异常的 Sr-Nd 同位素特征表明原岩受到了不同程度的古老地壳物质的混染。

榴辉岩 09LT2-2 的三颗岩浆锆石具有正的 ε_{Hf}(790 Ma)值[(2.6±0.8)～(7.9±0.8)]，表明它们的镁铁质原岩起源于受到地壳混染的亏损地幔。这个结果与同样属于石桥铺的榴辉岩 07LT6-2 的全岩 Nd 同位素研究结果一致，表明石桥铺榴辉岩的原岩起源于幔源岩浆。

榴辉岩 03LT9、03LT10、06LT4-2 和 09LT3-1 的锆石具有相似的特征和 Lu-Hf 同位素组成，ε_{Hf}(790 Ma)值为(–9.5±0.4)～(0.6±0.8)，单阶段 Hf 模式年龄为 1.40～1.75 Ga，表明这些榴辉岩的原岩产生于 790 Ma 时代的基性岩浆作用，是被年龄老于 1.75 Ga 的古老地壳物质混染幔源岩浆的结果。此外，榴辉岩 06LT4-2 中有一颗 U-Pb 年龄为(1609±6)Ma 的古老继承锆石，它的单阶段 Hf 模式年龄为(2144±35)Ma，用 2150 Ma 计算的两阶段 Hf 模式年龄为(2141±57)Ma，ε_{Hf}(2.15 Ga)值为 9.6±0.5。一致的单阶段和两阶段 Hf 模式年龄以及正的 $\varepsilon_{Hf}(t)$ 值表明华南大陆在 2.15 Ga 有一期地壳增生事件。负的 ε_{Hf}(790 Ma)值(–20.6±0.5)表明古元古代的新生地壳已经演化成了新元古代的古老地壳成分。

样品 03LT1-1、06LT3-2 和 07LT6-1 中很少有新元古代岩浆锆石被发现，基本都是三叠纪变质生长锆石。这些变质生长锆石的 ^{176}Lu/^{177}Hf 值低于 0.000040，表明这些锆石形成于榴辉岩相阶段并与石榴子石共生。样品 03LT1-1 和 07LT6-1 的锆石 ε_{Hf}(220 Ma)值明显高于样品 06LT3-2 的值(图 3-49)，表明即使考虑到变质作用的影响，样品 06LT3-2 也比其他两个样品含有更多的古老地壳组分，这与它们的全岩 Nd 同位素研究给出的结果一致。由于重结晶的石榴子石能显著提高共生锆石的 ^{176}Hf/^{177}Hf 值，即所谓的“石榴子石效应”，因此，通过这些变质生长锆石很难示踪它们的原岩来源。但是，把这些只有变质生长锆石的样品与那些既有变质生长锆石又有岩浆锆石的样品的同位素特征进行对比，也许可以为示踪它们的原岩来源提供一个新的思路。样品 03LT1-1 和 07LT6-1 具有高的 ^{176}Hf/^{177}Hf 值和 ε_{Hf}(220 Ma)值，与样品 09LT2-2 的变质生长锆石特征基本一致，而且样品 07LT6-1 和 09LT2-2 均采自石桥铺；金家铺样品 06LT3-2 的锆石 Hf 同位素特征则与板船山样品的变质生长锆石的 Hf 同位素特征基本一致(图 3-49)。因此，尽管采自不同的露头，这些具有相似的锆石 Hf 同位素组成的榴辉岩应该是从具有相似的全岩 Hf 同位素组成的原岩演化而来，而罗田榴辉岩的原岩总体上是古老下地壳不同程度混染亏损地幔的结果。这个混合的源区有两个端元，一个端元是亏损地幔，另一个端元是由古元古代新生地壳演化到新元古代形成的古老下地壳，它们均对混合后结晶形成的锆石的 Hf 同位素组成有重要的影响，影响的程度取决于这两个端元的元素含量、Hf 同位素比值以及混合的比例。样品 09LT2-2 中岩浆锆石正的

$\varepsilon_{Hf}(t)$值(2.6～7.9)表明在幔源岩浆底侵形成混合岩浆的过程中亏损地幔的 Hf 同位素占主导地位，而板船山样品中岩浆锆石负的 $\varepsilon_{Hf}(t)$值(–9.5～0.6)则表明地壳的 Hf 同位素起主导作用。每个样品的锆石 $\varepsilon_{Hf}(t)$值都有相当大的变化，可能反映了在幔源岩浆底侵熔融古老地壳的过程中混合不均匀，或者是在岩浆就位的过程中混染程度不均一。

全岩 Nd 同位素和锆石 Hf 同位素研究都表明，北大别榴辉岩的原岩起源于不同程度混染古老下地壳成分的幔源岩浆。这些榴辉岩的锆石 U-Pb 年龄和 Hf 同位素组成，证明了华南板块被新元古代幔源岩浆底侵而发生了镁铁质下地壳增生，该事件被普遍认为和导致罗迪尼亚(Rodinia)超大陆裂解的地幔柱活动有关(Rowley et al., 1997; Li et al., 2003c)，然后这些新形成的镁铁质下地壳岩石被卷入了三叠纪大陆深俯冲。如今的北大别岩石组合以长英质岩石为主，它仅相当于下地壳上部的长英质岩石。大别造山带乃至整个华南陆块北缘现今都缺乏厚层镁铁质下地壳，它们也很少出露地表，推测这些俯冲的镁铁质下地壳大多数可能已经拆离再循环进入地幔。而这一推测的前提是在拆离前华南俯冲陆壳有较厚的镁铁质下地壳(刘贻灿和李曙光，2005)。因此，本项成果将有助于我们对整个大别造山带的镁铁质下地壳拆离和再循环过程的深刻认识。

四、深俯冲镁铁质下地壳成因榴辉岩的 Pb 同位素制约

不同于北大别片麻岩具有较为均一的低放射性成因 Pb 同位素特征，北大别榴辉岩表现出更大的 Pb 同位素成分变化范围(图 3-47 和图 3-48)。在 Pb 同位素演化图(图 3-48)上，大多数榴辉岩都落在 0.8 Ga 古等时线的右侧和地幔演化线与下地壳演化线之间的区域内，表明北大别榴辉岩的原岩时代可能为 0.8 Ga，物质成分主要为幔源物质，同时混合有下地壳物质。这与北大别榴辉岩的年代学研究结果基本一致，即北大别榴辉岩的原岩是由 750～790 Ma 幔源岩浆底侵下地壳岩石形成的。

两个极低 Pb 同位素组成的榴辉岩则都落在了 1.2 Ga 古等时线的左侧(图 3-48)，显示出古老下地壳的 Pb 同位素特征。这可能有两种原因：①折返阶段退变质过程中受到外来流体交代；②这些榴辉岩的原岩本身具有极低放射性成因 Pb 同位素特征，为新元古代幔源岩浆底侵过程中混染了具有非常低 Pb 同位素组成的古老下地壳物质。由于 U 在流体中相对活跃而 Th 相对不活跃，流体活动主要会改造岩石中的 U/Pb 值而对 Th/Pb 值影响较小。因此，在对榴辉岩进行初始 Pb 同位素还原计算时，后期流体作用引起的 U/Pb 值升高会导致计算结果比实际偏小，从而表现出虚假的低放射性成因 Pb 同位素特征。但对于榴辉岩 07LT5 而言，本身具有极低放射性成因 Pb 同位素值，而且其 U/Pb 值也非常低(0.006)。因此，流

体活动导致的计算误差不足以解释北大别榴辉岩的低放射性成因 Pb 同位素特征。而且，如果外来流体具有非常低的放射性成因 Pb 同位素组成，也可以改造榴辉岩使其表现出低放射性成因 Pb 同位素特征，但这需要找到一个具有非常低 Pb 同位素值的流体源区。对研究区榴辉岩而言，其围岩是原岩时代为新元古代的花岗片麻岩，目前已知的北大别乃至整个大别山片麻岩的 Pb 同位素值都显著高于榴辉岩 07LT5 的 Pb 同位素值(图 3-47)。然而，样品具有极低 U、Th 含量的特征也不支持退变质阶段被外来流体交代的假设。因此，北大别榴辉岩具有极低放射性成因 Pb 同位素组成，不是在退变质阶段被流体活动改造的结果，而是新元古代幔源岩浆底侵形成的最下部的下地壳岩石(详见第四章)混染了较多古老下地壳物质的结果。

大量研究表明，华南板块北缘的古老变质基底主要由形成于新太古代—古元古代的岩石组成(Wu et al., 2008; Jian et al., 2012)。在新元古代发生地壳再造和地壳增生时，是否存在具有极低放射性成因 Pb 同位素特征的下地壳岩石？黄土岭中酸性麻粒岩是北大别的典型麻粒岩之一。大量的年代学研究(Chen et al., 1996; 陈能松等, 2006; Wu et al., 2008)表明，北大别黄土岭麻粒岩在(2029±13)～(2042±7)Ma 时在下地壳深处发生了高温麻粒岩相变质作用。然而，黄土岭麻粒岩没有发现三叠纪变质的锆石 U-Pb 年龄记录，这可能意味着它没有参与三叠纪大陆深俯冲过程(陈能松等, 2006)。因此，黄土岭麻粒岩的全岩 U-Pb 同位素体系可能自约 2.0 Ga 经历麻粒岩相变质作用以来，长期保持封闭而没有受到扰动，直到燕山期山根垮塌时，局部可能受到热变质叠加的影响(详见第四章)。根据中国大陆地壳 Pb 同位素演化模型(李龙等, 2001)，取 2.0 Ga 时华南板块下地壳 Pb 同位素值为 $^{206}Pb/^{204}Pb_i=13.86$、$^{207}Pb/^{204}Pb_i=14.63$、$^{208}Pb/^{204}Pb_i=34.34$，按照下地壳岩石具有低 μ 值($\mu=^{238}U/^{204}Pb$)和较高的 Th/U 值特征(取 $\mu=5$，$\kappa=^{232}Th/^{238}U=7$)进行简单模拟计算，演化到现代的 Pb 同位素值为 $^{206}Pb/^{204}Pb=15.679$、$^{207}Pb/^{204}Pb=14.854$、$^{208}Pb/^{204}Pb=38.001$。这个模拟计算的结果与黄土岭麻粒岩的 Pb 同位素组成($^{206}Pb/^{204}Pb=15.674$、$^{207}Pb/^{204}Pb=14.854$、$^{208}Pb/^{204}Pb=37.938$)(葛宁洁等, 2001)完全一致[图 3-48(a)]，表明模拟计算参数设置和结果都是合理的，华南板块北缘的古元古代长英质下地壳岩石具有类似于黄土岭麻粒岩低 U/Pb、高 Th/U 值的 Pb 同位素演化特征。当这类下地壳岩石演化到 0.8 Ga 时，模拟计算的 Pb 同位素值为 $^{206}Pb/^{204}Pb_t=15.018$、$^{207}Pb/^{204}Pb_t=14.810$、$^{208}Pb/^{204}Pb_t=36.580$，尽管表现出很低的 $^{206}Pb/^{204}Pb_t$ 值和 $^{207}Pb/^{204}Pb_t$ 值特征，但其 $^{208}Pb/^{204}Pb_t$ 值远高于北大别榴辉岩的 $^{208}Pb/^{204}Pb_t$ 值(35.226)。榴辉岩 07LT5 极低的放射性成因 Pb 同位素值要求华南板块北缘古老镁铁质下地壳在新元古代时不仅具有非常低的 $^{206}Pb/^{204}Pb_t$ 值和 $^{207}Pb/^{204}Pb_t$ 值，还有非常低的 $^{208}Pb/^{204}Pb_t$ 值。对比大别-苏鲁造山带中榴辉岩和片麻岩的 Pb 同位素组成可以发现，对应相同的 $^{206}Pb/^{204}Pb_i$ 值，榴辉岩比片麻岩

具有更低的 $^{208}Pb/^{204}Pb_i$ 值[图 3-47(b)]，表明大别山的镁铁质原岩比长英质原岩具有更低的 Th/U 值。因此，Th/U 值不同可能是长英质下地壳和镁铁质下地壳 Pb 同位素演化的一个重要区别。相对于长英质下地壳，华南板块北缘的古老镁铁质下地壳具有低的 Th/U 值，并在新元古代时演化为低 $^{206}Pb/^{204}Pb_t$ 值、$^{207}Pb/^{204}Pb_t$ 值和 $^{208}Pb/^{204}Pb_t$ 值的特征。

北大别榴辉岩的 Pb 同位素研究结果显示，在新元古代华南板块北缘发生地壳增生时，新生镁铁质下地壳有两个不同的 Pb 同位素源区：一个源区为具有低 U/Pb、低 Th/U 演化特征的新太古代—古元古代镁铁质下地壳；另一个源区则为幔源岩浆，表现出相对较高的放射性成因 Pb 同位素特征。在图 3-48 上，北大别榴辉岩的 $^{207}Pb/^{204}Pb_i$ 值、$^{208}Pb/^{204}Pb_i$ 值与 $^{206}Pb/^{204}Pb_i$ 之间表现出明显的线性正相关关系，进一步证明这些榴辉岩的 Pb 同位素特征是新元古代幔源岩浆侵位过程中混染了古老镁铁质下地壳低放射性成因 Pb 同位素特征的一系列结果。因此，大别造山带三叠纪深俯冲镁铁质下地壳存在两类成分：一类是新太古代—古元古代的古老镁铁质下地壳物质，表现为极低的放射性成因 Pb 同位素特征；另一类为新元古代新生的镁铁质下地壳物质，主要表现为类似于地幔演化的 Pb 同位素特征，少量具有接近于古老镁铁质下地壳的一系列变化的 Pb 同位素组成。

大量研究表明，大别山中生代埃达克质岩的源区与在三叠纪深俯冲过程中拆离并最终再循环进入上地幔的华南板块北缘镁铁质下地壳有关，并证明其是这部分拆沉的下地壳岩石发生部分熔融的产物(Xu et al., 2007; Huang et al., 2008; He et al., 2013)，它们的 Sr-Nd-Pb 同位素组成能够代表再循环的加厚下地壳的特征(He et al., 2013)。这些埃达克质岩表现出低放射性成因 Pb 同位素值以及较高的 Δ8/4 值(平均值为 192)特征(Huang et al., 2008; He et al., 2013)。然而，我们对北大别榴辉岩的 Pb 同位素研究结果显示，大别山镁铁质下地壳具有低放射性成因 Pb 同位素组成和较低的 Δ8/4 值，其中大部分 Δ8/4 值都低于 130(图 3-47)，显著低于大别山中生代埃达克质岩的 Δ8/4 值。此外，同苏鲁造山带相比，大别造山带缺少一个具有很低放射性成因 Pb 同位素特征的长英质下地壳岩片(Li et al., 2003c; Shen et al., 2014)。这个岩片原本应位于北大别之下，但在三叠纪陆壳深俯冲和折返过程及后期造山作用后并未出露地表。它表现为类似于大别山中生代埃达克质岩的低 $^{206}Pb/^{204}Pb_i$ 特征，却具有更高的 $^{208}Pb/^{204}Pb_i$ 值(图 3-47)，其平均 Δ8/4 值为 228(Li et al., 2009)。中生代埃达克质岩的 Δ8/4 值介于大别山镁铁质下地壳和缺失的长英质下地壳之间(图 3-47)，这表明它可能是长英质下地壳和镁铁质下地壳 Pb 同位素混合的结果。因此，再循环的陆壳物质中不仅含有镁铁质下地壳岩石，还含有长英质下地壳物质，在早白垩世岩石圈拆离和造山带去山根事件中，部分长英质下地壳随镁铁质下地壳一起拆沉并再循环进入了地幔。

五、折返初期减压熔融的地球化学证据

正如前文所述，北大别榴辉岩经历了多阶段变质演化过程，特别是从超高压榴辉岩相到麻粒岩相，其长时间处于高温(>900℃)条件下的近等温减压过程，在山根垮塌期间又经历了燕山期强烈的部分熔融和混合岩化作用。这不仅使得北大别榴辉岩中极少保留超高压变质证据，也使它们的元素和同位素组成表现出不同程度的变化(图3-43～图3-46)。不同的榴辉岩样品，表现出从富集到强烈亏损的LREE和LILE变化特点，表明榴辉岩中元素的活动性不仅受到了流体活动的影响，也受到了部分熔融的改造(图3-52)，这可能与折返过程中不同阶段的变质过程或特点有关。因此，了解这些榴辉岩的元素活动发生在哪个变质阶段以及如何发生，对于准确理解俯冲碰撞带地球化学动力学过程及壳幔循环过程具有重要意义。

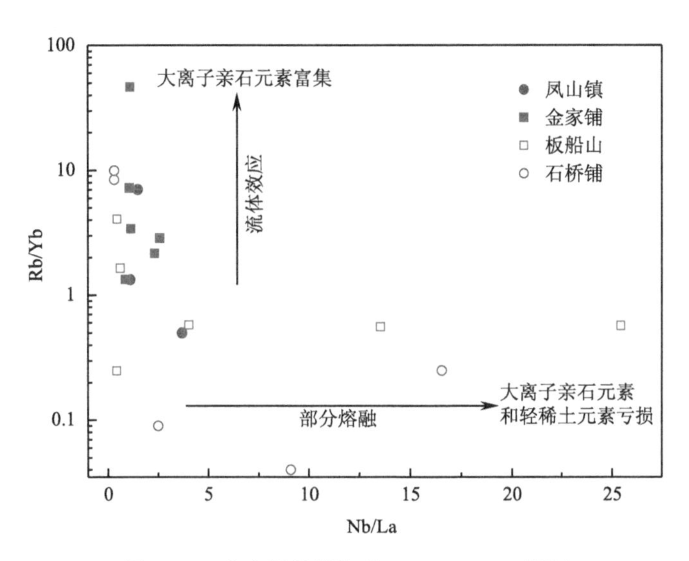

图3-52　北大别榴辉岩的Rb/Yb-Nb/La图解

1. 原岩继承与变质改造

北大别榴辉岩的主量元素变化范围比较有限(图3-43)，同一组的样品一般具有相似的主量和微量元素特征，表明它们是由相同或相似的原岩演化而来的。但它们的微量元素特征变化却非常大，特别是板船山和石桥铺的榴辉岩都表现出LREE和LILE从极度亏损到显著富集的变化(图3-45)。这些微量元素特征的显著变化，可能是继承了原岩不均一性的特征，也可能是高级变质过程中地球化学改造的结果(Jahn et al., 2003; John et al., 2004)。

根据主、微量元素含量的差异性，石桥铺榴辉岩样品可以分为两类(图 3-52)。第一类样品为 07LT6-2 和 11LT1-1，它们具有高的 SiO_2、Al_2O_3、CaO 和 Sr 含量，低的 TiO_2、FeO_T、Nb、Ta、Hf、Co 和 HREE 含量；另一类样品包含 07LT6-1、09LT1-1 和 09LT1-2，它们则表现为低的 SiO_2、Al_2O_3、CaO 和 Sr 含量，高的 TiO_2、FeO_T、Nb、Ta、Hf、Co 和 HREE 含量。Volkova 等(2004)在 Maksyutov Complex (South Urals) 的榴辉岩中也观察到了类似的特征，并解释为继承原岩结晶分异的结果。就是说，原岩在结晶分异的过程中生成了两类不同的岩石：一类相对富集斜长石，表现为高的 CaO 和 Al_2O_3 含量，同时在蛛网图上表现为高 Sr、低 Nb 的特征；另一类则相对富集辉石成分，具有高的 TiO_2、FeO_T、Nb、Ta、Hf 和 Co 含量，以及低的 CaO、Al_2O_3 和 Sr 含量。主量元素和一些不相容元素含量的有规律变化，表明在它们原岩的形成过程中结晶分异过程起了很重要的作用，这同 Leech 和 Ernst (2000) 的实验研究结果一致。在新元古代石桥铺榴辉岩原岩形成的过程中，初始岩浆结晶分异形成了两类具有不同成分的原岩，分别略微富集斜长石和辉石，而石桥铺两类样品可能就是分别继承了它们原岩主量元素和一些不相容元素而具有显著差异的特征。

尽管板船山榴辉岩的 LILE 和 LREE 也表现出显著变化的特征(图 3-45)，但它们的主量元素、高场强元素(HSFE)和重稀土元素却没有明显的差异(图 3-53)。由于高场强元素和重稀土元素在变质过程中不易受到扰动，基本可以用来示踪原岩性质(Pearce and Cann, 1973; Winchester and Floyd, 1977)，而 LILE 和 LREE 则容易受到变质作用的影响。板船山榴辉岩中这些微量元素特别是 LREE 和 LILE 的差异，可能不是继承了不均一的原岩，而是在变质过程中被改造的结果。

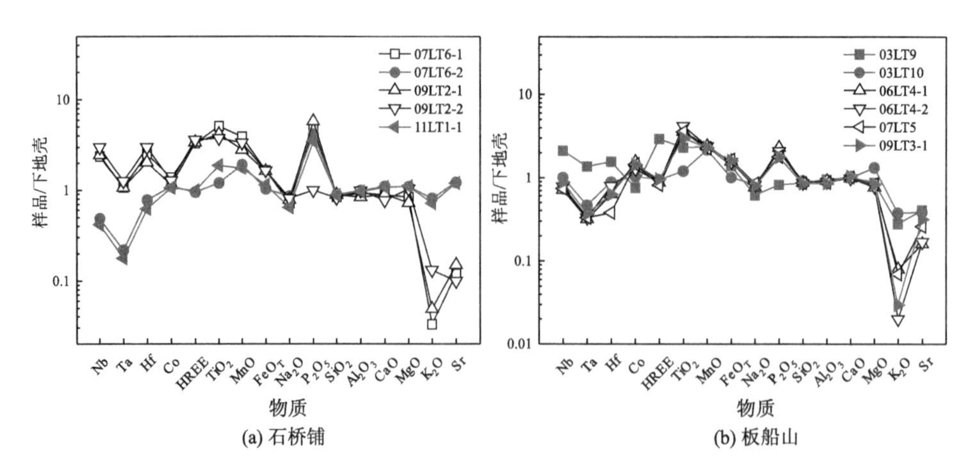

图 3-53　石桥铺和板船山榴辉岩的主量元素和高场强元素图解

全岩的 Rb-Sr 和 Sm-Nd 同位素体系的变化(图 3-46)也证实部分北大别榴辉岩

的微量元素特征被变质过程强烈改造过。当校正到 220 Ma，即三叠纪榴辉岩相变质时代时，同一组的榴辉岩都具有合理且相似的 Sr-Nd 同位素特征；但是当校正到原岩形成时代(790 Ma)时，一些样品表现出不合理且极低的初始 $^{87}Sr/^{86}Sr$ 值和 $\varepsilon_{Nd}(t)$ 值[图 3-46(b)]，这些不合理的计算结果表明，变质改造可能发生在三叠纪陆壳俯冲变质时期，可能是玄武质岩石转变成榴辉岩的俯冲进变质阶段，也可能是折返退变质阶段。这种变质作用改造了部分样品的 LILE 和 LREE 的特征，可能与含水流体或熔体有关。

2. 部分熔融与流体活动

部分熔融能够显著改变岩石的化学成分，特别是微量元素特征和同位素组成，因此可以根据元素和同位素的变化特征来推断是否发生过部分熔融作用(Auzanneau et al., 2006; Hermann et al., 2006; Labrousse et al., 2011)。一般地，高压条件下部分熔融产生的花岗质熔体具有低的 FeO、MgO、CaO、Cr 和 Ni 含量以及高的 SiO_2、LILE 和 LREE 含量(Hermann and Green, 2001; Wallis et al., 2005)，而超高压岩石中亏损 Si、LILE 和 LREE 含量等通常被认为是折返过程中减压熔融产生熔体或发生过部分熔融的地球化学证据(Shatsky et al., 1999; Hermann and Green, 2001)。另外，变质脱水释放的富水流体对元素的迁移能力相对较弱，一般只能挟带少量 LILE(Kessel et al., 2005; Hermann et al., 2006)。在 Rb/Yb-Nb/La 图解(图 3-52)上，一些北大别榴辉岩显示出 LILE 相对于 LREE 富集的特征，还有一些样品则表现为 LILE 和 LREE 都强烈亏损，这些特征表明北大别榴辉岩的元素组成不仅受到了流体活动的影响，还受到了部分熔融的改造，这可能与俯冲、折返过程中不同阶段的变质过程或特点有关。

板船山榴辉岩可以按照微量元素特征分为两类：Ⅰ类具有类似于下地壳的微量元素特征(包括样品 03LT9 和 03LT10)，Ⅱ类(包括 06LT4-1、06LT4-2 和 07LT5)则显著亏损 LILE 和 LREE[图 3-54(a)]。Ⅰ类榴辉岩样品的锆石基本都是新元古代的岩浆锆石或者是麻粒岩相变质锆石，并且只有少量锆石有很薄的变质增生边(图 3-29)。苏鲁超高压变质带仰口榴辉岩的锆石也具有类似的特征，它指示一个在进变质和退变质阶段处于缺乏流体或熔体活动的环境(Katsube et al., 2009)，因为高压变质过程中锆石的溶解和重新生长都取决于流体和/或熔体活动性(Williams et al., 1996; Rubatto et al., 1999; Liermann et al., 2002)。因此，Ⅰ类榴辉岩形成于一个缺乏流体或熔体活动的环境，并且在三叠纪变质过程中没有受到明显的地球化学改造，它们的化学组成基本可以代表它们的原岩特征。利用 Kessel 等(2005)提供的稀土元素配分系数，对Ⅰ类榴辉岩分别进行流体和熔体萃取的模拟计算。结果显示，被流体萃取后残余相的稀土元素特征明显不同于Ⅱ类榴辉岩[图 3-54(b)]，而被熔体萃取后残余相的稀土元素特征则与Ⅱ类榴辉岩非

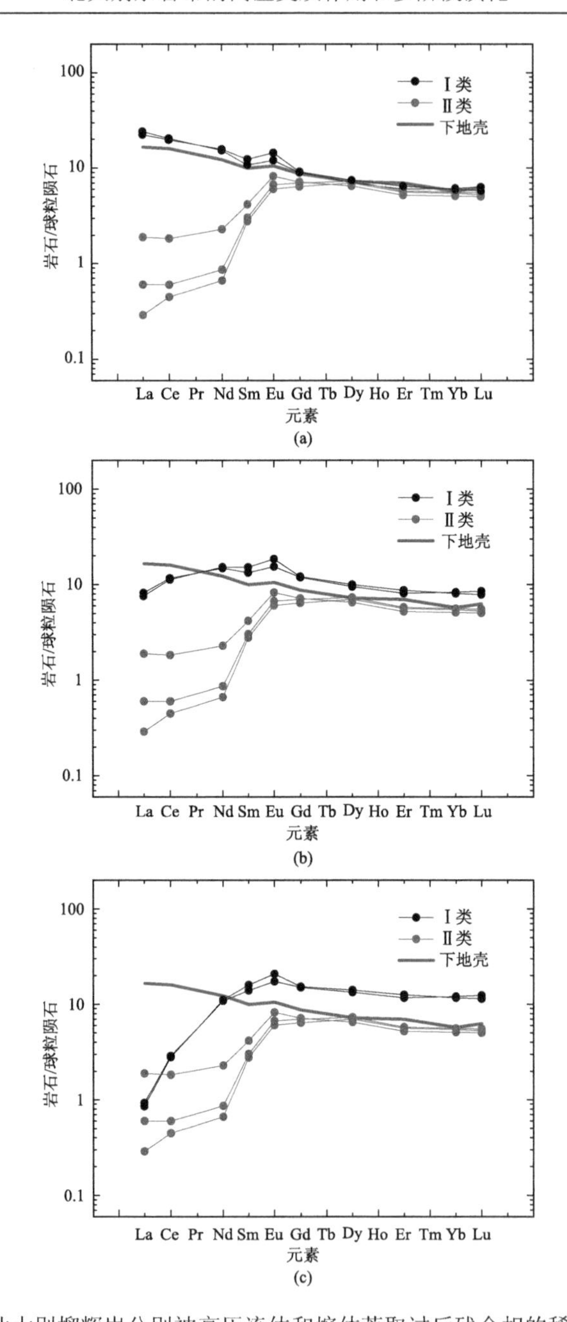

图 3-54　北大别榴辉岩分别被高压流体和熔体萃取过后残余相的稀土元素特征

(a)板船山两类榴辉岩的稀土元素特征，Ⅰ类具有类似于下地壳的稀土元素特征，Ⅱ类则显著亏损轻稀土元素；(b)Ⅱ类榴辉岩和Ⅰ类榴辉岩被流体萃取后残余相的稀土元素特征；(c)Ⅱ类榴辉岩和Ⅰ类榴辉岩被熔体萃取后残余相的稀土元素特征

资料来源：下地壳组成来自 Rudnick 和 Gao(2003)，球粒陨石组成来自 Sun 和 McDonough(1989)，变质流体和熔体的元素分配系数来自 Kessel 等(2005)

常相似[图 3-54(c)]。这充分表明Ⅱ类榴辉岩显著亏损的稀土元素特征是发生过部分熔融的结果。

部分榴辉岩则具有相对富集 LILE 的特征，如金家铺样品 09LT1-3 相对于其他样品具有很高的 Rb、Ba、K 等 LILE 含量[图 3-45(d)]。当回算到 220 Ma 时，它显示正常的初始 $^{87}Sr/^{86}Sr$ 值(0.70552)，但是当回算到原岩形成时代 790 Ma 时，却显示极低且不合理的初始 $^{87}Sr/^{86}Sr$ 值(0.70126；图 3-46)。这表明在俯冲带变质过程中有外来的 LILE 被带入，这些榴辉岩的 Rb-Sr 同位素体系在局部是部分开放的。这个特征在凤山镇采自同一块透镜体核部和边部的两个样品[图 3-2(d)]的对比上更为明显。相对于透镜体核部的榴辉岩样品 03LT1-1，边部的退变质形成的含石榴子石斜长角闪岩 03LT1-2 具有更高的 Rb、Ba、K 含量，以及略低的 LREE 含量。当分别回算到 220 Ma 和 790 Ma 时，这两个样品总是具有相似的 $\varepsilon_{Nd}(t)$ 值，但是 790 Ma 时的初始 $^{87}Sr/^{86}Sr$ 值却具有很大的差异。因此，它们的稀土元素的微小差异可能是继承原岩的特征，而大离子亲石元素特征却被折返阶段的流体活动所改变。大量研究表明，这种富 LILE 的流体可能形成于榴辉岩相到角闪岩相退变质阶段，主要来源于名义无水矿物的分子水和结构水减压释放(Langer et al., 1993; Zheng et al., 1999)。另外，板船山榴辉岩 09LT3-1 具有强烈亏损 LILE，而 Th、U 和 LREE 却表现出富集的特征。这可能是单纯发生变质脱水的结果，释放的变质流体同时带走了榴辉岩的部分 LILE。综上所述，部分北大别榴辉岩具有的 LILE 相对于 LREE 明显富集或亏损的特征是发生流体活动的结果，是榴辉岩中流体释放或外部流体交代榴辉岩的表现。

3. 减压脱水熔融和水致熔融作用的不同影响

野外观察和岩相学证据(图 3-7 和图 3-8)都表明，北大别榴辉岩在折返期间经历了多阶段的部分熔融作用，如折返初期的减压脱水熔融作用和燕山期的水致熔融作用。尽管它们都能够导致岩石的元素和同位素组成发生显著变化(Shatsky et al., 1999; Hermann and Green, 2001)，但对北大别榴辉岩的影响有所不同。

板船山的 6 个榴辉岩给出了一个(206±9) Ma 的 Sm-Nd 同位素全岩等时线年龄[图 3-55(a)]。对于经历过多期变质作用的岩石样品，这种 Sm-Nd 同位素等时线年龄一般给出的是全岩 Nd 同位素被重置的时间，或者是相关的元素被扰动或改造的时代。这个等时线年龄与在样品 06LT4-2 中深熔锆石的 SHRIMP U-Pb 年龄(206±5) Ma 基本一致，也与北大别榴辉岩发生麻粒岩相退变质的时代(207±4) Ma 在误差范围内一致。这表明北大别榴辉岩 LREE 和 LILE 等的强烈亏损发生在麻粒岩相退变质阶段，是折返初期发生减压熔融作用造成的。从超高压榴辉岩相到麻粒岩相的长时间高温(>900℃)减压过程，一方面使榴辉岩的 Nd 同位素重新均一化，另一方面发生减压熔融作用带走了部分榴辉岩的 LILE 和 LREE 组成，最终导致北大别榴辉岩 LREE、LILE 和 Nd 同位素的显著变化[图 3-55(b)]。

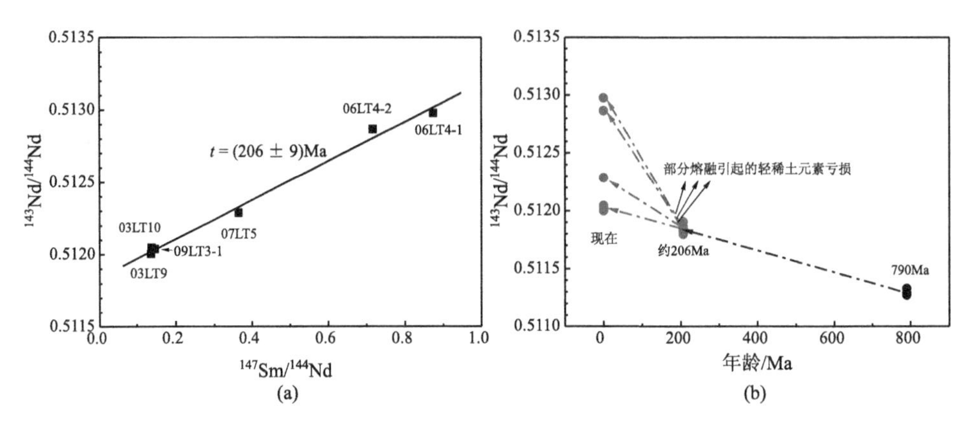

图 3-55　板船山榴辉岩的(a)全岩 Sm-Nd 同位素等时线年龄和(b)全岩 Nd 同位素演化模式图解

榴辉岩 09LT3-1 中发现年龄为(138±1)Ma 的深熔锆石，证明了北大别经历过燕山期的部分熔融作用，与前文岩相学观察结果一致。这可能是因为燕山期水致熔融作用只发生在很小的尺度上，新生成的熔体没有发生明显迁移，故榴辉岩的元素特征并没有明显改变。但是，燕山期的部分熔融作用可能会影响榴辉岩的同位素体系，如 Rb-Sr、Ar-Ar 和金红石 U-Pb 体系等。温度升高会打破这些同位素体系的封闭状态，从而给出重新冷却的年龄或无意义的年龄数据。例如，金红石 U-Pb 和角闪石 Ar-Ar 给出的(121～135)Ma 的年龄(图 3-40 和图 3-41)是原封闭体系被打破后的冷却年龄，而板船山榴辉岩的 Rb-Sr 同位素不能给出有明确意义的年代学数据，可能也与多阶段退变质作用以及燕山期热事件的影响有关。

第四章　混合岩及相关岩石

混合岩是北大别最常见也是最具有代表性的岩石类型，伴随着多期深熔作用和混合岩化作用，也是北大别折返早期及碰撞后山根垮塌的重要表现。山根垮塌及伴随的花岗质和镁铁质-超镁铁质岩浆作用及热变质作用对北大别不同类型变质岩产生了显著的影响，如广泛发育白垩纪部分熔融和混合岩化作用及不同类型的混合岩等。本章重点介绍北大别混合岩、碰撞后变质闪长岩和变质辉长岩以及不同类型花岗片麻岩和变质英云闪长岩-奥长花岗岩-花岗闪长岩(TTG)岩系等的岩石学、年代学和地球化学特征，揭示北大别不同类型花岗片麻岩和混合岩的岩石组成及其时代和成因、多期深熔和混合岩化作用以及山根垮塌的新证据。

第一节　引　　言

深熔作用(部分熔融)在大陆碰撞以及陆壳演化中发挥着重要的作用，影响并促进了大陆地壳分异和俯冲板片折返(Brown, 1994; Dobretsov and Shatsky, 2004; 刘贻灿等, 2015)等地质过程，往往也会导致造山带最终发生山根垮塌(Rey et al., 2001; Vanderhaeghe and Teyssier, 2001)。异常的热源、快速减压过程以及外来流体的加入(Brown, 1994)均可能促使地壳岩石发生部分熔融，穿过固相线，从固相转变为液相(England and Thompson, 1984; Dewey, 1988)。熔体的出现会对地壳岩石的地球动力学特性(如密度、流动性、元素迁移和成分分异等)造成显著的影响(Holyoke and Rushme, 2002)，改造甚至破坏岩石原有的结构和构造。一般而言，在大陆碰撞造山带中俯冲板片的折返初期和/或造山后山根垮塌过程中，地壳岩石往往因受快速减压过程和/或异常的地热梯度等机制影响而发生深熔作用(Hollister, 1993; Hermann et al., 2001; Wallis et al., 2005; Labrousse et al., 2011; 刘贻灿等, 2015)。混合岩是岩石发生深熔作用形成的常见的且极具代表性的高级变质产物(Brown, 1994; Barraud et al., 2004; Sawyer, 2008)。因此，造山带混合岩和碰撞后岩浆岩是研究地壳深熔作用和碰撞造山作用与山根垮塌的理想对象。

北大别广泛发育多种类型的混合岩以及多期次花岗质浅色体。其中，混合岩主要包括两类：高度深熔混合岩发育星云状或析离状构造，主要出露于北大别西南部(罗田穹隆)；而半深熔混合岩则以条带状构造为主，在北大别广泛发育。两类混合岩中均发育多种类型浅色体，具有不同的矿物组合以及元素和同位素地球化学特征。北大别绝大多数片麻岩和混合岩都保留有与新元古代岩浆活动及三叠纪深俯冲-折返相关的年龄记录。此外，北大别广泛发育白垩纪碰撞后的岩浆岩，以花岗质为主，含少量的镁铁质-超镁铁质深成岩，但一直未发现三叠纪同碰撞岩浆岩。

第二节　混合岩及浅色体

混合岩通常指包含同一原岩部分熔融形成的具有多种不同矿物组成和岩石结构的不均一的中高级变质岩(Sawyer, 2008)，是地壳深熔作用的重要产物。在混合岩化过程中，岩石在同等温度、压力和水活度等条件下，熔点较低的长英质矿物优先发生熔融，而镁铁质矿物后发生熔融。在此过程中，如果熔融形成的熔体未发生有效提取离开源区，往往伴随着熔融相和残留相的共存，形成区域尺度的混合岩，其原有的成分、结构和构造均发生改变。根据是否受到部分熔融作用的改造，可将混合岩的组分分为古成体(paleosome)和新成体(neosome)[图 4-1(a)]。古成体又称中色体，是指混合岩中未受部分熔融作用影响的部分，仍然保持固态，其保存着部分熔融之前原岩的结构(面理、层理、褶皱等)，并且显微结构也未改变或者改变极其微小，只表现为在亚稳态阶段时颗粒生长导致粒径稍微增大。而新成体则是混合岩中发生部分熔融的部分，相对较为复杂。当部分熔融作用发生时，均一相的岩石变成熔体+残留体两相并存，这种新生的两相物质即为新成体。新成体中熔体相和残留相之间具有明显的密度和黏度差异，若存在合适的驱动力，二者会发生分离[图 4-1(a)]。其中，新成体中熔体熔出后剩余的固态部分即为暗色体/残留体(melanosome)，颜色通常较深。而熔体相冷凝后形成的颜色较浅的部分则称为浅色体(leucosome)。

图 4-1　混合岩的组成

资料来源：据 Sawyer(2008)修改

根据熔体的流动性和位置，可将浅色体分为三种类型[图 4-1(b)]：①原位浅色体(*in-situ* leucosome)，即全部或部分深熔熔体(熔体流失)原地结晶的产物，其结晶位置与熔体产生位置一致；②在源浅色体(in-source leucosome)，即全部或部分深熔熔体冷凝的产物，其结晶位置已离开熔体产生的位置，但仍在部分熔融作用的源区内；③浅色脉体(leucocratic vein)，全部或部分深熔熔体结晶的产物，其形成位置已经远离源区甚至已侵入到其他混合岩中，但仍处于部分熔融作用影响范围内(Sawyer, 2008)。根据熔融程度和流变学性质不同，也可以将混合岩分为半深熔混合岩(metatexite)和高度深熔混合岩(diatexite)。半深熔混合岩熔融程度相对较低，仍保留有少量原岩结构；而高度深熔混合岩则大量发育流动构造，原岩结构被完全改造，二者在野外表现出不同的结构特征。影响混合岩外在表现的因素主要有原岩的性质与成分、部分熔融的程度、冷却速率以及混合岩保存熔体时是否发生了变形(Sawyer, 2008)。

北大别(特别是东北部)混合岩主要为半深熔混合岩，以条带状混合岩为主，并伴随着少量的补丁状混合岩,其中发育多种类型且具有不同矿物组合的浅色体。此外，北大别西南部的罗田穹隆，还出露了一些高度深熔混合岩。

一、条带状混合岩

条带状混合岩在北大别杂岩带广泛分布，常表现为连续的、平行的浅色部分与深色部分“互层”构成的新成体，并且常常被晚期白垩纪富钾脉体所切割。根据不同的野外产状、矿物组合以及化学成分，北大别混合岩的浅色体至少可以分为四类：①含石榴子石浅色体；②富角闪石浅色体；③贫角闪石浅色体；④富钾长石浅色体(图 4-2)。

1. 岩相学特征

含石榴子石浅色体较少出露，并常常与其他类型的浅色体共存。该类型浅色体出露形式较为多变，主要表现为含粗粒石榴子石或石榴子石集合体的原位补丁状浅色体或在源浅色体[图 4-2(a)、(b)、(c)]。其矿物组成主要为石榴子石+角闪石+斜长石+钾长石+石英，并含有少量钛铁矿、磷灰石、榍石、锆石等副矿物。石榴子石边部通常被由角闪石和斜长石组成的冠状体环绕[图 4-2(a)、(b)]。此外，从石榴子石核部到边部，铁铝榴石含量逐渐降低，锰铝榴石含量逐渐升高，且多见斜长石+石英±绿帘石的多相矿物包裹体，表明石榴子石为转熔成因矿物。其中，原位补丁状浅色体通常宽数厘米[图 4-2(a)、(b)]，而在源浅色体通常与接触的残留体平行互层，其厚度变化范围通常为 0.1～2.0 cm，发育强烈的变形结构，包括变形线理和褶皱[图 4-2(c)]。该类型浅色体与残留体之间通常发育清晰

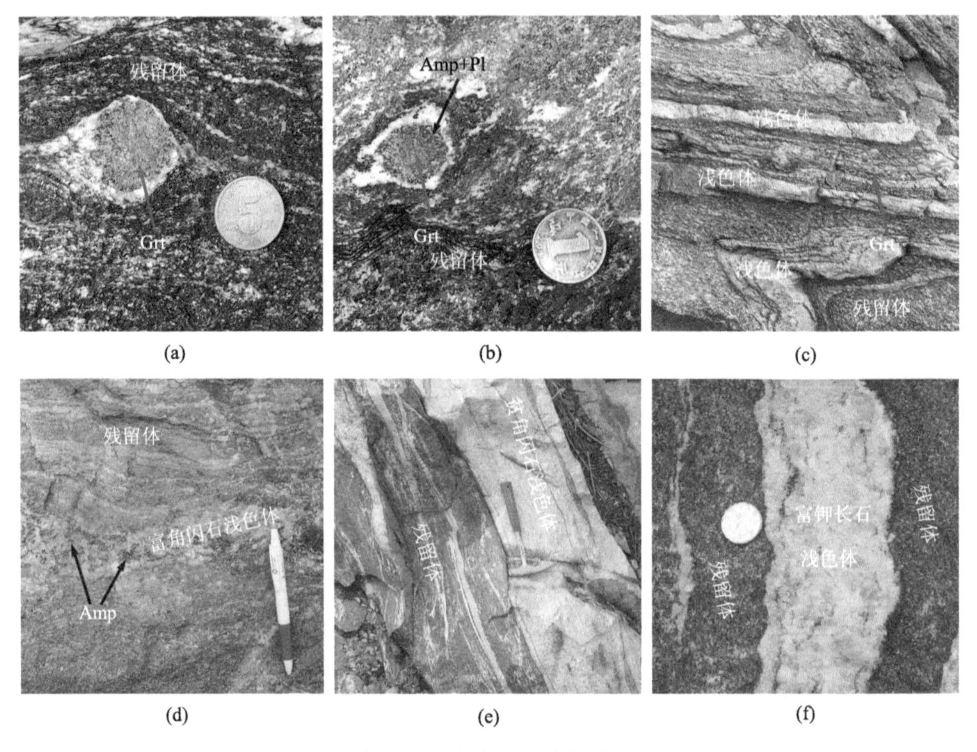

图 4-2　北大别混合岩中四类浅色体的野外照片

(a)补丁状含石榴子石浅色体中被白色边(石英+斜长石)包围的转熔石榴子石；(b)补丁状含石榴子石浅色体中被白色外边(石英+斜长石)和黑色内边(角闪石+斜长石)包围的转熔石榴子石；(c)含石榴子石浅色体的强烈变形结构；(d)含有转熔角闪石的富角闪石浅色体；(e)贫角闪石浅色体；(f)富钾长石浅色体。Grt，石榴子石；Amp，角闪石；Pl，斜长石

的接触边，且二者多被后期白垩纪其他类型的浅色体或岩浆脉体切割。其中的石榴子石通常呈自形至半自形，粒径大小范围为 0.3～1.5 mm，并发育熔蚀结构[图 4-3(a)～(f)]。转熔石榴子石内部含有大量的石英、斜长石和钾长石包裹体，而其边部则通常被由斜长石+角闪石和斜长石+石英组成的双层冠状体所包裹，显示其经历了角闪岩相退变质。钾长石在该类型浅色体的基质中少量分布，部分钾长石呈串珠状分布。绿泥石和褐帘石则通常存在于其他矿物的边界和裂隙中。

富角闪石浅色体通常表现为含有大量粗粒角闪石的浅色脉体[图 4-2(d)]。其中的角闪石通常呈自形，具有成分环带，并包含浑圆状的黑云母、石英和斜长石包裹体，指示转熔成因。该类型浅色体同样与混合岩的线理平行，厚度变化范围为 1.5～15 cm，延伸距离往往超过 1 m。它的主要矿物为角闪石、黑云母、斜长石、石英和钾长石，并含有少量锆石、榍石、铁氧化物和铁硫化物等副矿物。

贫角闪石浅色体也通常表现为在源浅色体或浅色脉体，具有与富角闪石浅色体相似的矿物组合[图 4-2(e)]。但该类型浅色体中角闪石的含量明显较少，且多

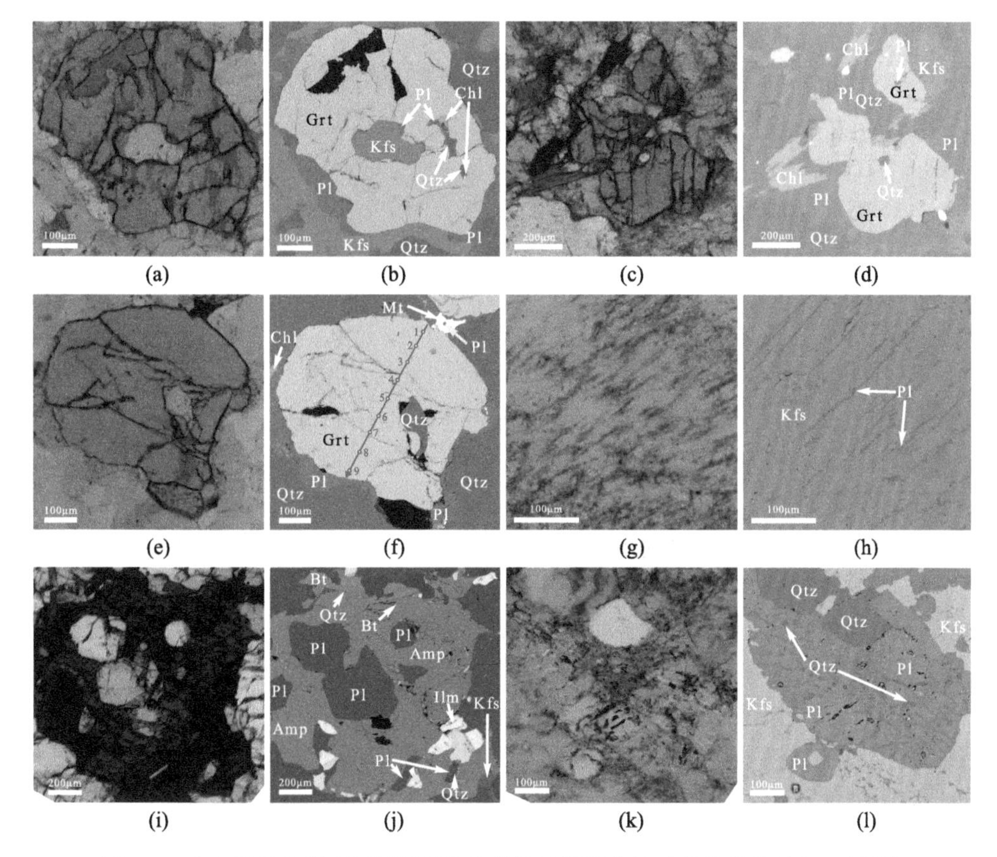

图 4-3　北大别混合岩中不同类型浅色体的显微照片及对应的背散射(BSE)图像

(a)、(b)含石榴子石浅色体中的转熔石榴石含有石英、斜长石和绿泥石化黑云母等矿物包裹体，其晶体被斜长石组成的边包裹;(c)、(d)含石榴子石浅色体中的转熔石榴子石中含有斜长石和石英包裹体，绿泥石保留了黑云母假象;(e)、(f)含石榴子石浅色体中的转熔石榴子石，红色圆点及旁边的数字代表电子探针剖面成分分析的测试点及编号;(g)、(h)含石榴子石浅色体中，钾长石晶体内部的斜长石针状出熔体;(i)、(j)富角闪石浅色体中的转熔角闪石，其内部包含黑云母、石英和斜长石包裹体;(k)、(l)富钾长石浅色体中斜长石中出熔石英形成的蠕英石结构; Grt: 石榴子石; Qtz: 石英; Kfs: 钾长石; Pl: 斜长石; Bt: 黑云母; Amp: 角闪石; Chl: 绿泥石; Mt: 磁铁矿; Ilm: 钛铁矿

为细粒角闪石。此外，贫角闪石浅色体通常宽 1.5～20 cm，延伸距离超过数米。富角闪石浅色体和贫角闪石浅色体中均含有绿帘石和褐帘石等退变产物，而无石榴子石存在。二者均表现为弱变形或无变形结构。

富钾长石浅色体是由粗粒石英和斜长石、钾长石、少量绿泥石化黑云母和锆石、榍石、磁铁矿等副矿物[图 4-3(k)、(l)]组成的长英质脉体。该类型浅色体多数为延伸距离长达数十米的浅色脉体，少数则表现为两端封闭的在源浅色体[图 4-2(f)]，多与富角闪石浅色体和贫角闪石浅色体共生并相互切割。

除含石榴子石浅色体较少出露外，富角闪石浅色体、贫角闪石浅色体和富钾长石浅色体均在北大别广泛分布。此三类浅色体通常表现为较宽的且平行于线理的浅色脉体，与寄主岩石并无明显的边界线或镁铁质矿物组成的暗色边。不同类型的浅色体可在同一露头中共存并存在相互切割关系。不同的野外产状和地球化学性质指示它们可能形成于不同的深熔期次/阶段，显示该区域岩石经历了复杂的多期且具有不同熔融机制和演化途径的深熔过程(Sawyer, 2010)。

2. 年代学特征

含石榴子石浅色体中的锆石无色透明，通常呈半自形到它形、短柱或等轴状，其粒径为 70～200 μm。在阴极发光(CL)图像中，这些锆石具有明显的核-幔-边结构[图 4-4(a)～(d)]。样品 1310YZH6-1 的测试结果显示，锆石核部具有较高的 Th/U 值(0.39～1.42)，发育微弱的岩浆结晶振荡韵律环带并通常呈熔蚀状被灰色的幔部或者浅色的边部所包裹。与之相比，锆石幔部则具有较低的 Th/U 值(< 0.01)，并偶尔被中等 Th/U 值(0.24～0.54)的变质锆石边所穿插。对岩浆锆石核部的三个分析点进行测试计算，得到加权平均 $^{206}Pb/^{238}U$ 年龄为(797±5) Ma(MSWD = 0.95)；变质幔部的两个分析点则分别得到(207±4) Ma 和(209±1) Ma 的测试结果，加权平均年龄为(209±2) Ma(MSWD = 0.24)；7 个锆石增生边部的分析点给出(127±2) Ma(MSWD = 1.7, n = 7)的加权平均年龄[图 4-5(a)]。样品 1310YZH1-1 中锆石的定年结果也与上述样品的年龄数据一致：岩浆锆石核、变质幔和增生边部的定年结果加权平均年龄分别为(802±4) Ma(MSWD=3.0, n=4)、(233±3) Ma (MSWD = 0.077, n = 2)以及(131±1) Ma(MSWD = 1.02, n = 8)[图 4-5(b)]。因此，岩浆锆石核、变质幔和增生边部年龄表明，其原岩形成时代为新元古代(约 800 Ma)，经历了(233±3) Ma 峰期变质和(209±2) Ma 的退变质作用以及 127～131 Ma 的热变质作用。

富角闪石浅色体(样品 1410BJ1-4)中的锆石无色透明，通常为半自形到它形、短柱状到等轴状，粒径为 100～200 μm。大部分锆石在 CL 图像中表现出核-幔-(内-外)边分带结构，发育微弱振荡韵律环带且具有熔蚀结构的核部通常被灰色的幔部包裹[图 4-4(e)～(h)]。锆石内边具有较低的 Th/U 值(0.05～0.14)，在 CL 图像中呈较深的灰色，而浅色的外边则通常具有相对略高的 Th/U 值(0.11～0.19)。2 个内边分析点和 7 个外边分析点的测试结果分别得到(143±2) Ma(MSWD = 0.61, n = 2)和(128±1) Ma(MSWD = 0.92, n = 7)两期年龄。锆石幔部具有较低的 Th/U 值(0.01～0.15)，5 个分析点则给出谐和的(220±5)～(188±3) Ma 的 $^{206}Pb/^{238}U$ 年龄，与北大别榴辉岩折返过程中的高压榴辉岩相和角闪岩相退变质时代一致。三颗锆石的岩浆锆石核中则得到(247±6)～(283±4) Ma 的不谐和年龄，其 $^{206}Pb_c$ 含量变化范围为 0.35%～0.66%，显示这些锆石可能发生了铅丢失。此外，一颗无分带的继承锆石核部保留了较老的古元古代年龄记录[(1967±23) Ma]，一颗锆石的边部给出较年轻的(108±2) Ma 的年龄记录[图 4-5(c)、(d)]。

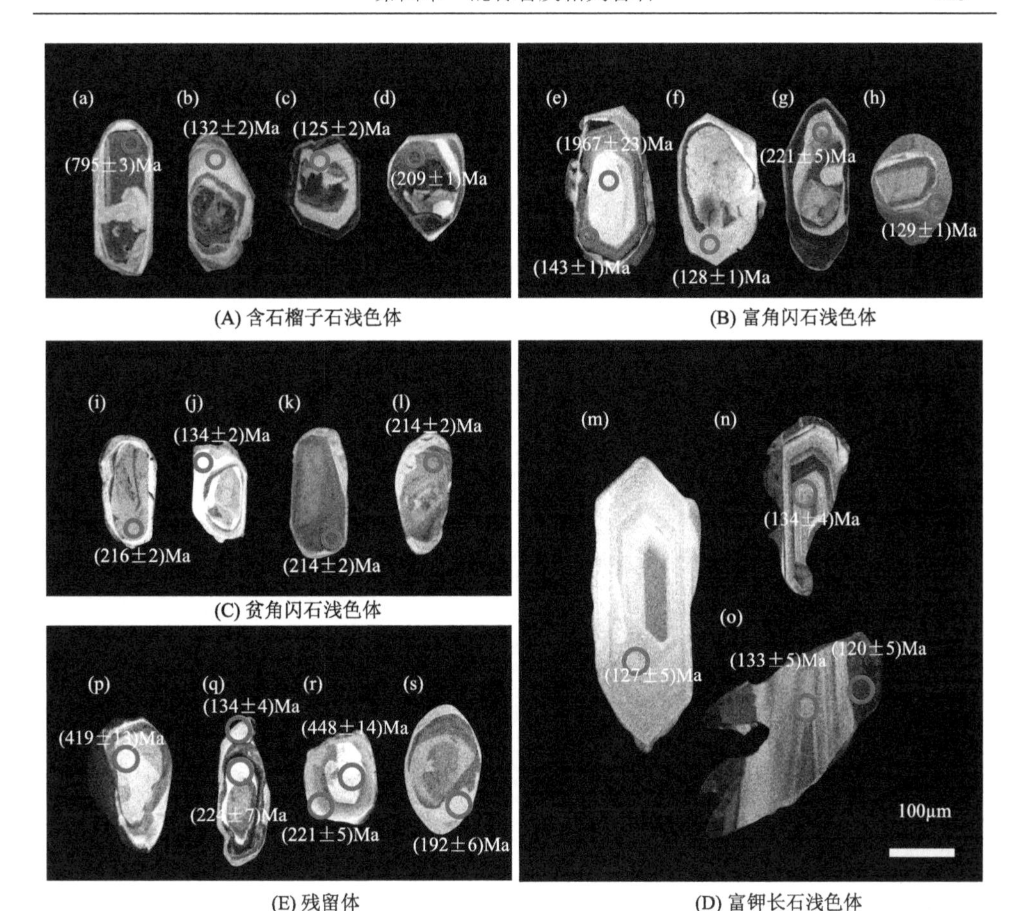

图 4-4 混合岩中不同类型浅色体和残留体中代表性锆石的阴极发光(CL)图像

(a)～(d)含石榴子石浅色体中的锆石；(e)～(h)富角闪石浅色体中的锆石；(i)～(l)贫角闪石浅色体中的锆石；(m)～(o)富钾长石浅色体中的锆石；(p)～(s)残留体中的锆石；锆石(a)～(l)采用高灵敏度离子探针(SHRIMP)仪器进行测试，束斑直径为 24 μm；锆石(m)～(s)采用激光剥蚀等离子质谱(LA-ICPMS)仪器进行测试，束斑直径为 32 μm；红色空心圆为测试点并标注 $^{206}Pb/^{238}U$ 年龄

贫角闪石浅色体中的锆石通常呈无色透明、半自形。大多数锆石颗粒呈棱柱状，长 100～200 μm，长宽比约为 2∶1，在 CL 图像中表现出核-边结构[图 4-4(i)～(l)]。对一个贫角闪石浅色体样品(1410BJ1-1)进行的锆石 U-Pb 年代学分析结果表明，其核部通常具有较低的 Th/U 值(< 0.11)，对其上 10 个分析点进行定年，得到一期谐和的加权平均年龄为(213±1)Ma(MSWD = 0.95, n = 10)；该样品中锆石边部则通常具有较高的 Th/U 值(0.57～0.71)，对其进行定年分析，得到一组早白垩世年龄，其加权平均值为(133±2)Ma(MSWD = 0.42，n = 4)；此外，一颗灰色的锆石核部(Th/U = 0.11)保留了较年轻的三叠纪年龄[(206±2)Ma]，而一个锆石灰色内边(Th/U = 0.06)的分析点则给出了相对略老的白垩纪年龄[(138±2)Ma；

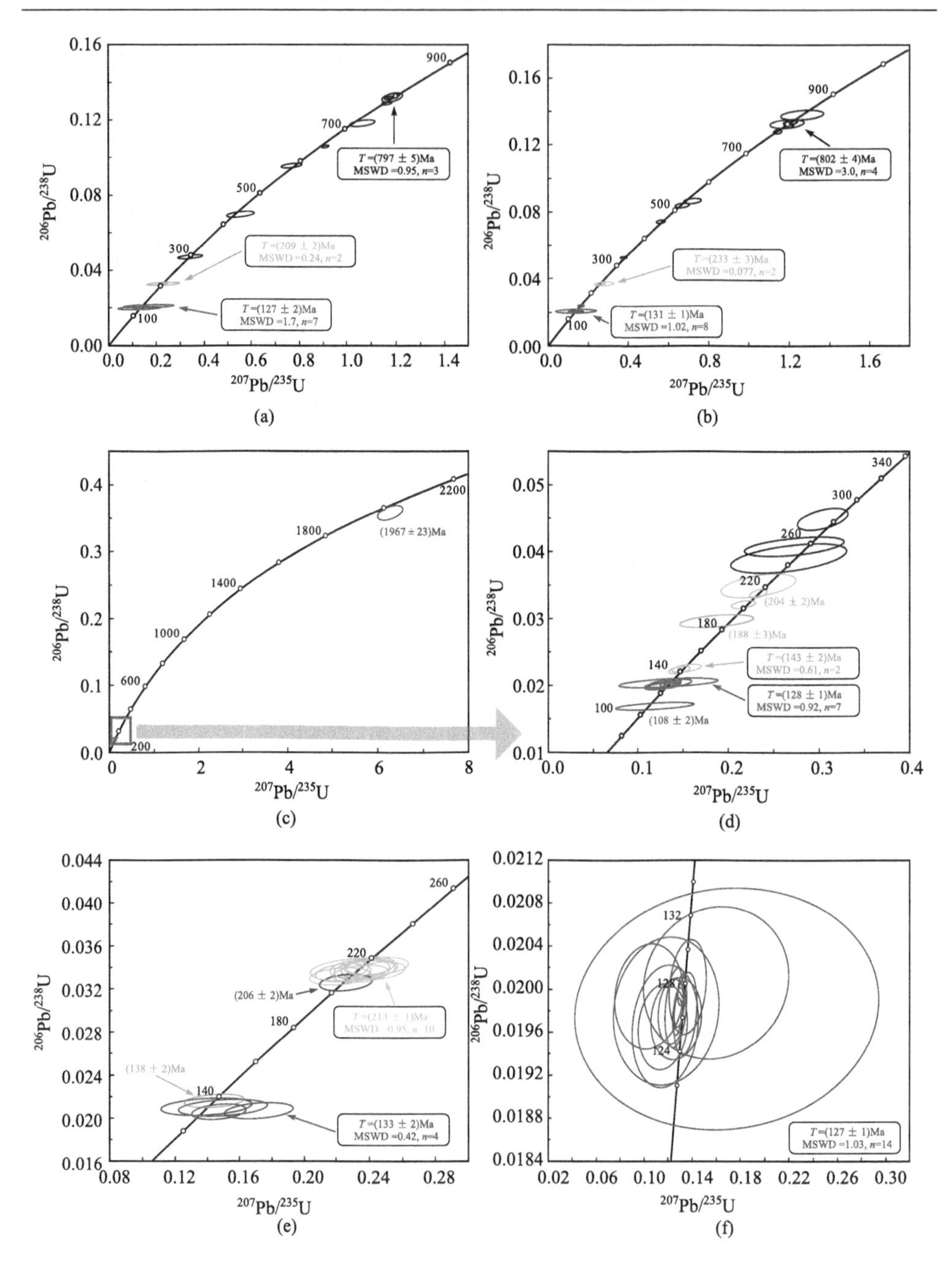

图 4-5　含石榴子石浅色体、富角闪石浅色体、贫角闪石浅色体中的锆石 SHRIMP U-Pb 年龄谐和图

(a)含石榴子石浅色体(样品 1310YZH6-1)；(b)含石榴子石浅色体(样品 1310YZH1-1)；(c)、(d)富角闪石浅色体(样品 1410BJ1-4)；(e)贫角闪石浅色体(样品 1410BJ1-1)；(f)贫角闪石浅色体(样品 1310YZH6-3)。图中使用的不确定度为 2σ

图 4-5(e)]。与之相比，另一个贫角闪石浅色体样品(1310YZH6-3)中的锆石核部则仅保留白垩纪年龄，而未发现相应的三叠纪年龄记录，其边部因较窄(大多数 < 10 μm)，而无法进行 SHRIMP 定年分析。对其锆石核部的 14 个分析点进行定年测试和校正计算，得到一期谐和的白垩纪 $^{206}Pb/^{238}U$ 年龄，其加权平均值为(127±1) Ma(MSWD = 1.03, n = 14) [图 4-5(f)]，与包家贫角闪石浅色体中锆石边部的年龄基本一致。

富钾长石浅色体中的锆石通常为呈无色自形的棱柱状晶体，其粒度相对其他浅色体中的锆石明显偏大，其晶体粒径可达 500 μm。对一个富钾长石浅色体样品(1310YZH2-2)的锆石进行形态学和 U-Pb 年代学分析，显示部分锆石在 CL 图像中表现出明显的核-幔-边结构[图 4-4(m)～(o)]，核部在 CL 图像中通常呈灰色，具有明显的振荡环带；幔部呈浅灰色，具有较弱的振荡环带；边部则呈黑色，无分带结构。对锆石的三个区域进行定年分析得到了三组谐和的白垩纪年龄，从核部到边部其加权平均 $^{206}Pb/^{238}U$ 年龄分别为(133±3) Ma(MSWD = 0.34, n = 12)、(124±3) Ma(MSWD = 0.54, n = 9)和(114±7) Ma(MSWD = 0.08, n = 2) [图 4-6(a)]。另一个富钾长石浅色体样品(1310YZH7-4)中的锆石也表现出相似的结构特征，对其核、幔和边分别进行定年，得到的加权平均 $^{206}Pb/^{238}U$ 年龄分别为(134±3) Ma(MSWD = 0.51, n = 7)、(124±2) Ma(MSWD = 0.46, n = 12)和(114±3) Ma(MSWD = 0.68, n = 6) [图 4-6(b)]。

条带状混合岩残留体中的锆石通常为无色透明、半自形到它形的不规则晶体，其长度可达 200 μm [图 4-4(p)～(s)]。在 CL 图像中，一个残留体样品(1410BJ1-2)中的锆石多数具有由灰色的核部、黑色的幔部和灰色的边部组成的分层结构，部分颗粒中缺乏核部或边部。少数锆石核部具有明显的岩浆振荡环带，而大多数核部则表现出均质的特征。对其上 3 个分析点(Th/U = 0.41～1.35)进行测试，分别得到(419±13) Ma、(448±14) Ma 和(425±15) Ma 三个不谐和年龄，显示其形成后可能发生了铅丢失。锆石幔部较为复杂，包含多个次级环带，通常具有较低的 Th/U 值，保留了(225±7)～(167±6) Ma 的谐和年龄记录，对应于三叠纪俯冲的峰期年龄以及退变质年龄。结合锆石幔部在 CL 图像下的细致分区以及 Th/U 值等，可将上述年龄分为四组，从内到外其加权平均 $^{206}Pb/^{238}U$ 年龄分别为(223±6) Ma(MSWD = 0.09, n = 4)、(207±5) Ma(MSWD = 0.24, n = 5)、(191±5) Ma(MSWD = 0.19, n = 6)和(171±7) Ma(MSWD = 0.36, n = 4)。该样品中锆石边部则通常较薄，难以进行分析，唯一的一个分析点(Th/U = 0.23)给出了谐和的(134±4) Ma 的白垩纪年龄[图 4-6(c)]。另一个残留体样品(1410LTSP1)中的锆石则表现出较为简单的分带特征，在 CL 图像中呈由具有岩浆振荡环带的核部和灰色无分带的边部组成的核-边结构，且其边部大多较窄，难以进行分析定年。对岩浆锆石核部的 11 个分析点进行定年并加权平均，得到两组新元古代年龄：(787

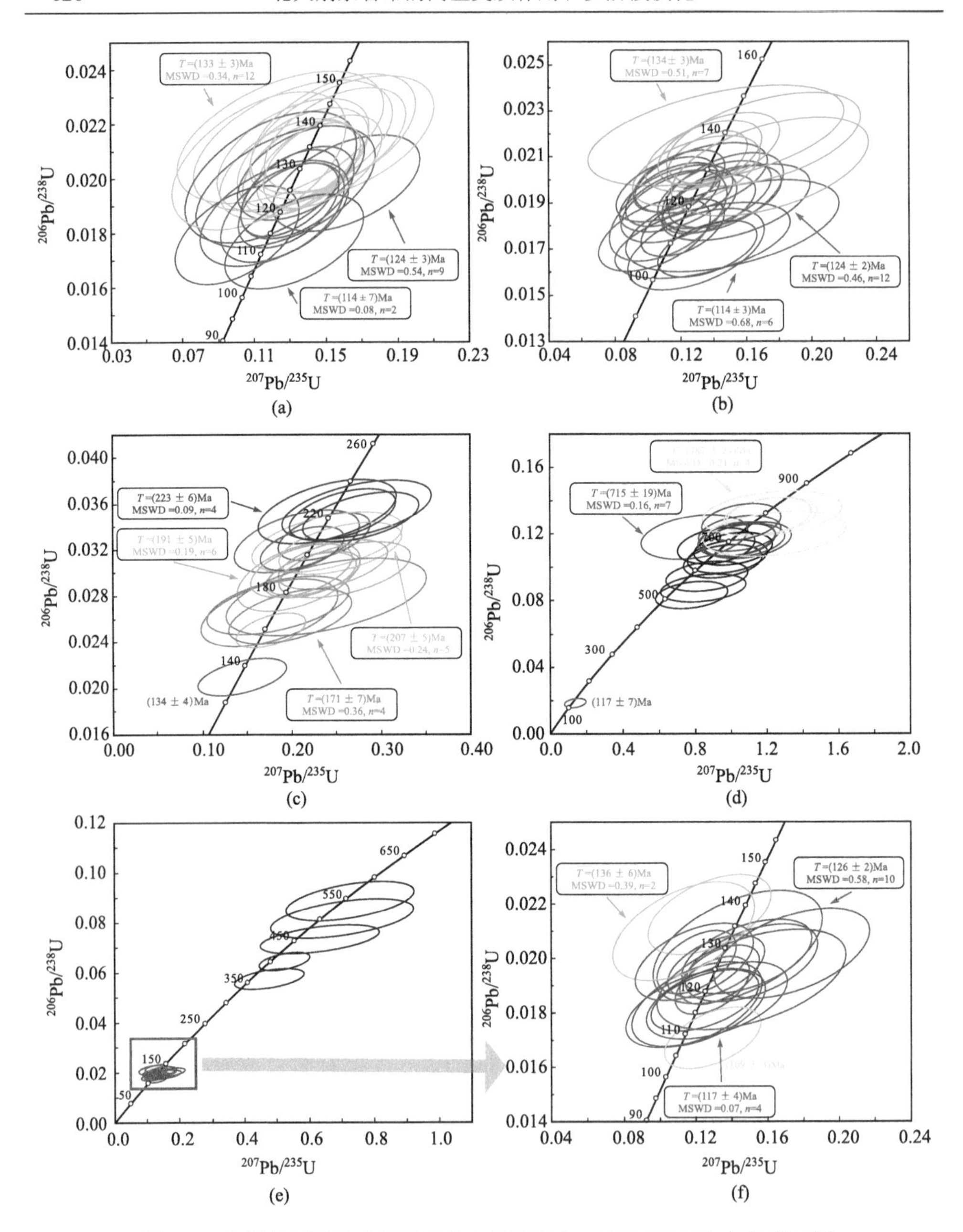

图 4-6　富钾长石浅色体和残留体中的锆石 LA-ICPMS U-Pb 年龄谐和图

(a)富钾长石浅色体(样品 1310YZH2-2);(b)富钾长石浅色体(样品 1310YZH7-4);(c)深色混合岩(样品 1410BJ1-2);(d)深色混合岩(样品 1410LTSP1);(e)、(f)深色混合岩(样品 1410MSH2-1)；使用的不确定度为 2σ，不同颜色的椭圆代表书中所述测试点所在的锆石分区(核、幔、边)

±27）Ma（MSWD = 0.21, n = 4）和（715±19）Ma（MSWD = 0.16, n = 7），前者代表原岩结晶年龄，后者应代表变质重结晶或 Pb 丢失的年龄。锆石增生边部唯一的一个分析点给出（117±7）Ma 的年龄结果[图 4-6（d）]。漫水河地区的一个残留体样品（1410MSH2-1）中的锆石在 CL 图像中同样具有明显的核-幔-边结构。其核部在大部分锆石中往往缺失，边部则通常较窄。锆石中一个低 Th/U 值的无分带浅灰色的核部保留了三叠纪年龄记录，为（217±12）Ma；而具有岩浆结晶环带的核部则具有较高的 Th/U 值，并保留了（544±19）～（359±10）Ma 的不谐和年龄[图 4-6（e）]，表明其发生了铅丢失。锆石幔部组成则较为复杂，根据其在 CL 图像中的空间结构和表现特征从内到外可以分为三个亚区（M_1、M_2 和 M_3），其中 M_1 通常具有振荡环带，而 M_2 和 M_3 则表现出均质特征。对幔部的三个亚区分别进行定年分析，得到三组加权平均 $^{206}Pb/^{238}U$ 年龄，依次为（136±6）Ma（MSWD = 0.39, n = 2）、（126±2）Ma（MSWD = 0.58, n = 10）和（117±4）Ma（MSWD = 0.07, n = 4）。此外，锆石边部唯一的一个分析点给出了年轻的白垩纪年龄，为（109±3）Ma [图 4-6（f）]。

3. 地球化学特征

北大别条带状混合岩中所有类型浅色体的 SiO_2 含量为 65.58%～77.23%（质量分数），表现为花岗质或花岗闪长质，属于亚碱性系列[图 4-7（a）]；大多数样品均表现出轻微的过铝质（A/CNK = 1.09～1.64）特征[图 4-7（c）]；K_2O 含量变化范围较大，主要属于钙碱性至钾玄质系列[图 4-7（b）、（d）]。在球粒陨石标准化稀土元素配分模式图（Boynton, 1984）[图 4-8（a）、（c）、（e）、（g）、（i）]中，所有浅色体和残留体样品均表现出有右倾型 REE 配分模式，富集轻稀土元素，亏损重稀土元素，并具有不同的 Eu 异常、稀土总量和轻重稀土比。在原始地幔标准化元素蜘蛛图解（Sun and McDonough, 1989）[图 4-8（b）、（d）、（f）、（h）、（j）]中，所有样品均富集大离子亲石元素（如 Rb、Sr 和 Ba），并亏损高场强元素（如 Nb、Ta、Zr、Hf 和 Th），表现出岛弧型微量元素分布特征。

大部分浅色体的初始 Sr、Nd 同位素比值（计算到 t = 130 Ma）变化范围较大，$\varepsilon_{Nd}(t)$ 值通常较低，变化范围为–24.76～–6.47，而初始 $^{87}Sr/^{86}Sr$ 变化范围为 0.7063～0.7144 [图 4-9（a）]。暗色体则具有与浅色体相似的 Sr-Nd 同位素组成。此外，初始 $^{87}Sr/^{86}Sr$ 和 $^{143}Nd/^{144}Nd$ 值与全岩 SiO_2 含量均无明显的相关性[图 4-9（b）、（c）]。此外，富角闪石浅色体、贫角闪石浅色体和富钾长石浅色体的初始 Pb 同位素组成（计算到 t = 130 Ma）的变化范围与北大别榴辉岩一致，与之相比，含石榴子石浅色体的 Pb 同位素则表现出较大的差异（图 4-10）。

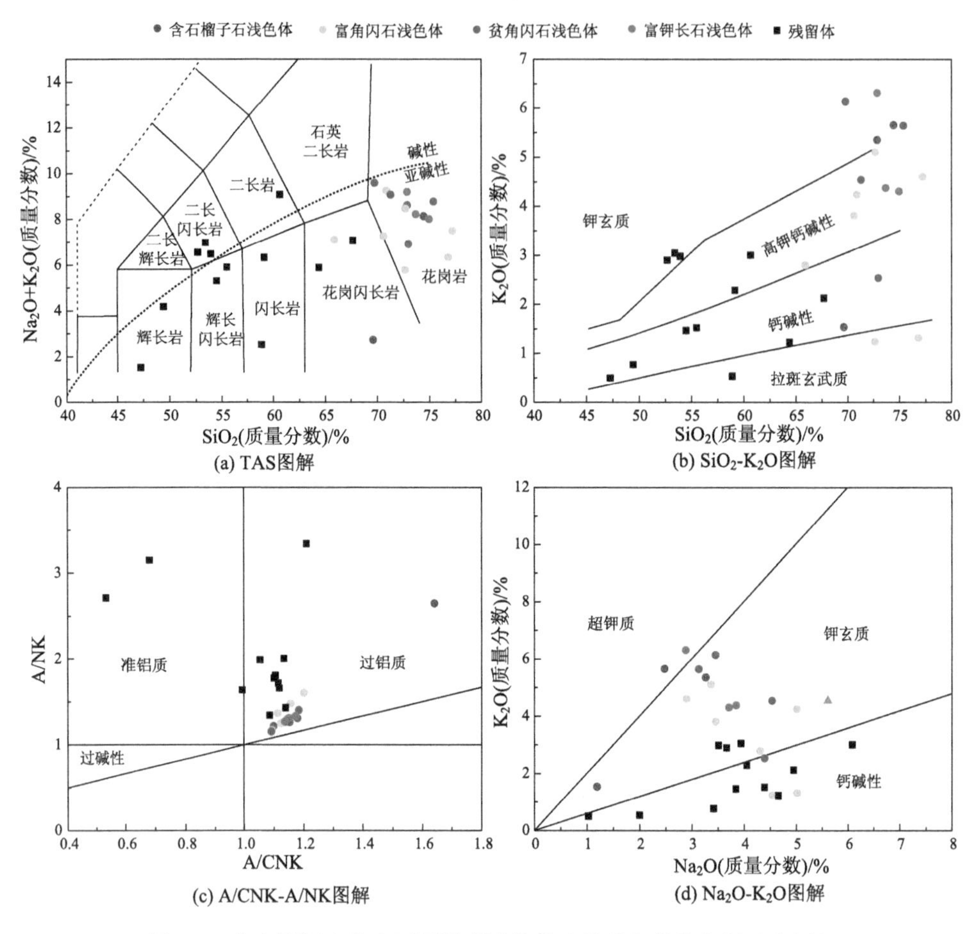

图 4-7　北大别混合岩中不同类型浅色体及其残留体的主量元素图解

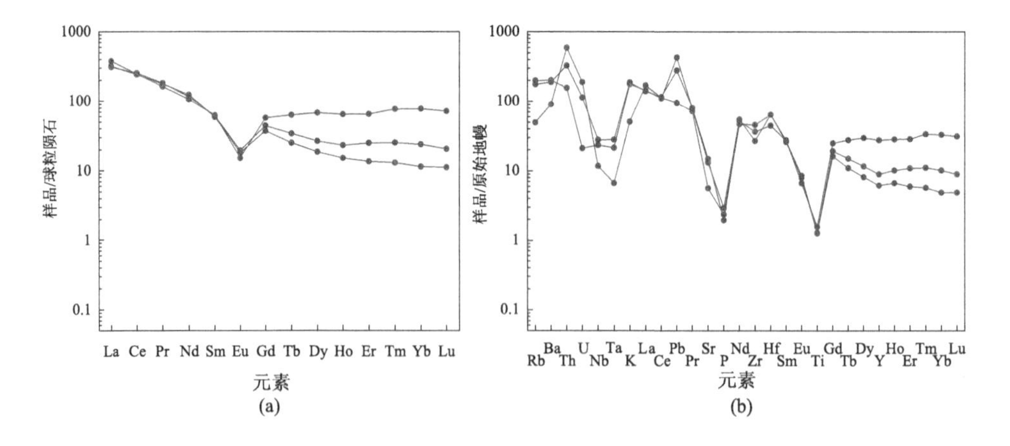

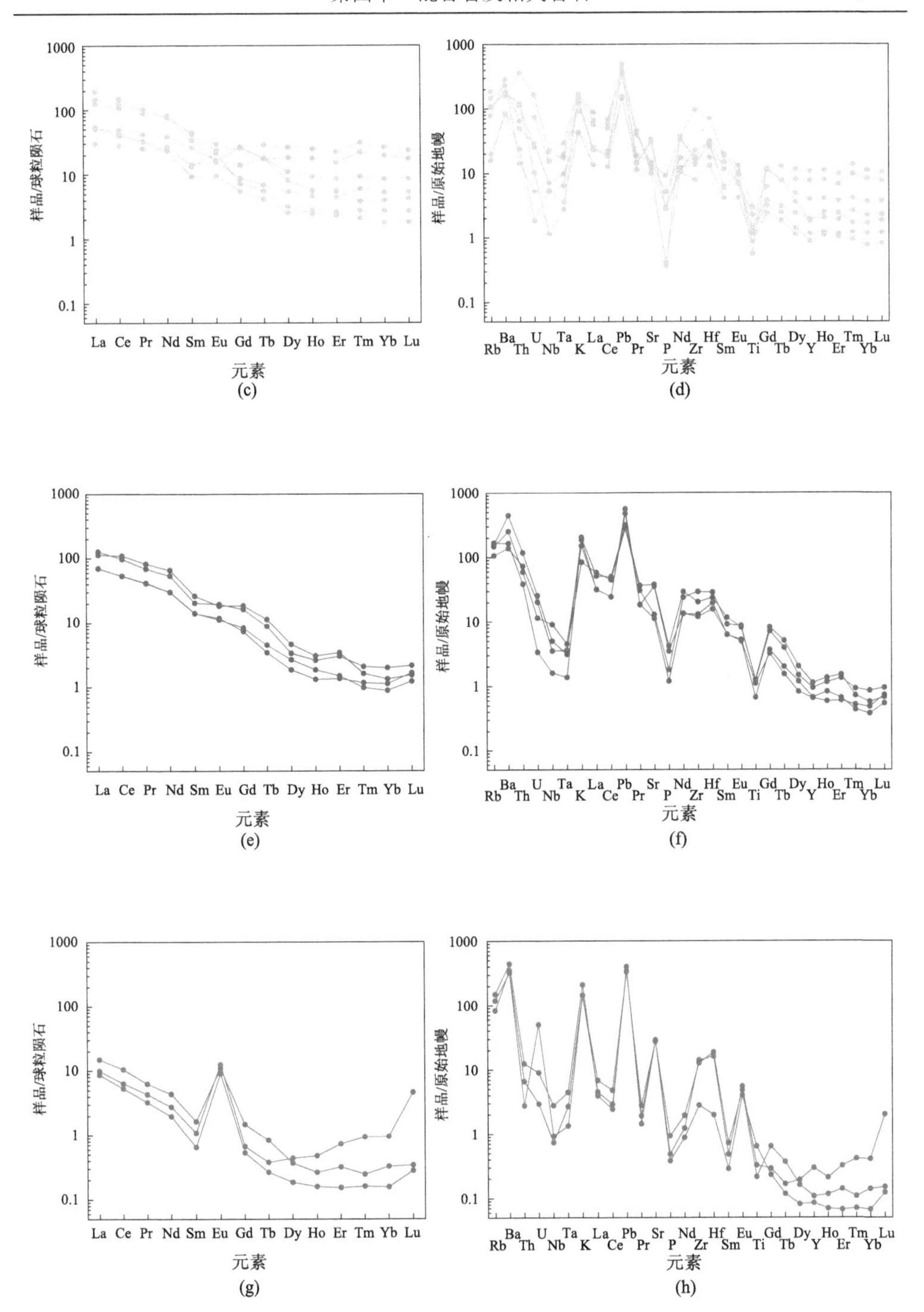

1000
100
10
1
0.1
样品/球粒陨石
La Ce Pr Nd Sm Eu Gd Tb Dy Ho Er Tm Yb Lu
元素
(c)
样品/原始地幔
Rb Ba Th U Nb Ta K La Ce Pb Pr Sr P Nd Zr Hf Sm Eu Ti Gd Tb Dy Y Ho Er Tm Yb Lu
元素
(d)
(e)
(f)
(g)
(h)

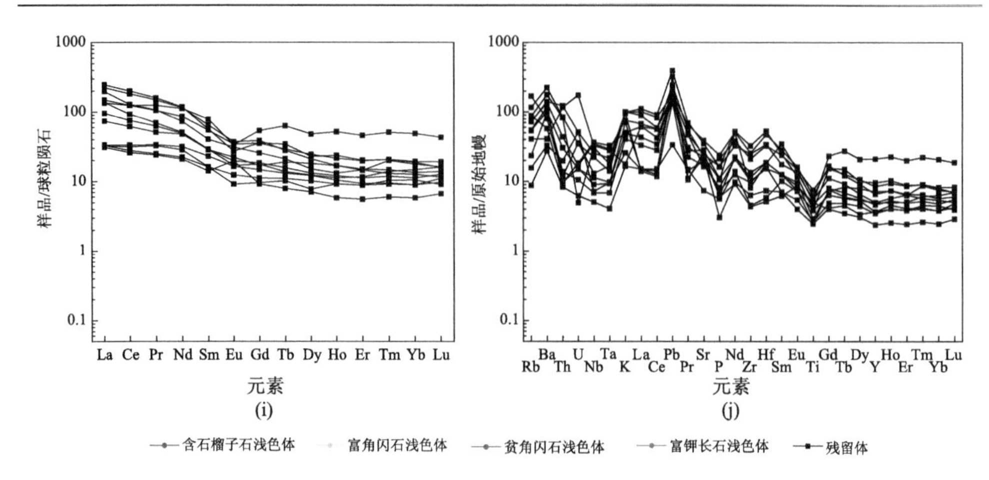

图 4-8 北大别混合岩中不同类型浅色体与残留体的球粒陨石标准化稀土元素配分模式图和原始地幔标准化元素蜘蛛图解

(a) 含石榴子石浅色体的稀土元素配分模式图;(b) 含石榴子石浅色体的蜘蛛图解;(c) 富角闪石浅色体的稀土元素配分模式图;(d) 富角闪石浅色体的蜘蛛图解;(e) 贫角闪石浅色体的稀土元素配分模式图;(f) 贫角闪石浅色体的蜘蛛图解;(g) 富钾长石浅色体的稀土元素配分模式图;(h) 富钾长石浅色体的蜘蛛图解;(i) 残留体的稀土元素配分模式图;(j) 残留体的蜘蛛图解

资料来源：球粒陨石和原始地幔标准化值分别据 Boynton(1984)、Sun 和 McDonough(1989)

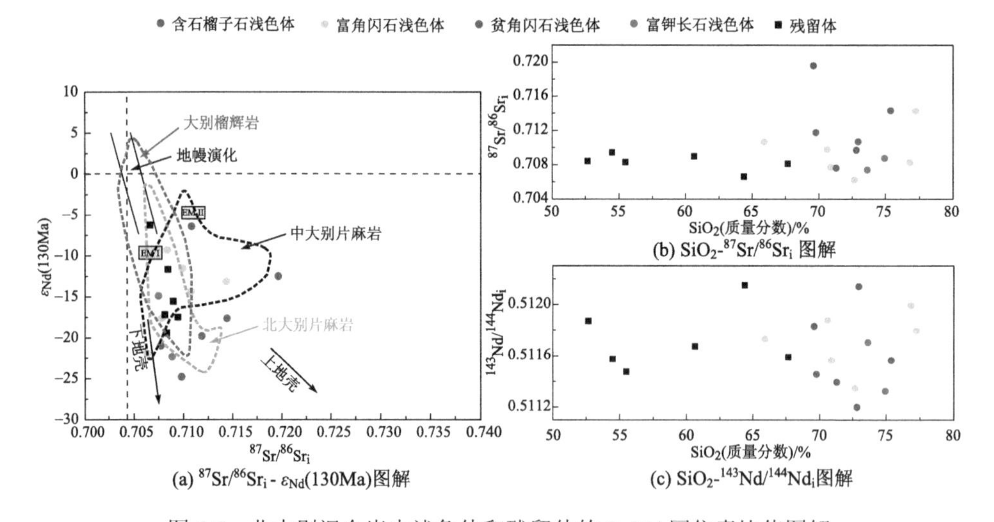

图 4-9 北大别混合岩中浅色体和残留体的 Sr-Nd 同位素比值图解

资料来源：中大别片麻岩、北大别片麻岩和大别榴辉岩的代表性数据引自 Liu 等(2020)；EMⅠ和 EMⅡ为富集地幔，数据引自 Lustrino 和 Dallai(2003)

相较其他三类浅色体，含石榴子石浅色体具有略低的 Al_2O_3[9.59%～13.54%(质量分数)]和Na_2O[1.19%～3.26%(质量分数)]含量，较高的K_2O[1.54%～5.65%(质量分数)]、FeO_T[1.87%～11.33%(质量分数)]、MgO [0.31%～0.73%(质

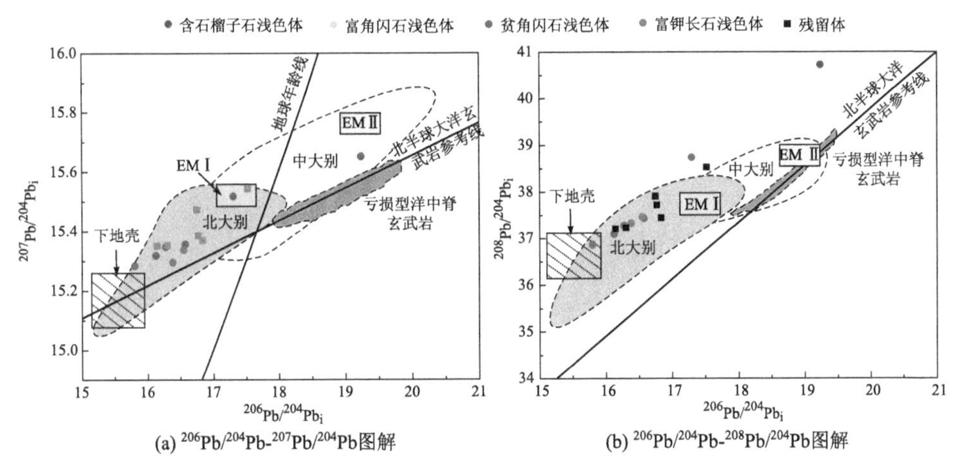

图 4-10　北大别混合岩中浅色体和残留体的初始 Pb 同位素图解(t = 130 Ma)

灰色和黄色区域依次代表北大别和中大别的超高压变质正片麻岩和榴辉岩

资料来源：数据取自图 3-47

量分数)]和 MnO[0.05%～0.33%(质量分数)]含量以及较低的 $Mg^{\#}$值(9.50～23.94)。在微量元素方面，该类型浅色体具有四类浅色体中最高的总稀土元素含量(427～492 ppm)、较低的轻重稀土元素比值(La_N/Yb_N = 4.86～27.79)、明显的 Eu 负异常(δ_{Eu} = 0.25～0.39)、最低的 Sr/Y 值(1.0～10)以及较高的 Y 含量[图 4-8(a)、图 4-11]。此外，该类浅色体还具有相对较高的 Rb/Sr 值(平均值约为 0.36)和 Rb/Ba 值[图 4-12(a)]。含石榴子石浅色体中，石榴子石通常呈变斑晶状或嵌晶状[图 4-3(a)～(f)]，富含多相固体包裹体。从核部到边部，石榴子石中锰铝榴石端元含量逐渐升高，而铁铝榴石的含量逐渐降低(表 4-1)。大多数含石榴子石

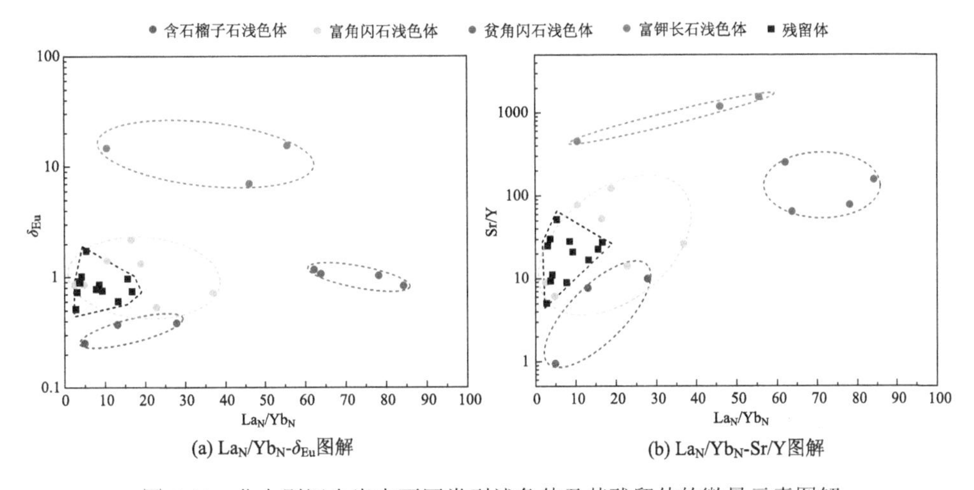

图 4-11　北大别混合岩中不同类型浅色体及其残留体的微量元素图解

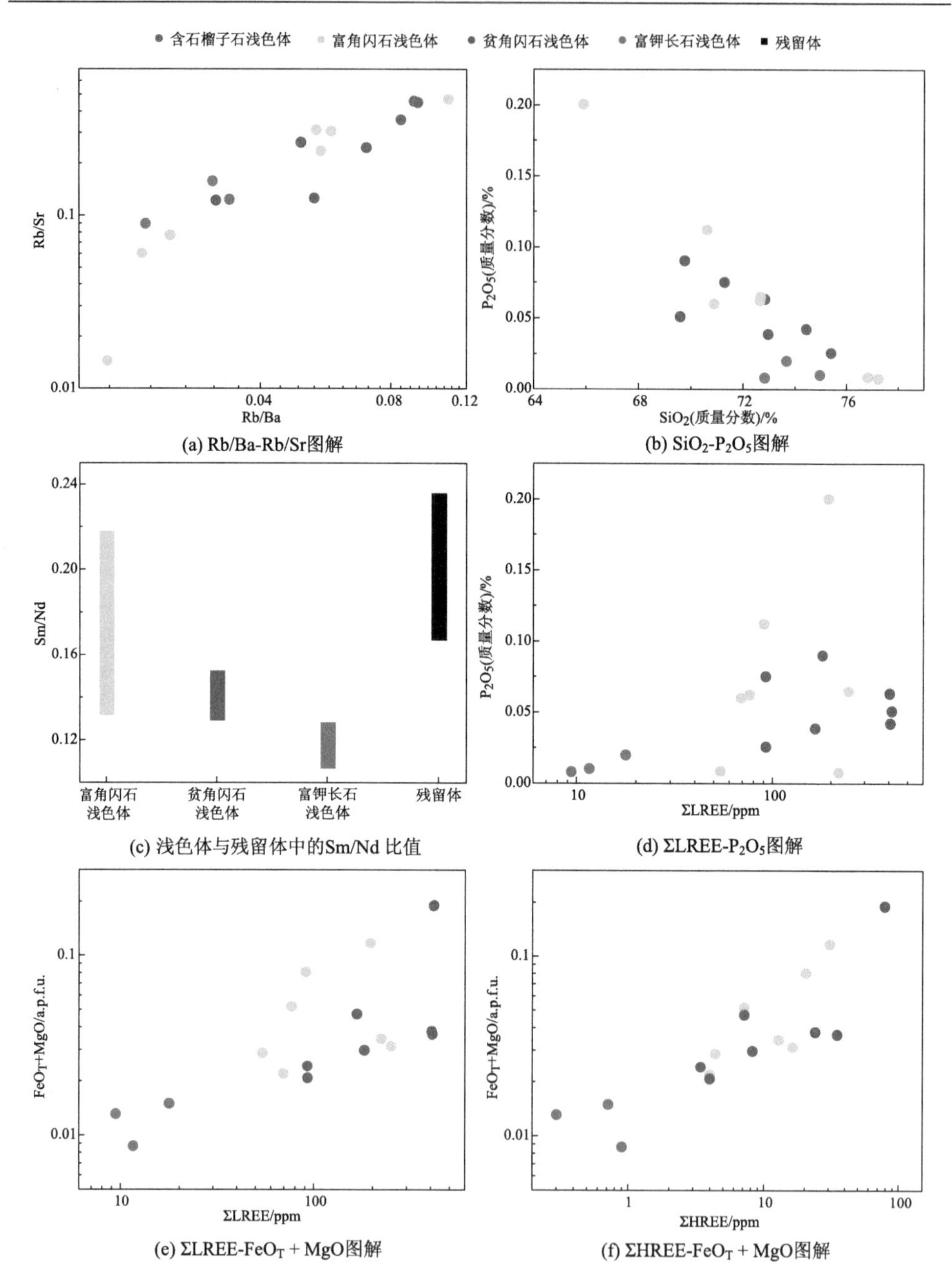

(a) Rb/Ba-Rb/Sr图解　(b) SiO_2-P_2O_5图解

(c) 浅色体与残留体中的Sm/Nd 比值　(d) ΣLREE-P_2O_5图解

(e) ΣLREE-FeO_T + MgO图解　(f) ΣHREE-FeO_T + MgO图解

图 4-12　北大别混合岩中浅色体和残留体的主、微量元素 Hacker 图解

浅色体的 Sr-Nd 同位素特征与北大别其他类型浅色体一致，但个别样品则表现出相对较高的初始 $^{87}Sr/^{86}Sr$ 值 0.7196[图 4-9(a)]。此外，含石榴子石浅色体的 Pb 同位素特征则表现出极大的变化范围：初始 $^{206}Pb/^{204}Pb$、$^{207}Pb/^{204}Pb$ 和 $^{208}Pb/^{204}Pb$

值依次为 15.7984～19.2345、15.2828～15.6516 和 36.8614～40.7216(图 4-10)。

表 4-1　含石榴子石浅色体中石榴子石剖面的电子探针成分分析　(单位：%)

矿物	分析点号								
	Grt-1	Grt-2	Grt-3	Grt-4	Grt-5	Grt-6	Grt-7	Grt-8	Grt-9
SiO_2	38.19	37.39	37.73	37.44	37.86	37.68	37.83	37.46	37.67
TiO_2	—	0.04	—	0.07	0.09	—	0.07	0.14	0.01
Al_2O_3	19.51	20.06	20.11	20.24	19.85	20.43	20.42	20.04	19.98
Cr_2O_3	0.02	0.03	0.07	0.04	0.02	0.00	0.01	0.01	0.01
FeO	26.68	29.72	29.62	29.51	29.68	29.45	29.24	29.39	29.10
MnO	5.36	2.24	2.29	2.31	2.11	2.13	2.07	2.18	2.97
MgO	2.15	2.56	2.63	2.66	2.65	2.68	2.65	2.52	2.52
CaO	7.92	8.40	8.01	7.83	8.00	8.01	8.23	8.62	7.93
Na_2O	0.01	0.01	0.01	0.01	0.01	0.01	0.00	0.02	—
K_2O	0.00	—	0.00	—	0.01	—	0.00	0.01	0.01
总计	99.84	100.45	100.47	100.11	100.28	100.39	100.52	100.39	100.20

注：石榴子石剖面的电子探针分析点号和位置可参考图 4-3(f)。

富角闪石浅色体、贫角闪石浅色体和富钾长石浅色体具有相近的 Al_2O_3、TiO_2、CaO、MnO 和 Na_2O 含量。从富角闪石浅色体→贫角闪石浅色体→富钾长石浅色体，全岩 FeO_T 含量[平均值分别为 2.11%(质量分数)、1.47%(质量分数)和 0.57%(质量分数)]和 MgO 含量[平均值分别为 0.80%(质量分数)、0.35%(质量分数)和 0.15%(质量分数)]逐渐降低，而 K_2O 含量[平均值分别为 3.34%(质量分数)、4.71%(质量分数)和 5.00%(质量分数)]则逐渐升高。混合岩残留体则具有较高的 Al_2O_3 含量[6.06%～21.55%(质量分数)]、TiO_2 含量[0.54%～1.64%(质量分数)]、CaO 含量[2.95%～15.40%(质量分数)]、FeO_T 含量[3.05%～10.60%(质量分数)]和 MgO 含量[1.72%～19.21%(质量分数)]及较低的 SiO_2 含量[47.24%～67.68%(质量分数)]和 K_2O 含量[0.50%～3.05%(质量分数)]。

富角闪石浅色体和贫角闪石浅色体中的总稀土元素含量(分别为 58～263 ppm 和 95～188 ppm)和 Sr/Y 值(分别为 6～122 和 64～251)基本一致，且均无明显的 Eu 异常[图 4-8(c)、图 4-11]。富角闪石浅色体具有较为平坦的重稀土元素配分模式，即较高的重稀土元素含量和较低的 La_N/Yb_N 值(2.56～36.89)，而贫角闪石浅色体中则表现出明显的轻重稀土元素分异以及较高的 La_N/Yb_N 值(62.14～84.26)[图 4-8(e)、图 4-11]。富钾长石浅色体具有强烈的 Eu 正异常($\delta_{Eu}=10.48$～55.56)、极低的总稀土元素含量(10～18 ppm)和极高的 Sr/Y 值(454～1553)[图

4-8(g)、图 4-11]。三类浅色体的初始 Sr、Nd 同位素比值(计算到 t = 130 Ma)变化范围较大，$\varepsilon_{Nd}(t)$值通常较低，变化范围为–24.76～–6.47，其初始 $^{87}Sr/^{86}Sr$ 变化范围为 0.7063～0.7144 [图 4-9(a)]。富角闪石浅色体、贫角闪石浅色体和富钾长石浅色体具有一致的初始 $^{206}Pb/^{204}Pb$、$^{207}Pb/^{204}Pb$ 和 $^{208}Pb/^{204}Pb$ 值，依次为 16.1245～16.8017、15.2957～15.3775 和 37.0906～37.7080，与北大别榴辉岩的 Pb 同位素组成一致(图 4-10)。

4. 成因分析

北大别混合岩中含石榴子石浅色体出露极少，且体积相对较小，多表现为封闭的原位补丁状浅色体或具有强烈变形结构的较细的在源浅色体[图 4-2(a)～(c)]。根据其中石榴子石变斑晶状或嵌晶状的产状、独特的成分环带和多相固体包裹体[石英+长石±绿泥石，见图 4-3(a)～(f)]可以推断石榴子石是无水转熔矿物。电子探针分析表明石榴子石从核部到边部，锰铝榴石端元含量逐渐升高，而铁铝榴石端元含量逐渐降低(表 4-1)，表明该矿物结晶于深熔熔体中(Leake, 1968; Dahlquist et al., 2007; Villaros et al., 2009)。此外，含石榴子石浅色体通常具有强烈的变形结构，且被轻微变形或无变形的富角闪石浅色体、贫角闪石浅色体或富钾长石浅色体切割，表明含石榴子石浅色体形成时代相对较早，且后期可能受到白垩纪部分熔融作用的改造，这也被样品中锆石边部的白垩纪年龄记录[图 4-5(a)、(b)]所证实。利用全岩 Zr 饱和温度计(Watson and Harrison, 1983)和角闪石-石榴子石-斜长石地质压力计(Dale et al., 2000)对含石榴子石浅色体的形成温压条件进行了计算，得到的温度、压力分别为 872～941℃和 8.20～10.04 kbar(表 4-2)，高于黑云母发生脱水分解的条件(Patiño Douce and Beard, 1995, 1996)。此外，该

表 4-2 含石榴子石浅色体中角闪石-石榴子石-斜长石成分及温压计算

矿物	样品编号					
	1310YZH1-1			1512LTSP4		
	Grt	Amp	Pl	Grt	Amp	Pl
SiO_2/%	37.86	40.22	60.56	37.55	40.62	64.74
TiO_2/%	0.09	2.00	0.11	—	1.63	0.30
Al_2O_3/%	19.85	10.66	24.12	19.62	10.47	21.72
Cr_2O_3/%	0.02	0.01	—	—	—	—
FeO/%	29.68	22.53	0.33	23.96	21.69	0.46
MnO/%	2.11	0.27	0.01	9.14	0.35	0.03

续表

矿物	样品编号					
	1310YZH1-1			1512LTSP4		
	Grt	Amp	Pl	Grt	Amp	Pl
MgO/%	2.65	6.78	0.01	2.26	7.46	—
CaO/%	8.00	11.02	5.97	7.03	10.76	2.66
Na_2O/%	0.01	1.41	7.87	0.02	1.63	9.47
K_2O/%	0.01	2.35	0.12	—	2.11	0.21
总计/%	100.28	97.25	99.10	99.58	96.72	99.59
T/℃		941			872	
P/kbar		8.20			10.04	

浅色体具有相对较高的Rb/Sr值(平均值为0.36)和Rb/Ba值[图4-12(a)]，指示黑云母的分解在这期部分熔融事件中发挥了重要的作用。明显的Eu负异常(δ_{Eu} = 0.25～0.37)表明在部分熔融过程中缺乏斜长石的参与，也与无水环境下的部分熔融特征一致(Weinberg and Hasalová, 2015)。因此，含石榴子石浅色体形成于黑云母脱水分解引发的减压熔融，其熔融反应为黑云母+石英+绿帘石→石榴子石+角闪石+正长石+斜长石+熔体。该过程中黑云母的减压分解会释放少量的水进入周围岩石，引发部分熔融并产生少量的熔体。无水转熔矿物(石榴子石)的存在也排除了该过程中大量外来富水流体注入的可能性。然而，后期流体的加入仍可能对先成浅色体及围岩中的无水矿物进行不同程度的改造(Sawyer, 2008, 2010)。

含石榴子石浅色体的初始$^{87}Sr/^{86}Sr$和$^{143}Nd/^{144}Nd$值均与全岩SiO_2含量无明显相关性(图4-9)，显示其在形成后未受到幔源岩浆的混染，且副矿物，如磷灰石和独居石的熔融对岩石体系同位素的影响极为有限。大部分浅色体和残留体具有较低的初始$^{206}Pb/^{204}Pb$值、$^{207}Pb/^{204}Pb$值和$^{208}Pb/^{204}Pb$值，与北大别经历了超高压变质的岩石，如榴辉岩和花岗质正片麻岩一致(图4-10)，表明北大别混合岩可能主要源自深俯冲板片的部分熔融。

超高压条件下的下地壳岩石含水量通常极低，且含水矿物脱水分解过程中释放的自由水相对有限，因此北大别在三叠纪俯冲板片折返初期的深熔作用中产生的熔体规模较小。含石榴子石浅色体形成后，在燕山期经受了围岩中外来流体的注入以及长期的高温事件叠加，早期浅色体可能重新熔融而消失，少数保存下来的浅色体也可能受到不同程度的改造，其中的石榴子石等矿物在长期的退变质过程中可能发生分解，转变成角闪石和斜长石等矿物，难以保存下来。以上多种因素可能是含石榴子石浅色体在北大别地区较少出露的原因。

富水流体的加入可以显著地降低岩石体系的吉布斯自由能(Aubaud et al., 2004; Hirschmann et al., 2009)，引发部分熔融(Slagstad et al., 2005; Berger et al., 2008)。北大别混合岩富角闪石浅色体、贫角闪石浅色体和富钾长石浅色体中，无水转熔矿物(如石榴子石等)的缺乏，指示其形成机制与含石榴子石浅色体不同。富角闪石浅色体中的粗粒角闪石往往呈自形嵌晶结构，包含浑圆状黑云母、斜长石和石英包裹体[图 4-2(d)]，指示该矿物是转熔矿物(Berger et al., 2008; Sawyer, 2010; Weinberg and Hasalová, 2015)。角闪石是典型的含水矿物，在水饱和条件下，为了维持角闪石的稳定性至少需要 2%～4%(质量分数)的自由水(Naney, 1983; Johnston and Wyllie, 1988)。尽管在无水环境下，角闪石也可以在云母类矿物脱水反应(如黑云母+石英+绿帘石→角闪石+石榴子石+正长石+斜长石+熔体；同Skjerlie and Johnston, 1996)过程中产生，但在该机制下，地壳在角闪岩相下发生部分熔融产生的熔体量受到反应物(特别是黑云母)体积的控制，通常少于5%(体积分数)(Brown, 2009; Patiño Douce and Beard, 1995)，与北大别所产生的巨量熔体(富角闪石浅色体、贫角闪石浅色体、富钾长石浅色体)并不相符。因此，无水条件下黑云母的脱水分解和减压熔融并不是造成北大别早白垩世深熔作用的主要机制。

岩石中的 Rb 含量通常受黑云母控制(Bea et al., 1994)，而斜长石往往更富集 Sr 和 Ba(Neia, 1995)。富角闪石浅色体、贫角闪石浅色体和富钾长石浅色体相对于含石榴子石浅色体，通常具有较低的 Rb/Sr 值和 Rb/Ba 值[图 4-12(a)]，表明富水环境下斜长石的分解在北大别白垩纪深熔事件中具有重要的作用。富角闪石浅色体和贫角闪石浅色体中无明显 Eu 异常，而富钾长石浅色体中表现为明显的 Eu 正异常[图 4-8(c)、(e)、(g)]，均与外来流体加入引发的水致熔融的特征一致(Weinberg and Hasalová, 2015)。采用角闪石中的 Al 压力计(Schmidt, 1992)和角闪石-斜长石温度计(Holland and Blundy, 1994)对转熔角闪石和其中的浑圆状斜长石包裹体的成分进行计算，得到富角闪石浅色体的形成压力和温度分别为 2.26～4.40 kbar 和 665～766℃(表 4-3)。以上计算结果高于花岗质岩石的湿固相线(Hermann et al., 2006)，且明显低于黑云母发生脱水熔融所需的条件(Patiño Douce and Beard, 1995, 1996)。因此，外来流体注入引发的水致熔融是造成北大别白垩纪部分熔融和混合岩化作用广泛发生的主要机制。北大别白垩纪水致熔融的反应机制为黑云母+斜长石+石英+水→角闪石+长英质熔体(Büsch et al., 1974; Cruciani et al., 2008)。

表 4-3　富角闪石、贫角闪石、富钾长石浅色体的地质温压计算

样品编号	1410BJ1-4					1410YZH3	1310YZH7-4
分析点号（角闪石）	L21-1A-1	L21-1A-2	L21-1A-4	L21-3A-1	L21-3A-2	L22-A-1	L41-2A-2
SiO_2/%	45.51	42.93	45.02	46.25	45.83	42.98	41.70
TiO_2/%	1.53	2.25	1.33	1.26	1.24	2.26	0.87
Al_2O_3/%	7.08	8.67	6.16	6.55	6.69	8.69	9.39
FeO/%	16.62	17.05	16.11	15.89	16.37	17.08	22.84
MnO/%	0.27	0.25	0.29	0.25	0.26	0.22	0.05
MgO/%	11.76	10.66	10.99	12.24	11.92	10.96	7.25
CaO/%	11.38	11.04	11.09	11.41	11.70	11.41	11.57
Na_2O/%	1.46	1.67	1.18	1.42	1.50	1.48	1.34
K_2O/%	1.35	1.85	1.17	1.18	1.24	1.81	1.99
总计/%	96.96	96.37	93.34	96.45	96.75	96.89	97.00
Al/a.p.f.u.	1.25	1.56	1.11	1.16	1.19	1.55	1.72
分析点号（斜长石）	L21-1P-1	L21-1P-1	L21-3P-1	L21-1P-1	L21-1P-1	L22-P-1	L41-4P-1
SiO_2/%	64.01	64.01	65.77	64.01	64.01	63.38	62.11
TiO_2/%	0.10	0.10	0.01	0.10	0.10	0.06	—
Al_2O_3/%	22.41	22.41	21.24	22.41	22.41	22.15	23.09
FeO/%	0.32	0.32	0.13	0.32	0.32	0.25	0.14
MnO/%	—	—	—	—	—	0.00	—
MgO/%	0.01	0.01	—	0.01	0.01	0.01	0.02
CaO/%	3.47	3.47	2.62	3.47	3.47	4.01	4.71
Na_2O/%	9.47	9.47	9.95	9.47	9.47	8.48	8.44
K_2O/%	0.29	0.29	0.16	0.29	0.29	0.55	0.17
总计/%	100.08	100.08	99.88	100.08	100.08	99.89	98.68
X_{Ab}	0.82	0.82	0.87	0.82	0.82	0.77	0.76
P/kbar	2.94	4.40	2.26	2.50	2.64	4.37	5.20
T/℃	723	766	665	703	721	789	763

富角闪石浅色体、贫角闪石浅色体和富钾长石浅色体在稀土元素配分模式，特别是重稀土含量、Eu 异常及轻重稀土元素比等方面表现出系统性的差异(图 4-8)。磷酸盐矿物和角闪石会对全岩的轻稀土元素含量造成影响，而中稀土元素及重稀土元素含量则往往由锆石、石榴子石和角闪石决定(Ayres and Harris, 1997; Bea et al., 1994)。北大别混合岩中浅色体的 P_2O_5 和 SiO_2 含量具有明显的负相关性[图 4-12(b)]，表明熔体在迁移和演化过程中挟带了磷酸盐矿物，如磷灰石和独居石。通常磷灰石较独居石具有更高的 Sm/Nd 值，且倾向于在缺水及高温条件下优先熔解(Zeng et al., 2005b)。然而，大部分浅色体中的 Sm/Nd 值略低于对应的残留体[图 4-12(c)]，指示在熔体形成的过程中，独居石的熔融占有主导地位。然而浅色体样品中的 P_2O_5 含量与轻稀土元素含量并无明显的相关性[图 4-12(d)]，表明磷酸盐矿物的熔融并不是全岩轻稀土元素配分模式的主要影响因素。另外，大多数浅色体中的 Zr 含量均低于 330 ppm，且无石榴子石存在，排除了锆石和石榴子石控制全岩重稀土元素含量的可能性。而全岩的 $FeO_T + MgO$ 含量与轻稀土元素、重稀土元素及 Y 的含量均具有明显的正相关性[图 4-12(e)、(f)]，证明角闪石是控制白垩纪混合岩中浅色体稀土元素配分模式的主要因素。

富角闪石浅色体含有大量的粗粒转熔角闪石，表现出较高的稀土元素含量、较低的 La_N/Yb_N 值和 Sr/Y 值，且无明显 Eu 异常。相对于轻稀土元素，角闪石更加富集中稀土元素和重稀土元素，而贫角闪石浅色体无明显的 Eu 异常，具有陡峭的重稀土元素配分模式和较高的 La_N/Yb_N 值和 Sr/Y 值，与其角闪石含量较少且缺乏转熔成因角闪石一致。富钾长石浅色体中稀土元素含量极低，表现出明显的 Eu 正异常($\delta_{Eu} = 7.05 \sim 15.55$)，与其富集斜长石、亏损镁铁质矿物的特征相一致。富角闪石浅色体与贫角闪石浅色体在化学成分和矿物组合上并无明显的分界，且对应的残留体成分亦无明显区别，显示二者可能是深熔熔体在不同阶段的结晶产物，因而具有渐变的地球化学特性。此外，钾是一种强烈不相容元素，在部分熔融和混合岩化过程中更倾向于富集在熔体中，因此熔体晚期结晶产物通常比初始结晶产物有更高含量的钾元素(Beard and Lofgren, 1991; Watkins et al., 2007)。富角闪石浅色体、贫角闪石浅色体和富钾长石浅色体中的 K_2O 平均含量分别为 3.34%(质量分数)、4.71%(质量分数)和 5.00%(质量分数)，表现出逐渐升高的趋势，结合三种浅色体中角闪石含量逐渐降低的特征，表明在熔体结晶的过程中，钾长石逐渐取代角闪石成为钾的主要富集矿物。这一推论也被三种浅色体中重稀土元素和总稀土元素的逐渐降低以及 Eu 正异常逐渐增强的特征所支持。综上所述，广泛分布于北大别地区的富角闪石浅色体、贫角闪石浅色体和富钾长石浅色体是该区域白垩纪深熔作用产生的大量熔体在不同冷却阶段的结晶产物。

二、高度深熔混合岩

高度深熔混合岩(diatexite)中以新成体为主，古成体残留极少或完全消失，深熔前的构造(如层理、褶皱等)仅零星出现于古成体中。北大别的高度深熔混合岩主要分布于“罗田穹隆”地区。从穹隆边部到核部，罗田地区混合岩的深熔程度逐渐增高，熔体比例(新成体/古成体)逐渐增大，混合岩的类型逐渐由以条带状构造为主的半深熔混合岩转变为以星云状、团块状或析离状构造为主的高度深熔混合岩。高度深熔混合岩在不同的出露区域发育不同程度的深熔和变形结构(图 4-13)，依其矿物组成和地球化学性质的不同主要分为三类：①富角闪石浅色体；②贫角闪石浅色体；③长英质浅色体。

(a) 富角闪石浅色体

(b) 贫角闪石浅色体

(c) 长英质浅色体

图 4-13　罗田高度深熔混合岩中浅色体的野外照片

1. 岩石学特征

北大别罗田穹隆核部高度深熔混合岩中的富角闪石浅色体主要表现为富含粗粒角闪石的星云状或析离状构造浅色体，局部发育大小不一的角闪石集合体[图 4-13(a)]或暗色团块。该类浅色体中的矿物粒度相对较粗，角闪石通常呈自形，指示其可能为深熔过程中的转熔矿物。富角闪石浅色体的主要矿物为角闪石、黑云母、斜长石、石英以及绿帘石和褐帘石等退变矿物，副矿物主要为锆石、榍石以及少量的铁氧化物和铁硫化物等。

贫角闪石浅色体通常发育析离状结构，变形作用较强，颜色较深的残留体(角闪石、黑云母聚集体或暗色团块)通常沿面理定向拉长[图 4-13(b)]。该类浅色体的主要矿物组合与富角闪石浅色体类似，但角闪石主要为细粒角闪石，且含量相对较低。贫角闪石浅色体中的矿物粒度通常较小，指示其与富角闪石浅色体的冷凝温度和速率可能存在一定的差异。

长英质浅色体通常以脉状或肠状构造形式存在于混合岩中[图 4-13(c)]。该类浅色体通常在同一露头与富角闪石浅色体/贫角闪石浅色体共存，并切割上述两种浅色体，显示其形成时间相对较晚。该类浅色体中的矿物粒度普遍较粗，主要矿物组合为石英、斜长石和钾长石，并包含少量绿泥石化的黑云母以及锆石、榍石、磁铁矿等副矿物。该类浅色体的规模往往相对较小，延伸距离也相对较近。

2. 地球化学特征

罗田穹隆核部的高度深熔混合岩中的浅色体均表现为亚碱性系列，在 TAS 图解中主要落于花岗岩、花岗闪长岩及闪长岩区域内[图 4-14(a)]，其 SiO_2 含量为 63.05%～87.35%(质量分数)。大多数样品均表现为轻微的过铝质(A/CNK =

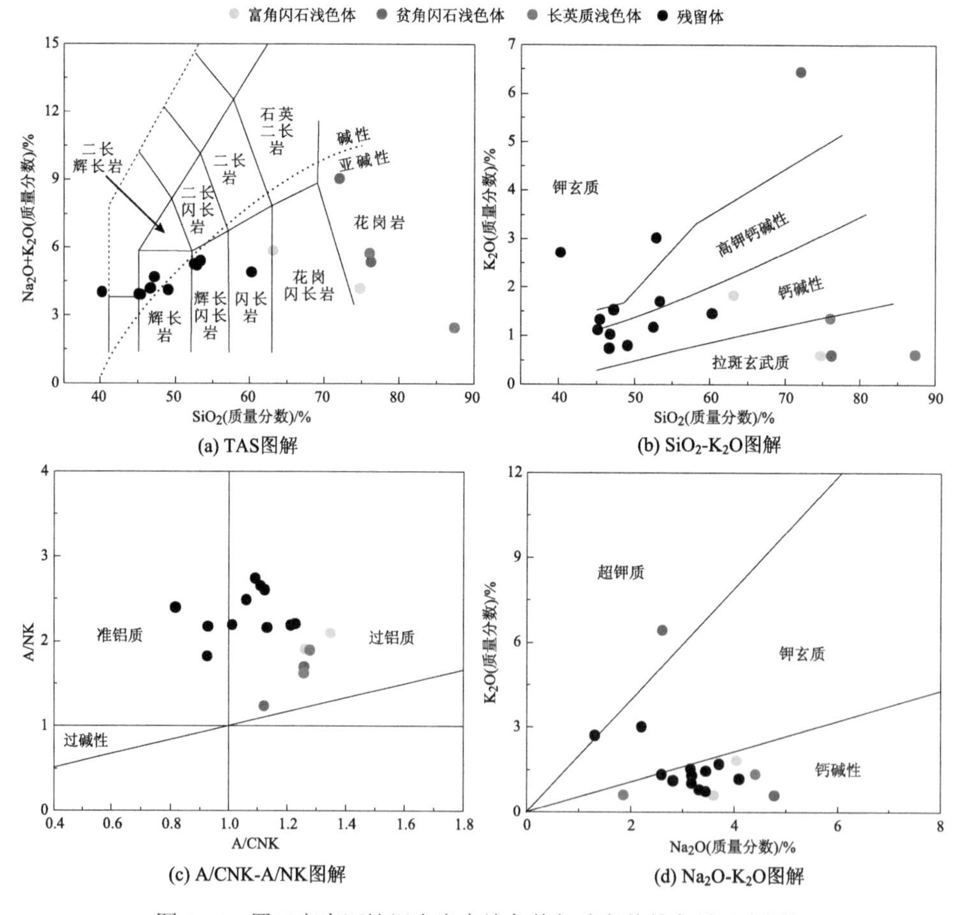

图 4-14　罗田高度深熔混合岩中浅色体与残留体的主量元素图解

1.12～1.35)特征[图 4-14(c)]，K_2O 含量变化范围较大，在 SiO_2-K_2O 及 Na_2O-K_2O 图中落于钙碱性至钾玄质系列区域内[图 4-14(b)、(d)]。在球粒陨石标准化稀土元素配分模式图(Boynton, 1984)中，浅色体和残留体样品均表现为右倾型的 REE 配分模式，富集轻稀土元素，亏损重稀土元素[图 4-15(a)]。在原始地幔标准化元素蛛蛛图解(Sun and McDonough, 1989)中，所有样品均富集大离子亲石元素(如 Rb、Sr 和 Ba)，亏损高场强元素(如 Nb、Ta、Zr、Hf 和 Th)，表现出岛弧型微量元素分布特征[图 4-15(b)]。

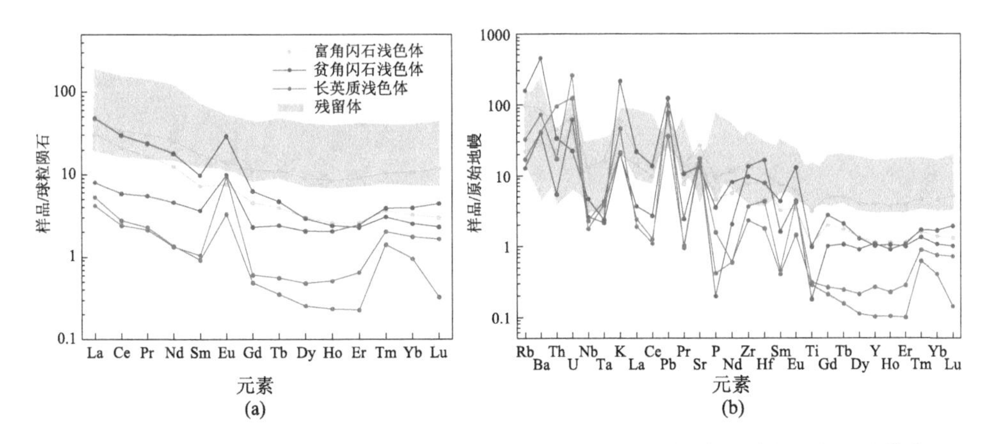

图 4-15　罗田高度深熔混合岩中浅色体与残留体的(a)球粒陨石标准化稀土元素配分模式图和(b)原始地幔标准化元素蛛蛛图解

资料来源：球粒陨石及原始地幔标准化值分别来自 Boynton(1984)、Sun 和 McDonough(1989)

从富角闪石浅色体到贫角闪石浅色体，再到长英质浅色体，其 SiO_2 的含量逐渐升高，而 TiO_2、FeO_T、CaO、MgO 的含量依次降低，与 SiO_2 含量存在较好的负相关性(图 4-16)。富角闪石浅色体和贫角闪石浅色体的总稀土元素含量相对较高(分别为 43～79 ppm 和 15～61 ppm)，并具有相近的 La_N/Yb_N 值(分别为 4.36～9.67 和 2.06～19.22)。然而，富角闪石浅色体中无明显的 Eu 异常(δ_{Eu} = 1.01～1.32)，贫角闪石浅色体则发育明显的 Eu 正异常(δ_{Eu} = 3.43～3.74)，其全岩锆饱和温度(Watson and Harrison, 1983)计算结果分别为 711～763℃和 726～752℃。长英质浅色体中的总稀土元素含量相对较低(5.93～6.17 ppm)，并发育强烈的 Eu 正异常(δ_{Eu} = 4.92～11.85)，其全岩锆饱和温度为 627～656℃，明显低于前两类浅色体。

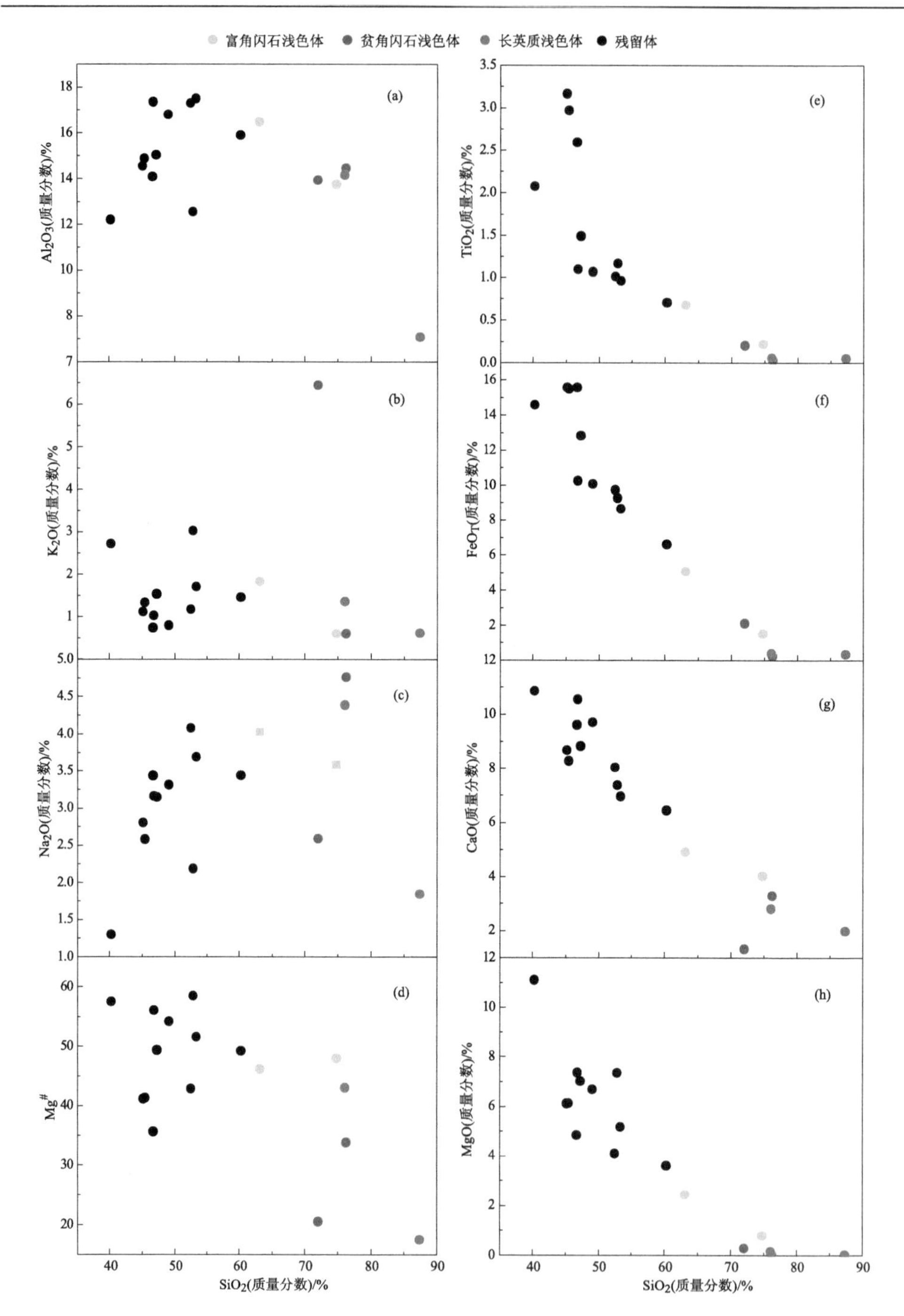

图 4-16　罗田高度深熔混合岩中浅色体和残留体的 Hacker 图解

(a) SiO_2-Al_2O_3 图解；(b) SiO_2-K_2O 图解；(c) SiO_2-Na_2O 图解；(d) SiO_2-$Mg^{\#}$图解；(e) SiO_2-TiO_2 图解；(f) SiO_2-FeO_T 图解；(g) SiO_2-CaO 图解；(h) SiO_2-MgO 图解

第三节　碰撞后变质闪长岩和变质辉长岩

板块汇聚及陆壳俯冲引发的山根增厚是碰撞造山带常见的地质过程，如阿尔卑斯造山带(Pfiffner et al., 2000; O'Brien, 2001)、喜马拉雅造山带(O'Brien, 2001; Myrow et al., 2003; Meissner et al., 2004)、乌拉尔造山带(Berzin et al., 1996; Carbonell et al., 1996)、Trans-Hudons 造山带(Baird et al., 1996)以及大别-苏鲁造山带均有所发现(Wang et al., 2000; Li et al., 2002; Yang, 2002)。地壳增厚引发下地壳压力增加，矿物往往发生变质反应(Wolf and Wyllie, 1993; Lustrino, 2005)并进一步使其密度增大，加剧了岩石圈的重力不稳定性，导致加厚的山根发生垮塌(Kay and Kay, 1993; Rey et al., 2001; Lustrino, 2005)，引发大规模部分熔融和碰撞后岩浆活动以及混合岩化作用。

大别-苏鲁造山带是一个典型的经历了山根垮塌的造山带(Hacker et al., 2000; Li et al., 2002; Yang, 2002; 李曙光等, 2013)，在中生代经历了较为完整的俯冲—碰撞造山—垮塌演化过程，包括大陆俯冲-碰撞、折返和山根垮塌(Xu et al., 1992, 2012; Liu et al., 2007b, 2017)。大别造山带的地壳曾于三叠纪俯冲到深度超过 120 km 的地幔并随后折返到地表(Okay et al., 1989; Wang et al., 1989; Xu et al., 1992)，并在早白垩世前发生地壳增厚至约 50 km(He et al., 2011, 2013)，之后又发生山根垮塌，导致其地壳平均厚度减薄至约 34 km(Gao et al., 1998; Wang et al., 2000; Schmidt et al., 2001)。该过程伴随着大量的早白垩世岩浆活动，并产生了丰富的碰撞后侵入体。该区域的岩浆岩主要为花岗质侵入体(Chen et al., 2002; Wang et al., 2007; Zhao et al., 2007)以及少量的镁铁-超镁铁质深成岩(Jahn et al., 1999; 李曙光等, 1999; Zhao et al., 2005)，已受到广泛关注并取得了一系列的研究成果。然而，北大别较少出露的碰撞后中性岩浆岩(闪长岩)及相关岩石仍缺乏关注与详细研究。在本节，重点对近期发现的北大别碰撞后变质闪长岩和变质辉长岩的岩石学、年代学及地球化学特征进行介绍，为探究大别造山带的壳幔相互作用，尤其是为碰撞后山根垮塌过程提供新的研究视野和对象。

一、变质闪长岩

1. *岩石学特征*

相对于碰撞后花岗质及镁铁-超镁铁质火山岩，变质闪长岩在北大别地区较少出露，常发育有明显的变形结构和面理(图 4-17)。北大别变质闪长岩主要出露于北部地区，如燕子河、烂泥坳、漫水河、新浦沟等地(图 4-18)。该类岩石的主要矿物组成为角闪石+黑云母+钾长石+斜长石+石英，并含有褐帘石、磷灰石、锆石

图 4-17　北大别含眼球状钾长石(Kfs)变斑晶的变质闪长岩野外照片

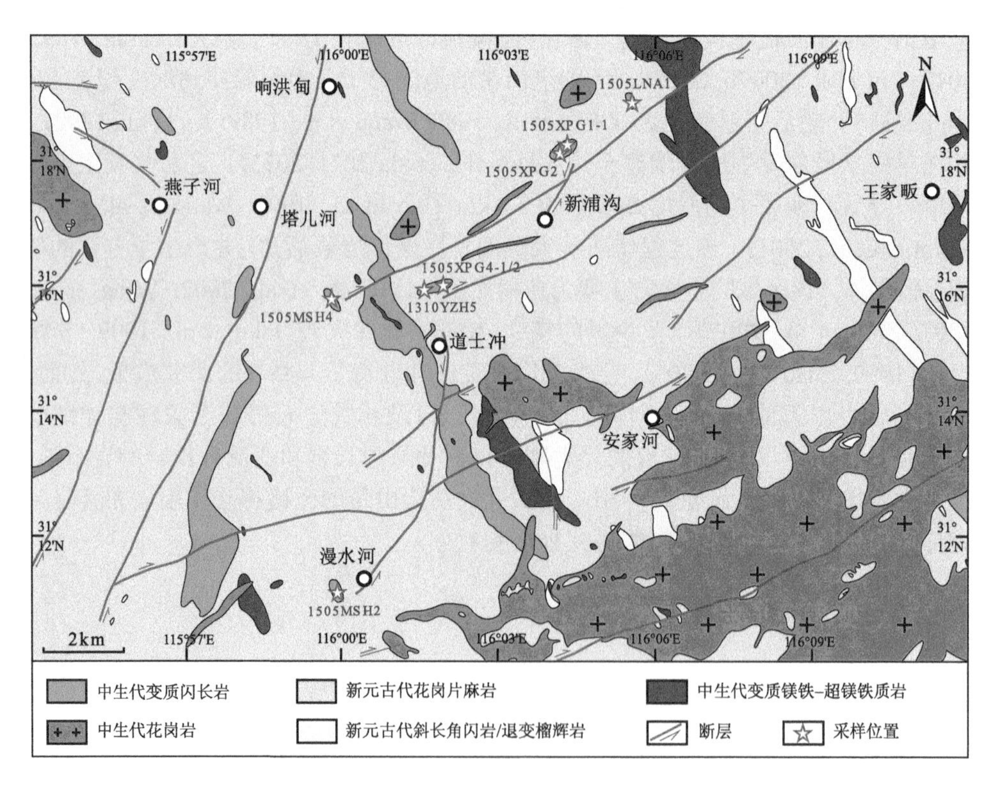

图 4-18　北大别碰撞后变质闪长岩及相关岩石的地质简图

和磁铁矿等副矿物以及沿平行面理定向分布的粗粒眼球状钾长石变斑晶。其中，主要矿物如角闪石、斜长石和石英的粒径较大(0.3～1.0 mm)，在不同的样品中表现较为一致，而钾长石变斑晶无论大小(1.0～15.0 mm)和数量在不同的样品中均表现出较大的差异。

2. 年代学特征

样品1310YZH5中的锆石通常无色透明，呈半自形到它形，棱柱状，粒径为70～300 μm，长宽比为2∶1～5∶1[图4-19(a)～(d)]。CL图像显示该样品中锆石通常具有核-边结构，灰色的锆石核部具有明显的振荡韵律环带，以及较高的U含量(96～332 ppm)和Th/U值(0.74～1.37)，显示其为岩浆成因。锆石核部的17个分析点给出(129±1)Ma(MSWD = 1.70，n=17)的加权平均 $^{206}Pb/^{238}U$ 年龄。锆石边部通常呈浅灰色，U含量(101～172 ppm)及Th/U值(0.44～0.92，多数< 0.65)均相对较低。对该域的5个测试点进行分析得到的加权平均 $^{206}Pb/^{238}U$ 年龄为(127±2)Ma(MSWD = 1.09，n=5)[图4-20(a)]。对该样品的锆石核部和边部分别进行锆石原位稀土元素分析，结果显示锆石核部与变质边部的稀土元素配分模式基本一致(图4-21)，发育Ce正异常和Eu负异常(δ_{Eu}值分别为0.35～0.53和0.32～0.66)。但锆石核部具有相对较高的总稀土元素含量(343.26～807.61 ppm)且重稀土元素分异相对较小(Lu_N/Dy_N = 6.85～8.75)，而变质边部的总稀土元素含量相对较低(214.59～319.10 ppm)，重稀土元素分异则相对较大(Lu_N/Dy_N = 10.85～12.47)。

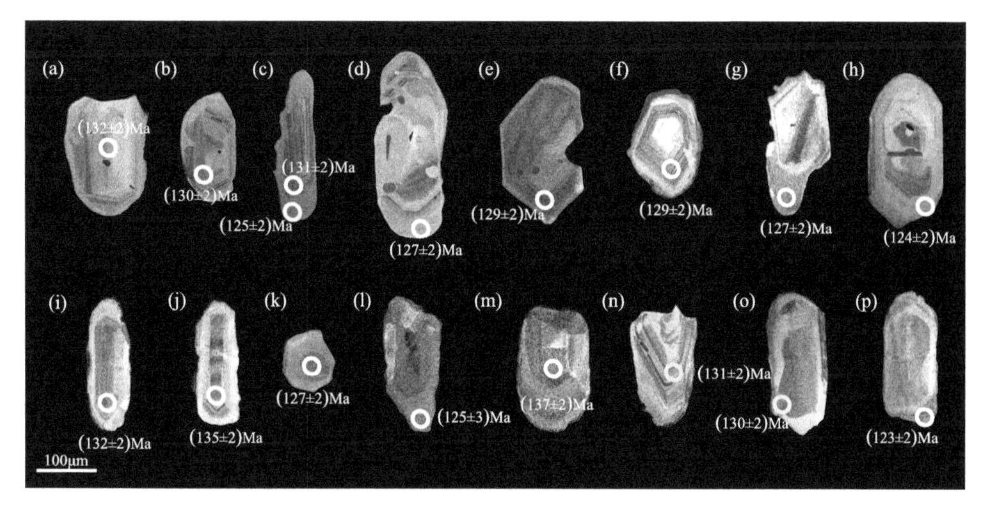

图4-19　北大别碰撞后变质闪长岩中代表性锆石的阴极发光图像

(a)～(d)样品1310YZH5中的锆石；(e)～(h)样品1505LNA1中的锆石；(i)～(l)样品1505MSH2中的锆石；(m)～(p)样品1505XPG1-1中的锆石。所有样品锆石均采用SHRIMP U-Pb进行定年，束斑直径为24 μm。白色的空心圆代表分析点，并标注校正的 $^{206}Pb/^{238}U$ 年龄

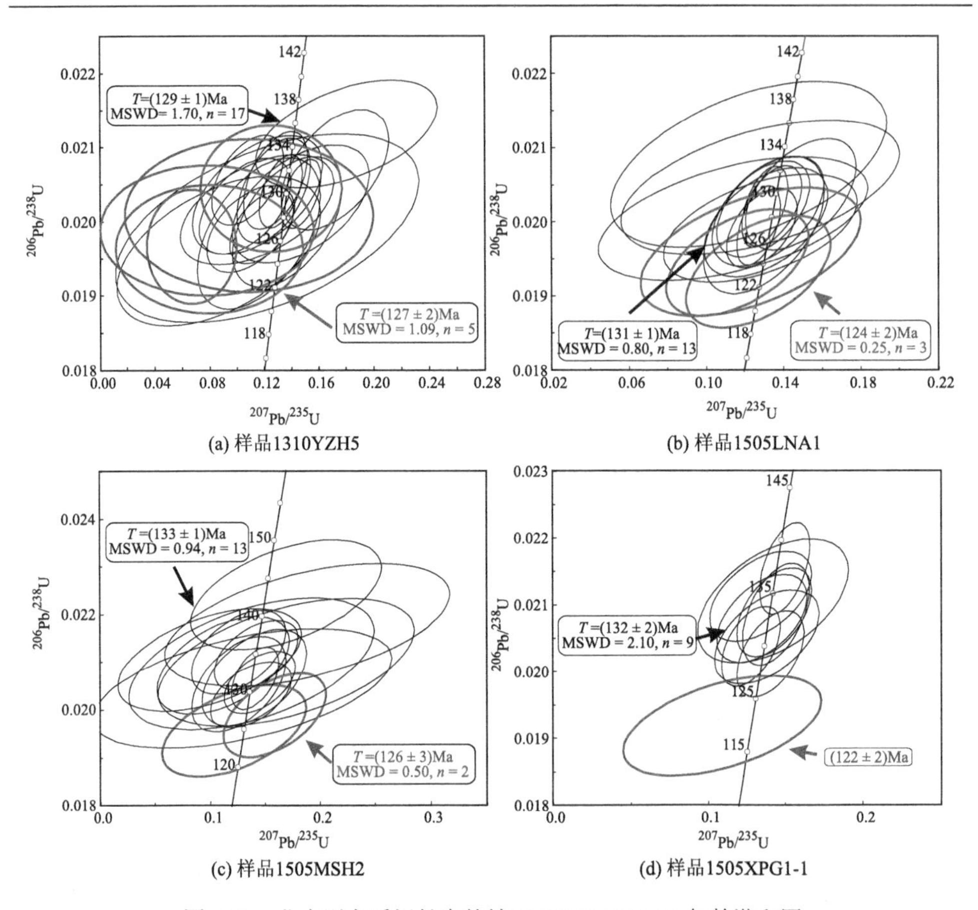

图 4-20　北大别变质闪长岩的锆石 SHRIMP U-Pb 年龄谐和图

图中不确定度使用 2σ。不同颜色的椭圆代表不同锆石区域的定年结果；黑色椭圆代表锆石岩浆核部数据，红色椭圆代表锆石变质边部数据

样品 1505LNA1 中的锆石通常为无色透明，棱柱状到浑圆状，并且具有与样品 1310YZH5 变质闪长岩锆石相似的核-边结构[图 4-19(e)～(h)]。大多数锆石呈它形，长轴为 100～400 μm，长宽比约为 3∶1，由灰色且具有振荡韵律环带的棱柱状核部与薄的生长边组成。少数锆石核部不同程度地受到熔蚀改造，并具有较宽的浅色生长边。锆石边部发育无分带结构，具有相对核部较低的U含量(104～159 ppm)和 Th/U 值(0.46～0.81)。对锆石核部的 13 个分析点和边部的 3 个分析点进行 SHRIMP U-Pb 定年测试，分别获得(131±1)Ma(MSWD = 0.80，n=13)和(124±2)Ma(MSWD = 0.25，n=3)的两组加权平均 $^{206}Pb/^{238}U$ 年龄[图 4-20(b)]。

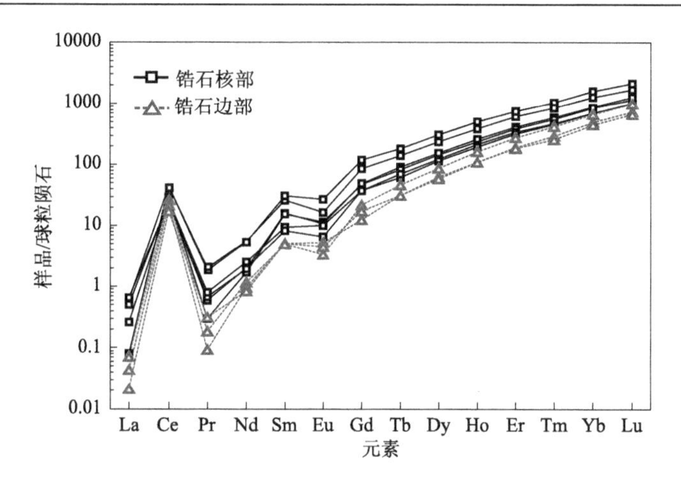

图 4-21　变质闪长岩(样品 1310YZH5)的锆石原位稀土元素配分模式图

黑线代表锆石核部稀土元素配分模式；红线代表锆石边部稀土元素配分模式

资料来源：球粒陨石标准化值来自 Boynton(1984)

样品 1505MSH2 中的锆石通常呈无色透明，自形到它形，浑圆状到棱柱状。其棱柱可长达 500 μm，长宽比为 1∶1～4∶1，并发育核-边结构[图 4-19(i)～(l)]。多数发育振荡韵律环带的核部经历了熔蚀作用，呈港湾状且被灰色的边部包裹，而在一部分锆石颗粒中仅发育灰色无分带的锆石区域，无岩浆成因锆石核部存在。对锆石的岩浆核与灰色边进行定年分析，分别得到(133±1)Ma(MSWD = 0.94, n = 13)和(126±3)Ma(MSWD = 0.50, n=2)的加权平均 $^{206}Pb/^{238}U$ 年龄[图 4-20(c)]。

样品 1505XPG1-1 中的锆石呈无色透明，自形到它形，棱柱状。其中典型的锆石颗粒长 100～300 μm，长宽比为 1∶1～6∶1，具有明显的核-边结构[图 4-19(m)～(p)]。锆石的核部呈棱柱状，无分带或具有明显的振荡韵律环带，而边部则通常较薄或不发育(多数 < 10 μm)，难以达到测试要求。部分锆石发育熔蚀结构。锆石核部的 9 个测试点具有较高的 Th/U 值(0.49～1.43)，给出(132±2)Ma(MSWD = 2.10，n=9)的加权平均 $^{206}Pb/^{238}U$ 年龄；而 1 个锆石边部的分析点则具有较低的 Th/U 值(0.47)，对其进行定年分析得到较年轻的谐和 $^{206}Pb/^{238}U$ 年龄(122±2)Ma[图 4-20(d)]。

3. 地球化学特征

北大别变质闪长岩具有中等的 SiO_2[55.21%～61.87%(质量分数)]和 MgO[2.23%～3.91%(质量分数)]含量，其 $Mg^{\#}$值变化范围为 44.20～50.35。变质闪长岩具有较高的 K_2O[1.77%～4.07%(质量分数)]、Na_2O[3.95%～4.67%(质量分数)]含量和较低的 Na_2O/K_2O 值(1.50～3.89)，在 TAS 和 SiO_2-K_2O 图解中分别落在亚碱性和高钾钙碱性系列区域中[图 4-22(a)、(b)]。所有的样品都具有略高的

A/CNK(1.13～1.17)和 A/NK(1.57～1.90)值，表现出轻微的过铝质特征[图 4-22(c)]。此外，变质闪长岩样品通常具有较高的 Al_2O_3[6.52%～18.11%(质量分数)]与较低的 TiO_2[0.75%～1.07%(质量分数)]、FeO_T[4.76%～7.30%(质量分数)]和 CaO[4.30%～6.35%(质量分数)]含量。

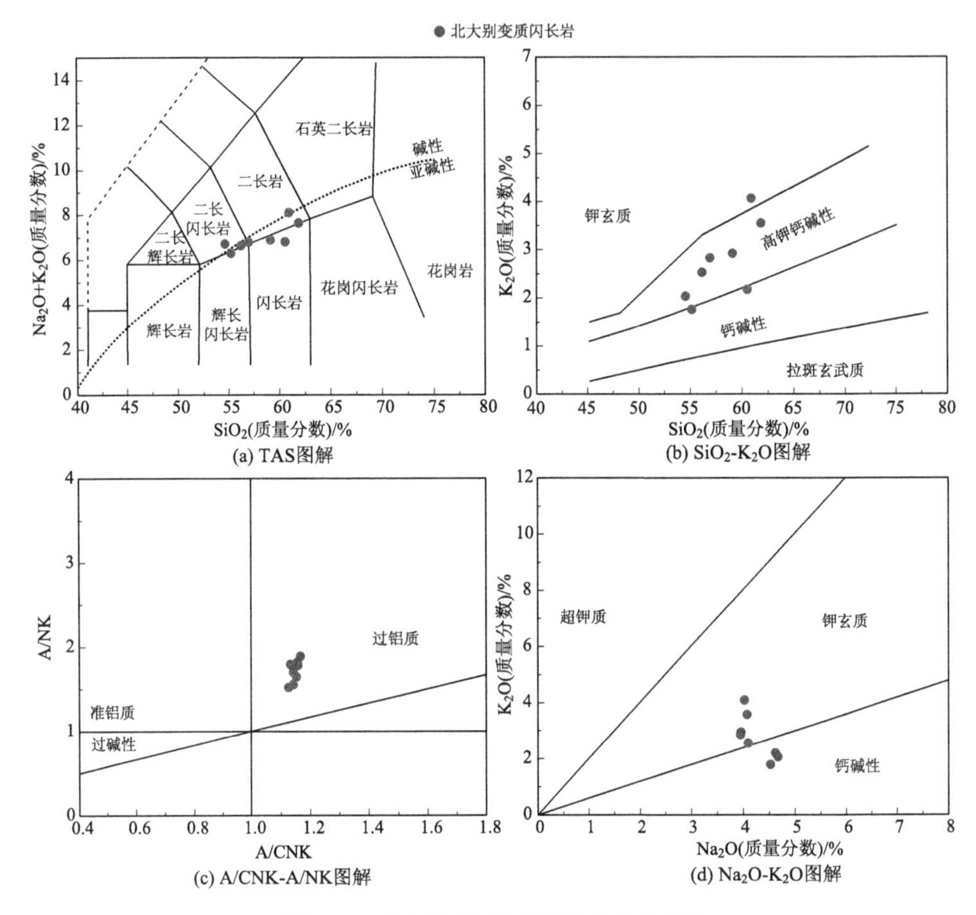

图 4-22　北大别变质闪长岩的主量元素图

球粒陨石标准化稀土元素配分模式图显示，变质闪长岩富集轻稀土元素，亏损重稀土元素，具有较高的轻重稀土元素比值(La_N/Yb_N = 11.80～26.91)[图 4-23(a)]。样品中并未表现出明显的中稀土元素亏损(Dy_N/Yb_N=1.14～1.54)以及 Eu 异常(δ_{Eu} = 0.81～1.04)。此外，原始地幔标准化元素蜘蛛图解表明，变质闪长岩富集 Rb、Sr、Ba、K 和 Pb 等大离子亲石元素，亏损 Nb、Ta 和 Ti 等大离子亲石元素，Zr 和 Hf 未出现亏损[图 4-23(b)]，具有明显的岛弧型特征。所有样品均具有较高的 Sr 含量(813.56～1241.79 ppm)和 Nb/Ta 值(17.23～30.49)，较低的 Y

含量(12.43～25.62 ppm)和 Nb/La 值(0.16～0.38)，以及较高的 Sr/Y 值(33.83～67.31)(图 4-24)。

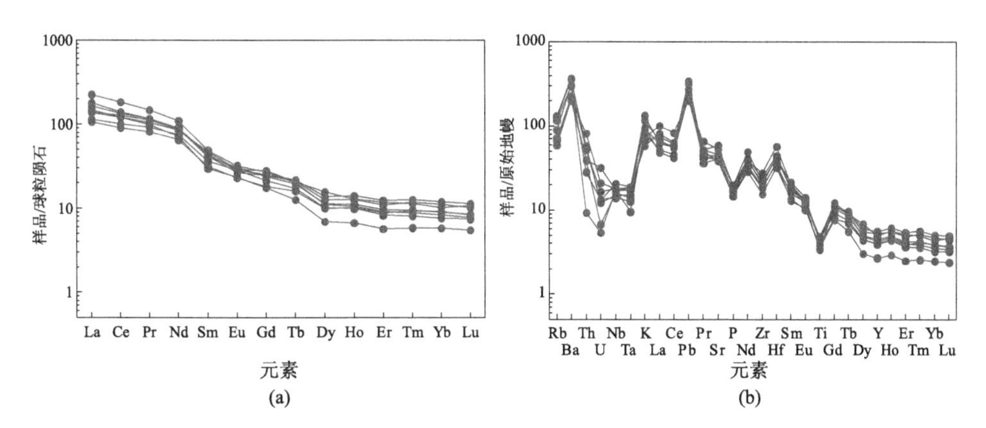

图 4-23　北大别变质闪长岩的(a)球粒陨石标准化稀土元素配分模式图和(b)对应的原始地幔标准化元素蜘蛛图解

资料来源：球粒陨石和原始地幔的标准化值分别来自 Boynton(1984)、Sun 和 McDonough(1989)

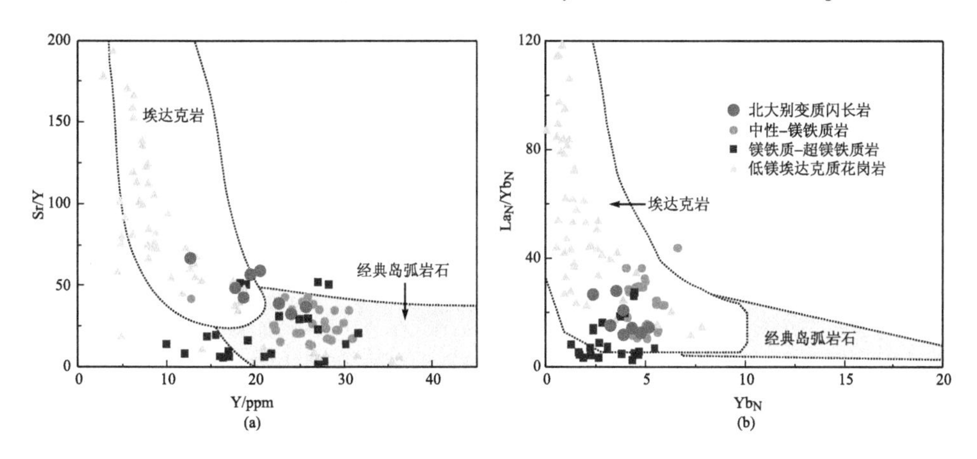

图 4-24　(a)北大别变质闪长岩的 Y-Sr/Y 图解和(b) Yb_N-La_N/Yb_N 图解

资料来源：(a)、(b)分别来自 Defant 和 Drummond(1990)、Atherton 和 Petford(1993)

角闪石通常呈半自形到自形[图 4-25(a)、(b)]，并具有较高的 CaO 含量[11.19%～11.77%(质量分数)，Ca 含量为 1.79～1.89 a.p.f.u.]，表明其为钙质角闪石(Leake et al., 1997)。它们主要落在镁角闪石-钙镁闪石区域，其 X_{Mg} 值变化范围为 0.58～0.66。此外，角闪石含有较高的 TiO_2 含量[1.04%～1.63%(质量分数)]，并表现为棕褐色。样品 1310YZH5 和 1505LNA1 中角闪石的电子探针结果表明，角闪石中的 Al 含量从核部到边部逐渐降低，指示降压过程。

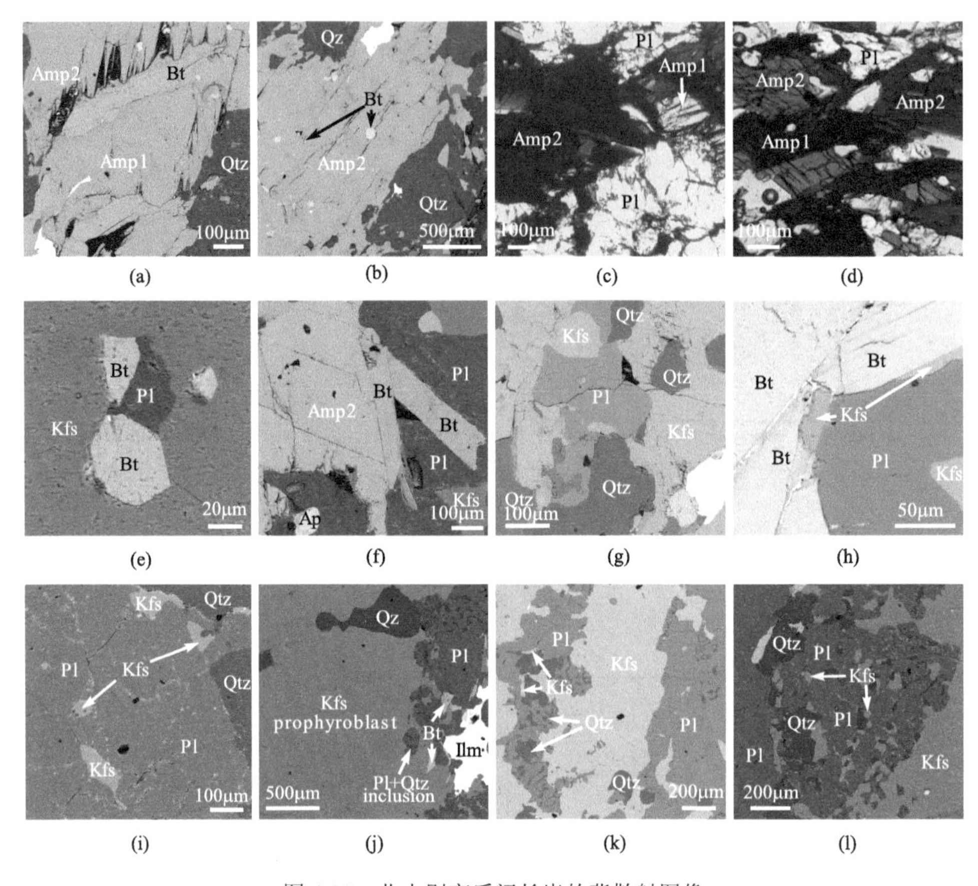

图 4-25　北大别变质闪长岩的背散射图像

(a)与黑云母和斜长石共存的角闪石;(b)角闪石中的黑云母包裹体;(c)、(d)两期角闪石;(e)、(f)基质中的钾长石颗粒;(g)、(h)斜长石中的钾长石包裹体;(i)、(j)斜长石变斑晶边部冠状体中的钾长石;(k)、(l)粗粒钾长石变斑晶。Amp:角闪石; Qtz:石英; Bt:黑云母; Pl:斜长石; Kfs:钾长石; Ap:磷灰石; Ilm:钛铁矿; prophyroblast 为斑晶; inclusion 为包裹体

黑云母的主要存在形式为基质矿物及矿物包裹体(角闪石及钾长石中)[图 4-25(a)、(b)]。不同存在形式的黑云母具有较一致的化学组成，表现为富镁[Mg/(Mg+Fe)= 0.51～0.57]以及较高的 FeO_T[17.43%～19.21%(质量分数)]和 TiO_2[4.54%～5.36%(质量分数)]含量。

变质闪长岩中的钾长石按其存在形式主要可以分为四种类型：①基质中的钾长石颗粒[图 4-25(e)、(f)]；②角闪石和斜长石中的钾长石包裹体[图 4-25(g)、(h)]；③斜长石变斑晶边部冠状体中的钾长石[图 4-25(i)、(j)]；④粗粒钾长石变斑晶[图 4-25(k)、(l)]。

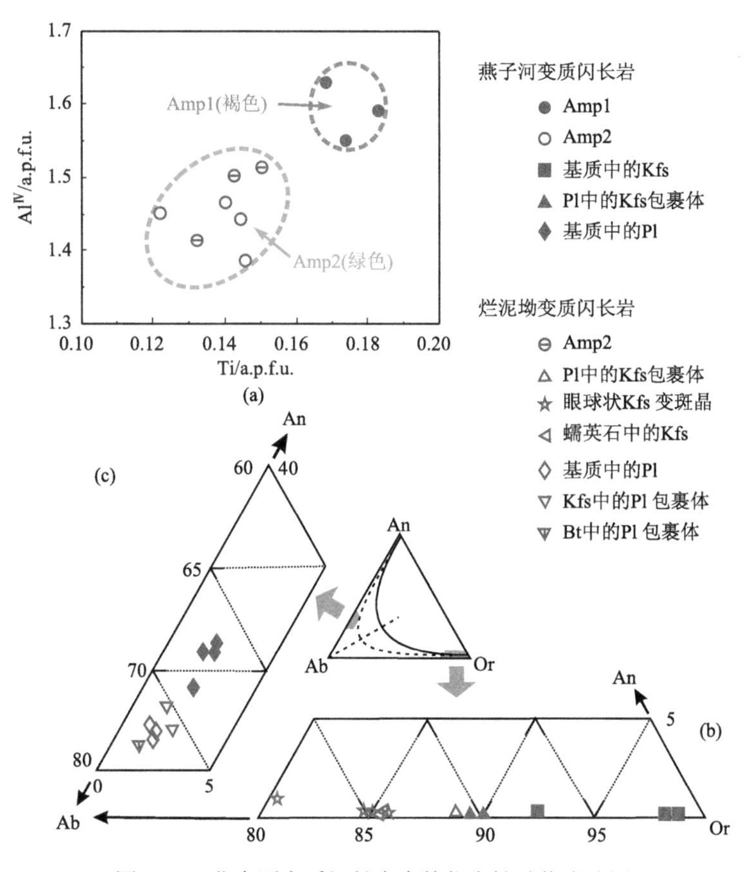

图 4-26　北大别变质闪长岩中的代表性矿物成分图

(a)钙质角闪石判别图；(b)斜长石的 An-Ab-Or 判别图(单位：%)；(c)钾长石的 An-Ab-Or 判别图(单位：%)

第一类钾长石含有较高且变化范围较大的钾含量($An_{0-1}Ab_{1-8}Or_{92-99}$)[图 4-26(b)]，且通常与其他主要矿物，如斜长石、石英和黑云母共生。而第二类钾长石通常与石英共存，并具有与第一类钾长石相近的化学组成[$An_{0-1}Ab_{10-11}Or_{89-90}$；图 4-26(b)]。相较而言，第三类和第四类钾长石具有较高的钠含量($X_{Ab}>0.12$)、较低的钾含量以及相似的化学组成(分别为 $An_{0-1}Ab_{12-15}Or_{85-88}$ 和 $An_{0-1}Ab_{14-19}Or_{80-86}$)[图 4-26(b)]。对第四类钾长石的电子探针分析并未发现明显的成分分带。钾长石变斑晶的核部相对较为干净，含有少量较小的矿物包裹体，而边部则含有大量的单矿物包裹体及多相矿物包裹体(石英+斜长石)。

与钾长石相比，同一样品中不同类型的斜长石(基质、包裹体及冠状体)[图 4-25(i)、(j)]则往往具有一致的化学组成，而不同样品中的斜长石成分可能存在细微的差异。相较而言，烂泥坳变质闪长岩中的斜长石更加富钠($An_{27-29}Ab_{69-72}Or_{1-2}$)，而燕子河变质闪长岩中的斜长石则具有更高的钙含量($An_{29-31}Ab_{67-69}$

Or_2)［图 4-26(c)］。

将北大别变质闪长岩的初始 Sr、Nd 和 Pb 同位素比值均计算到 t = 130 Ma(锆石的结晶时间)，显示它们具有近乎一致的初始 $^{87}Sr/^{86}Sr$ 值(0.707582～0.708099)，而其 $\varepsilon_{Nd}(t)$ 值较低(–20.4～–15.3)［图 4-27(a)］。此外，样品中的 Sr 和 Nd 同位素比值与全岩 SiO_2 和 K_2O 含量均无明显的相关性［图 4-27(b)～(e)］。通过对变质闪长岩的 Pb 同位素进行计算，得到一致的初始 $^{206}Pb/^{204}Pb$ 值、$^{207}Pb/^{204}Pb$ 值以及 $^{208}Pb/^{204}Pb$ 值，分别为 16.0978～16.8452、15.3167～15.4544 以及 37.1778～37.8397［图 4-27(f)、(g)］。

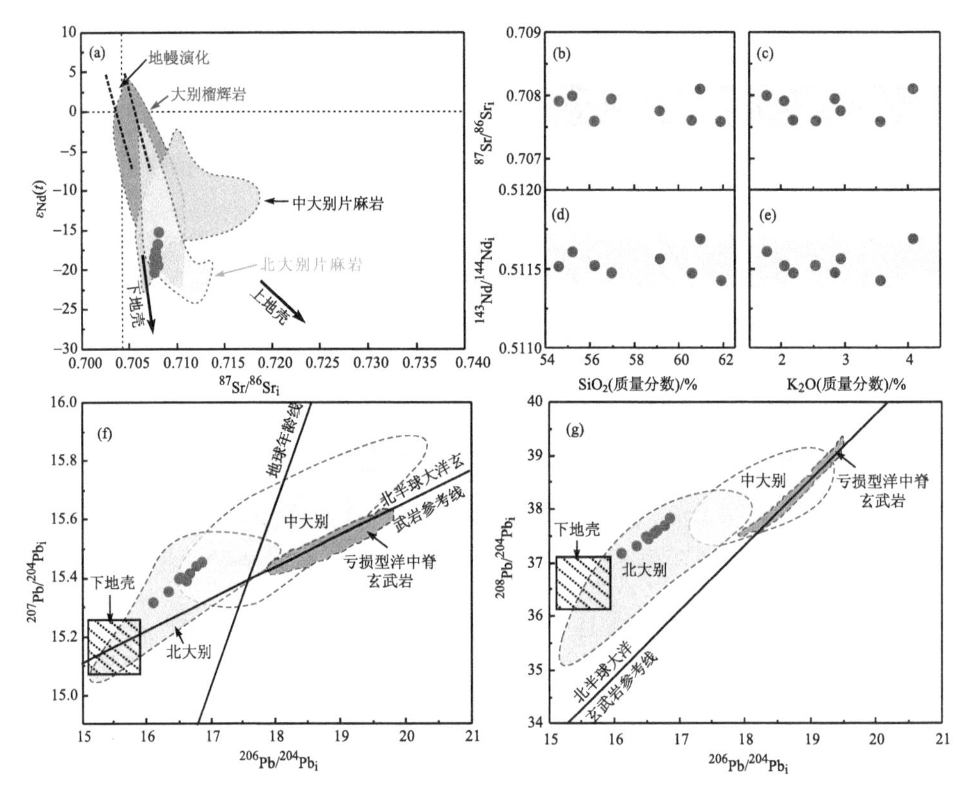

图 4-27　北大别变质闪长岩的全岩 Sr-Nd-Pb 同位素图解

(a) $^{87}Sr/^{86}Sr_i$ -$\varepsilon_{Nd}(t)$ 图解; (b) SiO_2-$^{87}Sr/^{86}Sr_i$ 图解; (c) K_2O-$^{87}Sr/^{86}Sr_i$ 图解; (d) SiO_2-$^{143}Nd/^{144}Nd_i$ 图解; (e) K_2O -$^{143}Nd/^{144}Nd_i$ 图解; (f) $^{206}Pb/^{204}Pb_i$-$^{207}Pb/^{204}Pb_i$ 图解; (g) $^{206}Pb/^{204}Pb_i$-$^{208}Pb/^{204}Pb_i$ 图解

图中初始 Sr-Nd-Pb 同位素比值均计算到 t = 130 Ma

三个变质闪长岩样品(1310YZH5、1505MSH2、1505XPG1-1)的原位锆石 Hf 同位素分析结果表明，它们均具有较低的 $^{176}Lu/^{177}Hf$ 值(分别为 0.000416～0.001195、0.000219～0.001274 和 0.000470～0.001449)，表明锆石中的放射性成

因 Hf 均形成于锆石结晶之后，因此测得的 Lu-Hf 同位素可信度较高，可用于进行初始 Hf 同位素计算(Wu et al., 2007a)。在计算过程中，采用上述的锆石核部(约 130 Ma)和边部(约 125 Ma)的近似 SHRIMP U-Pb 年龄计算初始同位素比值以及二阶段模式年龄。对样品 1310YZH5 中锆石核部的 17 个分析点和边部的 7 个分析点进行测试，得到一致的 $^{176}Hf/^{177}Hf$ 值(0.281917～0.282016)，其 $\varepsilon_{Hf}(t)$ 值和 T_{DM2} 年龄分别为–27.6～–24.0 和 2692～2911 Ma(图 4-28)。其他两个样品的分析结果与该样品一致：样品 1505MSH2 和 1505XPG1-1 中锆石的 $^{176}Lu/^{177}Hf$ 值分别为 0.281951～0.282079 和 0.281859～0.282018，对应的 $\varepsilon_{Hf}(t)$ 值分别为–24.8～–22.0 和–29.5～–23.9，二阶段模式年龄 T_{DM2} 分别为 2549～2832 Ma 和 2683～3084 Ma(图 4-28)。

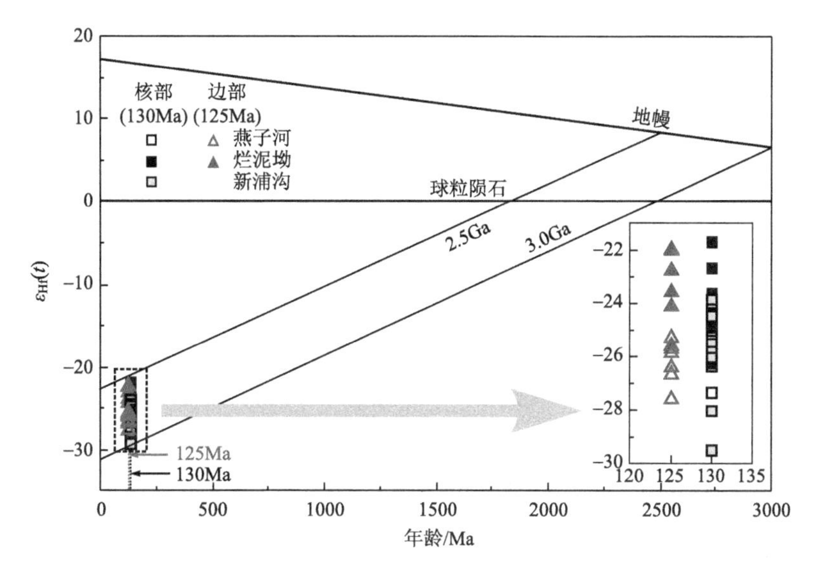

图 4-28　北大别变质闪长岩的锆石 SHRIMP U-Pb 年龄-$\varepsilon_{Hf}(t)$ 图解

4. 成因分析

变质闪长岩常出露于北大别北部花岗质片麻岩及混合岩中(图 4-18)，并发育明显的面理结构和矿物拉伸线理(图 4-17)。然而，变质闪长岩与相邻地区的高级变质岩不同，并未保留比白垩纪深熔作用更老的年龄记录(如新元古代岩浆活动和三叠纪变质作用)。同时，变质闪长岩中也存在后期变质作用和变形作用叠加的证据，形成了清晰的面理、大量的眼球状 Kfs 变斑晶(图 4-17)、绿色的低压角闪石和相关的斜长石(图 4-25)，以及锆石均质无分带的变质增生薄边(图 4-19)。发育振荡韵律环带的锆石核部和面状分带的锆石边部的定年结果虽然接近，但是其明显不同的 CL 显微结构和微量元素特征(如 Th/U 值和 U 含量)指示其形成环境与锆石生长机制存在差异，指示两个不同的构造热事件(Belousova et al., 2002; Corfu et al., 2003)。锆石核部具有较高的 Th/U 值，属于典型的岩浆锆石。四个北大别变质闪长岩样品中的锆石核部的 $^{206}Pb/^{238}U$ 年龄的加权平均值分别为(129±1) Ma、(131±1) Ma、(133±1) Ma 和(132±2) Ma(图 4-20)，指示变质闪长岩的原岩是在约 130 Ma 的岩浆中冷却结晶形成的。大部分锆石核部呈自形棱柱状且保存完好，而部分锆石核部则发育成港湾状等熔蚀结构(图 4-19)，指示其冷却结晶后经受了后期的高温热事件。与核部相比，锆石边部的 U、Th 含量和 Th/U 值相对较低，四个样品的锆石边部的加权平均 $^{206}Pb/^{238}U$ 年龄分别为(127±2) Ma、(124±2) Ma、(126±3) Ma 和(122±2) Ma(图 4-20)，指示其形成时代约为 125 Ma，与北大别混合岩化作用一致。结合锆石边部较低的总稀土元素含量和亏损的中稀土元素，它们可能形成于高温角闪岩相热事件中。此外，锆石核部和边部的 Hf 同位素特征基本一致(图 4-28)，也表明边部形成于变质过程中的锆石重结晶过程。

变质闪长岩中粗粒眼球状 Kfs 变斑晶粒径大小为 0.1～1.5 cm，且未观测到明显的成分分带[图 4-25(j)]。Kfs 变斑晶中的矿物包裹体可以分为两个亚类[图 4-25(e)、(j)]：①原生包裹体(主要为黑云母、斜长石、石英等)；②次生包裹体(主要为斜长石+石英)。此外，变质闪长岩中的 Kfs 也在其他构造域中以不同形式存在，如 Kfs 变斑晶周围的冠状体/蠕英石中的 Kfs、基质中的 Kfs 以及其他矿物(如斜长石、角闪石)中的 Kfs 包裹体，这些不同类型的 Kfs 成分存在一定的区别[图 4-26(b)]。其中，Kfs 变斑晶($An_{0-1}Ab_{14-19}Or_{80-86}$)的 K 含量最低，而 Na 含量最高；其他矿物中的 Kfs 包裹体($An_{0-1}Ab_{10-11}Or_{89-90}$)和基质中的 Kfs 颗粒($An_{0-1}Ab_{1-8}Or_{92-99}$)中的 Na 含量则明显偏低。Kfs 变斑晶中的黑云母和斜长石原生包裹体通常较为自形，且沿 Kfs 晶体生长面分布，其成分也与基质中的同类矿物一致[图 4-26(c)]。此外，Kfs 变斑晶与基质中的 Pl 通常具有清晰的接触边，与基质中 Kfs 与 Pl 的接触边明显不同，指示基质中的 Kfs 颗粒和 Kfs 变斑晶的生长是不连续的，基质的形成时间应先于 Kfs 变斑晶的结晶时间。

另一个关键的问题是钾的来源。不同变质闪长岩中 Kfs 变斑晶的粒径和含量存在一定差异，但全岩 K_2O 和 SiO_2 含量与 Sr-Nd 同位素比值之间并没有明显的相关性[图 4-27(b)～(e)]，因而可以排除变质闪长岩成岩后外部钾源(如富钾流体或熔体)加入的可能性。此外，尽管在基质黑云母与斜长石之间存在 Kfs 晶间薄层[图 4-25(h)]且部分矿物中发育嵌晶结构，证明其原岩结晶后受到后期重熔作用的影响，提供了在液相环境下生成粗粒 Kfs 晶体的可能性(Dell'Angelo and Tullis, 1988; Evans et al., 2001)，但宏观尺度上并未发现浅色体或矿物迁移等高度深熔的证据，因此其后期深熔的程度较低，难以为 Kfs 变斑晶的形成提供足够的空间和对流条件。因此，北大别变质闪长岩中的 Kfs 变斑晶更可能是在亚固态条件下，通过富钾矿物(如黑云母)分解和晶体粗粒化等过程形成。研究样品均富含黑云母，且 Kfs 变斑晶中富含黑云母和斜长石原生包裹体，为变斑晶的形成提供了钾的潜在储库。

变质闪长岩中富含流体活动性元素，如轻稀土元素和大离子亲石元素，而亏损高场强元素，表现出岛弧型的微量元素配分模式(图 4-23)。其全岩 K_2O 和 SiO_2 含量与 Sr-Nd 同位素比值无明显相关性[图 4-27(b)～(e)]，指示副矿物(如磷灰石、独居石等)的熔蚀作用对 Sr-Nd-Pb 同位素组成的影响可以忽略不计，且变质闪长岩的原岩形成后并没有受到外来熔/流体的改造。变质闪长岩样品均表现为较低的初始 $^{87}Sr/^{86}Sr$ 值(0.707582～0.708099)和负的 ε_{Nd}(130 Ma)值(–20.4～–15.3)以及相对较低的初始 Pb 同位素比值[图 4-27(a)、(f)、(g)]，锆石核部与边部的 $\varepsilon_{Hf}(t)$ 值基本一致，分别为–29.5～–21.7 和–27.6～–22.0。然而，其全岩 Nd 模式年龄(2.2～2.6 Ga)与锆石 Hf 模式年龄(2.5～3.1 Ga)存在一定程度的脱耦，考虑到锆石 Hf 同位素的稳定性相对较高，且深熔过程中容易引发 Sm-Nd 同位素分异(Patchett et al., 1984)，锆石 Hf 模式年龄可能更为准确合理。变质闪长岩的岛弧型微量元素特征、负的锆石 $\varepsilon_{Hf}(t)$ 值和全岩 $\varepsilon_{Nd}(t)$ 值以及太古宙 Hf 模式年龄表明，古老陆壳在其成岩过程中发挥了重要作用。另外，变质闪长岩的 Zr 和 Hf 含量并未出现明显亏损，且 Ba 含量相对于 Rb 和 Th 的含量表现为明显的正异常，表明其主要物源为经历了三叠纪俯冲的新元古代下地壳(Rudnick and Gao, 2003)。

变质闪长岩的 Sr-Nd-Pb 同位素组成与同区域榴辉岩和花岗片麻岩一致，指示变质闪长岩与北大别超高压变质岩存在一定的成因关系。然而北大别榴辉岩和花岗片麻岩的 Hf 模式年龄通常以古元古代为主(Zhao et al., 2008; 及“第三章”)，与变质闪长岩存在一定的差异。因此，变质闪长岩的成因难以仅用超高压岩石的部分熔融来解释，而需要另一个更古老物源的参与。

变质闪长岩的 Sr 含量(814～1242 ppm)、$Mg^{\#}$值(44.2～50.3)、SiO_2 含量[55.21%～61.87%(质量分数)]相对较高，部分样品表现出低 Y、高 Sr/Y 值等高 Mg 埃达克质岩地球化学特征(图 4-24)，指示其可能是由富水橄榄岩熔融产生的。考虑到大别造山带的大地构造背景，变质闪长岩的成因存在两种可能的机制：陆壳混染和壳幔相互作用(Zhao et al., 2011)。

结合角闪石中的 Al 压力计(Schmidt, 1992)与角闪石-斜长石温度计(Holland and Blundy, 1994)，可以计算得到变质闪长岩中角闪石的形成温度和压力(表 4-4)。褐色角闪石的 Al 和 Ti 含量较高，其结晶压力和温度为 5.4～5.7 kbar 和 750～768℃，其后在较低压力(4.5～5.3 kbar)和温度(712～736℃)下，形成了低 Al、低 Ti 的绿色角闪石。绿色角闪石中 Al 含量由核部向边部逐渐降低，说明它们是在岩浆向上迁移过程中压力不断降低的环境中形成的。岩浆向上迁移或隆升过程中，其 Sr-Nd 同位素组成可能会受到陆壳混染，然而，北大别变质闪长岩的 Sr-Nd 初始同位素比值与全岩 SiO_2 含量[图 4-27(b)、(d)]无明显相关性，指示岩浆迁移过程中陆壳混染与分离结晶作用不是影响其地球化学性质的主要因素。另外，高镁的富硅熔体可以由富 SiO_2 的熔体同化混染橄榄岩(熔体/岩石比大于 2∶1)形成(Rapp et al., 1999)，且该过程中 SiO_2 含量不会发生显著降低(Huang et al., 2008)。变质闪长岩表现为下地壳特征[如低 $^{87}Sr/^{86}Sr$ 值和 ε_{Nd}(130 Ma)值，较低的初始 Pb 同位素比值及高 MgO、Cr 和 Ni 含量，高 Sr/Y 值等]，它们更可能是下地壳深俯冲岩片中的超高压变质岩在白垩纪发生部分熔融并同化混染地幔橄榄岩形成的。

表 4-4　北大别变质闪长岩中的矿物对 *P-T* 计算

产状		压力/kbar	温度/℃
基质		角闪石中的 Al 压力计 (Schmidt, 1992)	角闪石-斜长石温度计 (Holland and Blundy, 1994)
	褐色角闪石	5.4～5.7	750～768
	绿色角闪石	4.5～5.3	712～736
钾长石斑晶		预估压力(低于 Amp 结晶压力)	二长石温度计(Benisek et al., 2010)
		< 4.48	640～703
蠕英石		预估压力(低于 Amp 结晶压力)	二长石温度计(Benisek et al., 2010)
		< 4.48	609

二、变质辉长岩

除广泛分布的碰撞后花岗岩类和零星出露的变质闪长岩外，北大别还零星出露一些碰撞后镁铁-超镁铁质岩石，如(变质)辉长岩、(变质)角闪辉石岩/角闪石岩等。现以道士冲变质辉长岩为例，论述北大别碰撞后基性岩浆作用及其对山根垮塌的响应。

1. *岩石学特征*

道士冲地区的变质辉长岩已经面理化[图 4-29(a)]。其主要矿物组成为辉石＋角闪石＋斜长石＋钾长石＋石英＋绿泥石，并包含锆石、钛铁矿、磁铁矿等副矿物[图 4-29(b)]。不同地点变质辉长岩的产状存在一定的差异，部分岩石的粒度较粗，部分则较细，指示它们已经发生了一定程度的变质和变形作用，主要表现为矿物的定向排列和拉长[图 4-29(b)]。

(a)

(b)

图 4-29　道士冲变质辉长岩的野外照片

(a)变质辉长岩，发育节理；(b)面理化变质辉长岩

2. 年代学特征

道士冲变质辉长岩中的锆石通常无色透明，呈棱柱状、半自形，其粒径为 100～300 μm，长宽比为 2∶1～3∶1［图 4-30(a)］。在 CL 图像中，锆石发育明显的核-边结构：核部发育明显的岩浆振荡韵律环带和熔蚀结构；边部为灰色，无明显分带。锆石 SHRIMP U-Pb 年代学结果［图 4-30(b)］显示，12 个核部分析点的 $^{206}Pb/^{238}U$ 年龄的加权平均值为(134±4) Ma(MSWD = 0.26，n=12)，其 Th、U 含量相对较高，分别为 46～1017 ppm 和 59～252 ppm，Th/U 值为 0.76～4.04［图 4-31(a)］；6 个边部分析点的 $^{206}Pb/^{238}U$ 年龄的加权平均值为(124±7) Ma(MSWD = 0.26，n=6)，其 Th、U 含量相对较低，分别为 17～36 ppm 和 36～73 ppm，Th/U 值为 0.35～0.83［图 4-31(a)］。对该样品已获得年龄数据的锆石分析点进行原位微量元素分析［图 4-31(b)］，结果显示锆石核部和边部均亏损 LREE，富集 HREE，发育明显 Ce 异常，无明显 Eu 异常(核部和边部的 δ_{Eu} 值分别为 0.55～0.88 和 0.39～

2.23)。锆石核部的总稀土元素含量(114～3483 ppm)相对较高，重稀土元素分异较小(Gd_N/Yb_N = 0.05～0.21)；而锆石边部总稀土元素含量(78～153 ppm)相对较小，重稀土元素分异相对较大(Gd_N/Yb_N = 0.02～0.04)。

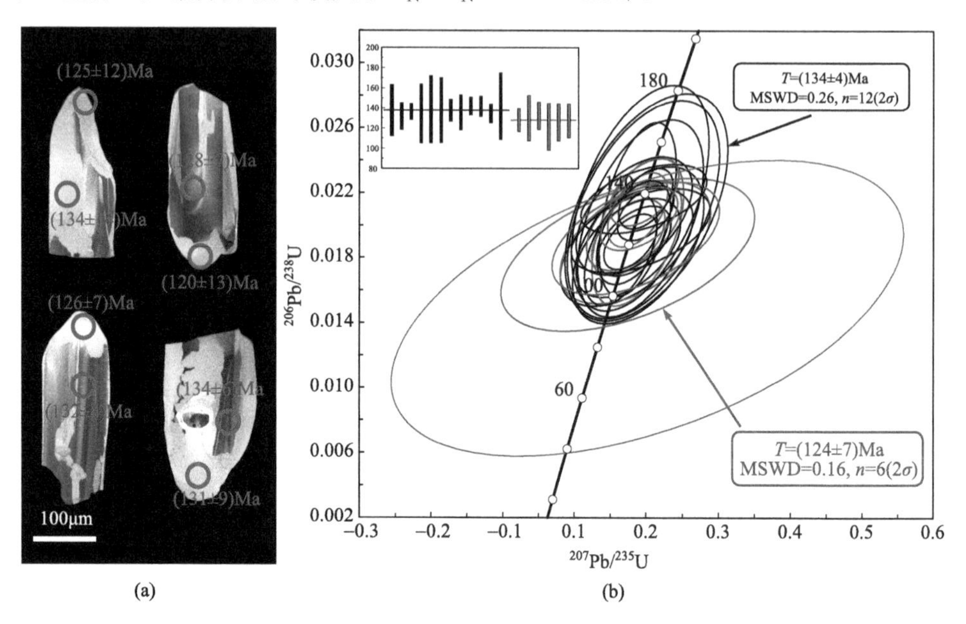

图 4-30 道士冲变质辉长岩代表性锆石的(a)阴极发光图像和(b)锆石 SHRIMP U-Pb 年龄谐和图

图中不确定度使用 2σ；黑色椭圆代表锆石岩浆核部定年结果；红色椭圆代表锆石变质边部定年结果

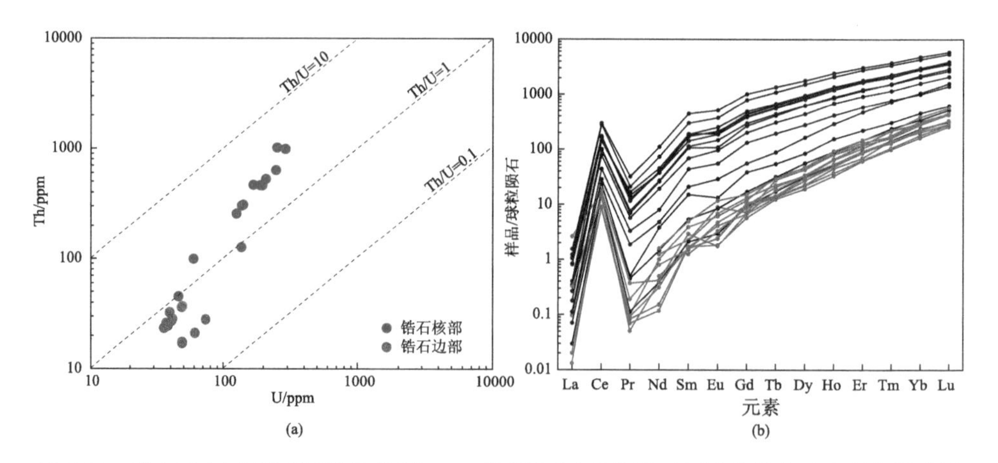

图 4-31 道士冲(a)变质辉长岩的锆石 U-Th 图解和(b)球粒陨石标准化稀土元素配分模式图

3. 地球化学特征

道士冲变质辉长岩的 SiO_2 含量[48.07%～48.81%(质量分数)]较低，全碱含量

[6.54%～6.63%(质量分数)]较高，属于碱性岩石，落于二长辉长岩范围内[图4-32(a)]，$Mg^{\#}$值为47～52。其Na_2O和K_2O含量分别为4.06%～4.32%(质量分数)和2.31%～2.48%(质量分数)，Na_2O/K_2O值为1.64～1.87，属于钾玄岩系列。所有样品都具有较高的Al_2O_3含量[17.90%～18.42%(质量分数)]，其A/CNK和A/NK值变化范围分别为1.13～1.16和1.91～1.92，表现出过铝质特征[图4-32(b)]。

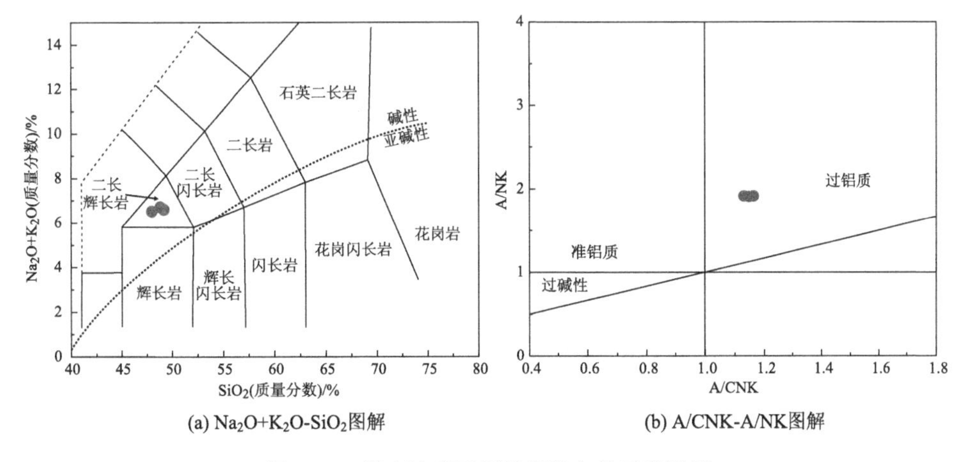

(a) $Na_2O+K_2O-SiO_2$图解　(b) A/CNK-A/NK图解

图4-32　道士冲变质辉长岩的主量元素图解

在球粒陨石标准化稀土元素配分模式图(Boynton, 1984)[图4-33(a)]中，道士冲变质辉长岩表现为右倾型的富集轻稀土元素、亏损重稀土元素模式，轻重稀土元素分异程度较低($La_N/Yb_N = 15.77$～34.81)，未发育明显的Eu异常($\delta_{Eu} = 0.95$～1.08)。在原始地幔标准化元素蜘蛛图解[Sun and McDonough, 1989; 图4-33(b)]中，样品富集大离子亲石元素，亏损高场强和重稀土元素，Nb、Ta、P、Ti负异常，Zr、Hf相对亏损。道士冲变质辉长岩的Sr/Y和La_N/Yb_N值相对较高，而Y和Yb_N值相对较低，其性质类似于埃达克岩[图4-34(a)、(b)]。其Sr、Ba含量远高于地壳值，Fe/Mn值为73～78，指示其原岩岩浆可能来自辉石岩/榴辉岩的部分熔融[图4-34(c)、(d)]。

原位锆石Hf同位素分析结果显示，道士冲变质辉长岩具有相对较低的$^{176}Lu/^{177}Hf$值(0.000267～0.003555)，表明锆石中的放射性成因Hf均形成于锆石结晶之后，即分析获得的Lu-Hf同位素可信度较高，可用于计算初始Hf同位素(Wu et al., 2007a)。计算过程中，分别将锆石核部和边部的初始Hf同位素比值和二阶段模式年龄计算到134 Ma和124 Ma(锆石$^{206}Pb/^{238}U$年龄)，得到如下结果：锆石核部和边部的Hf同位素特征较为一致，核部的$\varepsilon_{Hf}(t)$值和T_{DM2}年龄分别为−26.1～−24.2和2702～2888 Ma，而边部的$\varepsilon_{Hf}(t)$值和T_{DM2}年龄分别为−28.3～

–24.8 和 2741～2958 Ma（图 4-35）。

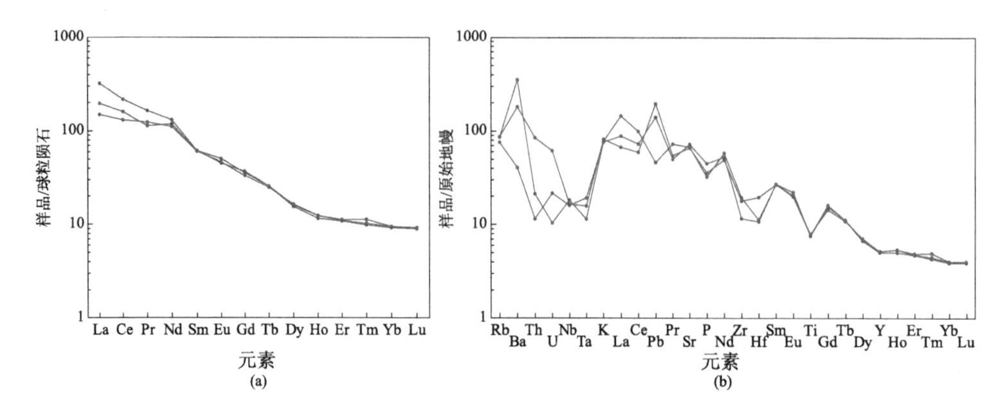

图 4-33　道士冲变质辉长岩的（a）全岩球粒陨石标准化稀土元素配分模式图和（b）对应的原始地幔标准化元素蛛蛛图解

资料来源：球粒陨石和原始地幔的标准化值分别取自 Boynton（1984）、Sun 和 McDonough（1989）

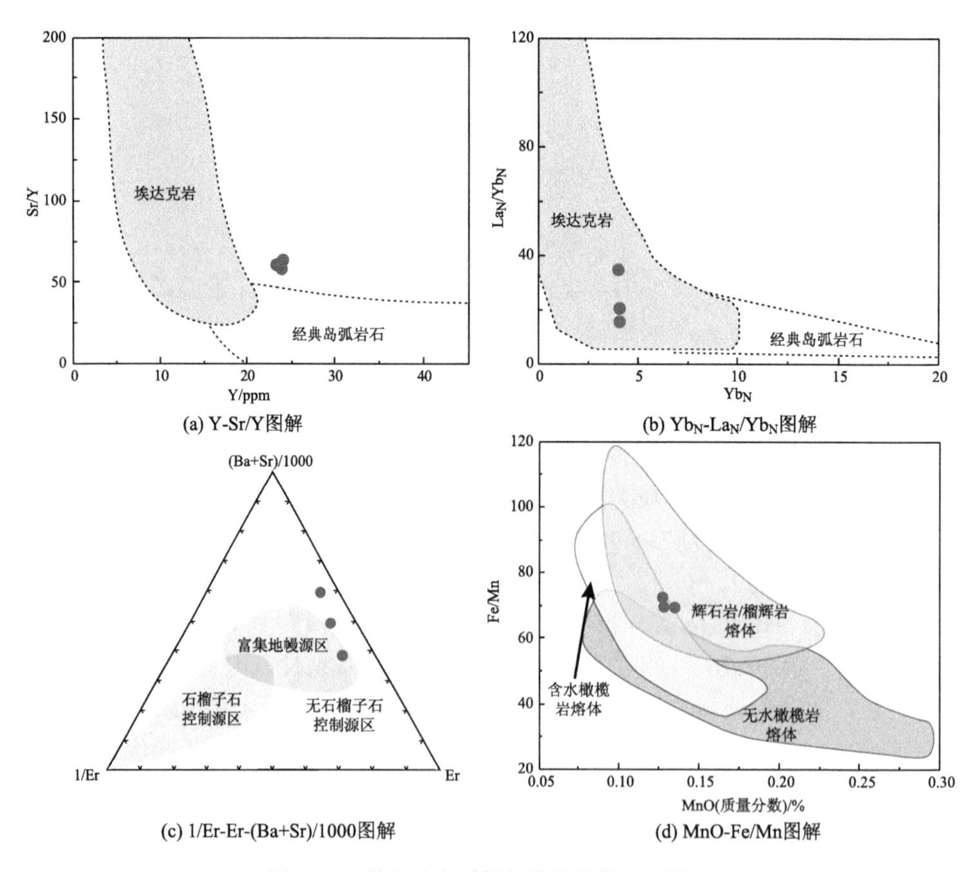

图 4-34　道士冲变质辉长岩的微量元素图解

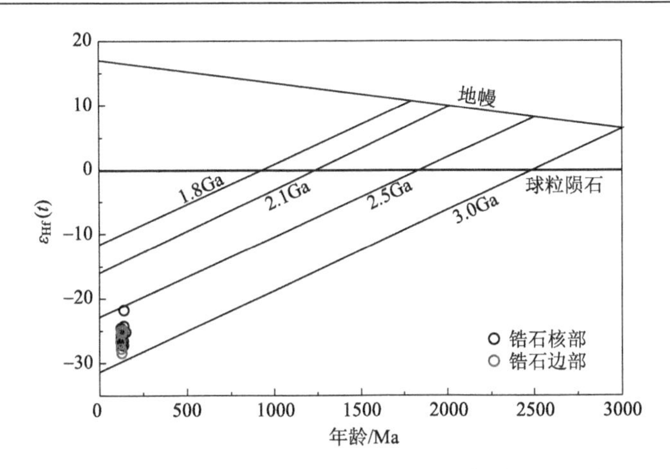

图 4-35 道士冲变质辉长岩的锆石 U-Pb 年龄-$\varepsilon_{Hf}(t)$图解

4. 成因分析

道士冲变质辉长岩的锆石核部 Th/U 值相对较高，并发育明显的岩浆环带，具有典型的岩浆锆石特征，其 $^{206}Pb/^{238}U$ 年龄为(134±4)Ma；而锆石边部的 Th/U 值相对较低，主要表现为面状分带或无分带，指示其变质成因，其 $^{206}Pb/^{238}U$ 年龄为(124±7)Ma。上述证据表明，该地区辉长岩在约 134 Ma 侵位并冷凝成岩，随后于约 124 Ma 经历了热变质作用。变质辉长岩富集 LREE 和 LILE，亏损 HREE 和 HFSE，并具有较高的 Sr、Ba 含量和 Fe/Mn 值，指示其形成可能和富榴辉岩的加厚下地壳与地幔的相互作用有关。辉长岩样品的 U-Pb 地质年代学特征以及锆石 Hf 同位素特征等方面与上文所述北大别变质闪长岩存在较大的相似性，表明其形成于同样的大地构造背景中。

第四节 花岗质片麻岩及 TTG 岩系

北大别片麻岩的岩石类型主要有条带状花岗片麻岩类(或称花岗质片麻岩)，包括英云闪长质片麻岩、花岗闪长质片麻岩及二长花岗质片麻岩等，在北大别广泛分布[图 4-36(a)、(b)]，局部还出露少量钙质片麻岩(又称钙硅酸岩)(如转春河、黄栗园、上土市等地)及 TTG 岩系[如木子店；图 4-36(c)]等。

一、岩石学特征

不同类型花岗质片麻岩在北大别广泛分布，但是，大多数因受燕山期深熔作用和混合岩化作用的影响和改造，多表现为条带状结构，因此又称条带状片麻岩，

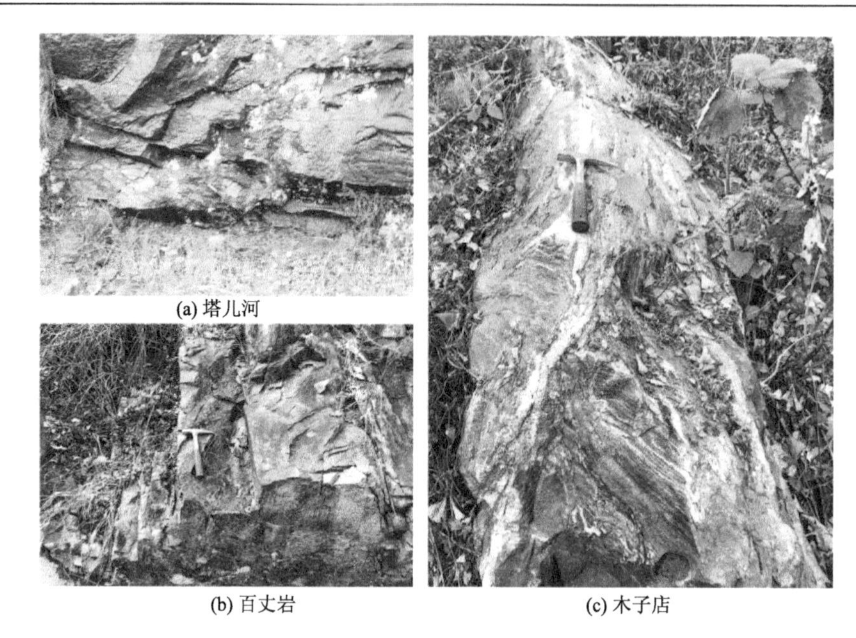

图 4-36　(a)、(b) 北大别花岗质片麻岩和 (c) TTG 片麻岩的野外照片

明显发育片麻理以及不同程度的变形，其主要矿物成分为斜长石+钾长石+黑云母+石英±角闪石，并含有锆石、榍石、金红石以及磁铁矿、钛铁矿等副矿物，局部(如燕子河花岗质片麻岩)中还含有少量的辉石和石榴子石等。钙硅酸岩则零星出露，其主要矿物组成为透辉石+角闪石+长石+黑云母+石英，副矿物主要为榍石、锆石、磁铁矿、钛铁矿以及碳酸盐，局部还发育石榴子石等矿物。TTG 岩系或花岗质片麻岩主要出露于罗田穹隆的木子店、黄土岭等地。

二、锆石 U-Pb 年代学

重点以北大别百丈岩、黄栗园、燕子河、姜家湾、金家铺、塔儿河等地出露的花岗质片麻岩以及木子店 TTG 片麻岩为例，研究它们的锆石 U-Pb 年代学特点及其地质意义。代表性锆石的阴极发光图像和 U-Pb 年龄谐和图分别见图 4-37 和图 4-38。

百丈岩花岗质片麻岩(样品 11BZY6)中的锆石通常为它形到半自形，其粒径为 100～250 μm，长宽比为 1∶1～3∶1。在 CL 图像中，大部分锆石内部发育核-幔-边结构[图 4-37(a)]：核部发育振荡韵律环带，其 U、Th 含量变化范围较大，分别为 46～217 ppm 和 29～174 ppm，Th/U 值为 0.65～2.01，指示其为岩浆成因；幔部分为灰色的内幔和黑色的外幔，内幔为面状分带或无分带，其 U、Th 含量分别为 35～109 ppm 和 14～41 ppm，Th/U 值为 0.22～0.82；外幔一般较窄，面状分

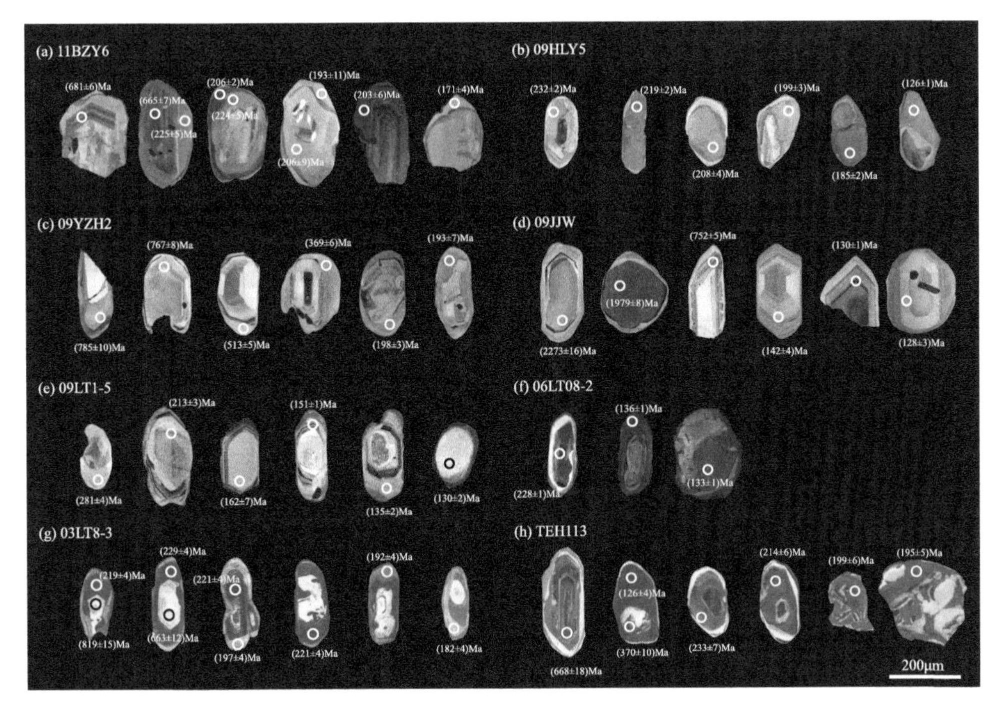

图 4-37 北大别花岗质片麻岩中代表性锆石的阴极发光(CL)图像

带或无分带，其中一个分析点的 Th/U 值为 0.05，U 含量较高(317 ppm)，Th 含量较低(17 ppm)，指示其为变质成因。锆石边部通常呈浅灰色，U 含量为 73～80 ppm，Th 含量为 1.3～1.5 ppm，Th/U 值约为 0.02，无明显分带，指示其为变质成因。分别对该样品锆石的不同区域进行 SHRIMP U-Pb 年代学分析，得到以下结果[图 4-38(a)]：锆石核部的 8 个分析点的 $^{206}Pb/^{238}U$ 年龄范围为(395±7)～(684±12)Ma，且均位于谐和线的下方，显示其在后期变质作用过程中发生了铅丢失。内幔的 22 个分析点的分析年龄均在谐和线上，其 $^{206}Pb/^{238}U$ 年龄范围为(203±6)～(231±9)Ma，加权平均值为(213±8)Ma(MSWD = 0.14，n=22)。锆石外幔因较窄(大多数小于 20 μm)，难以进行年龄测试，仅得到一个谐和的三叠纪年龄记录，为(206±2)Ma。对锆石边部的分析得到了两个谐和的侏罗纪 $^{206}Pb/^{238}U$ 年龄，分别为(193±11)Ma 和(171±4)Ma。

黄栗园花岗质片麻岩(样品 09HLY5)中锆石为它形到半自形，多为不规则形状，粒径为 100～300 μm。CL 图像显示部分锆石颗粒内部发育核-幔-边结构：核部区域阴极发光较弱且无分带，具有明显的变质锆石特征；幔部阴极发光最弱且呈不规则状；边部窄细且阴极发光较强；部分锆石受到后期变质作用完全改造，CL 图像显示无分带或弱分带，但边部有一圈不连续的阴极发光中等的变质边，宽度为 10～20 μm，可能与后期流体作用有关；极少数锆石颗粒呈短柱状，有明

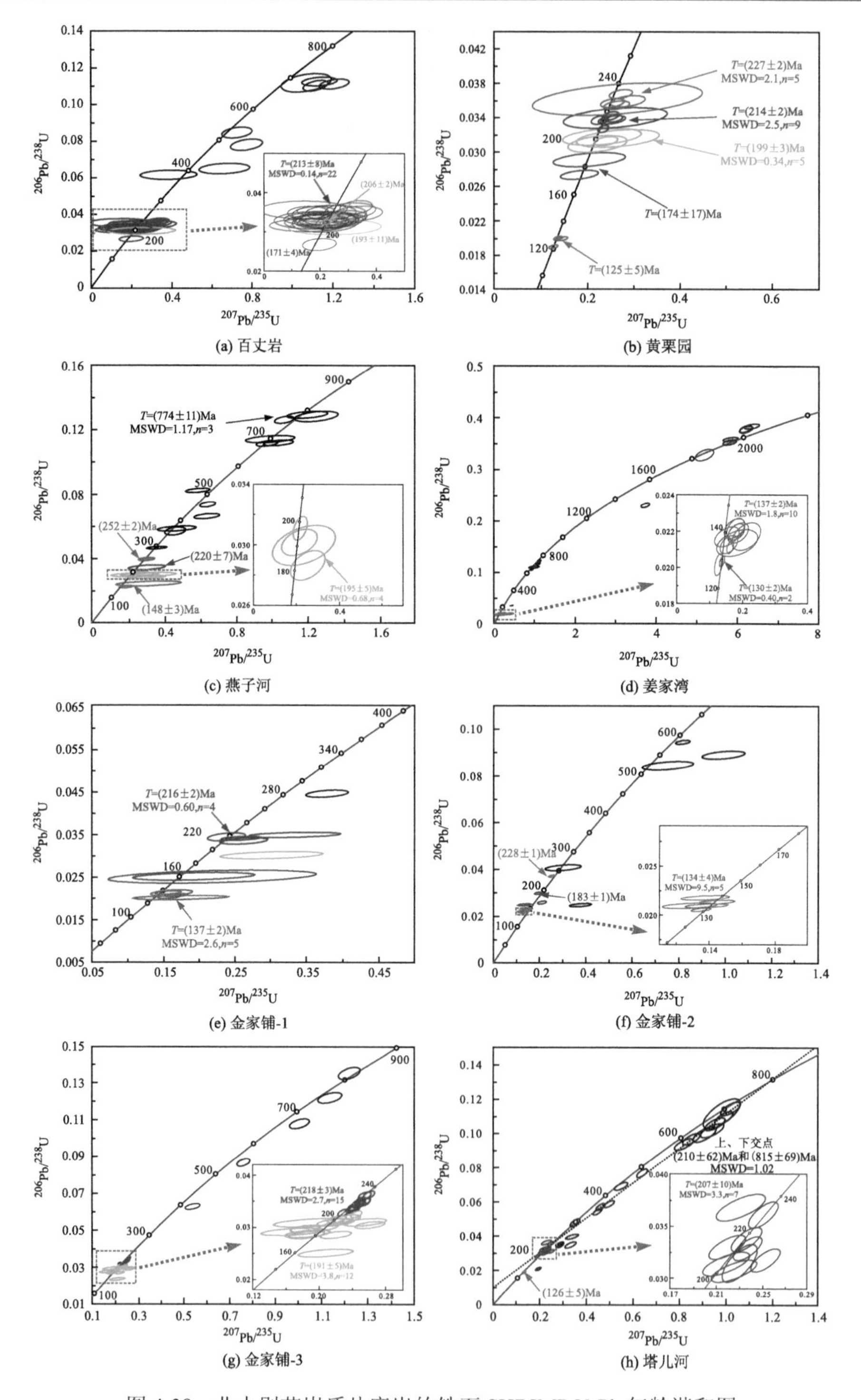

图 4-38　北大别花岗质片麻岩的锆石 SHRIMP U-Pb 年龄谐和图

显的残留核部，幔部保留有极弱的岩浆环带，发育有不连续的边部[图 4-37(b)]。该样品 36 个分析点锆石 U-Pb 同位素分析结果显示，其 U 含量为 3～953 ppm，大多数分析点的 Th 含量较低(1～82 ppm，少数分析点的 Th 含量低于检测限)，Th/U 值为 0.01～0.49(大部分低于 0.1)，指示锆石经历了变质作用。排除部分普通 Pb 含量过高的分析点($^{207}Pb/^{235}U$ 的误差可能相对较高)，其他分析点的大部分年龄较为谐和，主要分布在三叠纪和白垩纪[图 4-38(b)]。三个变质锆石增生边部获得了(120±1)～(127±1)Ma 的 $^{206}Pb/^{238}U$ 白垩纪年龄，Th/U 值为 0.11～0.49，加权平均年龄为(125±5)Ma。三叠纪-侏罗纪的年龄则主要分为四组：①224～232 Ma，加权平均年龄为(227±2)Ma(MSWD = 2.1，n=5)，Th/U 值为 0.03～0.06；②213～220 Ma，加权平均年龄为(214±2)Ma(MSWD = 2.5，n=9)，Th/U 值为 0.02～0.04；③196～203 Ma，加权平均年龄为(199±3)Ma(MSWD = 0.34，n=5)，Th/U 值变化范围较大(0.01～0.16)；④(171±1)Ma 和(185±2)Ma，Th/U 值分别为 0.60 和 0.45，加权平均年龄为(174±17)Ma。

燕子河地区花岗质片麻岩(样品 09YZH2)的锆石颗粒多为半自形，长柱状或碎片状，其长度为 150～200 μm，长宽比为 1∶1～3∶1。CL 图像显示样品锆石颗粒发育有多期变质，后期重结晶作用导致先存锆石发生了 Pb 丢失。部分锆石颗粒保留了核-幔-边结构：核部阴极发光较暗，无明显分带；幔部具有中等强度的阴极发光且部分保留有岩浆振荡环带；边部较窄且不连续，阴极发光较暗，指示锆石遭受过不同程度的变质作用；边部则因较窄而难以进行年代学分析[图 4-37(c)]。此外，少数颗粒呈扇形分带，具有明显的变质锆石特征。对锆石颗粒的 SHRIMP U-Pb 年代学测定得到了 22 个有效数据[图 4-38(c)]。分析点的 U、Th 含量的变化范围分别为 18～612 ppm 和 1～211 ppm，Th/U 值为 0.01～1.36。部分数据点位于谐和线下方，与锆石重结晶导致 Pb 丢失有关。发育岩浆振荡环带的锆石颗粒核部得到了新元古代 $^{206}Pb/^{238}U$ 年龄[(681～779)Ma]，其中三个较老的谐和年龄的加权平均值为(774±11)Ma(MSWD = 1.17，n=3)，这些分析点的 Th/U 值为 0.94～1.36，属于典型的岩浆锆石，代表原岩时代。在锆石阴极发光较暗的外幔部获得了 187～198 Ma 的年龄，其加权平均值为(195±5)Ma(MSWD = 0.68，n=4)。此外，内幔和边部还获得了 3 个谐和年龄，分别为(252±2)Ma、(220±7)Ma 和(148±3)Ma，指示三叠纪变质及白垩纪热变质或深熔作用。

姜家湾花岗质片麻岩(样品 09JJW)锆石多呈半自形，粒状或碎片状，长度为 200～400 μm。在 CL 图像上，表现为复杂的核-幔-边结构：部分锆石颗粒阴极发光弱，核部多呈灰黑色且无明显分带，可能与深熔作用有关；幔部偶见明显的岩浆振荡环带；边部较窄且不规则[图 4-37(d)]。该样品中锆石的 U、Th 含量分别为 39～455 ppm 和 29～338 ppm，Th/U 值为 0.11～1.74。阴极发光弱的锆石灰黑色核部无振荡环带，U 含量(99～455 ppm)和 Th/U 值(0.11～0.54)相对较高，其

$^{206}Pb/^{238}U$ 年龄范围为 1832～2273 Ma，大多数锆石发生了 Pb 丢失而偏离谐和线，仅有两个谐和年龄分别为(1979±8) Ma 和(1951±10) Ma[图 4-38(d)]。上述特征显示其为继承锆石，且具有类似黄土岭中酸性麻粒岩中典型的麻粒岩相变质锆石特征(Wu et al., 2008)，表明继承锆石的源区岩石在古元古代经历了麻粒岩相变质作用，类似岩石在宿松变质带也有发现(李远等，2018)。在发育明显的岩浆结晶环带的锆石区域得到了 4 个新元古代年龄(657～752 Ma)，其中一个谐和的年龄为(752±5) Ma，表明该片麻岩样品的原岩形成于新元古代。锆石边部获得了两组白垩纪年龄：①加权平均年龄为(137±2) Ma(MSWD = 1.8，n=10)，Th/U 值为 0.18～1.34；②加权平均年龄为(130±2) Ma(MSWD = 0.4，n=2)，Th/U 值为 0.57～1.74。锆石边部具有相对较高的 Th/U 值，可能归因于白垩纪构造热事件的影响。

对金家铺地区的三个花岗质片麻岩样品的锆石阴极发光图像和年代学分析，得到了以下结果。

第一个样品(09LT1-5)的锆石 CL 图像显示，其主要呈自形到半自形，长柱状或碎片状，长度为 100～200 μm，长宽比为 1∶1～4∶1。部分锆石发育较弱的核-幔-边结构：阴极发光较强的核部、保留较弱的岩浆环带的幔部和阴极发光较弱的边部，少数锆石颗粒边部发育熔蚀结构，指示后期流体作用[图 4-37(e)]。其他锆石无明显分带，阴极发光较弱，与上述锆石边部特征一致，指示其可能为深熔成因(Oliver et al., 1999; Keay et al., 2001; Foster et al., 2001)。锆石的 U、Th 含量变化范围分别为 18～1559 ppm 和 0.03～133 ppm，大部分测试点的 Th/U 值小于 0.1。排除普通铅含量过高的测试点后，部分测试点位于谐和线下方，指示锆石后期重结晶过程中的 Pb 丢失作用。此外，获得的谐和 $^{206}Pb/^{238}U$ 年龄可以分为两期[图 4-38(e)]：①213～222 Ma，加权平均年龄为(216±2) Ma(MSWD = 0.60，n=4)，Th/U 值为 0.02～0.08，其矿物包裹体主要为石榴子石、榍石和辉石，指示变质成因；②130～139 Ma，加权平均年龄为(137±2) Ma(MSWD = 2.6，n=5)，U 含量较高(266～432 ppm)，其矿物包裹体主要为石英、斜长石、黑云母等，指示其为深熔成因。

第二个样品(06LT08-2)的锆石颗粒多呈半自形到它形，长柱状或短柱状，长度为 50～150 μm，具有斑杂状分带，多数含有包裹体。大多数锆石颗粒无残留的岩浆振荡环带核部，边部形状不规则，指示后期变质事件。部分锆石发育较弱的核-幔-边结构：核部无明显分带，部分发育熔蚀结构，指示后期流体作用；幔部阴极发光较强；边部阴极发光较暗且较窄[图 4-37(f)]。锆石 U 含量变化范围较大(3～1226 ppm)，Th 含量则多低于检测限，Th/U 值大多低于 0.1。锆石 SHRIMP U-Pb 年代学分析结果[图 4-38(f)]显示，少数分析点分布于谐和线的下方，显示其发生了 Pb 丢失；锆石边部获得了 5 个谐和的白垩纪年龄(130～138 Ma)，加权平均值为(134±4) Ma(MSWD = 9.5，n=5)；锆石内幔获得了一个谐和的三叠纪变质年龄[(228±1)Ma]；此外，外幔还获得了一个(183±1)Ma的谐和年龄。

第三个样品(03LT8-3)中的锆石通常呈长棱柱状，自形到半自形，锆石长度为100～300 μm，长宽比为2∶1～4∶1。CL图像显示，大部分锆石具有明显的核-幔-边结构：较亮的核部、黑色的内幔、灰色的外幔和较薄的灰色边。锆石核部通常具有发育明显的振荡韵律环带并包含岩浆矿物包裹体(如钾长石、石英、黑云母、磷灰石等)，而内幔、外幔和边部则通常呈面状分带或无分带[图4-37(g)]。锆石不同区域的SHRIMP U-Pb年代学结果[图4-38(g)]显示：核部的$^{206}Pb/^{238}U$年龄变化范围为394～819 Ma，Th/U值为0.84～1.73，指示其为岩浆成因，其中一个谐和年龄为(819±15)Ma，指示原岩的形成时代，而其余锆石核部均发生了Pb丢失而偏离谐和线；内幔的$^{206}Pb/^{238}U$年龄为213～230 Ma，加权平均年龄为(218±3)Ma(MSWD = 2.7, n = 15)，Th/U值均小于0.02，属于变质生长锆石，可以分为两组年龄，即(224±3)Ma(MSWD = 0.67, n = 7)和(214±3)Ma(MSWD = 1.02, n = 8)，结合其中的石榴子石等高压变质矿物包裹体指示该年龄是花岗质片麻岩的变质峰期；外幔的形状较为多变，年龄范围为181～201 Ma，加权平均年龄为(191±5)Ma(MSWD = 3.8, n =12)，Th/U值均小于0.02，并缺乏高压矿物包裹体，指示退变质过程；此外，外幔还得到了两个年龄记录，分别为(160±4)Ma的不谐和年龄和(206±3)Ma的内幔-外幔混合年龄；锆石边部则通常因较薄(小于10 μm)而无法进行锆石年代学分析。

塔儿河花岗质片麻岩(样品TEH113)中的锆石多呈它形，浑圆形，长度为150～400 μm，长宽比为1∶1～2∶1，且发育核-幔-边结构：锆石核部发育明显的振荡环带，显示其为岩浆成因，形状多变，发育钾长石、石英、黑云母、磷灰石等岩浆矿物包裹体；内幔通常呈深灰色，其中发育金刚石、金红石、石榴子石等超高压矿物和透辉石等相对低压的矿物(可能归因于受变质作用中缺乏流体)包裹体；外幔通常呈均质无分带的浅灰色并包裹内幔；边部通常呈黑色且较薄，其Th/U值相对较高(0.12～0.40)，指示其为岩浆生长边[图4-37(h)]。锆石核部的Th/U值为0.18～1.47，$^{206}Pb/^{238}U$年龄为342～700 Ma，且沿不谐和线分布，其上、下交点年龄分别为(815±69)Ma和(210±62)Ma(MSWD = 1.02)[图4-38(h)]，分别对应于新元古代的岩浆结晶时代和三叠纪变质作用。内幔的年龄范围为195～229 Ma，Th/U值通常小于0.09，属于变质生长锆石。根据三叠纪变质锆石中金刚石和金红石等矿物包裹体(Liu et al., 2007d)，指示该花岗质片麻岩经历了印支期超高压变质作用。锆石外幔因较薄，低于仪器测试束斑直径，未获得有效数据；锆石边部通常较薄，两个分析点得到了相同的$^{206}Pb/^{238}U$年龄[(126±4)Ma)]，加权平均值为(126±5)Ma，指示燕山期热变质和混合岩化作用的时代。

此外，罗田穹隆地区还零星分布太古宙TTG片麻岩，如木子店和黄土岭等地。其中，木子店太古宙花岗质片麻岩中的锆石通常无色透明，呈半自形到它形，粒径为 100～400 μm，长宽比为 1∶1～3∶1。其内部也发育核-幔-边结构：核部通常具有明显的振荡韵律环带，其 Th、U 含量较高，分别为 59～516 ppm 和 156～800 ppm，Th/U 值为 0.27～0.67，指示其为岩浆成因。锆石核部的 SHRIMP U-Pb 年代学分析结果表明，其 $^{207}Pb/^{206}Pb$ 年龄为 3224～3598 Ma，大部分锆石核部均发生了不同程度的铅丢失，一颗锆石的核部得到了一个较老的 $^{207}Pb/^{206}Pb$ 谐和年龄，为(3598±26) Ma，与不谐和线的上交点年龄为(3553±240) Ma(MSWD = 6.3)在误差范围内一致，指示其原岩时代约为 3.6 Ga。锆石的内幔通常呈面状分带或无分带结构，该区域的 4 个分析点的 $^{207}Pb/^{206}Pb$ 加权平均年龄为(2457±10) Ma(MSWD = 0.56)，代表一期变质时代。锆石的外幔通常也呈面状分带或无分带，其 $^{207}Pb/^{206}Pb$ 加权平均年龄为(2062±24) Ma(MSWD = 1.7, n = 2)，代表了另一期变质时代，与黄土岭中酸性麻粒岩相变质时代一致。而且，在部分锆石的最外增生边还获得了 122～123 Ma 的 $^{206}Pb/^{238}U$ 的谐和年龄，指示其后期经历了白垩纪的热事件以及部分熔融和混合岩化作用。

三、地球化学特征

北大别片麻岩按照其中锆石 U-Pb 年龄分布可分为两类：太古宙 TTG 片麻岩和新元古代花岗质片麻岩。太古宙 TTG 片麻岩的 SiO_2 和全碱(Na_2O+K_2O)含量分别为 62.72%～67.47%(质量分数)和 6.66%～6.97%(质量分数)，在 TAS 图解中主要分布于花岗闪长岩区域；而新元古代花岗质片麻岩的 SiO_2 和全碱含量分别为 68.04%～75.98%(质量分数)和 5.56%～9.90%(质量分数)，主要为花岗闪长岩-花岗岩[图 4-39(a)]。太古宙 TTG 片麻岩的 Al_2O_3、CaO、Na_2O 和 K_2O 含量变化范围分别为 15.29%～16.05%(质量分数)、2.91%～3.85%(质量分数)、3.69%～4.17%

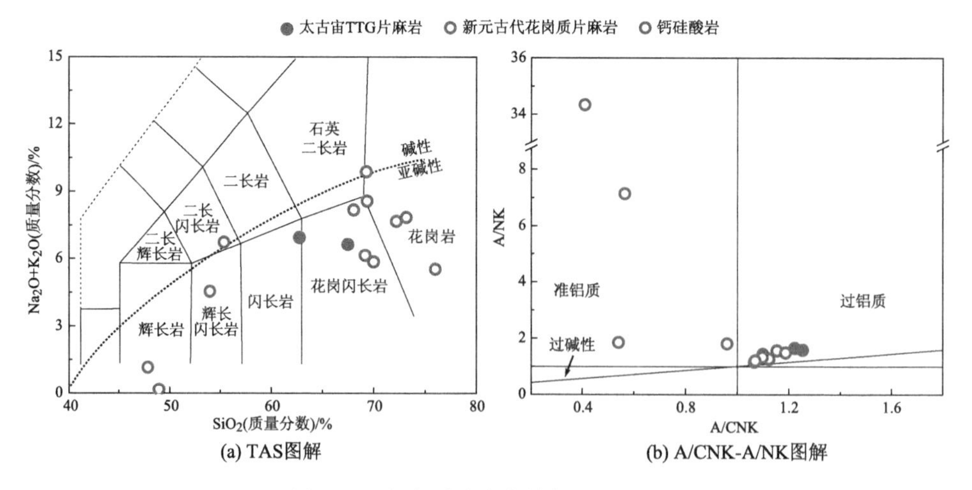

(a) TAS图解　　(b) A/CNK-A/NK图解

图 4-39　北大别片麻岩的主量元素图解

(质量分数)和 2.49%～3.28%(质量分数)，计算得到 A/CNK 和 A/NK 值分别为 1.22～1.25 和 1.60～1.67；新元古代花岗质片麻岩的 Al_2O_3、CaO、Na_2O 和 K_2O 含量变化范围分别为 13.06%～15.52%(质量分数)、1.54%～3.66%(质量分数)、3.69%～4.86%(质量分数)和 0.82%～5.75%(质量分数)，其 A/CNK 和 A/NK 值相对偏低，分别为 1.07～1.19 和 1.18～1.58，二者均属于过铝质系列[图 4-39(b)]。

Hacker 图解显示北大别片麻岩的 FeO_T、Al_2O_3、MgO、CaO、TiO_2 和 P_2O_5 的含量与 SiO_2 含量呈明显的负相关性[图 4-40(a)～(f)]，指示这些样品经历过类似的岩浆分异过程。此外，其 Na_2O[3.69%～4.86%(质量分数)]和 K_2O [0.82%～5.75%(质量分数)]含量却与 SiO_2 含量无明显相关性[图 4-40(g)、(h)]，可能与后期熔流体活动有关。两类片麻岩具有类似的相关性，指示二者可能存在成因上的联系。

球粒陨石标准化稀土元素配分模式图[图 4-41(a)]显示，北大别片麻岩均表现为平坦的 HREE，较为陡峭的 LREE，弱的或无 Eu 异常，Eu/Eu*值为 0.44～1.31。其∑REE 变化范围为 78～304 ppm，La_N/Yb_N 变化范围较大(3.67～82.15)，明显富集 LREE，可能与其易受后期的流体活动影响有关。原始地幔标准化元素蛛网图解[图 4-41(b)]显示，片麻岩明显富集大离子亲石元素(如 Ba、Th、U、Pb 和 Sr 等)，相对亏损高场强元素(如 Nb、Ta 和 Ti)，并发育明显的 P 负异常且无明显的 Zr 和 Hf 的分异，具有明显的陆壳特征。

Nb 是高场强元素，具有流体不活动性特点，在变质过程中通常较为稳定，而大离子亲石元素 Pb 和 Rb 在变质脱水过程中具有较强的活动性。片麻岩的 Nb 含量与 Pb、Rb 含量具有一定的相关性[图 4-42(a)、(b)]，指示其并未受到强烈的后期流体作用影响。陆壳岩石经历过混合岩化作用后，其微量元素特征通常与岛弧岩石类似，富集大离子亲石元素，亏损高场强元素(Hawkesworth et al., 1997; Elburg et al., 2002; Guo et al., 2007)。Ba-Ba/Nb 和 Th/Nb-Ba/Nb 图解显示，片麻岩具有较高的 Ba/Nb 和 Th/Nb 值，指示其具有岛弧岩石的特征，与北大别片麻岩经历了混合岩化作用或陆壳物质的再循环有关。Nb/Y-Ba 和 Th/Zr-Nb/Zr 图解[图 4-42(c)、(d)]显示，片麻岩的 Ba 含量(104～2596 ppm)和 Nb/Y 值(0.31～1.37)变化范围较大，说明其后期分别经历了流体和熔体作用。

北大别钙硅酸岩或钙质片麻岩的 SiO_2 和全碱(Na_2O+K_2O)含量分别为 47.82%～55.32%(质量分数)和 0.18%～6.75%(质量分数)，在 TAS 图解中主要分布于辉长岩-辉长闪长岩-二长闪长岩区域[图 4-39(a)]。其 Al_2O_3、CaO、Na_2O 和 K_2O 含量变化范围分别为 9.84%～18.33%(质量分数)、9.93%～26.11%(质量分数)、0.16%～4.91%(质量分数)和 0.11%～1.84%(质量分数)，计算得到 A/CNK 和 A/NK 值分别为 0.41～0.96 和 1.82～34.35，属于准铝质系列[图 4-39(b)]。而在 Hacker 图解(图 4-40)中，钙硅酸岩的氧化物成分与全岩 SiO_2 含量无明显相关

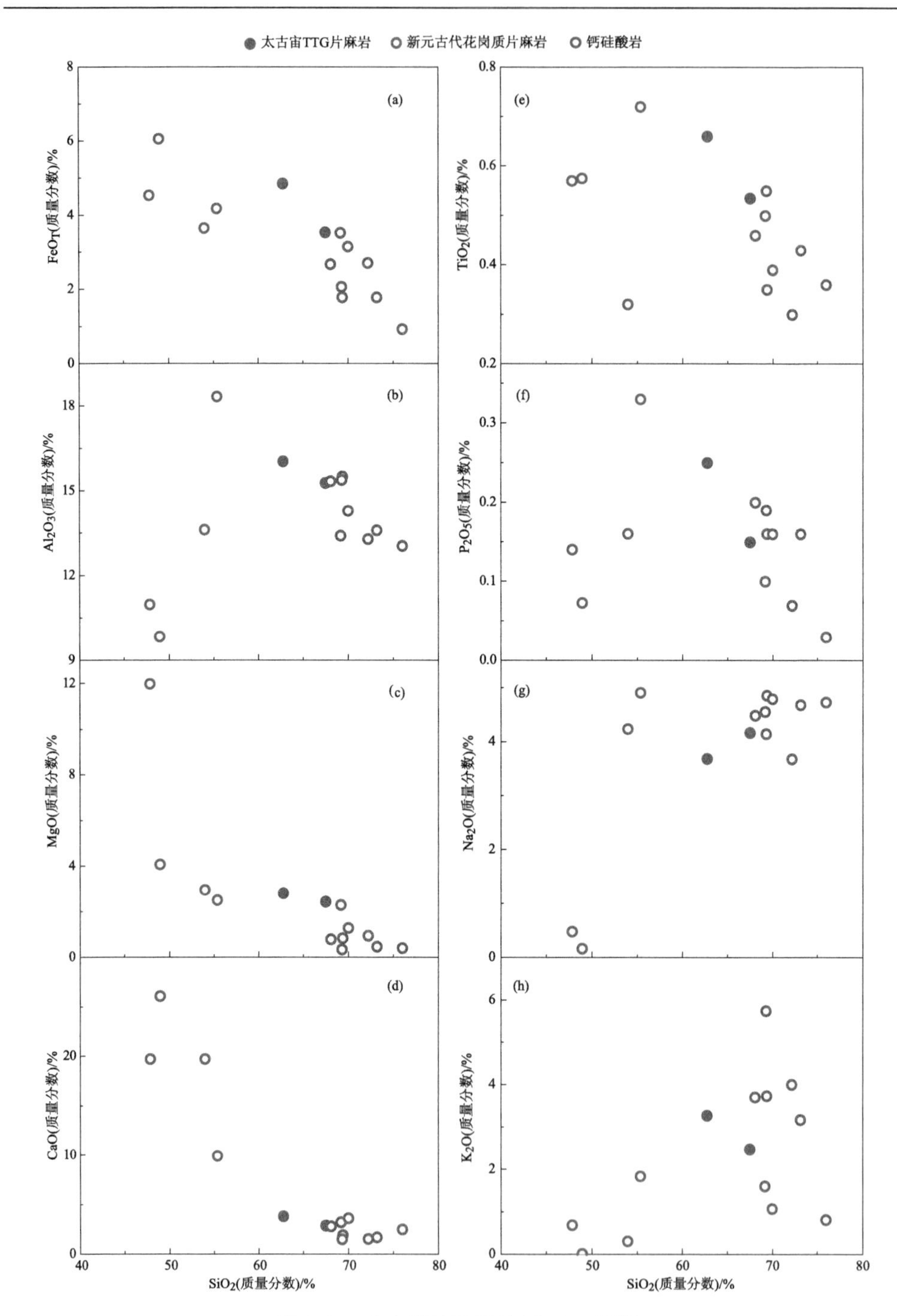

图 4-40 北大别片麻岩的 Hacker 图解

(a) SiO_2-FeO_T 图解;(b) SiO_2-Al_2O_3 图解;(c) SiO_2-MgO 图解;(d) SiO_2-CaO 图解;(e) SiO_2-TiO_2 图解;(f) SiO_2-P_2O_5 图解;(g) SiO_2-Na_2O 图解;(h) SiO_2-K_2O 图解

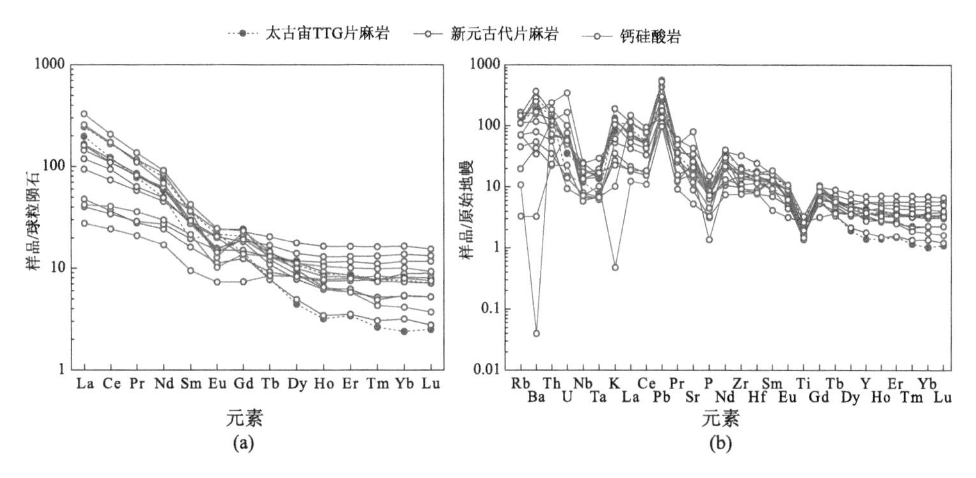

图 4-41　北大别片麻岩的(a)球粒陨石标准化稀土元素配分模式图和(b)原始地幔标准化元素蜘蛛图解

资料来源：球粒陨石及原始地幔标准化值分别来自 Boynton(1984)、Sun 和 McDonough(1989)

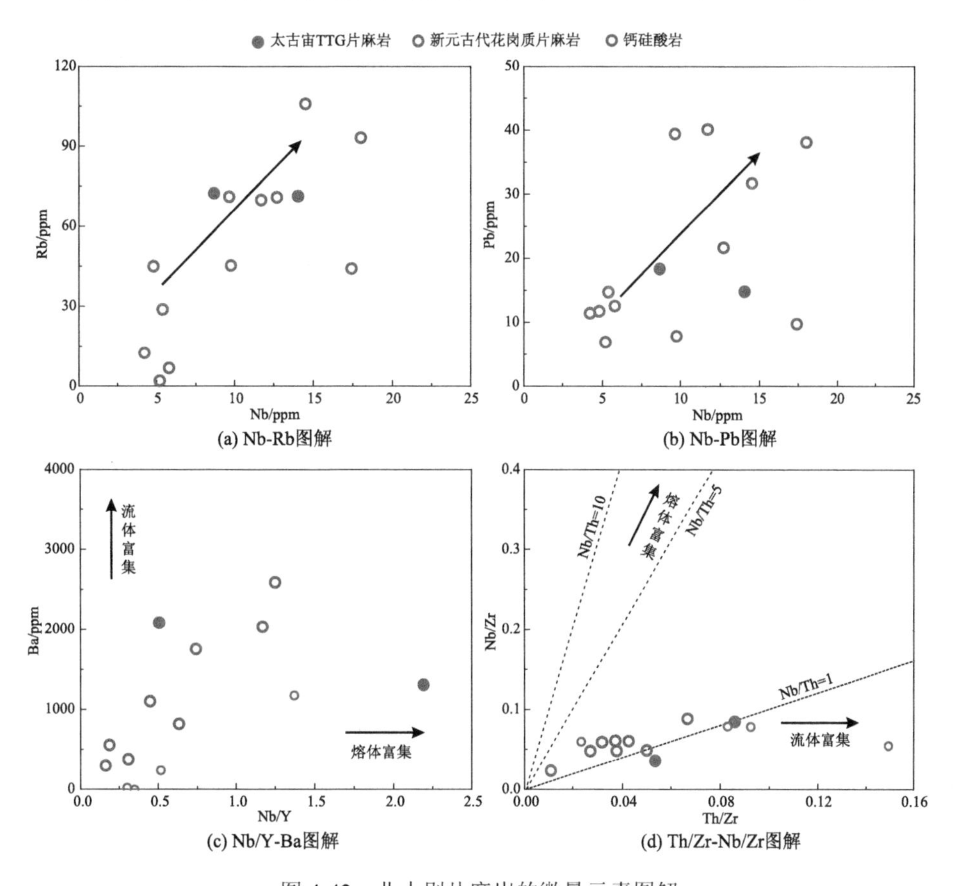

图 4-42　北大别片麻岩的微量元素图解

性。在球粒陨石标准化稀土元素配分模式图[图 4-41(a)]中，钙硅酸岩表现出与花岗质片麻岩相似的平坦的 HREE，较为陡峭的 LREE，弱的或无 Eu 异常的特征，其 Eu/Eu*值为 0.59～0.88。其∑REE 变化范围为 53～365 ppm，La_N/Yb_N 变化范围较大(3.47～79.04)，明显富集 LREE，可能与其易受后期的流体活动影响有关。在原始地幔标准化元素蜘蛛图解[图 4-41(b)]中，钙硅酸岩同样富集大离子亲石元素(如 Ba、Th、U、Pb 和 Sr 等)，亏损高场强元素(如 Nb、Ta 和 Ti)，并发育明显的 P 负异常且无明显的 Zr 和 Hf 的分异，反映其陆壳物源。此外，北大别钙硅酸岩的 Nb、Pb 含量和 Rb 含量无明显的相关性[图 4-42(a)、(b)]，表明 Pb 和 Rb 发生了明显的迁移，指示该类样品相较同区域花岗质片麻岩受到了更强烈的流体作用。在 Ba/Nb-Ba 和 Ba/Nb-Th/Nb 图解上，钙硅酸岩样品的 Ba/Nb 和 Th/Nb 值相对花岗质片麻岩较低，但主要仍落于岛弧玄武岩范围内，具有岛弧岩石的特征，指示其同样经历了混合岩化作用。钙硅酸岩的 Ba 含量(0～1179 ppm)、Nb/Y 值(0.30～1.37)和 Th/Zr 值(0.02～0.15)变化范围较大，指示其形成后经历了变质流体和部分熔融作用的共同影响[图 4-42(c)、(d)]。

北大别片麻岩的全岩 Rb、Sr、Sm、Nd 含量变化范围依次为 11.58～88.17 ppm、163.38～686.64 ppm、3.12～7.21 ppm 和 13.46～49.27 ppm。样品的初始 $^{87}Sr/^{86}Sr$ 值(计算到 220 Ma)为 0.70572～0.72180，除燕子河的一个样品外，大部分样品的值在 0.71000 附近。将新元古代花岗质片麻岩样品的 Sr-Nd 同位素计算到 t = 220 Ma(锆石结晶年龄)，其 $\varepsilon_{Nd}(t)$ 均为负值，变化范围相对较大(–18.4～–0.8)。在 $^{87}Sr/^{86}Sr_i$-$\varepsilon_{Nd}(t)$ 图解(图 4-43)中，新元古代花岗质片麻岩均落在第四象限，说明样品的源区物质来自陆壳。其二阶段模式年龄 T_{DM2} 变化范围较大(1062～2487 Ma)，指示其是由新生地壳和古老地壳的重熔形成的。太古宙 TTG 片麻岩样品(姜家湾)的 Sr-Nd 同位素计算到其锆石结晶年龄(约 1950 Ma)，得到 $^{87}Sr/^{86}Sr_i$ 和 $\varepsilon_{Nd}(t)$ 值分别为 0.70417 和 8.02，其二阶段 Nd 模式年龄与锆石结晶年龄较为接近，指示其可能来自新生地壳。钙硅酸岩的 Sr-Nd 同位素特征与中生代花岗岩较为接近，其 $^{87}Sr/^{86}Sr_i$ 和 ε_{Nd}(220 Ma)值分别为 0.70863～0.71273 和–18.95～–9.82。

北大别片麻岩样品的 U 含量(0.20～1.30 ppm)较低，Pb 含量(11.5～40.2 ppm)较高，U/Pb 值为 0.017～0.168。大部分花岗岩样品的 U/Pb 值接近于下地壳平均值而低于上地壳，而黄栗园部分样品的 U/Pb 值略高于酸性样品和上地壳，可能与后期经历的流体作用有关。北大别太古宙 TTG 片麻岩(姜家湾)的初始 $^{206}Pb/^{204}Pb$、$^{207}Pb/^{204}Pb$ 和 $^{208}Pb/^{204}Pb$ 值(计算到 1950 Ma)分别为 16.295、15.347 和 33.390；新元古代花岗质片麻岩的初始 $^{206}Pb/^{204}Pb$ 值、$^{207}Pb/^{204}Pb$ 值和 $^{208}Pb/^{204}Pb$ 值(计算到 220 Ma)变化范围依次为 16.476～17.180、15.271～15.517 和 36.973～37.920；钙硅酸岩的初始 Pb 同位素比值(计算到 220 Ma)则相对偏高，依次为

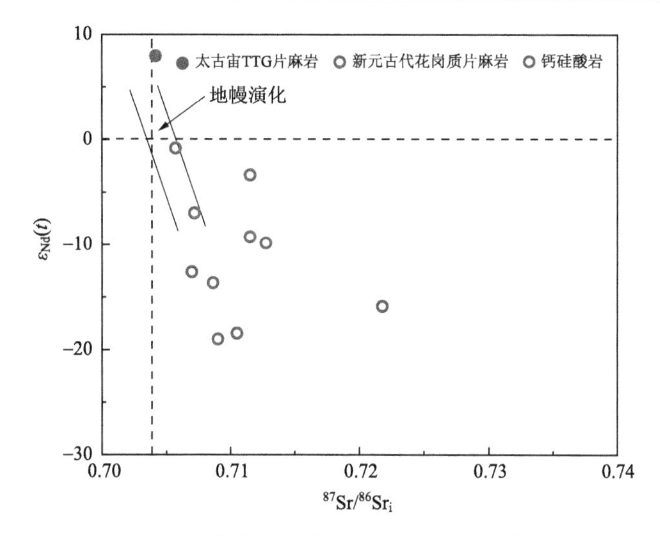

图 4-43　北大别片麻岩的 Sr-Nd 同位素图解

太古宙 TTG 片麻岩的 Sr-Nd 初始值计算到 $t = 1950$ Ma；新元古代花岗质片麻岩和钙硅酸岩的 Sr-Nd 初始值均计算到 $t = 220$ Ma

16.704～17.585、15.340～15.529 和 37.435～37.962。北大别片麻岩的大部分样品点落在北半球大洋玄武岩参考线 NHRL（Hart, 1984）的上方（图 4-44），更接近下地壳 Pb 同位素特征。值得注意的是，当岩浆结晶时进入长石结晶格架中的 Pb 及其同位素组成基本长期保持不变，因而可以记录岩石最初的 Pb 同位素组成（张理刚，1988）。太古宙 TTG 片麻岩（姜家湾）中斜长石的初始 $^{206}Pb/^{204}Pb$ 值、$^{207}Pb/^{204}Pb$ 值和 $^{208}Pb/^{204}Pb$ 值依次为 16.528、15.363 和 37.489；新元古代花岗质片麻岩中斜长石的 Pb 同位素比值则依次为 16.428～17.397、15.268～15.412 和 37.204～37.980；钙硅酸岩中的斜长石 Pb 同位素比值则依次为 16.994～18.589、15.383～15.572 和 37.448～38.395。片麻岩中的斜长石 Pb 同位素均落在北半球大洋玄武岩参考线的上方（图 4-44），花岗质片麻岩样品更接近于下地壳演化线，而钙硅酸岩中的 Pb 同位素组成则接近上地壳演化线，表现为稍高的放射性成因 Pb 同位素特征。

木子店太古宙 TTG 片麻岩的原位锆石 Hf 同位素分析测试结果表明，锆石具有较低的 $^{176}Lu/^{177}H$ 值（0.000028～0.001089），指示锆石中的放射性成因 Hf 均形成于锆石结晶之后，因此测得的 Lu-Hf 同位素结果可信度较高，可用于进行初始 Hf 同位素计算（Wu et al., 2007a）。在计算过程中，采用上述的锆石核部（3600 Ma）、幔部（2450 Ma）和边部（2060 Ma）的近似 SHRIMP U-Pb 年龄计算初始同位素比值以及二阶段模式年龄。对燕子河样品中锆石核部的 7 个分析点、幔部的 5 个分析点和边部的 4 个分析点进行测试，得到一致的 $^{176}Hf/^{177}Hf$ 值（0.280362～0.280767），指示锆石的幔部和边部为变质生长或固态变质重结晶的产物，其形成过程中未受到外来物质的干扰。锆石核部的 $\varepsilon_{Hf}(t)$ 值和 T_{DM2} 年龄分别为–12.2～–6.6 和 4147～4297 Ma；锆石幔部的 $\varepsilon_{Hf}(t)$ 值和 T_{DM2} 年龄分别为–30.0～–16.8 和 3986～4766 Ma；锆石边部的 $\varepsilon_{Hf}(t)$ 值和 T_{DM2} 年龄分别为–36.7～–29.9 和 4456～4889 Ma（图 4-45）。木子店太古宙 TTG 片麻岩中的锆石的 Hf 同位素特征与研究区榴辉岩表现出较大

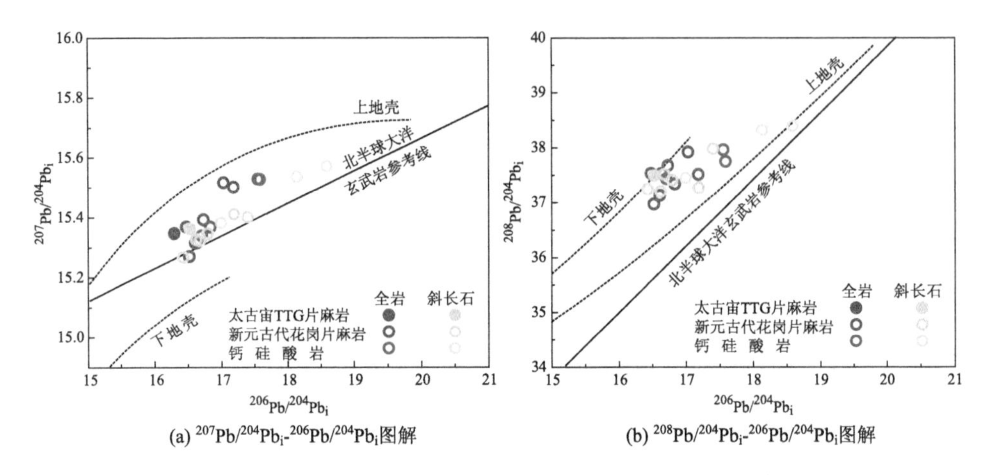

(a) $^{207}Pb/^{204}Pb_i$-$^{206}Pb/^{204}Pb_i$图解　　(b) $^{208}Pb/^{204}Pb_i$-$^{206}Pb/^{204}Pb_i$图解

图 4-44　北大别片麻岩的全岩和斜长石的 Pb 同位素图解

太古宙 TTG 片麻岩的 Pb 初始值计算到 $t = 1950$ Ma；

新元古代花岗质片麻岩和钙硅酸岩的 Pb 初始值均计算到 $t = 220$ Ma

资料来源：上、下地壳 Pb 同位素演化线数据引自李龙等(2001)，NHRL 数据引自 Hart(1984)

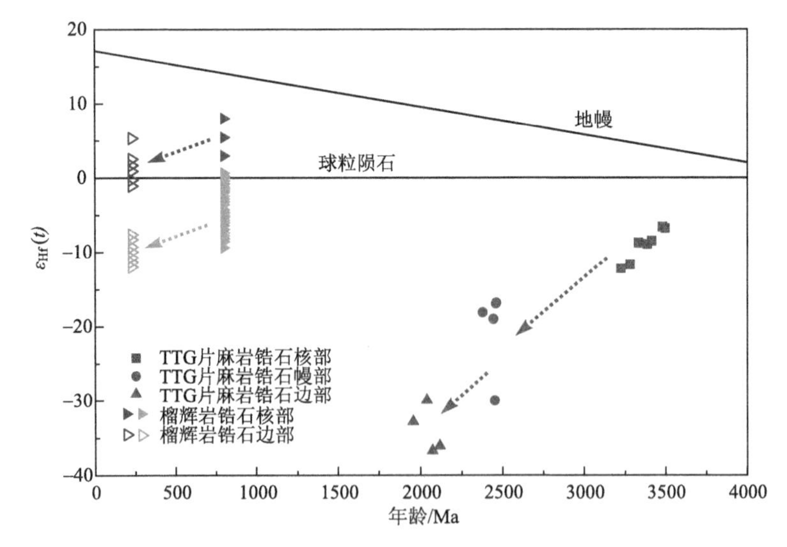

图 4-45　北大别木子店太古宙 TTG 片麻岩的锆石 Hf 同位素演化图

资料来源：北大别榴辉岩的锆石 Hf 同位素数据引自第三章

的差异，其 $\varepsilon_{Hf}(t)$ 值较负和 T_{DM2} 年龄较老，指示其形成于更古老地壳岩石(>4.0 Ga)的重熔，同时，证明大别山乃至扬子北缘应存在未被发现的>4.0 Ga 陆壳岩石；而榴辉岩原岩的形成则可能因新元古代大陆裂解过程中，有不同程度幔源物质的加入以及较年轻的地壳物质贡献(详见第三章)。

四、成因分析

北大别出露少量的太古宙 TTG 片麻岩。以木子店为例，其锆石中保留了太古宙—古元古代的三期年龄记录：(3598±26) Ma、(2457±10) Ma 和 (2062±24) Ma (图 4-45)。锆石 Hf 同位素研究结果显示其可能由> 4.0 Ga 的古老地壳在约 3.6 Ga 发生重熔而形成，并在形成后分别于约 2.45 Ga 和约 2.0 Ga 经历了变质作用改造。从姜家湾的花岗片麻岩锆石中获得了一期古元古代年龄[图 4-37(d)]，其高 U 含量、高 Th/U 值和无岩浆环带的核部具有典型的麻粒岩相变质锆石特征(Vavra et al., 1999)，结合其约 2.0 Ga 的 $^{206}Pb/^{238}U$ 年龄，指示其源区岩石在古元古代经历了麻粒岩相变质作用。该年龄与黄土岭中酸性麻粒岩的麻粒岩相变质年龄(Zhou et al., 1999)一致，可能是华南板块对古元古代 Columbia 超大陆汇聚事件的响应。该样品 ε_{Nd}(220 Ma)值为−14.5，T_{DM2} 为 2178 Ma，与锆石结晶年龄相近，说明古元古代地壳形成后立即发生了重熔。太古宙 TTG 片麻岩中的锆石边部均保留了白垩纪年龄，指示其经历了白垩纪北大别大规模部分熔融作用和混合岩化作用。另外，这些古老的花岗片麻岩以及钙硅酸岩中的锆石缺失与三叠纪俯冲相关的年龄记录，指示它们可能并未参与俯冲-折返过程。

新元古代花岗质片麻岩中获得的 U-Pb 年龄主要分为三期：发育岩浆振荡环带的锆石核部中保留的新元古代(750～800 Ma)原岩年龄记录；锆石的(内外)幔部保留了三叠纪-侏罗纪板块俯冲-折返过程多阶段变质年龄记录；少数锆石边部保留了白垩纪热变质或深熔作用(混合岩化作用)年龄记录(图 4-37、图 4-38)。这些复杂的锆石年代学记录指示北大别片麻岩经历了多阶段的岩浆-变质演化过程。北大别片麻岩的原岩形成时代主要为新元古代，与华南陆块北缘在新元古代 700～800 Ma 之间发生的岩浆活动时代(Li et al., 2003c; Hoffman, 1999; Liu et al., 2007d; Xiao et al., 2007; Wu et al., 2007a; 刘贻灿等, 2010, 2011)一致，是对 Rodinia 超大陆裂解事件的响应(Li et al., 2008)；而且，根据约 2.0 Ga 继承(变质)锆石等年代学信息和宿松变质带类似岩石的年代学特点，进一步证明北大别新元古代花岗质片麻岩主要为古元古代(约 2.0 Ga)变质的太古宙岩石在中新元古代发生大陆裂解和部分熔融作用形成的。北大别花岗质片麻岩获得的三叠纪—侏罗纪年龄可分成多组，包括(236±3) Ma、(227±2) Ma、(216±2) Ma、(206±4) Ma、(197±4) Ma 和 171～185 Ma，分别与北大别榴辉岩中的前进变质、超高压榴辉岩相、

高压榴辉岩相、麻粒岩相和角闪岩相退变质等阶段年龄记录(详见第三章)在误差范围内一致。花岗质片麻岩中的白垩纪年龄主要可以分为两期：①130～140 Ma，加权平均年龄为(137±1)Ma；②120～130 Ma，加权平均年龄为(127±4)Ma。这些白垩纪年龄记录与北大别混合岩中浅色体的年龄记录一致。根据 Nd 同位素成分，新元古代花岗质片麻岩可以分为两类：①ε_{Nd}(220 Ma)值为–0.98～–0.8，T_{DM2} 为 1062～1797 Ma；②ε_{Nd}(220 Ma)值为–18.9～–12.6，T_{DM2} 为 2017～2533 Ma。它们的差异性说明其原岩的源区有两类地壳物质，即中元古代晚期—早新元古代和古元古代—太古宙地壳的贡献，以及伴随不同量的幔源物质加入。

北大别片麻岩的 $^{206}Pb/^{204}Pb$ 值明显低于中大别双河片麻岩(李曙光等, 2001)，而与北大别榴辉岩(见第三章)一致。因此，北大别片麻岩样品主体上具有低放射性成因 Pb 同位素组成。而罗田的斜长石 Pb 同位素组成与其他样品一致，其全岩略高的初始 $^{207}Pb/^{206}Pb$ 值可能是后期变质作用的结果。北大别花岗质片麻岩的全岩与斜长石 Pb 同位素对比结果显示，样品经历了流体变质作用，导致 Th、U 含量的降低。在地壳垂向剖面上，上地壳与下地壳相比，上地壳相对富集 U、Th，相对高 μ($^{238}U/^{204}Pb$)值，而下地壳则相反。因此，上地壳相对富集放射性成因 Pb 同位素，而下地壳相对亏损。北大别片麻岩的 Pb 同位素组成在主体上都表现为低放射性成因 Pb 同位素组成，在 Pb 同位素演化图上更接近下地壳演化线。上述推论表明，在华南板块俯冲-折返过程中，北大别杂岩带位于中大别超高压变质带之下，在俯冲初期 214～226 Ma，北大别板片和上覆板片拆离折返，并分别在约 214 Ma 和 205～209 Ma 发生高压榴辉岩相和麻粒岩相退变质。

第五节　中生代多阶段变质演化和多期深熔作用

上述北大别混合岩、新元古代花岗质片麻岩以及碰撞后变质闪长岩和相关岩石的岩石学、地球化学和年代学研究结果与第三章榴辉岩一致，进一步证明北大别超高压花岗质片麻岩及相关岩石同样经历了多阶段变质演化(图 4-46)以及多期次不同机制的深熔作用。其中，深熔作用主要涉及折返初期发生的减压脱水熔融和燕山期碰撞后山根垮塌引发的大规模水致熔融(Yang et al., 2020, 2022)。

北大别条带状混合岩含石榴子石浅色体中的继承锆石核部保留了加权平均年龄为(797±5)Ma 的新元古代岩浆年龄记录，与 Rodinia 超大陆裂解时华南板块北缘一期岩浆活动时间(Ames et al., 1996; Hacker et al., 1998; Liu et al., 2007c, 2007b)一致。这一年龄与研究区花岗质片麻岩和榴辉岩的原岩时代一致，指示北大别具有扬子属性。该类型浅色体的锆石幔部的 $^{206}Pb/^{238}U$ 年龄为(209±2)Ma，与北大别俯冲板片折返过程中的超高温麻粒岩相叠加的时代以及该区域榴辉岩的一期部分熔融时代在误差范围内一致(Liu et al., 2015; Deng et al., 2019)，其高 U

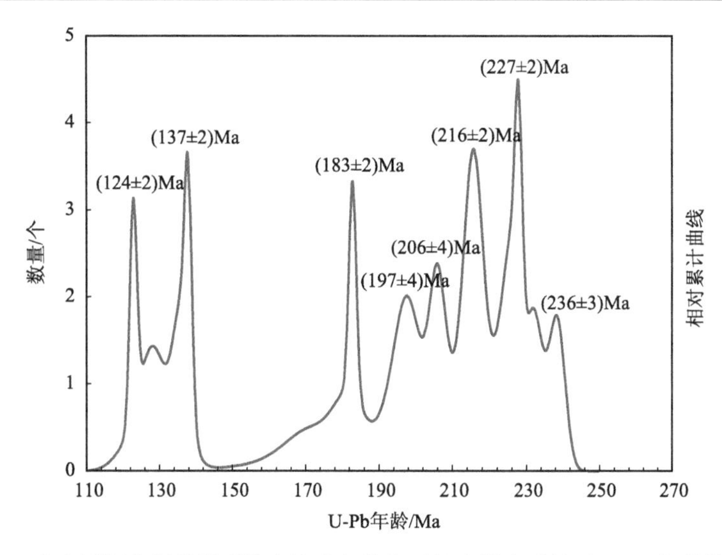

图 4-46　北大别超高压花岗质片麻岩及相关岩石的多期变质锆石 U-Pb 年龄统计曲线

特征、对锆石核部的熔蚀结构(如港湾状等)以及该类型浅色体的转熔石榴子石和野外产状等，指示其形成环境并非变质作用中的近固相条件下的再生长，而是深熔熔体结晶过程(Hoskin and Schaltegger, 2003; Rubatto and Hermann, 2003)，可能代表了深俯冲板片折返过程中无水条件下的减压熔融过程。富角闪石浅色体中无分带的锆石变质幔和贫角闪石浅色体的锆石核部分别记录了 220～188 Ma 和 218～206 Ma 的晚三叠世—早侏罗世年龄，指示其原岩也同样经历了三叠纪深俯冲相关的退变质作用。值得一提的是，富角闪石浅色体中锆石幔部的一个高 U(1374 ppm)的分析点给出了(204±2)Ma 的 U-Pb 年龄，指示其从熔体中结晶形成且为深熔成因，与含石榴子石浅色体的部分熔融时代一致，证明了折返初期形成的浅色体后期遭受了大规模的改造并重熔形成了其他类型的浅色体。该时期的年龄记录在原岩时代为新元古代的花岗质片麻岩中也广泛存在，然而太古宙 TTG 片麻岩以及钙硅酸岩中却并未发现该年龄记录，表明它们可能并未参与三叠纪的深俯冲过程。利用含石榴子石浅色体的全岩锆饱和温度计(Watson and Harrison, 1983)和角闪石-石榴子石-斜长石地质压力计(Dale et al., 2000)对其形成温压条件进行了计算，得到的温度和压力分别为 872～941℃和 8.20～10.04 kbar，高于黑云母发生脱水分解的条件(Patiño Douce and Beard, 1995, 1996)。

条带状混合岩含石榴子石浅色体中锆石的高 Th/U 边的加权平均年龄为(127±2)Ma；富角闪石浅色体的低 Th/U(0.05～0.14)内边和高 Th/U(0.11～0.19)外边的加权平均年龄分别为(143±2)Ma 和(128±1)Ma，分别代表初始结晶和晚期熔流体的渗入而再结晶(Burda and Gaweda, 2009; Reno et al., 2012)的时代；贫角闪石浅色体的锆石 $^{206}Pb/^{238}U$ 年龄为(127±1)Ma，可能代表了其形成时代，与含石榴子石浅色体及富角闪石浅色体的高 Th/U 边的年龄记录基本一致；富钾长石浅色体的核部、幔部以及边部的加权平均年龄依次为(133±3)Ma、(124±3)Ma 和(117±7)Ma，指示白垩纪深熔作用的不同阶段，结合其粗粒石英+长石的主要矿物组合，该类浅色体形成时代可能约为 117 Ma。综上所述，在约 143 Ma 之后，外来流体及热量的加入，使当时位于中-上地壳深度的北大别岩石发生了大规模的部分熔融，产生了巨量的熔体，形成了转熔角闪石及广泛分布的富角闪石浅色体、贫角闪石浅色体和富钾长石浅色体。随着温度的降低，熔体中结晶温度较高的矿物优先结晶，于 138～124 Ma 依次形成了富角闪石浅色体和贫角闪石浅色体。其后，熔体温度于约 117 Ma 逐渐降低到近湿固相线，长石和石英开始沉淀堆晶，形成了富钾长石浅色体。在此过程中，也伴随着大量侵入体的出现，如花岗岩、闪长岩和辉长岩等。北大别变质闪长岩与变质辉长岩的侵位时代均为约 134 Ma，并随即于约 124 Ma 发生了热变质作用(图 4-46)，与混合岩浅色体中的年龄记录相吻合。富角闪石浅色体具有角闪石+黑云母+斜长石+正长石+石英+榍石+磁铁矿(钛铁矿)矿物组合，利用角闪石中的 Al 压力计(Schmidt, 1992)结合角闪石-斜长石温度计(Holland and Blundy, 1994)，可以界定限定北大别在白垩纪发生大规模部分熔融和混合岩化作用的温压条件。计算表明，富角闪石浅色体的形成压力和温度分别为 2.3～4.4 kbar 和 665～789℃。该计算结果高于花岗质岩石的湿固相线(Hermann et al., 2006)，且明显低于黑云母发生脱水熔融所需的条件(Patiño Douce and Beard, 1995, 1996)。因此，外来流体注入引发的水致熔融是造成北大别白垩纪部分熔融和混合岩化作用广泛发育的主要机制。

碰撞造山带的演化通常涉及地壳加厚、构造伸展、加厚地壳减薄以及山根垮塌作用等过程(Brown, 2001; Rey et al., 2001; Vanderhaeghe and Teyssier, 2001)。大别造山带是一个典型的“完整”造山带(Leech, 2001)，经历了一个从俯冲-碰撞、构造抬升及变质作用、板片拆离到最终的山根垮塌等完整的构造演化过程，其构造体制从挤压到伸展的转变时限为 130～135 Ma(马昌前等, 2003; Xu et al., 2007; He et al., 2011; Yang et al., 2022)，指示其山根在该阶段发生了垮塌。北大别不同类型混合岩和燕山期碰撞后变质闪长岩、变质辉长岩等岩石的形成以及片麻岩的热变质叠加等都与中生代华南和华北板块的大陆碰撞作用造成的加厚地壳的伸展与减薄作用有关。

综上所述，北大别片麻岩及混合岩等岩石从晚三叠世到早白垩世的演化过程可分为如下几个阶段：在晚三叠世，华南板块北向俯冲并与华北板块发生碰撞(Xu et al., 1992; Li et al., 1993; Jahn et al., 1999; Liu et al., 2007c, 2007d, 2011a, 2011b)，引发了俯冲陆壳的超高压变质和拆离-折返等一系列过程。之后，俯冲板片在浮力的作用下开始从地幔深度向中-上地壳深度折返[图 4-47(a)]。折返初期，由于折返速度较快，高温条件下的快速减压过程促使板片中的黑云母等富水矿物发生

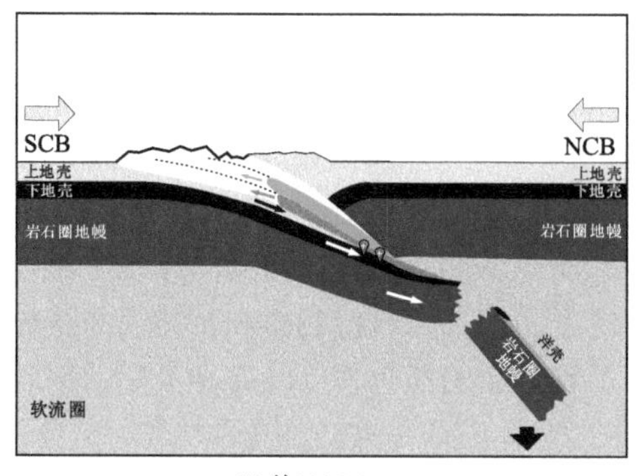

(a) 约220 Ma

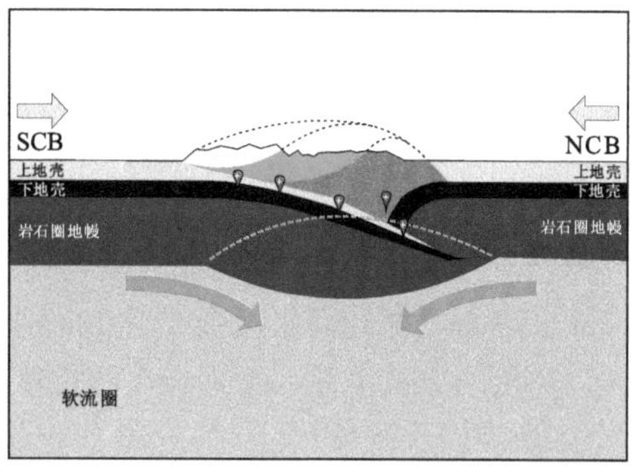

(b) 145 ~ 130 Ma

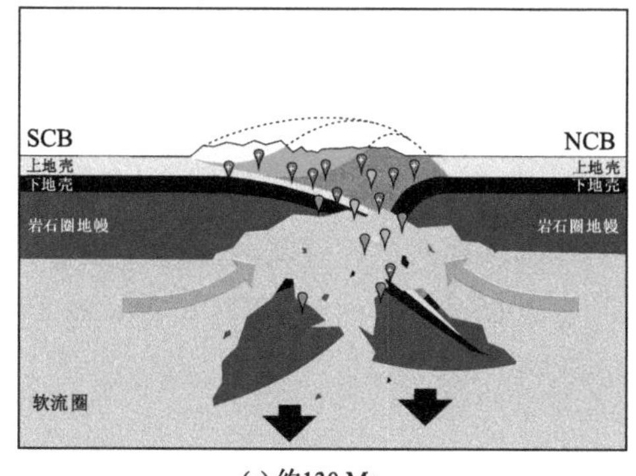

(c) 约130 Ma

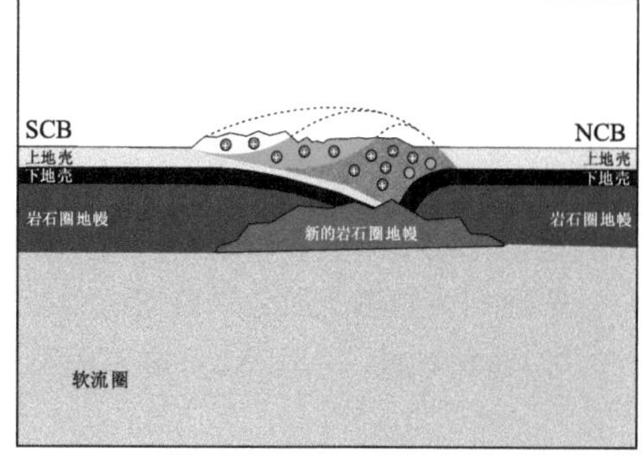

(d) 130 ~ 110 Ma

北大别　中大别　南大别　花岗质岩浆　中性岩浆　镁铁-超镁铁质岩浆　水流体　花岗岩　闪长岩　镁铁-超镁铁质岩

图 4-47　大别山俯冲碰撞—山根垮塌—碰撞后岩浆作用构造演化模型图

(a) 华南板块(SCB)向华北板块(NCB)之下俯冲; (b) 华南板块和华北板块的持续汇聚导致下地壳和岩石圈地幔加厚, 造成其于白垩纪早期存在重力不稳定性; (c) 约 130 Ma, 山根垮塌并下沉, 造成软流圈地幔上涌和剧烈岩浆活动; (d) 软流圈地幔上涌并填补拆沉的岩石圈和下地壳原有的位置, 并在冷却后形成新的岩石圈地幔

分解，并释放少量富水流体，诱发板片发生局部的部分熔融。该过程产生的熔体在原位冷凝后，形成了少量的含石榴子石浅色体。然而，板片拆离并深入软流圈地幔之后，华南板块和华北板块之间的汇聚作用仍然继续，导致大别造山带整个岩石圈地幔加厚[图 4-47(b)]，此过程一直持续到早白垩世。下地壳的岩石在挤压作用下，其矿物组合由玄武质/辉长质向麻粒岩/榴辉岩/石榴角闪岩转变(Wolf and Wyllie, 1994; Rapp and Watson, 1995)，并最终导致了加厚岩石圈密度的增大以及重力不稳定性的持续加剧(Lustrino, 2005)。最终，在重力的作用下，不稳定的下地壳与下伏岩石圈地幔开始发生局部垮塌，并于约 130 Ma 发生整体分离并沉入软流圈地幔[图 4-47(c)]，引发山根垮塌作用。软流圈地幔上涌并填补了拆沉的岩石圈和下地壳原有的位置(Lustrino, 2005)。在此过程中，下地壳的岩石发生部分熔融作用，并产生具有埃达克质岩特征的熔体(Springer and Seck, 1997;

Defant and Kepezhinskas, 2001)，形成大量的长英质花岗岩侵入体。除此之外，深熔作用以及岩石圈地幔和镁铁质下地壳的混合产生了包括辉长岩、辉石岩(Jahn et al., 1999; 李曙光等, 1999; Zhao et al., 2011)和闪长岩在内的碰撞后镁铁-超镁铁质岩石。而软流圈上涌带来的巨大热量和在浮力作用下向上迁移的富水流体也导致折返至中-上地壳深度的北大别超高压变质岩(如花岗质正片麻岩等)发生大规模部分熔融与混合岩化，形成了北大别广泛分布的混合岩浅色体和富角闪石浅色体、贫角闪石浅色体、富钾长石浅色体等多种类型的浅色体以及各种类型的侵入体(如变质闪长岩/辉长岩等)，原有的岩石类型和结构受到大规模的改造和破坏。经历了随后的折返、隆升、滑脱以及侵蚀作用后，北大别的超高压变质岩、各种类型的混合岩与巨量的碰撞后岩浆岩(花岗岩、闪长岩和镁铁-超镁铁质岩石等)发生构造拼贴，并经历了近同时期的变质作用和强烈的变形作用[图 4-47(d)]后出露地表。而且，部分太古宙变质基底岩石(原“大别杂岩”或大别群)，即北大别罗田穹隆及相邻地区零星出露的太古宙花岗质片麻岩或 TTG 岩系等因穹隆抬升至地表。该模型被北大别地区大规模深熔作用和榴辉岩、花岗片麻岩及混合岩中白垩纪相关的热变质记录所支持(刘贻灿等, 2000a; Liu et al., 2007d; Wu et al., 2007b; Wang et al., 2013; Xu et al., 2017; Deng et al., 2019)。

第五章　含刚玉黑云二长片麻岩

正如第三章和第四章所述，北大别榴辉岩及相关岩石经历了三叠纪高温超高压变质作用以及折返期间的多阶段高温变质演化并伴随多期深熔作用。其中，包括折返早期的高温减压变质作用和脱水熔融（导致榴辉岩形成了含刚玉等矿物组成的高压麻粒岩相退变质后成合晶；Xu et al., 2000）以及多期深熔作用（刘贻灿等, 2014, 2019b; Deng et al., 2019）。然而，除了第四章所介绍的深熔岩石——混合岩外，北大别还存在一种与深熔作用相关的且极其罕见的特殊岩石类型，即含刚玉黑云二长片麻岩。在深熔过程中，熔体往往相对富硅，随着熔融程度的增加和熔体比例的增大，残留体中的 SiO_2 含量会持续降低，即深熔过程往往伴随着原岩的脱硅作用。因此，富铝贫硅的泥质岩或斜长岩发生深熔时，石英等富硅矿物随着熔体的萃取和迁移而不断消耗，最终形成利于刚玉生长的富铝贫硅环境以及硅不饱和的残余矿物组合（Cartwright and Barnicoat, 1986; Pattison and Harte, 1991）。深熔成因刚玉的形成机制主要有两种：①云母等富水矿物的脱水熔融反应（温度相对较高）；②斜长石的富水熔融反应（温度相对较低）。北大别含刚玉黑云二长片麻岩包括含红刚玉黑云二长片麻岩和含蓝刚玉黑云二长片麻岩两类，其出露规模较小，目前仅有少量来自地表及钻孔样品研究的相关文献报道（海恩慈等, 1986; 孙先如, 1994; 孙先如和周作祯, 1994; 徐树桐等, 1994, 2002），且一直缺乏系统深入的研究和统一的认识，尤其未开展同位素定年和现代岩石学分析，因而其成因和时代都存在较大争议。为此，我们根据已有线索和详细的野外地质调查，开展了北大别龚家岭和高坝含刚玉黑云二长片麻岩的岩石学、矿物化学、相平衡模拟以及锆石 U-Pb 定年和元素-同位素地球化学等方面的系统研究。

第一节　引　　言

刚玉是一种相对较为罕见的富 Al 矿物，大多数为变质成因，因其所含的某些微量元素（致色元素，如 Cr、Fe、V、Ti、Mn 等）不同而呈现出多变而鲜艳的颜色。一般而言，富 Cr^{3+}的刚玉通常呈现出不同程度的红色，即为红宝石；然而，经历了 Ti^{4+}-Fe^{2+}、Fe^{2+}-Fe^{3+}交换的刚玉往往呈蓝色，富 Fe^{3+}等因素则会导致刚玉显现出黄色，这些非红色的刚玉被统称为蓝宝石。刚玉具有较宽的 *P-T* 稳定域，其形成通常需要富铝贫硅的原岩或岩石处于富铝贫硅的地质环境（Yakymchuk and Szilas, 2018），成因较为复杂：既可在经历了森林火灾的铝土矿中形成，也可以在榴辉岩(Dawson, 1968)或者金刚石包裹体(Watt, 1994)中以高压相形式存在，还可以产出于幔源成因的碱性玄武岩中(Simonet et al., 2008; 孔凡梅等, 2017)。刚玉矿床的形成往往与板块碰撞、大陆裂解、地壳俯冲以及幔源碱性玄武岩喷发等地球动力学过程密切相关，按其成因可分为原生刚玉矿床(岩浆成因、变质成因)和次生刚玉矿床(岩浆捕虏体成因、沉积成因)，而世界上现已发现的刚玉矿床多为变质成因(Simonet et al., 2008)。刚玉矿床的变质成因可细分为三个亚类(Simonet et al., 2008)：①狭义的变质成因，即封闭体系中富硅贫铝的岩石不与外界进行物质交换，而在角闪岩相、麻粒岩相的变质条件下发生等化学变质作用，形成刚玉矿物；②变质交代成因，即富铝岩石与贫硅岩石在流体作用下或直接接触发生变质交代，富铝岩石发生脱硅反应，从而形成刚玉；③深熔成因，即富铝贫硅的泥质岩或者斜长岩发生部分熔融，熔体的萃取和迁移使残留物中的硅含量不断降低，并最终形成刚玉。深熔成因的含刚玉黑云二长片麻岩主要产自构造作用强烈的地区，且往往发生于高级变质作用阶段，国内的深熔成因刚玉矿床产地主要分布在古老地块的变质基底或大陆边缘碰撞造山带混合演化强烈的中深变质岩地区，如昆仑山-阿尔金山-秦岭-大别山造山带以及华北板块的变质基底岩石中。然而，对大别造山带含刚玉岩石成因方面的研究还非常薄弱，极其缺乏系统性和深入性。

北大别的榴辉岩(第三章)以及混合岩和花岗质片麻岩(第四章)等为该区中生代超高压变质以及多阶段高温变质演化与深熔作用提供了强有力的证据。北大别折返期间高温-超高温麻粒岩相变质叠加与深熔作用，为深熔成因刚玉的形成提供了极大可能性。早期资料显示，在1969～1972年安徽省地质矿产勘查局313地质队开展的铬铁矿普查，以及在20世纪90年代初安徽省地质科学研究所开展的宝玉石方面的调查研究，相继于北大别发现红刚玉和蓝刚玉。两种刚玉均赋存于黑云二长片麻岩中，但两类片麻岩的围岩成分存在较大的差异：含红刚玉黑云二长片麻岩主要发现于磨子潭地区的高坝和龚家岭[图5-1，图5-2(a)、(b)和图5-3]，并常与(退变)榴辉岩[图5-2(c)]和变质的超基性岩(方辉橄榄岩、纯橄榄岩、蛇纹石化橄榄岩等)[图5-2(d)]相伴生；而含蓝刚玉黑云二长片麻岩目前仅发现于龚家岭，并常与花岗质片麻岩相伴生[图5-3(c)、(d)]。因研究手段与分析技术等方面的原因，早年对北大别含刚玉岩石成因的研究较为薄弱，其形成时代、形成机制、转熔反应以及深熔过程中的矿物和元素-同位素响应尚有待于进一步查明，亟待高精度的同位素年代学分析以及现代岩石学和地球化学方面的深入研究。

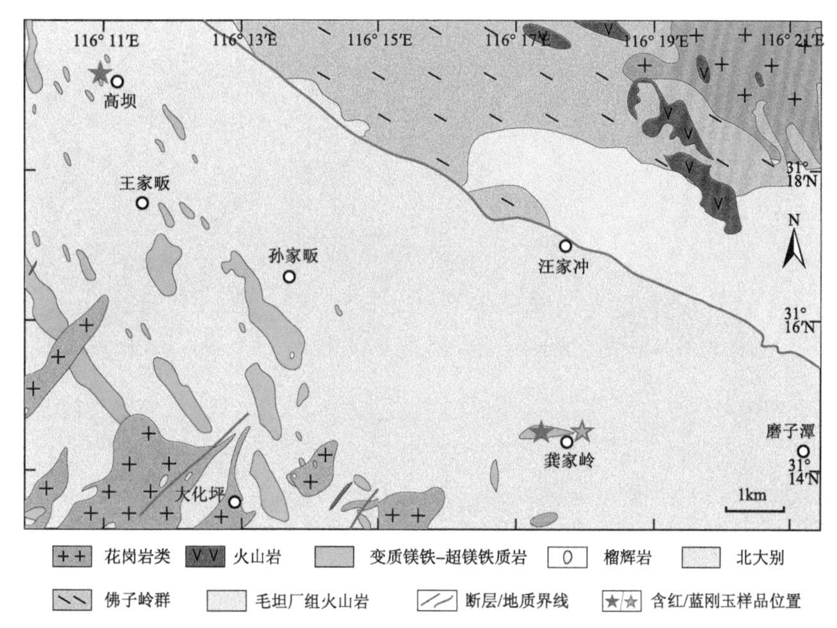

图 5-1　北大别含刚玉黑云二长片麻岩及相关岩石的地质简图

图 5-2　北大别含红刚玉黑云二长片麻岩和含蓝刚玉黑云二长片麻岩及相关岩石的野外照片

(a)高坝含红刚玉黑云二长片麻岩；(b)龚家岭含蓝刚玉黑云二长片麻岩；

(c)龚家岭面理化退变榴辉岩；(d)龚家岭变蛇纹石化橄榄岩

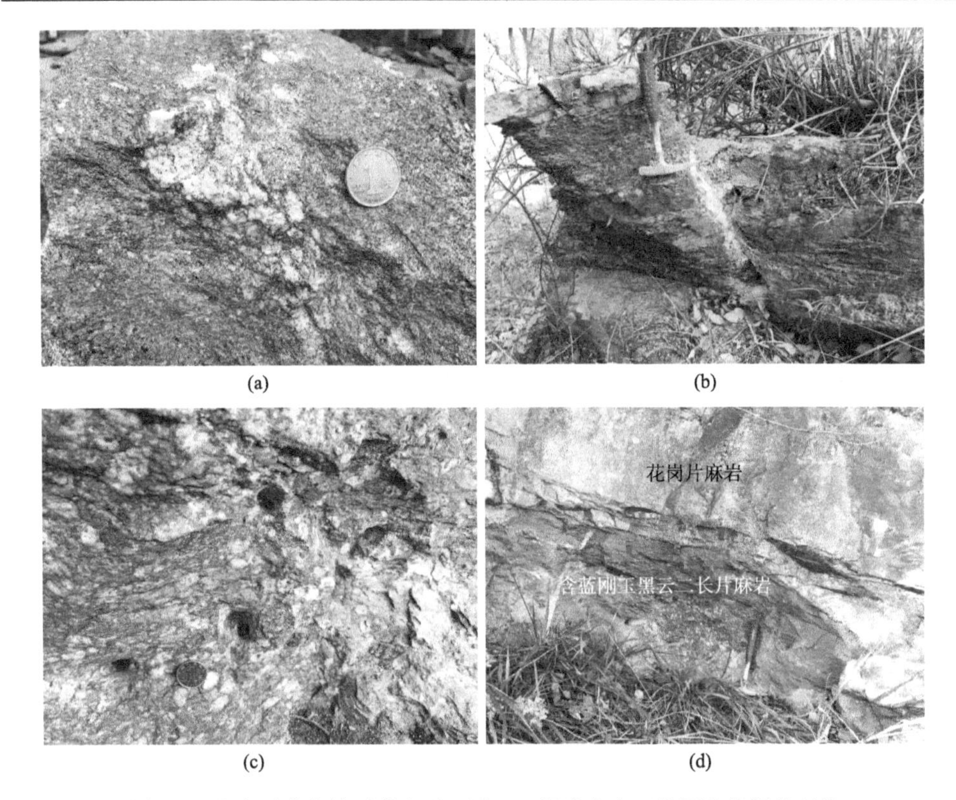

图 5-3　北大别龚家岭两类含刚玉黑云二长片麻岩及其围岩的野外照片

(a)含红刚玉黑云二长片麻岩；(b)面理化变蛇纹石化橄榄岩(含红刚玉黑云二长片麻岩的围岩)；(c)含蓝刚玉黑云二长片麻岩；(d)含蓝刚玉黑云二长片麻岩透镜体及其围岩(花岗片麻岩)

第二节　岩石学、年代学及地球化学

一、岩石学

含红刚玉黑云二长片麻岩通常以构造透镜体形式出露于变超基性岩中，呈块状、灰黑色，暗色矿物定向排列，发育片麻状构造，可见斑状变晶以及眼球状结构等重熔特征，沿片麻理方向发育被钾长石边包裹的自形六方柱状刚玉颗粒[图 5-2(a)和图 5-3(a)]。其主要矿物组成为钾长石、黑云母、斜长石、刚玉，并包含少量金红石、锆石和磷灰石等副矿物。其中，刚玉含量较高，根据其粒径大小及分布特征可分为两类：①刚玉斑晶，粗粒，直径可达 1～2 cm，产出于眼球状浅色体中间部位，被钾长石包围；②刚玉集合体，粒径一般均小于 0.01 mm，往往与黑云母、斜长石以及钾长石共生于岩石的基质中。含蓝刚玉黑云二长片麻岩距离含红刚玉黑云二长片麻岩约 1 km，以透镜体形式赋存于变质花岗片麻岩中。含蓝刚玉黑云二长片麻岩与变质花岗片麻岩均发育强烈的褶皱变形，二者接触区域无明显热变质或交代特征。含蓝刚玉黑云二长片麻岩与含红刚玉黑云二长片麻岩的岩相学基本相似，主要是刚玉斑晶的颜色与围岩性质不同。富铝片麻岩与含刚玉黑云二长片麻岩共生，表现为明显的矿物定向分布，矿物主要为黑云母、斜长石、钾长石、磷灰石等，未出现特征矿物刚玉。

含刚玉黑云二长片麻岩通常由浅色和深色两部分组成。浅色部分主要矿物为钾长石和刚玉，自形的刚玉斑晶富含金红石、锆石以及残余白云母包裹体[图 5-4(a)]，分布于浅色体中部，被钾长石斑晶所包围[图 5-4(b)]。红刚玉斑晶往往发育裂理以及针状金红石出溶体，部分刚玉斑晶晶形不规则，多呈港湾状等熔蚀结构，可能指示刚玉斑晶在后期受到了熔体的改造。钾长石一般呈它形粒状镶嵌结构和正条纹结构，并发育黑云母和锆石包裹体。岩石基质部分通常呈深色，主要由黑云母、斜长石、刚玉和钾长石构成，长石和黑云母以及不规则的细粒刚玉集合体沿片麻理方向定向分布[图 5-4(c)、(d)]。部分细粒刚玉发育钾长石包裹

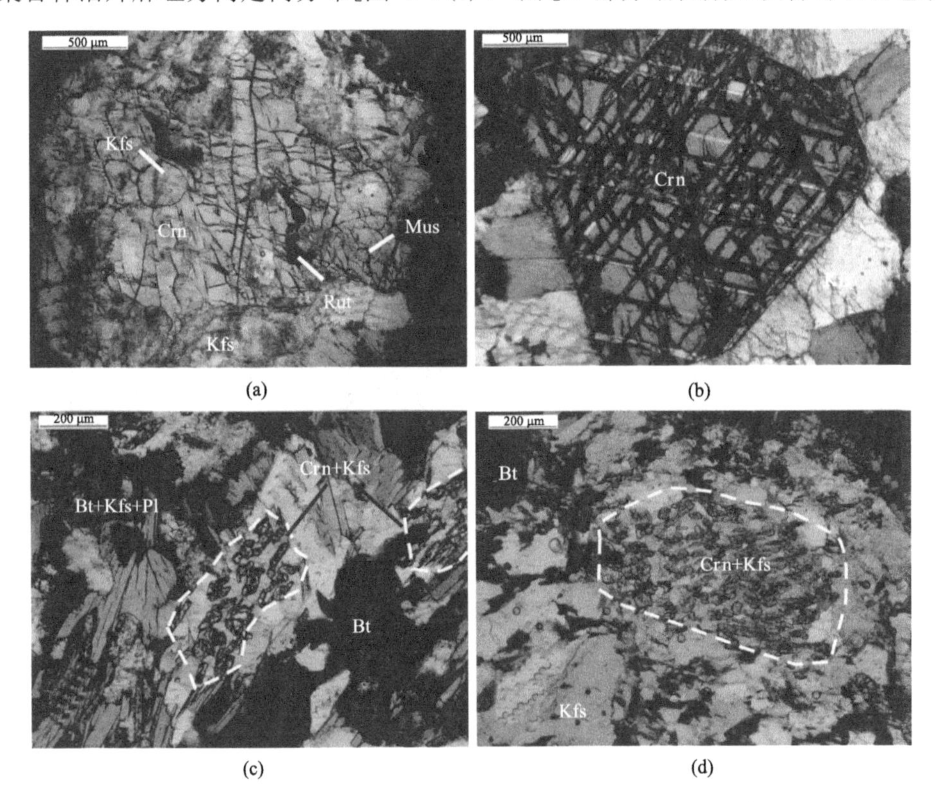

图 5-4　北大别含刚玉黑云二长片麻岩的代表性显微照片

(a)发育金红石包裹体的刚玉斑晶被钾长石包裹(样品 1509GB，单偏光)；(b)以碱性长石为主的浅色体中的自形的刚玉斑晶(样品 1512MZT6，正交光)；(c)、(d)细粒刚玉集合体与碱性长石共生，定向分布于岩石中间体区域[(c)样品 1509GB；(d)样品 1512MTZ6，单偏光]。矿物缩写符号含义见文献(Whitney and Evans, 2010)

体，在部分钾长石包裹体中还发现了残留的夕线石[图 5-5(a)、(b)]，此外，部分夕线石还在基质中呈毛发状产出。

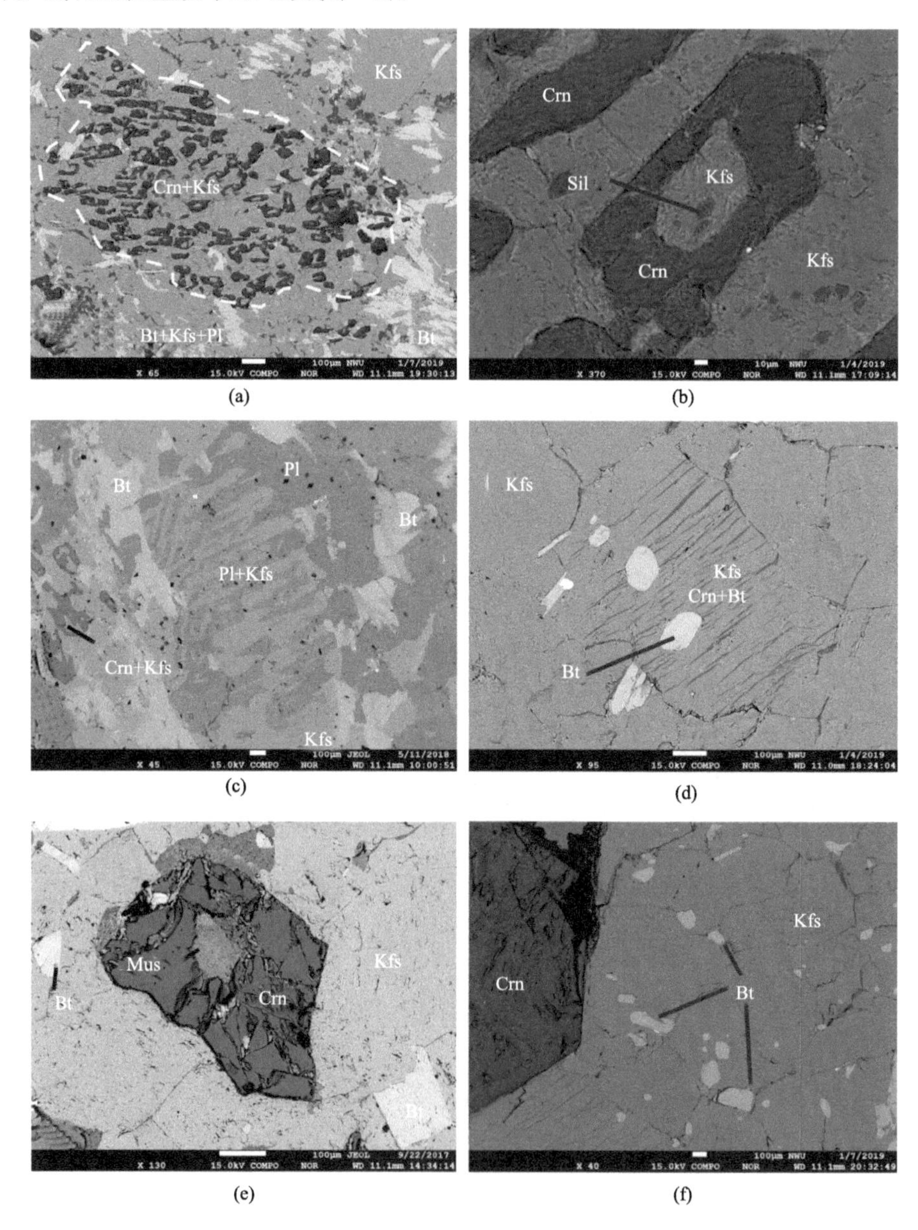

图 5-5　含刚玉黑云二长片麻岩矿物结构的背散射(BSE)图像

(a)刚玉集合体与钾长石交生在岩石基质中(样品 1512MZT6)；(b)图为(a)的局部放大图，刚玉中的钾长石包裹体中出现了夕线石包裹体；(c)、(d)钾长石斑晶中斜长石出溶的条纹结构(样品 1509GB 和 1512MZT6)；(e)浅色体中自形的刚玉斑晶存在的残余白云母包裹体(样品 1509GB)；(f)大颗粒的钾长石包裹了自形的刚玉斑晶和残余的黑云母(样品 1512MZT6)。矿物缩写符号含义见文献(Whitney and Evans, 2010)

二、年代学

1. 锆石 U-Pb 定年

第三章榴辉岩和第四章混合岩等岩石的变质作用和年代学研究已表明，北大别深俯冲地壳岩石经历了复杂的中生代高温变质演化过程，包括印支期深俯冲-折返以及燕山期碰撞后山根垮塌并伴随着大规模部分熔融与混合岩化作用等，以及它们的 Sr-Nd 同位素体系已发生明显扰动或重置或存在矿物之间同位素体系不平衡。因此，对于矿物组成相对较简单的含刚玉黑云二长片麻岩等岩石来说，是很难根据其岩石和矿物的 Sr-Nd 同位素(大多数为假“等时线”)来准确限定这类岩石的多阶段变质时代的。然而，锆石化学性质稳定，封闭温度高，Pb 含量低，可以记录岩石经历的多期次地质事件，为查明研究区含刚玉岩石的形成和演化过程提供了理想的定年对象。

含红刚玉黑云二长片麻岩样品 1509GB 中的锆石大多无色透明，呈自形长柱状，长度为 150～600 μm，长宽比为 1∶1～5∶1。阴极发光(CL)图像表明锆石具有复杂的核-幔-边结构(图 5-6)，指示多阶段变质过程。大多数锆石核部阴极发光较强，具有明显的岩浆结晶环带，并发育大量包裹体(如磷灰石、长石等)，通常呈熔蚀状，被灰色的幔部或者灰黑色的边部所包裹。幔部往往是灰白色的，部分保留矿物包裹体。边部往往窄细且不连续，颜色较黑，指示锆石遭受过不同程度的变质或深熔作用叠加与改造。少数颗粒呈扇形分带，具有明显的变质锆石特征。20 个代表性锆石颗粒的 32 个分析点的 U-Pb 年龄结果显示：锆石中的 U 含量为 52～2247 ppm，Th 含量为 4～231 ppm，Th/U 值为 0.01～1.31；数据点大多分布在谐和线上(图 5-7)，指示其 U-Pb 年龄都是谐和的。10 个有岩浆振荡环带的岩浆锆石核部(Th/U = 0.72～1.30)给出的 $^{206}Pb/^{238}U$ 年龄范围为 268～762 Ma，其中 5 个较老谐和年龄的加权平均值为(730±18) Ma(MSWD = 1.3，n=5)，代表含红刚玉黑云二长片麻岩的原岩形成时代，其余 5 个分析点的 $^{206}Pb/^{238}U$ 年龄不谐和，分别为 592 Ma、271 Ma、268 Ma、588 Ma 和 650 Ma，指示岩浆锆石形成后可能发生了不同程度的铅丢失。锆石幔部无明显的分带，Th/U 值为 0.01～0.47，指示其为变质生长或重结晶成因，20 个 SHRIMP U-Pb 分析点给出 $^{206}Pb/^{238}U$ 年龄范围为 237～165 Ma。上述谐和的年龄数据依照 CL 分区特征、Th/U 值、年龄峰值以及其中的矿物包裹体类型可以分为 6 组(图 5-7)：①年龄范围为 237～230 Ma，加权平均值为(234±8) Ma(MSWD = 0.25，n = 3)，具有较高的 Th/U 值(0.01～0.46，平均为 0.28)，在 CL 图像中表现为灰色内幔；②年龄范围为 224～221 Ma，加权平均年龄为(223±10) Ma(MSWD = 0.08, n = 2)，具有相对较高的 Th/U 值(0.08～0.35，平均为 0.21)，在 CL 图像中表现为灰色外幔，形状较为多变；③年龄范围为 219～210 Ma，加权平均年龄为(214±5) Ma(MSWD = 0.24, n = 7)，具有相对较低的 Th/U 值(0.02～0.48，平均为 0.14)，在 CL 图像中表现为灰色至深灰色；④年龄变化范围为 207～203 Ma，加权平均值为(205±3) Ma(MSWD = 0.28, n = 4)，具有最高的 Th/U 值(0.18～0.38，平均值为 0.27)，在 CL 图像中表现为灰色的厚幔，并发育多相矿物包裹体(如 Kfs + Pl + Mus + Bt)，指示其从深熔熔体中结晶生长；⑤年龄变化范围为 197～190 Ma，加权平均年龄为(191±4) Ma(MSWD = 1.8, n = 2)，其 Th/U 值最低(0.02～0.03)，在 CL 图像中表现为深灰色的外幔，

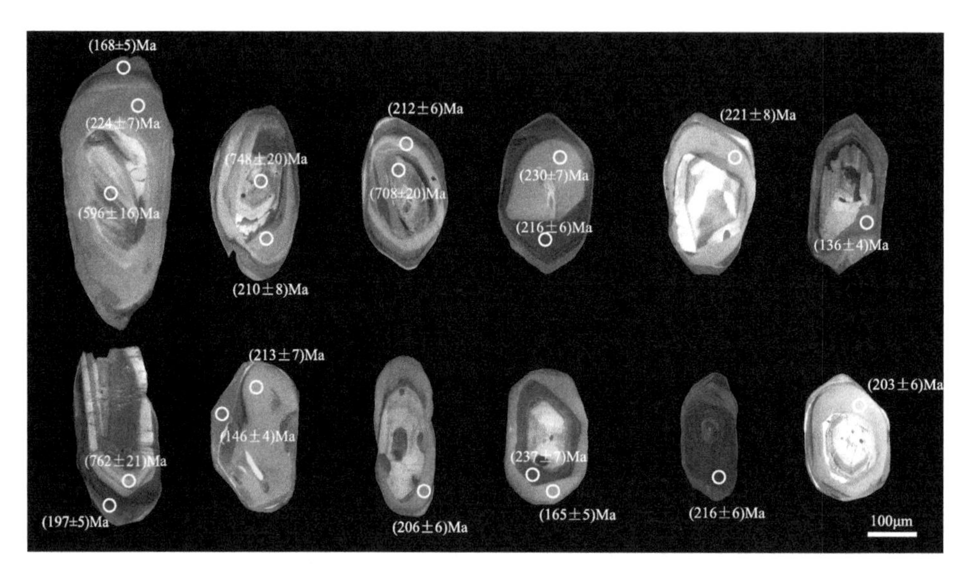

图 5-6　含红刚玉黑云二长片麻岩(样品 1509GB)中代表性锆石的 CL 图像

空心圆代表分析点并标注 $^{206}Pb/^{238}U$ 年龄(SHRIMP 定年)，束斑直径为 24 μm

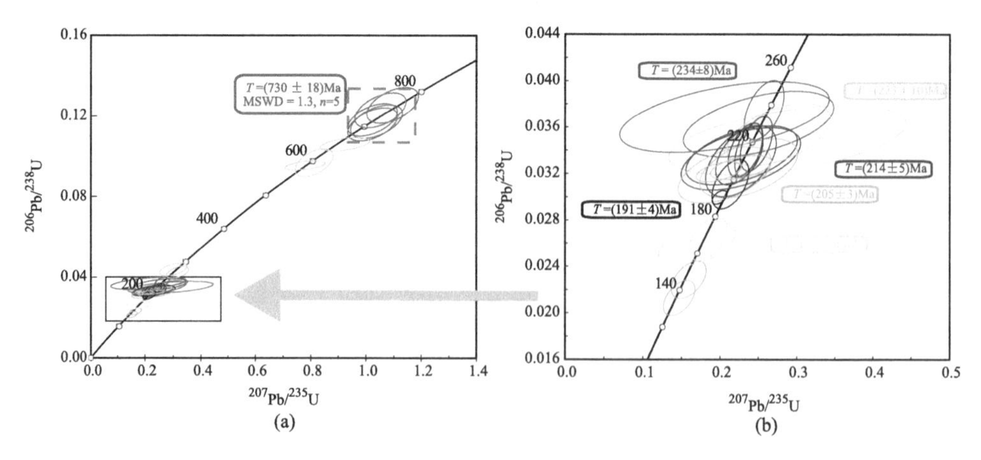

图 5-7　含红刚玉黑云二长片麻岩(样品 1509GB)的锆石 SHRIMP U-Pb 年龄谐和图

图中使用的误差为 2σ；不同颜色的椭圆代表书中所述分析点所在的锆石分区

并与锆石边部直接接触；⑥年龄变化范围为 168～165 Ma，加权平均值为(167±6) Ma(MSWD = 0.26, n = 2)，具有相对较低的 Th/U 值(0.01～0.24，平均为 0.13)，在 CL 图像中表现为灰色的外幔，与锆石边部直接接触。锆石边部较窄，获得的两个 $^{206}Pb/^{238}U$ 谐和年龄分别为(136±4) Ma 和(146±4) Ma，Th/U 值均小于 0.1。因此，含红刚玉黑云二长片麻岩样品 1509GB 的原岩形成时代应为新元古代，其形成后经历过多阶段变质作用，包括晚三叠世变质和燕山期热事件等，类似于研究区榴辉岩和花岗质片麻岩等岩石的年龄记录。

含蓝刚玉黑云二长片麻岩(样品 1509MZT8)中的锆石通常为自形到半自形，长柱状或等轴状(图 5-8)，长度为 120～400 μm，长宽比为 1∶1～3∶1。多数锆石在 CL 图像中发育不规则状的黑色区域，指示其为变质或深熔成因。而且，锆石发育明显的核-幔-边结构，部分锆石核部含有明显的岩浆结晶环带，并被灰色或者浅灰色的幔部和灰黑色的薄边环绕。对该样品中 19 个代表性锆石的 27 个分析点的 U-Pb 年代学分析结果显示：所有分析点的 U 含量为 21～1073 ppm，Th 含量为 0～192 ppm，Th/U 值为 0.00～1.01。少数分析点落在锆石 U-Pb 谐和图的下方，指示其形成后可能发生了铅丢失，其余分析点均落在了谐和线上(图 5-9)。两颗发育岩浆振荡环带的锆石核部给出的 $^{206}Pb/^{238}U$ 年龄分别为(778±19) Ma(Th/U = 0.95)和(776±18) Ma(Th/U = 0.80)，加权平均值为(777±26) Ma。锆石核部的高 Th/U 值、富含岩浆矿物包裹体以及发育明显的岩浆结晶环带等特征都指示其为岩浆成因，其年龄代表了含蓝刚玉黑云二长片麻岩的原岩形成时代。锆石幔部则通常具有较低的 Th/U 值(0.00～0.73)和相对较暗的阴极发光，其上的 21 个分析点得到的 $^{206}Pb/^{238}U$ 谐和年龄范围为 178～235 Ma，根据其 CL 分区特征、Th/U 值、年龄峰值以及其中的矿物包裹体类型同样可以分为 6 组(图 5-9)：①235 Ma，具有较高的 Th/U 值(0.55)，在 CL 图像中表现为灰色的内幔；②年龄变化范围为 220～226 Ma，加权平均值为(221±10) Ma(MSWD = 0.27，n = 2)，具有相对较高的 Th/U 值(0.01～0.75，平均为 0.38)，在 CL 图像中表现为灰色到深灰色的内幔；③年龄变化范围为 215～219 Ma，加权平均值为(217±4) Ma(MSWD = 0.074，n = 7)，具有相对较低的 Th/U 值(0.02～0.27，平均为 0.10)，在 CL 图像中表现为灰色到深灰色的不规则区域；④年龄变化范围为 203～209 Ma，加权平均年龄为(206±2) Ma(MSWD = 1.07, n = 7)，具有相对较高的 Th/U 值(0.02～0.57，平均为 0.26)，发育多相固体包裹体(如 Kfs + Mus + Bt)，在 CL 图像中表现为灰色至深灰色，且宽度较厚；⑤年龄变化范围为 182～190 Ma，其加权平均年龄为(189±9) Ma(MSWD = 0.45, n = 2)，具有相对较高的 Th/U 值(0.002～0.75，平均为 0.38)，在 CL 图像中表现为灰色的外幔；⑥加权平均年龄为(178±5) Ma(n = 2)，在 CL 图像表现为深灰色外幔，与锆石边部直接接触。锆石边部通常较窄，具有明显的低 Th/U 值(0.001～0.002)，该区域的 2 个分析点获

得的 $^{206}Pb/^{238}U$ 谐和年龄分别为(135±5) Ma 和(155±4) Ma。因此，含蓝刚玉黑云二长片麻岩的原岩形成时代也为新元古代，并发育多个变质锆石区，与含红刚玉黑云二长片麻岩锆石记录类似。

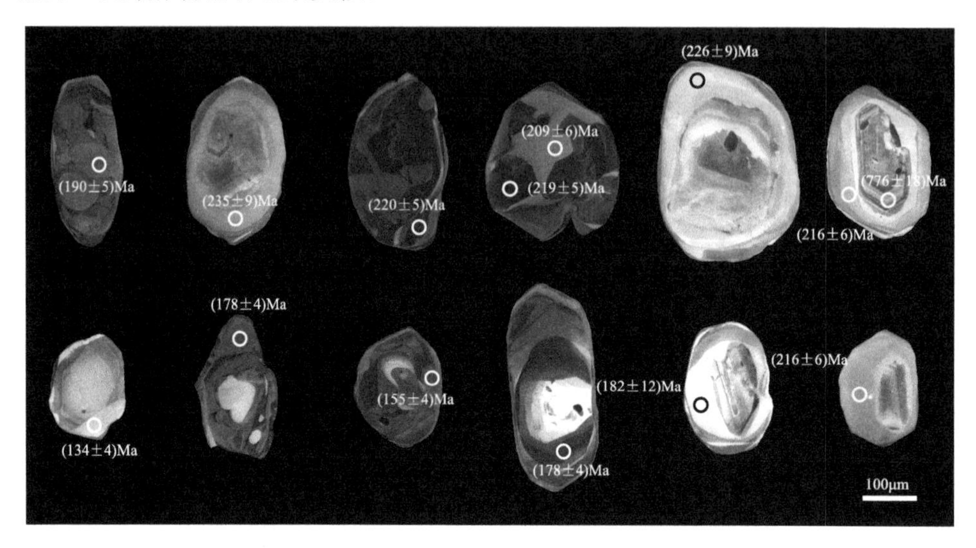

图 5-8　含蓝刚玉黑云二长片麻岩(样品 1509MZT8)中代表性锆石的 CL 图像

空心圆代表分析点并标注 $^{206}Pb/^{238}U$ 年龄(SHRIMP 定年)，束斑直径为 24 μm

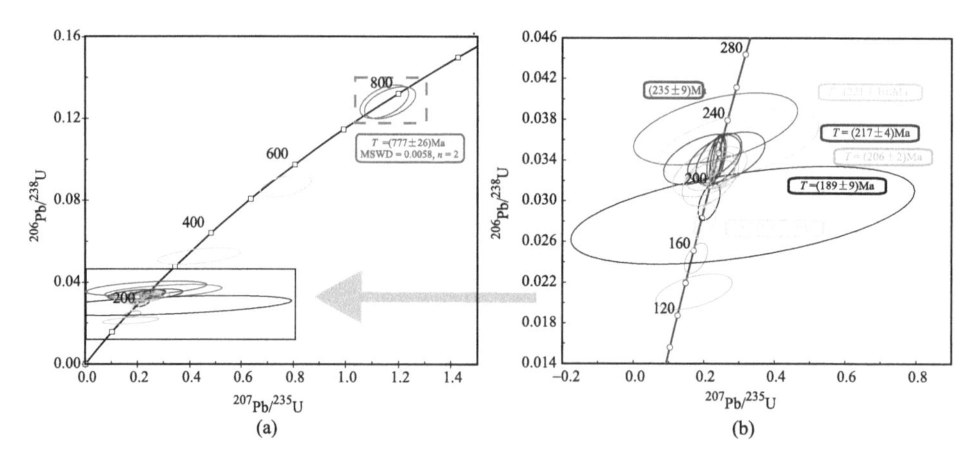

图 5-9　含蓝刚玉黑云二长片麻岩(样品 1509MZT8)的锆石 SHRIMP U-Pb 年龄谐和图

图中使用的误差为 2σ；不同颜色的椭圆代表书中所述分析点所在的锆石分区

富铝片麻岩(样品 1509MZT6)的锆石通常呈半自形，椭圆状，长度为 180～400 μm，长宽比为 1.5∶1～2.5∶1。在 CL 图像中，大多数锆石发育明显的核-幔-边结构(图 5-10)，指示其经历了复杂的变质演化过程。部分残余锆石核部的 CL 阴极发光较强，常呈熔蚀结构，并发育岩浆结晶环带；锆石幔部较宽，通常包含各类矿物包裹体；而锆石边部则往往较窄，矿物包裹体较少。对 22 个代表性锆石的 35 个分析点的 U-Pb 年代学研究结果显示：所有分析点的 U 含量为 32～381 ppm，Th 含量为 3～290 ppm，Th/U 值为 0.03～1.85。其中，发育振荡环带的锆石核部的 $^{206}Pb/^{238}U$ 年龄是 228～614 Ma，U 含量 32～312 ppm，Th 含量为 19～290 ppm，Th/U 值为 0.6～1.53，并发育岩浆成因锆石包裹体(如云母、长石、磷灰石等)，指示其为岩浆成因。然而，锆石核部的大多数年龄数据均位于谐和线的下方，表明这些锆石形成后均发生了铅丢失，其中，最老的核部年龄为(614±15) Ma，指示其原岩形成时代可能为新元古代。锆石幔部通常表现为无环带或弱环带，其 $^{206}Pb/^{238}U$ 年龄分布范围为 168～253 Ma，U 含量为 38～381 ppm，Th 含量为 5～44 ppm，Th/U 值为 0.03～0.30，指示其为变质或深熔成因。锆石幔部获得的锆石年龄均位于谐和线上，根据其 CL 分区特征、Th/U 值、年龄峰值以及其中的矿物包裹体类型同样可以分为 6 组(图 5-11)：①年龄变化范围为 245～253 Ma，加权平均年龄为(249±11) Ma(MSWD = 0.5, n = 2)，具有较高的 Th/U 值(0.19～0.31，平均为 0.25)，在 CL 图像中表现为灰色的内幔，与锆石核部直接接触；②年龄变化范围为 220～227 Ma，加权平均年龄为(225±7) Ma(MSWD = 0.19, n = 4)，具有相对较低的 Th/U 值(0.05～0.23，平均为 0.12)，在 CL 图像中通常表现为灰色的内幔；③年龄变化范围为 213～216 Ma，加权平均年龄为(213±5) Ma(MSWD = 0.063, n = 3)，具有最高的 Th/U 值(0.12～0.56，平均值为 0.33)，在 CL 图像中表现为灰色的内幔；④年龄变化范围为 202～209 Ma，加权平均年龄为(206±6) Ma(MSWD = 0.28, n = 4)，具有相对较低的 Th/U 值(0.05～0.20，平均为 0.12)，在 CL 图像中表现为灰色的厚幔，发育多相固体矿物包裹体(如 Kfs + Pl + Mus)；⑤年龄变化范围为 188～197 Ma，加权平均年龄为(193±4) Ma(MSWD = 0.31, n = 8)，

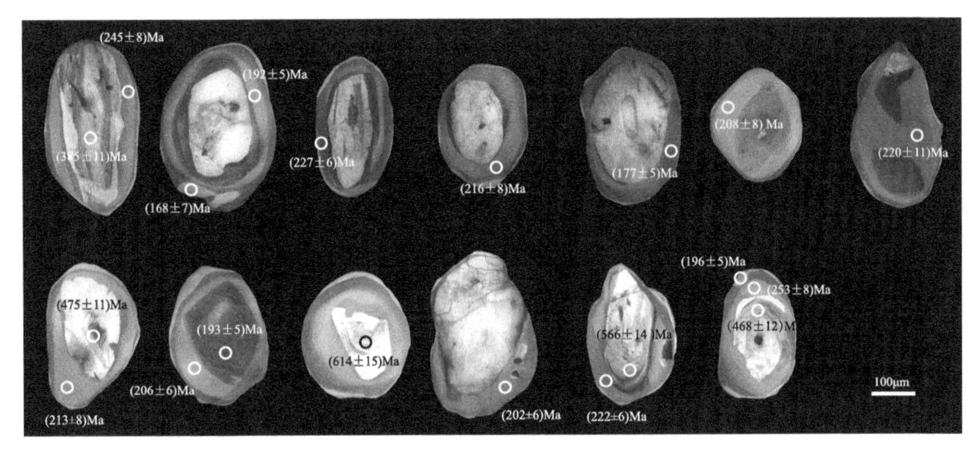

图 5-10　富铝片麻岩(样品 1509MZT6)中代表性锆石的 CL 图像

空心圆代表分析点并标注 $^{206}Pb/^{238}U$ 年龄(SHRIMP 定年)，束斑直径为 24 μm

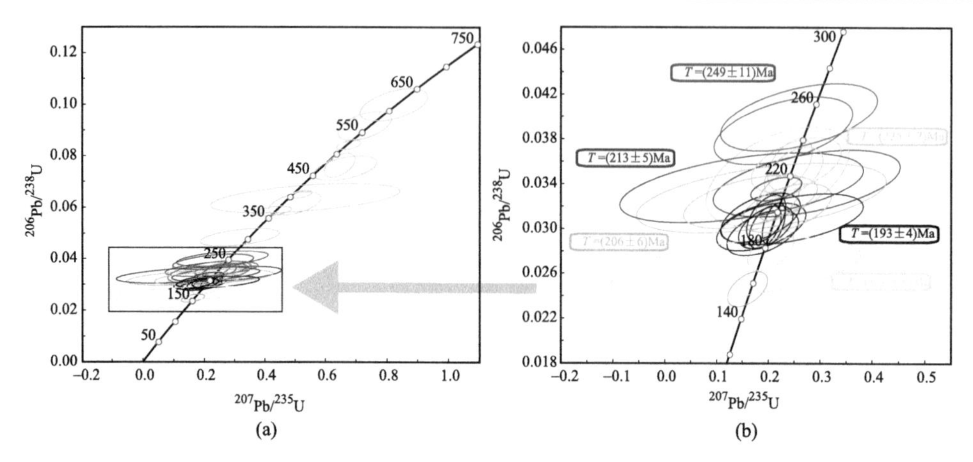

图 5-11　富铝片麻岩(样品 1509MZT6)的锆石 SHRIMP U-Pb 年龄谐和图

图中使用的误差为 2σ；不同颜色的椭圆代表书中所述分析点所在的锆石分区

具有相对较低的 Th/U 值(0.03～0.11，平均为 0.07)，在 CL 图像中表现为灰色的外幔，与锆石边部直接接触；⑥年龄变化范围为 168～177 Ma，加权平均年龄为(174±8) Ma(MSWD = 1.09, n = 2)，其 Th/U 值为 0.04，在 CL 图像中表现为灰色的外幔，与锆石边部直接接触。锆石边则通常较窄，获得的 ^{206}Pb/^{238}U 谐和年龄为(157±4) Ma，Th/U 值为 0.07。上述年龄结果指示富铝片麻岩与含刚玉黑云二长片麻岩一样，均经历了相似的变质演化过程。

上述含刚玉黑云二长片麻岩及相关岩石中锆石的 U-Pb 定年结果表明，它们都发育多期年龄记录，包括新元古代原岩时代和多期变质年龄记录，类似于北大别榴辉岩及花岗片麻岩等，因此可以认为含刚玉黑云二长片麻岩及相关岩石同样经历了三叠纪超高压变质作用及多阶段演化。而且，根据第三章榴辉岩的变质阶段划分和时代，变质锆石年龄可以分为多组，涉及的变质阶段为：俯冲进变质(234～249 Ma)、超高压榴辉岩相峰期变质(221～225 Ma)、高压榴辉岩相变质(213～217 Ma)、麻粒岩相退变质(203～209 Ma)、角闪岩相退变质(167～193 Ma)以及白垩纪热变质(135～157 Ma)。其中，在晚三叠世(203～209 Ma)的变质锆石幔部中发现白云母 + 钾长石 + 斜长石 + 黑云母等从熔体中结晶的多相矿物包裹体，证明含刚玉黑云二长片麻岩的深熔作用发生在晚三叠世麻粒岩相条件下(具体见后文分析)。

2. 锆石中的矿物包裹体

锆石具有极强的稳定性，能够保存多期高温高压事件以及复杂变质演化的记录，因而变质生长锆石内的矿物包裹体组合是将锆石的生长环境与变质事件进行关联的有效途径(Liu et al., 2011a, 2011b)。北大别含刚玉黑云二长片麻岩以及富铝片麻岩样品中的锆石，普遍呈无色至浅黄色透明圆柱状并包含丰富的包裹体。CL图像显示，上述锆石均具有复杂的核-幔-边结构，指示其经历了复杂的地质演化过程，对其中包裹体类型的总结和分析，可以更好地确定锆石的成因与形成环境，同时，可结合刚玉形成的 *P-T* 条件，准确地限定刚玉的成因和时代。

北大别含刚玉黑云二长片麻岩和富铝片麻岩中的锆石大多无色透明，自形，长柱状，其内部均发育大量矿物包裹体。大多数矿物包裹体所在的锆石区域都发育清晰的岩浆振荡环带，即岩浆锆石核部(新元古代)，主要矿物包裹体类型为磷灰石、白云母、长石、榍石、金红石、黑云母、石英等矿物(图 5-12)。锆石边部通常较窄，矿物包裹体较少发现。而锆石幔部主要为变质成因，发育多种类型的矿物包裹体(图 5-13)。

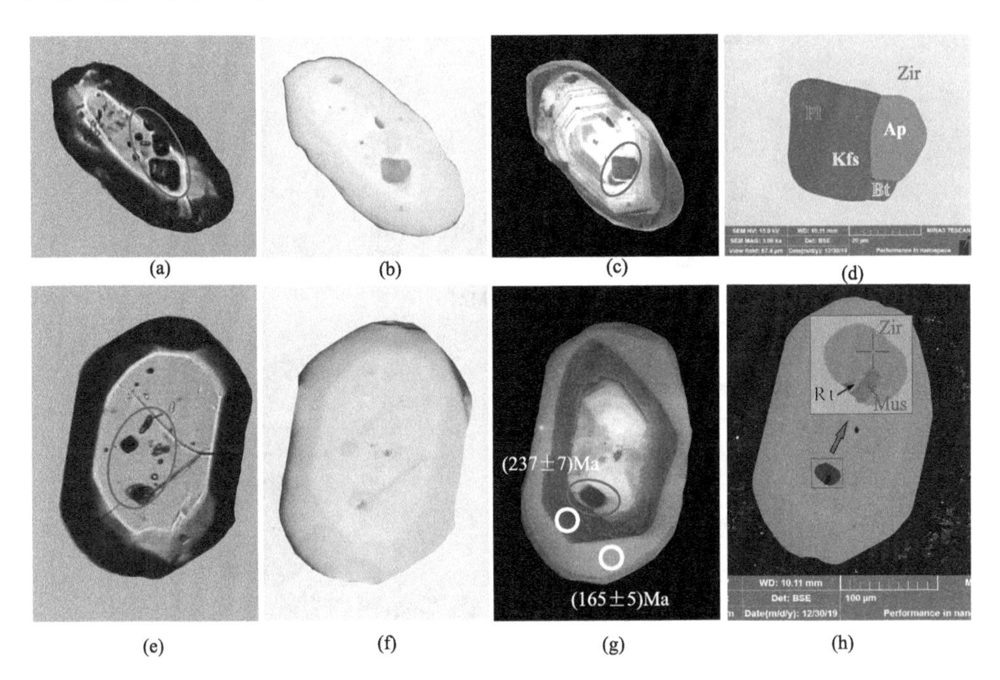

图 5-12 含刚玉黑云二长片麻岩代表性岩浆锆石核部的矿物包裹体

从左向右依次为单偏光、反射光、阴极发光(CL)和扫描电子显微镜(SEM)照片；红色空心圆为矿物包裹体位置。矿物缩写符号含义见文献(Whitney and Evans, 2010)

含红刚玉黑云二长片麻岩样品 1509GB 中的变质锆石幔部存在白云母+钾长石+斜长石+黑云母的多相固体包裹体[图 5-13(a)]，包裹体呈负晶形，长 55 μm，宽 25 μm，长宽比为 2∶1，其成分与 Cesare 等(2009)在混合岩化泥质岩中的“纳米花岗岩”(nanogranite)基本一致，指示该多相固体包裹体是在熔体中结晶生长的(Cesare et al., 2009; Ferrero et al., 2012)。实验岩石学研究(Hermann, 2002)表明，

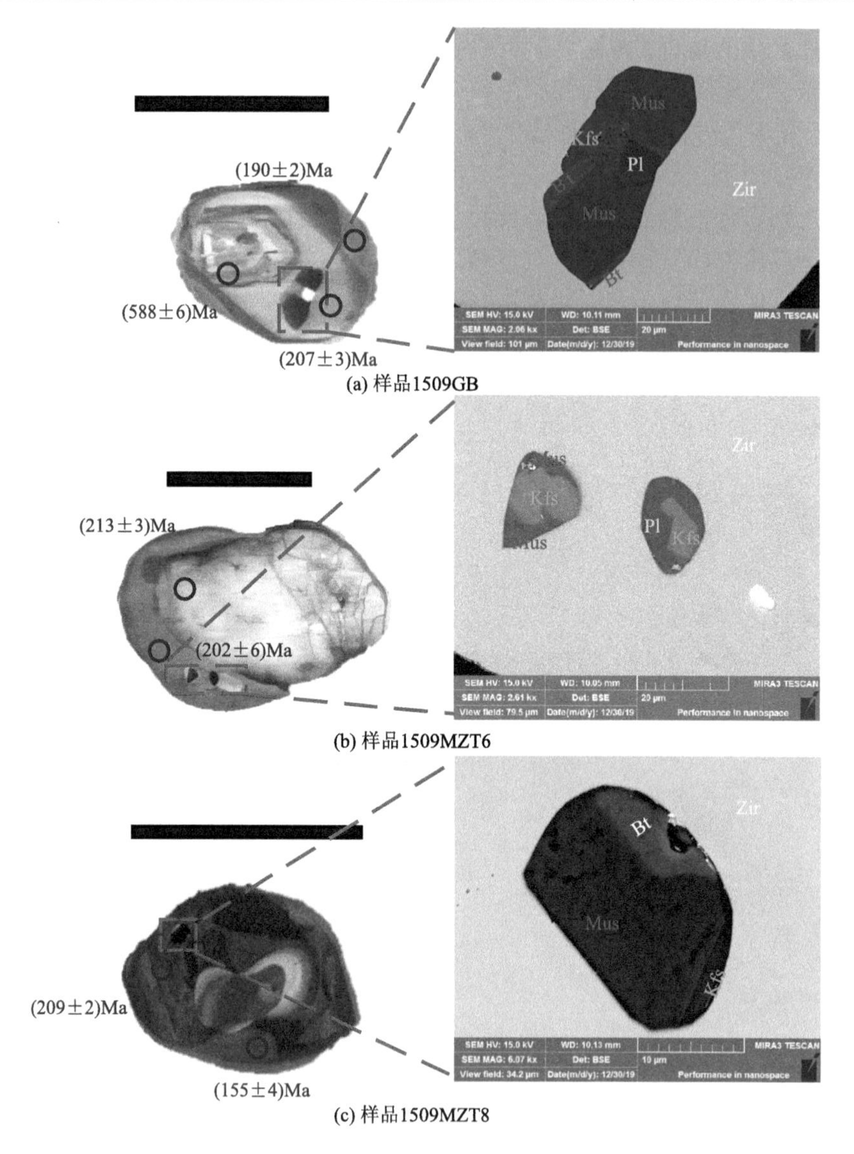

图 5-13　含刚玉黑云二长片麻岩及富铝片麻岩中代表性变质锆石幔部的矿物包裹体

矿物缩写符号含义见文献(Whitney and Evans, 2010)

泥质岩和花岗质岩在榴辉岩相变质阶段不能稳定存在斜长石，因而多相固体包裹体中稳定存在的斜长石说明深熔作用并非发生于榴辉岩相阶段，而可能是形成于榴辉岩相向麻粒岩相转变的过程中。锆石 SHRIMP U-Pb 定年结果揭示其形成时代为(205±3) Ma(见“1. 锆石 U-Pb 定年”)，指示该样品在折返初期的麻粒岩相变质阶段发生了深熔作用。

同样，在含蓝刚玉黑云二长片麻岩样品 1509MZT8 中变质锆石的幔部也发现多相固体矿物包裹体(白云母+黑云母+钾长石)，指示其在晚三叠世的麻粒岩相阶段(206±2)Ma[图 5-13(c)]。另外，含刚玉岩石的岩相学观察表明岩石中的白云母已经基本耗尽，且没有石英的存在，结合锆石中的多相固体矿物包裹体分析以及锆石年龄分析，可以认为深熔开始于相转变阶段，即白云母的脱水熔融发生于晚三叠世期间的减压麻粒岩相阶段，而且产生的熔体是硅不饱和的，即没有出现石英矿物。

在富铝片麻岩样品 1509MZT6 中的变质锆石幔部也发现有多相固体矿物包裹体(白云母+钾长石+斜长石)[图 5-13(b)]，其 U-Pb 年龄为(206±6)Ma(图 5-11)，U 含量为 144 ppm、Th 含量为 12 ppm 和 Th/U 值为 0.08，类似于上述两个样品，指示该变质锆石幔部是深熔成因，形成于北大别深俯冲板片折返初期高温减压阶段和麻粒岩相变质条件下，深熔反应机制应该是含水矿物(如白云母等)发生减压脱水熔融形成的，与含刚玉黑云二长片麻岩的深熔时间和机制是一致的。

上述三个样品中含多相矿物包裹体的变质锆石区在误差范围内具有类似的时代，加权平均年龄为(206±3)Ma，代表了深熔作用的时间，类似于研究区榴辉岩(第三章)和花岗质片麻岩(第四章)折返初期减压深熔作用的时间[(207±4)Ma]，一致指示它们发生于高温麻粒岩相条件下(也与第三节“四”中含刚玉黑云二长片麻岩的相平衡模拟结果一致)。

三、地球化学

1. *矿物化学*

刚玉：刚玉的赋存形式主要有两种：①斑晶形式，与钾长石斑晶共生，分布于岩石的浅色部位，粗粒，自形程度高，常呈柱状、板状，部分可见熔蚀结构；②细粒刚玉，粒径较小，肉眼不可见，晶体发育不完整，通常呈柱状、长条状等形态，以集合体分布在岩石的暗色部分，往往与斜长石和黑云母互相平行呈定向排列。两类刚玉的 Al_2O_3 含量均高于 97.5%(质量分数)，然而刚玉斑晶 Al 的含量往往要高于细粒刚玉集合体，且细粒刚玉集合体通常呈夕线石/蓝晶石假象，指示两者成因上存在差异。另外，Cr、Fe 和 Ti 分别是红刚玉和蓝刚玉的致色元素，含红刚玉黑云二长片麻岩中红刚玉的 Cr_2O_3 含量较高[0.04%～0.26%(质量分数)，平均 0.14%(质量分数)]，FeO 含量较低[0.39%～0.72%(质量分数)，平均 0.54%(质量分数)]；而含蓝刚玉黑云二长片麻岩中的 Cr_2O_3 含量较低[0%～0.09%(质量分数)，平均 0.03%(质量分数)]，FeO 含量较高[0.67%～1.42%(质量分数)，平均 0.92%(质量分数)]。

白云母：白云母仅在部分样品的刚玉斑晶中作为残余矿物出现，其主要的化

学成分为 SiO_2[44.84%～47.49%(质量分数)]、Al_2O_3[35.86%～38.88%(质量分数)]、K_2O[5.76%～11.14%(质量分数)]、FeO[0.33%～1.24%(质量分数)]、Cr_2O_3[0%～0.16%(质量分数)]。在中高级变质地区，随着温度的升高，白云母会发生脱水反应：Mus + Qtz → Kfs + Als + H_2O。若岩石中 SiO_2 缺乏，则上述反应中的铝硅酸盐矿物 Als 不会出现，而是出现贫硅矿物刚玉 Al_2O_3。

黑云母：含刚玉黑云二长片麻岩中的黑云母主要有两种赋存形式：①作为早期矿物，以包裹体形式存在于浅色体部分的钾长石斑晶中；②以板状、片状等形式在暗色部分的基质中定向分布，常与斜长石、细粒刚玉集合体等共生。样品中的黑云母多为红褐色或棕红，Al 和 Ti 含量较高(Al = 1.55～1.85 a.p.f.u.，Ti = 0.17～0.25 a.p.f.u.，均以 11 个氧原子计算)，Fe/(Fe + Mg)值为 0.34～0.53。此外，钾长石包裹体中黑云母的 Ti 含量通常比基质中的黑云母高。黑云母 Ti 温度计(Henry et al., 2005)计算结果(图 5-14)表明，含红刚玉黑云二长片麻岩的形成温度(720～780℃)相对含蓝刚玉黑云二长片麻岩(680～730℃)较高。

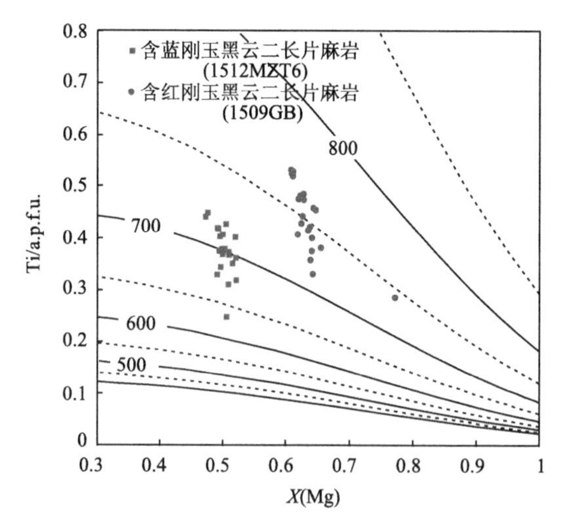

图 5-14　含刚玉黑云二长片麻岩的黑云母 Mg/(Fe + Mg)-Ti 温度计图解

资料来源：Henry 等(2005)

长石：含刚玉黑云二长片麻岩中的长石类矿物主要为碱性长石(主要为钾长石，X_{Or} = 0.75～0.96；图 5-15)。钾长石斑晶主要分布于浅色体中，包裹刚玉斑晶。基质中钾长石与斜长石、黑云母、小刚玉集合体等共生，其中的斜长石主要由钠长石组成(X_{Ab} = 0.61～0.98)。此外，含红刚玉黑云二长片麻岩中的斜长石占比高于含蓝刚玉黑云二长片麻岩。

夕线石：目前仅在含蓝刚玉黑云二长片麻岩中发现少量的残余夕线石。夕线石主要以短柱状、针状或乳滴状的矿物包裹体形式赋存于细粒刚玉中，或以毛发

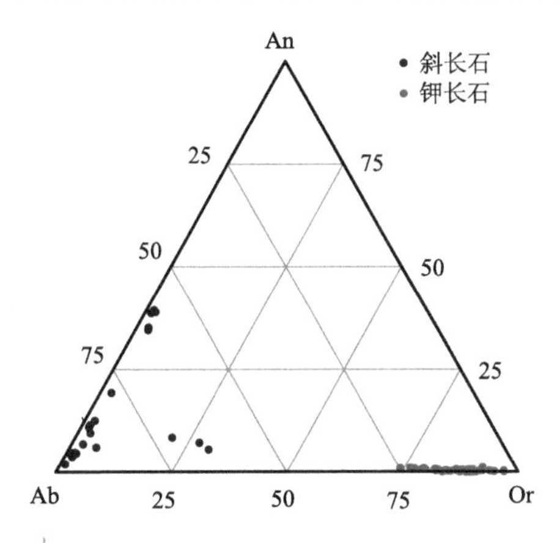

图 5-15　北大别含刚玉黑云二长片麻岩长石的 An-Ab-Or 判别图

状形式存在于细粒刚玉集合体附近的基质中，含有少量的 FeO[0.45%～0.63%(质量分数)]。

2. 全岩主微量元素地球化学

两类含刚玉黑云二长片麻岩的主量元素含量很相似(图 5-16)，SiO_2 含量较低[49.53%～55%(质量分数)]，Al_2O_3[24.27%～28.62%(质量分数)]和 K_2O[7.74%～9.86%(质量分数)]含量很高，具有明显的过铝质特征(A/CNK = 1.46～2.09)。其全碱含量极高[10.42%～11.81%(质量分数)]，K_2O/Na_2O 值主要介于 2.89～5.76，Fe_2O_3、FeO、MgO、CaO 含量较低[分别为 0.48%～1.61%(质量分数)、2.78%～5.30%(质量分数)、1.57%～3.26%(质量分数)、0.17%～0.45%(质量分数)]，TiO_2、MnO 含量分别为 0.64%～1.04%(质量分数)和 0.02%～0.11%(质量分数)，$Mg^{\#}$值主要为 48～68。含红刚玉黑云二长片麻岩 TiO_2、MgO 含量通常比含蓝刚玉黑云二长片麻岩要高，而含蓝刚玉黑云二长片麻石的 Fe_2O_3、FeO 含量比含红刚玉黑云二长片麻石要高，这些致色元素含量的差异极有可能是围岩成分的不同所导致的。相较于两类含刚玉黑云二长片麻岩，富铝片麻岩通常具有较低的 Al_2O_3[21.89%～24.24%(质量分数)]、SiO_2[45.51%～50.24%(质量分数)]和 K_2O[5.62%～6.95%(质量分数)]含量，以及较高的 MgO[3.98%～6.33%(质量分数)]、CaO[3.02%～4.86%(质量分数)]、P_2O_5[0.46%～1.00%(质量分数)]和 Na_2O[2.90%～3.02%(质量分数)]含量。上述元素含量差异与富铝片麻岩中斜长石、黑云母和磷灰石含量较高的矿物组成相一致。北大别含刚玉黑云二长片麻岩是富铝的副片麻岩，其地球化学特征与北大别广泛分布的正片麻岩存在明显的差异，指示两类岩石的形成机制不同。

除一个含蓝刚玉黑云二长片麻岩样品 1604MZT8(∑REE = 467.81 ppm)外，其

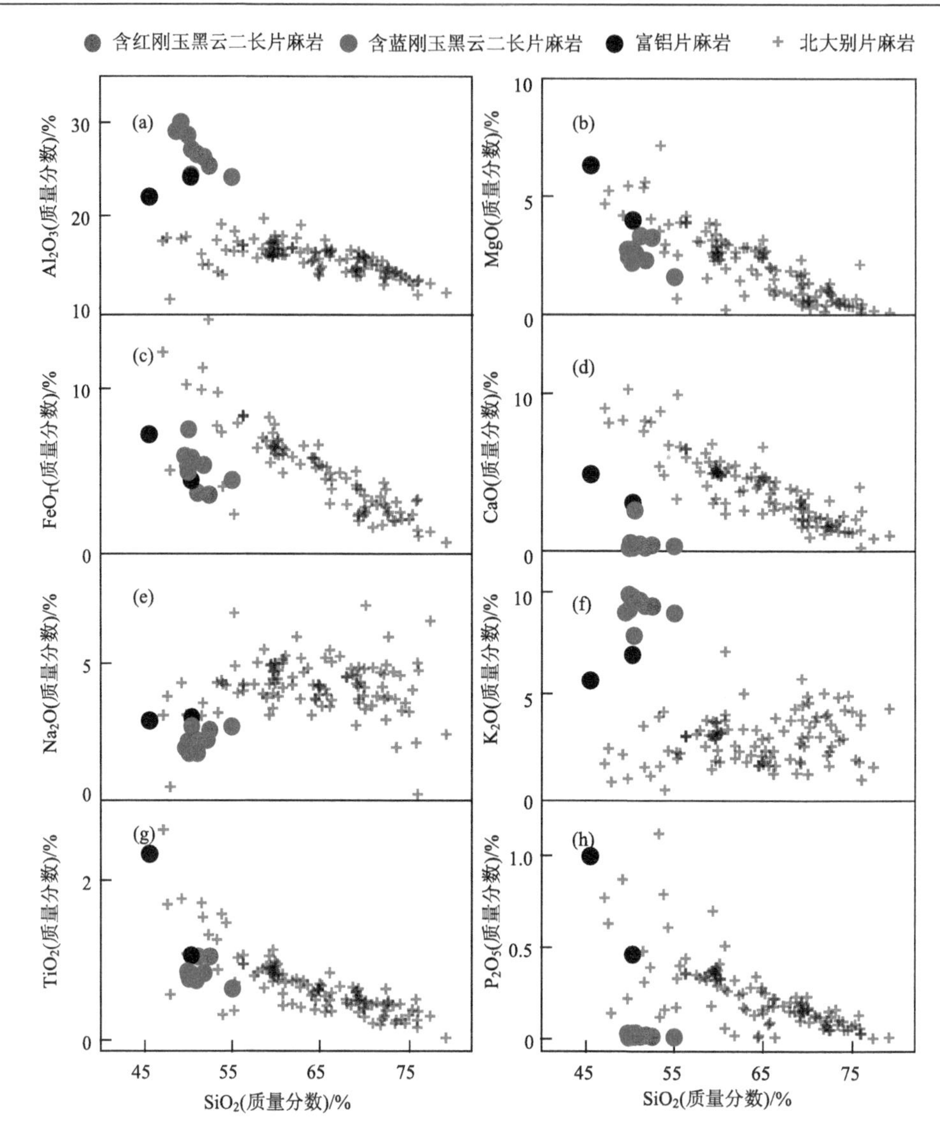

图 5-16　含刚玉黑云二长片麻岩及富铝片麻岩的 Hacker 图解

资料来源：北大别片麻岩数据引自 Zhai 等(1994)、Zheng 等(1999)、刘贻灿等(1999)和 Bryant 等(2004)

他含刚玉黑云二长片麻岩的∑REE 变化范围为 44.58～128.25 ppm。在球粒陨石标准化稀土元素配分模式图[图 5-17(a)]中，含刚玉黑云二长片麻岩均表现为右倾型 REE 配分模式，即富集轻稀土元素，亏损重稀土元素，其$(La/Yb)_N$ = 3.61～29.61，$(La/Sm)_N$ =0.70～2.18(除样品 1604MZT8)，$(Gd/Yb)_N$ = 1.57～4.25，δ_{Eu} = 0.86～2.11。其中，含红刚玉黑云二长片麻岩表现为有轻微的 Eu 正异常(δ_{Eu} = 1.53～2.11)和 Ce 正异常(Ce/Ce* = 0.85～1.62)，而含蓝刚玉黑云二长片麻岩无明显的 Eu 异常(δ_{Eu} = 0.86～1.08)和 Ce 异常(Ce/Ce* =0.85～1.15)。此外，两类含刚玉岩石的相容元素(如 Cr、Ni、V 和 Co)含量存在较大的差异，相对于含蓝刚玉黑云二长片麻岩，含红刚玉黑云二长片麻岩具有更高的 Cr、Ni、V 和 Co 含量。在原始地幔标准化元素蛛蛛图解[图 5-17(b)]中，所有样品均富集 Rb、Ba 等大离子亲石元素，亏损 Nb、Ta 等高场强元素。Ba、Rb 往往很容易取代钾长石中的 K 而赋存于钾长石中，因此含刚玉黑云二长片麻岩中的高 Ba、Rb 特征主要与岩石中大量的钾长石相关。

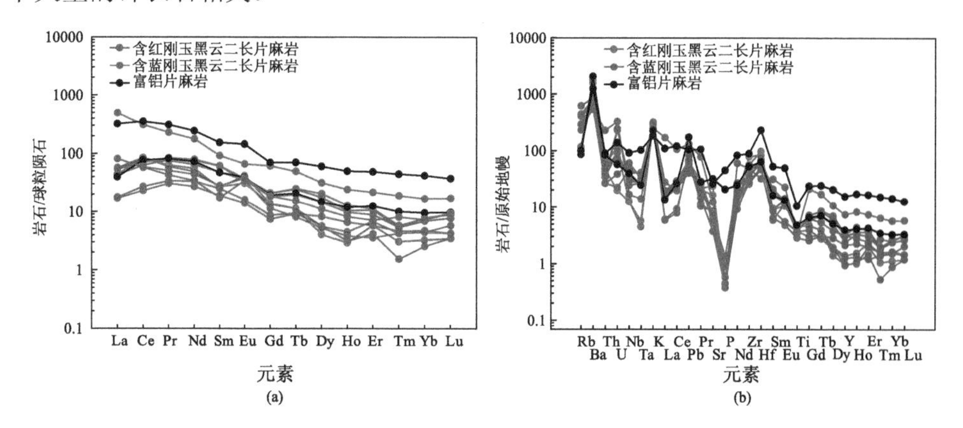

图 5-17　含刚玉黑云二长片麻岩及富铝片麻岩的(a)全岩球粒陨石标准化稀土元素配分模式图和(b)原始地幔标准化元素蛛蛛图解

资料来源：球粒陨石和原始地幔的标准化值分别取自 Boynton(1984)、Sun 和 McDonough(1989)

3. 全岩 Sr、Nd、Pb 同位素成分

含刚玉黑云二长片麻岩样品 Rb、Sr 含量的变化范围较为集中，其中，含红刚玉黑云二长片麻岩的 Rb 含量(平均值为 144.99 ppm)低于含蓝刚玉黑云二长片麻岩(平均值为 294.29 ppm)，而含红刚玉黑云二长片麻岩的 Sr 含量(平均值为 402.10 ppm)高于含蓝刚玉黑云二长片麻岩(平均值为 190.41 ppm)。含刚玉黑云二长片麻岩样品的 $^{87}Rb/^{86}Sr$ 值有较大的变化范围，为 0.8564～5.6248，$^{87}Sr/^{86}Sr$ 测定值为 0.710736～0.723260。将样品的初始 Sr、Nd、Pb 同位素比值均计算到 t = 130 Ma(北大别碰撞后热事件时代)，结果表明含红刚玉黑云二长片麻岩的 $^{87}Sr/^{86}Sr_i$ 值低于含蓝刚玉黑云二长片麻岩。在 $^{87}Sr/^{86}Sr_i$-ε_{Nd}(130 Ma)图解(图 5-18)上，所有含刚玉黑云二长片麻岩都落在了第四象限，指示其为陆壳成因。两种含刚玉黑云二长片麻岩 Pb 同位素特征都落在北大别区域(图 5-19)，而含红刚玉黑云二长片麻岩的初始 $^{206}Pb/^{204}Pb$ 值、$^{207}Pb/^{204}Pb$ 值和 $^{208}Pb/^{204}Pb$ 值均低于含蓝刚玉黑云二长片麻岩，含红刚玉黑云二长片麻岩相对靠近下地壳区间，而含蓝刚玉黑云二长片麻岩相对靠近上地壳区间，Sr-Nd 同位素图解也同样表明上述趋势。

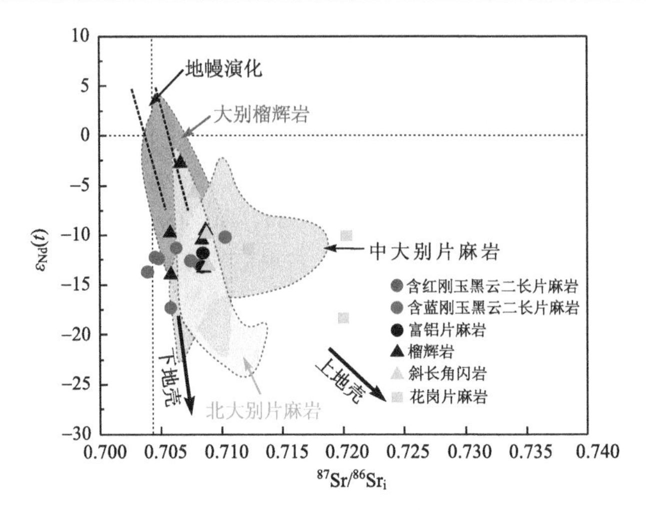

图 5-18　含刚玉黑云二长片麻岩的 $^{87}Sr/^{86}Sr_i$-$\varepsilon_{Nd}(t)$ 图解

资料来源：图中的中大别片麻岩、北大别片麻岩和大别榴辉岩的代表性数据引自 Liu 等(2020)

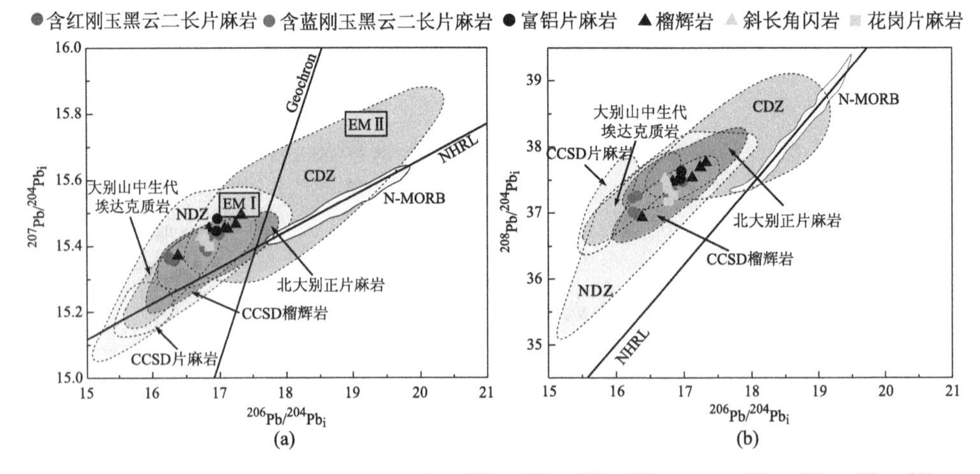

图 5-19　含刚玉黑云二长片麻岩的初始(a) $^{206}Pb/^{204}Pb$-$^{207}Pb/^{204}Pb$ 和(b) $^{206}Pb/^{204}Pb$-$^{208}Pb/^{204}Pb$ 图解($t = 220$ Ma)

灰色和黄色区域依次代表北大别(NDZ)和中大别(CDZ)的超高压变质正片麻岩和榴辉岩，其数据取自刘贻灿和李曙光(2008)

第三节　岩石成因和变质演化

一、刚玉的形成机制

已有的刚玉形成机制较为多样，既可在经历了森林火灾的铝土矿中形成，也可以在榴辉岩的金刚石包裹体中以高压相形式存在，还可以产出于幔源成因的碱性玄武岩中(Simonet et al., 2008)。刚玉矿床的形成往往与板块碰撞、大陆裂解、地壳俯冲以及幔源碱性玄武岩喷发等地球动力学过程密切相关，按其成因可分为原生刚玉矿床(岩浆成因、变质成因)和次生刚玉矿床(岩浆捕虏体成因、沉积成因)。含刚玉黑云二长片麻岩都是作为捕虏体出现在对应的围岩(超基性岩石、花岗质片麻岩)中，被捕虏的含刚玉黑云二长片麻岩与围岩的接触部分没有发现热变质及流体交代的现象，因此也可以排除变质交代成因。大别山含刚玉黑云二长片麻岩是变质岩，刚玉作为变质矿物出现，而非岩浆矿物残余，且在含刚玉黑云二长片麻岩中也没有发现任何岩浆岩的岩相学结构，因此可以排除岩浆结晶成因。含刚玉黑云二长片麻岩中浅色部分与暗色部分共存，刚玉斑晶通常出现在浅色部分，结合岩相学观察并对比全球其他地区的深熔含刚玉黑云二长片麻岩的岩相学特征，以及研究区折返初期近等温减压的高温变质作用、榴辉岩与花岗质片麻岩深熔作用的 *P-T* 条件和时间等，结合相平衡模拟结果(见后文“四、相平衡模拟和刚玉的深熔成因 *P-T* 条件”)，证明其形成于超高温麻粒岩相条件下，据此认为北大别含刚玉黑云二长片麻岩中的刚玉是减压脱水深熔成因。

刚玉的化学成分为 Al_2O_3，而 Al 元素在固相线以下是高度不活动性元素，在熔体中则是活动性元素，因此，在富铝的熔体形成浅色体的过程中，可以伴随着粗粒刚玉斑晶的产生(Newton and Manning, 2008)。形成深熔成因的刚玉需要的硅不饱和的原岩主要有两种类型：富铝泥质岩和镁铁质岩。此外，按照熔融反应机制的不同，深熔成因刚玉可以进一步分为脱水熔融成因刚玉与水致熔融成因刚玉，分别对应于云母等富水矿物在温度升高或压力降低时发生的脱水熔融反应(白云母→钾长石+刚玉+熔体；Li et al., 2020b)和长石类矿物的富水熔融反应(斜长石+水→钠长石+刚玉±黝帘石+熔体；Kullerud et al., 2012)。北大别含刚玉岩石中的刚玉斑晶通常出现在浅色体的中间部位，而且被钾长石斑晶所包裹，刚玉斑晶中间残余的白云母、岩石基质中残余的夕线石、细粒刚玉集合体呈现的夕线石假象、细粒刚玉中的钾长石和夕线石包裹体等岩相学特征，表明刚玉的形成与白云母脱水熔融有关，主要证据如下。

(1)刚玉斑晶中的残余白云母，指示刚玉的形成与白云母的消失有关。另外，刚玉斑晶通常出现在岩石浅色体的中间部位，形成类似于眼球状的结构，表明刚玉是一种转熔矿物。长英质岩中，白云母通常随着温度的升高会发生脱水熔融反应，从而形成转熔矿物，如钾长石或夕线石，该过程中发生的不一致脱水熔融反应为：Mus + Pl + Qtz → Kfs + Sil + Melt 或者 Mus + Pl + Qtz → Kfs + Sil + Bt + Melt，形成的熔体成分都是过铝花岗质的，具有很高的 K/Na 值。北大别含刚玉黑云二长片麻岩中并未发现大量的石英，但其岩石地球化学成分是过铝质，而且 K/Na 值非常高，因此，刚玉斑晶的形成与白云母在硅不饱和条件下的深熔作用有关。白云母在没有石英共生的条件下发生脱水熔融，可以形成转熔矿物刚玉，具体的深熔反应是：Mus + Pl → Kfs + Crn + Melt。实验岩石学的研究结果表明，白云母在硅不饱和的岩石体系下发生脱水熔融时，所需要的最低温度比硅饱和体系下高大概 50～100℃ (Evans, 1965; Vielzeuf and Holloway, 1988)，因此，白云母脱水熔融成因刚玉往往形成于高温麻粒岩相阶段 (Cartwright and Barnicoat, 1986)。

(2) 在岩石暗色部分 (基质) 中，刚玉往往以细粒矿物集合体形式与钾长石共生，且细粒刚玉集合体通常具有一定的定向性。细粒刚玉通常发育钾长石包裹体，而钾长石包裹体中则偶见夕线石浑圆状包裹体，这种现象可能源自转熔刚玉中的矿物包裹体通过转熔反应产生[Mus + Al-silicate (Sil+Ky) ± Pl→Kfs+Crn+Melt]，夕线石作为残余矿物，被钾长石包裹，刚玉和钾长石为共生关系。

利用岩石成因格子 (petrogenetic grid，也称 *P-T* 投影图)，可以查明白云母在硅不饱和体系下发生脱水熔融反应的具体机制，从而得到白云母可能发生的所有深熔反应曲线。北大别含刚玉黑云二长片麻岩的矿物组合比较简单，主要是刚玉、钾长石、斜长石、黑云母等矿物，而刚玉的形成主要和白云母脱水熔融有关。此外，全岩 Mg、Fe 含量低，而 Fe、Mg 主要存在于黑云母中，黑云母没有参与深熔作用。因此，可以选用 KASH (K_2O-Al_2O_3-SiO_2-H_2O) 岩石体系，利用 Perple X 软件来获得与深熔刚玉相关的变质反应。在 KASH 岩石体系中石英 (Qtz)、白云母 (Mus)、钾长石 (Kfs)、铝硅酸盐矿物 (Als)、刚玉 (Crn) 以及水 (H_2O) 都是纯端元组分，而熔体 (Melt) 则是复杂组分。Melt 活动模型由四个组分构成：石英、钾长石、铝硅酸盐矿物 (蓝晶石、夕线石) 以及水 (White et al., 2014)。KASH 体系岩石成因格子 (图 5-20) 由两部分组成：石英存在 (硅饱和体系) 的平衡反应和石英不存在 (硅不饱和体系) 的平衡反应，分别对应于两个不变点[Crn]和[Qtz]。不变点[Qtz]比[Crn]有着更高的温度。与不变点[Crn]有关的单变反应指示着硅饱和体系下的矿物相变，即反应中石英是饱和的：

$$\text{Mus} + \text{Kfs} + H_2O + \text{Qtz} \rightarrow \text{Melt} \quad \text{(a)}$$

$$\text{Mus} + \text{Qtz} + H_2O \rightarrow \text{Als} + \text{Melt} \quad \text{(b)}$$

$$\text{Mus} + \text{Qtz} \rightarrow \text{Kfs} + \text{Als} + H_2O \quad \text{(c)}$$

$$\text{Mus} + \text{Qtz} \rightarrow \text{Kfs} + \text{Als} + \text{Melt} \quad \text{(d)}$$

$$\text{Als} + \text{Kfs} + \text{Qtz} + H_2O \rightarrow \text{Melt} \quad \text{(e)}$$

上述反应中，除了反应 (c) 是脱水反应，没有涉及 Melt 熔体相，其他的四个变质反应都与部分熔融作用有关。在长英质变质岩中，如富钾长石的变泥质岩，反应 (a) 代表水饱和条件下的最低固相线。而反应 (b) 则是常见泥质岩的水饱和固相线，这时随着熔体一起形成的还有转熔矿物 (耐熔矿物)：铝硅酸盐矿物 (如夕线石和蓝晶石)。反应(d)是在长英质及泥质岩中重要的熔融反应，即白云母的脱水熔融不一致反应。在俯冲带的研究中，俯冲岩石往往水含量极少，而且岩石所受的压力极高。随着俯冲岩石的折返，压力降低，此时岩石中的白云母会发生反应(d)的单变反应，从而形成转熔矿物夕线石或蓝晶石以及富碱熔体。反应(e)是低压条件下长英质、泥质岩发生水饱和熔融的最低固相线。上述计算的硅饱和体系下白云母的反应曲线与实验岩石学所得到的变质曲线是吻合的，说明热力学计算能够合理地反映岩石体系的相变过程。

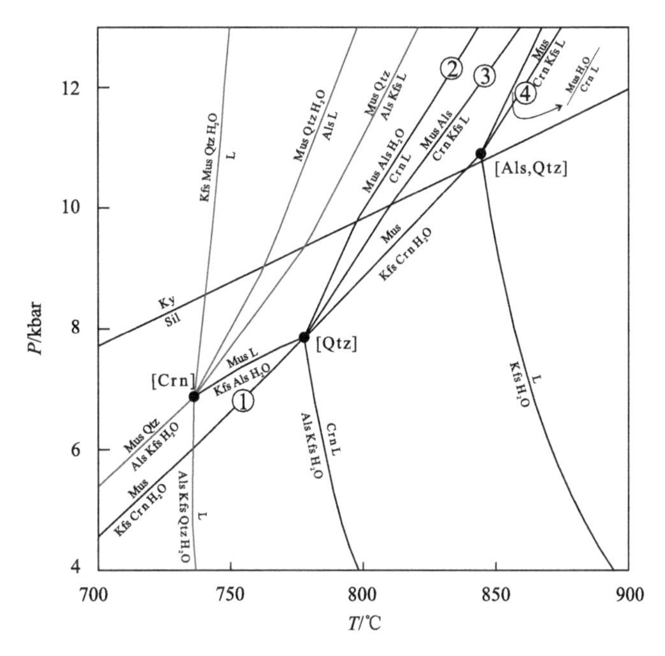

图 5-20　K_2O-Al_2O_3-SiO_2-H_2O(KASH)岩石体系岩石成因格子

L 表示液体；由含石英矿物组合和不含石英矿物组合两部分构成，矿物缩写符号含义见文献(Whitney and Evans, 2010)

与不变点[Qtz]有关的单变反应指示着硅不饱和体系下的矿物相变：

$$\text{Mus} \rightarrow \text{Kfs+Crn+}H_2O \quad ①$$

$$\text{Mus + Als + }H_2O \rightarrow \text{Crn + Melt} \quad ②$$

$$\text{Mus + Als} \rightarrow \text{Kfs + Crn + Melt} \quad ③$$

$$\text{Mus} \rightarrow \text{Kfs + Crn + Melt} \quad ④$$

在硅不饱和体系下，白云母会发生变质脱水反应①，此时温度还没有达到岩石的固相线，因此白云母脱水形成变质成因刚玉、钾长石和水。当岩石处于水饱和条件时，随着温度的升高，岩石发生水饱和熔融，即反应②，白云母与铝硅酸盐矿物发生反应形成转熔刚玉和富碱熔体。反应②发生的最低温度是 780℃。当岩石体系水不饱和时，发生反应③，此时发生白云母的脱水熔融，不仅会形成转熔刚玉，同时也形成了转熔的钾长石，而且反应③发生的最低温度要高于反应②。随着反应③的不断进行，岩石中的铝硅酸盐矿物 Als 被耗尽，此时反应④发生，即白云母熔融形成转熔刚玉、钾长石和熔体，反应④发生的最低温度是 840℃。由上述反应的分析，可以得到白云母硅不饱和体系下的脱水熔融不仅会形成转熔刚玉，而且同时会形成转熔的钾长石，而白云母富水熔融往往没有转熔钾长石的形成。结合岩相学的观察，岩石浅色体的刚玉斑晶往往被钾长石包裹，而且没有发现 Als 矿物，因此我们认为浅色体中的刚玉斑晶应该与反应④相关，即 Mus → Kfs + Crn + Melt，最低温压是 840℃、11 kbar。而岩石暗色部分基质中的细粒刚玉集合体，往往与钾长石、斜长石和黑云母共生，且定向排列，细粒刚玉集合体常呈 Als 矿物假象，而且在细粒刚玉中发现有残余的夕线石(Sil)包裹体。因此，小刚玉集合体的形成与反应③相关，即白云母与岩石中的 Als 矿物发生反应，形成转熔刚玉、钾长石和熔体。因此，岩石中两种刚玉的成因都与白云母在硅不饱和体系下脱水熔融有关，而且小刚玉集合体的形成时期应该要早于刚玉斑晶，其形成的温压也应该小于刚玉斑晶，这与我们观察到含刚玉黑云二长片麻岩样品中只有少量样品存在肉眼可见的眼球状浅色体中的刚玉斑晶一致。

二、含刚玉黑云二长片麻岩形成和变质演化的年代学制约

北大别含刚玉黑云二长片麻岩及富铝片麻岩中的锆石具有复杂的内部结构，包括岩浆锆石核-变质锆石幔-边结构，对应着不同的年龄记录。大多数锆石颗粒发育明显的熔蚀边结构，说明锆石经历了不同程度的变质/深熔作用。正如前文所述，SHRIMP U-Pb 获得的年龄主要集中在新元古代(岩浆锆石核部)、三叠纪(变质锆石幔部，可分为多个亚区)和白垩纪(变质锆石增生边部)。因此，多期锆石 U-Pb 年龄记录表明含刚玉黑云二长片麻岩同研究区其他岩石(如富铝片麻岩、榴辉岩和花岗质片麻岩)均经历了复杂的变质演化过程。

两种含刚玉黑云二长片麻岩中的岩浆锆石核部的 $^{206}Pb/^{238}U$ 年龄结果基本一致，均为新元古代(约 780 Ma)。两类岩石中的岩浆锆石核部都发育有明显的岩浆结晶环带，以及有高的 Th/U 值(0.72～1.30)和丰富的岩浆矿物包裹体(如磷灰石、黑云母、长石、白云母等)，指示其为岩浆成因。获得的新元古代年龄与大别-苏鲁造山带超高压变质岩石的原岩一致，表明含刚玉黑云二长片麻岩原岩的源区与新元古代的Rodinia超大陆裂解有关(刘贻灿等, 2000a; 谢智等, 2001; Hacker et al., 1998; Bryant et al., 2004; Liu et al., 2007c, 2007d)。Rodinia 超大陆裂解事件导致华南陆块北缘在新元古代(700～800 Ma)发生了大规模强烈的岩浆活动(Li et al.,

2003c; Liu et al., 2007d; 刘贻灿等, 2010, 2011; Wu et al., 2023)。上述证据表明北大别含刚玉黑云二长片麻岩原岩是中新元古代华南板块广泛存在的裂谷带岩浆活动的产物。

含刚玉黑云二长片麻岩以及富铝片麻岩的变质锆石幔部均表现为灰色、无环带或弱环带结构，具有多阶段年龄记录，$^{206}Pb/^{238}U$ 谐和年龄大多都为三叠纪，与北大别榴辉岩及片麻岩等超高压岩石记录的年龄一致，指示多阶段演化过程。含刚玉黑云二长片麻岩等岩石的锆石中没有发现柯石英和金刚石等超高压特征矿物,但其保留了北大别晚三叠世板片俯冲-折返引发的多阶段高温变质作用和深熔作用年龄记录，指示含刚玉黑云二长片麻岩和北大别榴辉岩等岩石共同参与了三叠纪大陆深俯冲和多阶段折返过程。

含刚玉黑云二长片麻岩和富铝片麻岩的锆石增生边部都表现为灰色或黑色的窄边，无环带结构，记录了白垩纪的 $^{206}Pb/^{238}U$ 年龄，这与北大别广泛发育有白垩纪碰撞后岩浆岩且伴随着大规模部分熔融和混合岩化作用时代一致，证明是燕山期山根垮塌的结果。同时，说明北大别含刚玉黑云二长片麻岩及富铝片麻岩都受到了白垩纪岩浆热事件的影响。

此外，北大别榴辉岩(第三章)及混合岩、花岗质片麻岩和相关岩石(第四章)已证明它们经历了多期不同机制的深熔作用，包括晚三叠世深俯冲板片在折返初期发生的减压脱水熔融和早白垩世碰撞后山根垮塌引发的大规模水致熔融(Deng et al., 2019; Yang et al., 2020, 2022)。岩相学观察结果已证明含刚玉黑云二长片麻岩经历了白云母在硅不饱和条件下的脱水熔融作用，并形成了刚玉等转熔矿物。锆石年代学研究结果表明脱水熔融初始发生在折返早期榴辉岩相向麻粒岩相的相转变期间，对应于在含刚玉黑云二长片麻岩及富铝片麻岩中的变质锆石内发现的白云母+钾长石+斜长石+黑云母的多相矿物包裹体，指示含刚玉黑云二长片麻岩深熔作用发生于晚三叠世(206±3) Ma 的减压麻粒岩相阶段。

三、含刚玉黑云二长片麻岩的岩石成因及原岩性质

北大别含刚玉黑云二长片麻岩富铝[24%～28%(质量分数)]、贫硅[49%～55%(质量分数)]、SiO_2 不饱和和 Al_2O_3 过饱和，在岩相学上表现为刚玉的出现和石英的缺失，因此其原岩也是富铝贫硅的，如富铝泥质岩。两类含刚玉黑云二长片麻岩的主要矿物基本一致，为钾长石、刚玉、黑云母、斜长石以及少量的金红石、锆石、白云母和夕线石。其中特征变质矿物夕线石的出现，黑云母、钾长石以及转熔刚玉占很高的比例，指示其原岩可能是富铝的泥质岩。在 A-C-FM[A=$Al_2O_3+Fe_2O_3-(Na_2O+K_2O)$, C=CaO, FM=FeO+MgO+MnO, A+C+FM=100]图解上，含刚玉黑云二长片麻岩落在了富铝黏土岩区域[图 5-21(a)]；在 ACF-A′KF[图

5-21(b)]和 K-A[K=K_2O/(K_2O+Na_2O)、A = Al_2O_3/(Al_2O_3 + CaO + Na_2O + K_2O)]图解[图 5-21(c)]中，含刚玉黑云二长片麻岩落在了泥质岩区域；而在 lg(SiO_2/Al_2O_3)-lg(FeO_T/K_2O)图解[图 5-21(d)]上，含刚玉黑云二长片麻岩落在了页岩区域。上述原岩判别图解均表明含刚玉黑云二长片麻岩为副片麻岩，进一步证明其原岩为富铝的泥质岩。

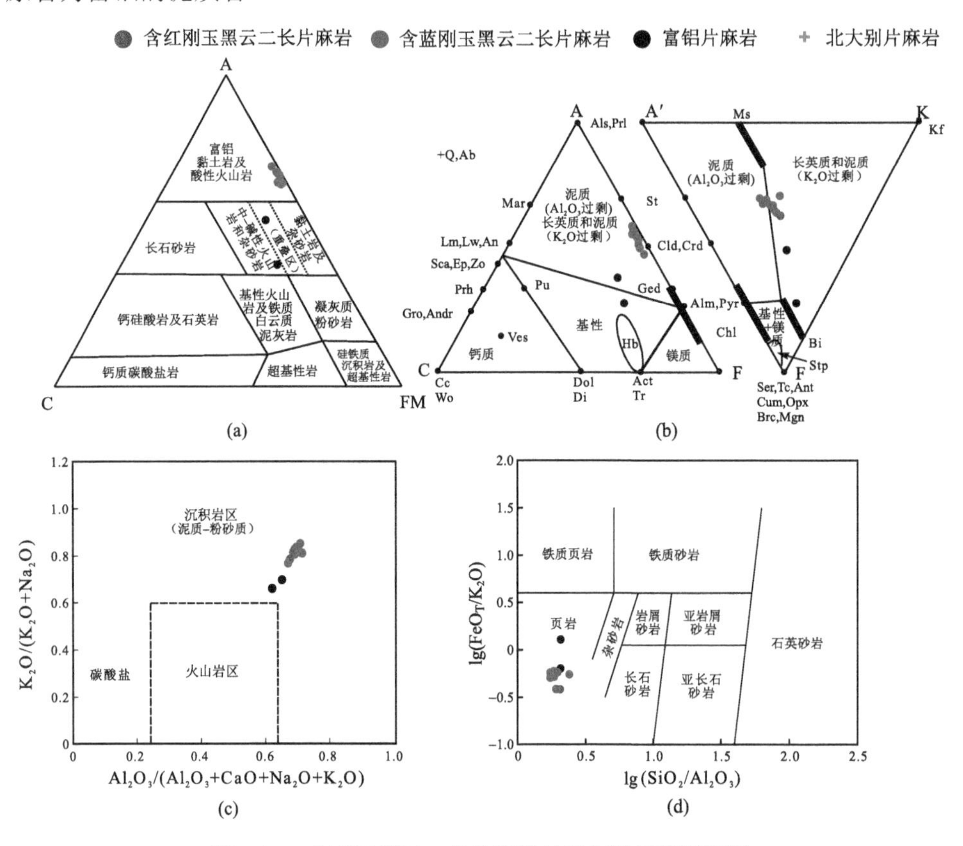

图 5-21　含刚玉黑云二长片麻岩的原岩性质判别图解

(a) A-C-FM 图解[据 Shan 等(2016)]；(b) ACF-A′KF 图解[据 Meng 等(2021)]；(c) K-A 图解[据 Shan 等(2016)]；(d) lg(SiO_2/Al_2O_3)-lg(FeO_T/K_2O)图解[据 Herron(1988)]。矿物缩写符号含义见文献(Whitney and Evans, 2010)

所有的含刚玉黑云二长片麻岩样品均表现为低的初始 $^{87}Sr/^{86}Sr$ 值(0.709068～0.712877)和负的 $\varepsilon_{Nd}(t)$ 值(−17.99～−11)，以及较低的初始 $^{207}Pb/^{204}Pb$ 值、$^{208}Pb/^{204}Pb$ 值。其中，含蓝刚玉黑云二长片麻岩与含红刚玉黑云二长片麻岩相比，具有较高的 $^{87}Sr/^{86}Sr$ 值、$^{208}Pb/^{204}Pb$ 值、$^{207}Pb/^{204}Pb$ 值和 $^{206}Pb/^{204}Pb$ 值，而 Nd 同位素比值基本一致(图 5-18 和图 5-19)。鉴于全岩 Sr 和 Pb 同位素与 Nd 同位素相比，在折返抬升过程中更容易受到变质流体的影响，因此含蓝刚玉黑云二长片麻岩很可能在后期受到了变质流体的改造。整体看来，北大别含刚玉岩石的 Rb 含量要明显大于同区域其他岩石(如榴辉岩、片麻岩)，这与岩相学观察中含刚玉岩石含有较多钾长石的特征一致。北大别含刚玉岩石的 $\varepsilon_{Nd}(t)$ 值都是负值，落在北大别榴辉岩及相关三叠纪超高压变质岩区内(图 5-18)，证明它们的原岩都来自深俯冲的下地壳岩石。另外，不同类型的岩石各自表现出不同的初始 Sr 同位素特征：榴辉岩有着最低的初始 Sr 同位素比值，斜长角闪岩次之，富铝片麻岩和含刚玉黑云二长片麻岩相似，高于斜长角闪岩，而花岗质片麻岩的初始 Sr 同位素比值最高，全岩的初始 Pb 同位素也表现出类似的特征(图 5-19)。上述同位素特征表明含刚玉黑云二长片麻岩与相关岩石如富铝片麻岩、榴辉岩、花岗质片麻岩和斜长角闪岩具有相似的物质源区或者经历了相似的变质改造。

含刚玉黑云二长片麻岩与普通变泥质岩相比，表现出富铝贫硅的特征，与北大别出露的灰色片麻岩有很大的差异。这种富铝贫硅的地球化学组成可以通过两种机制产生(Szilas et al., 2016)：①变质前演化，如火山岩的热液蚀变(Bonnet et al., 2005)或风化作用(Szilas and Garde, 2013; Nakano et al., 2018)，由元素迁移导致；②受变质演化过程影响的整体成分变化，如变质交代作用(Fernando et al., 2017; Yakymchuk and Szilas, 2018)以及熔融过程中的熔体迁移(Cartwright and Barnicoat, 1986; Raith et al., 2010)。然而，含刚玉黑云二长片麻岩未发育相关交代结构，且其化学组成较为均一，可以排除变质交代作用的影响。此外，虽然熔体的萃取和迁移会导致残留体中的硅含量逐渐降低，但含刚玉岩石中大量出现的眼球状浅色体指示其形成过程中并未发生大比例的熔体丢失，且含刚玉岩石富集碱性元素和不相容元素，稀土元素配分模式表现为明显的右倾(图 5-17)，因此，其富铝贫硅的特征并非是变质过程中的深熔作用影响的，而是来自对原岩成分的继承。

在风化过程中，岩浆岩会经历广泛的脱硅、富铝风化作用，导致岩石发生显著的 SiO_2 亏损和 Al_2O_3 富集(Chen et al., 2020)。因此，含刚玉黑云二长片麻岩的原岩可能是源自相邻长英质火山岩风化的富铝沉积岩，具体证据如下。

(1) *M-F-W* 图解通常用于识别相对于火山岩演化趋势的风化蚀变的信号。含刚玉黑云二长片麻岩落在了长英质火山岩风化趋势线上，而不含刚玉的富铝片麻岩则落在了中性或者基性的火山岩风化趋势线中[图 5-22(a)]。因此，不含刚玉的富铝片麻岩的物质源区以及风化过程都与含刚玉黑云二长片麻岩有差异，正是这种差异导致了其化学成分组成的不同，进而导致富铝片麻岩没能形成刚玉矿物。

(2)化学蚀变指数[$CIA = Al_2O_3/(Al_2O_3 + Na_2O + K_2O + CaO)$]常被用于量化长石风化为黏土矿物的程度，因此被广泛应用于判断源区化学风化程度。通常情况下，硅酸盐矿物的 CIA 值的范围为 50(未变质岩石)～100(强风化岩石)，未风化的玄武岩的 CIA 范围为 30～45，而花岗岩的 CIA 值为 45～55。与含刚玉黑云二长片麻岩(CIA 平均值 = 65)相比，不含刚玉的富铝片麻岩的 CIA 值较低(CIA 平均值 = 58.65)[图 5-22(b)]，表明富铝片麻岩的原岩经历的风化作用相对较弱。

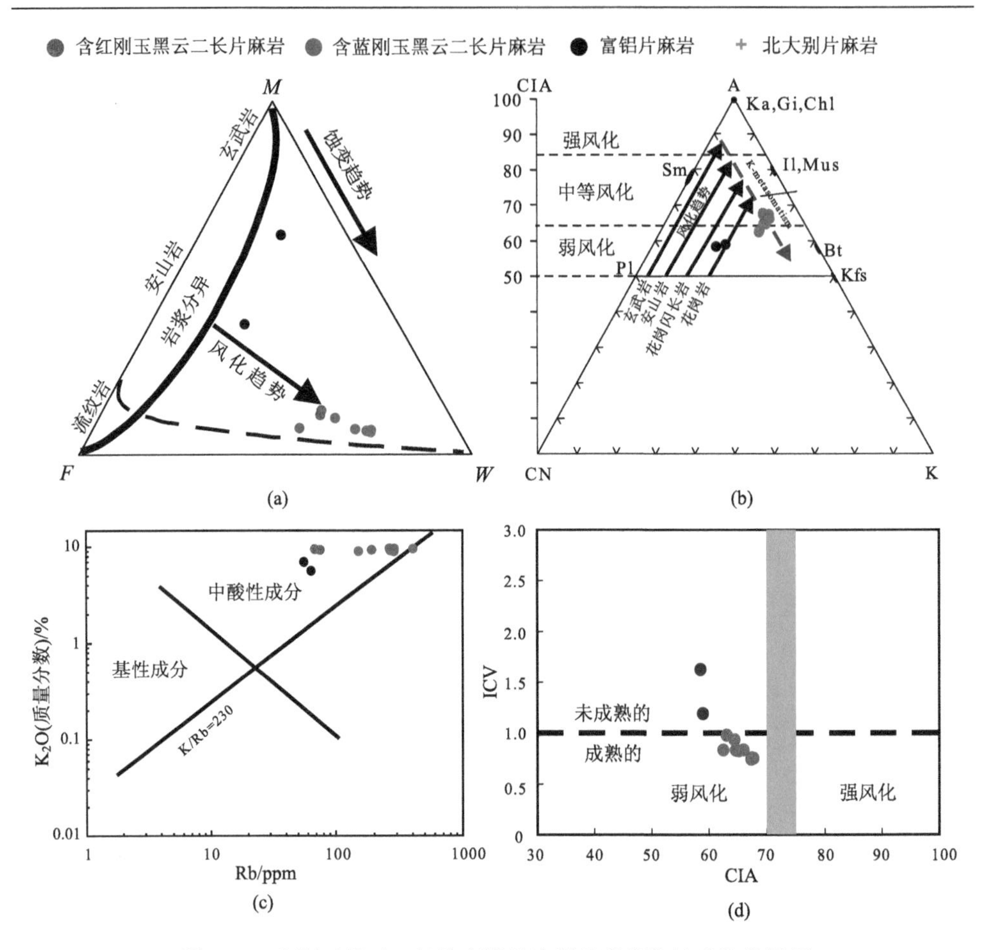

图 5-22　含刚玉黑云二长片麻岩及富铝片麻岩的地球化学图解

(a) *M-F-W* 图解[风化指数(*W*)、镁铁质指数(*M*)和长英质指数(*F*)，根据 Ohta 和 Arai (2007) 中的公式计算]；(b) Al_2O_3-(Na_2O + CaO*)-K_2O 三角图解[改自 Fedo 等(1995)]，其中 Ka 为高岭石，Gi 为三水铝石；Sm 为蒙脱石，Il 为伊利特，Chl 为亚氯酸盐，Pl 为斜长石，Bt 为黑云母，Kfs 为钾长石，Mus 为白云母；(c) K_2O-Rb 图解[改自 Floyd 和 Leveridge (1987)]；(d) 化学成分变异指数(ICV)与化学蚀变指数(CIA)图解(Nesbitt and Young, 1982)。矿物缩写符号的含义见文献(Whitney and Evans, 2010)

(3) 含刚玉黑云二长片麻岩的稀土元素配分模式、低的 Cr/Zr 值(0.01～0.26)、高的 Zr/Y 值(14.23～141.65)、低的 Cr(5～168 ppm)和 Ni(15～129 ppm)含量以及物源 K_2O-Rb 图解[图 5-22(c)]都指示含刚玉黑云二长片麻岩原岩物源应该是长英质火山岩。

(4) 化学成分变异指数[ICV =(Fe_2O_3 + MnO + MgO + CaO + Na_2O + K_2O + TiO_2)/Al_2O_3]通常用来反映沉积物源的成熟度。与含刚玉黑云二长片麻岩(ICV 为 0.75～0.98，平均值为 0.84)相比，不含刚玉的富铝片麻岩具有更高的 ICV 值(ICV 为 1.19～1.63，平均值为 1.41)，表明其原岩沉积岩相对不成熟[图 5-22(d)]。

上述年代学研究表明，北大别含刚玉黑云二长片麻岩和富铝片麻岩的锆石核部为岩浆成因，形成时代为新元古代，指示它们的原岩来自华南新元古代大陆裂解的构造环境(Liu et al., 2007c, 2007d)。新元古代火山岩是扬子板块在新元古代伸展过程中响应 Rodina 超大陆裂解而产生的裂谷岩浆作用的产物，含刚玉黑云二长片麻岩的全岩 Sr、Nd、Pb 同位素成分与大别造山带榴辉岩、花岗质正片麻岩等超高压变质岩相似，也指示含刚玉黑云二长片麻岩原岩的物质来源是超高压变质岩的原岩，即新元古代长英质火山岩。

四、相平衡模拟和刚玉的深熔成因 *P-T* 条件

北大别含刚玉黑云二长片麻岩中缺少传统地质温压计计算的矿物组合，因此可以选择局限性更小的 *P-T* 视剖面(*P-T* pseudosection)方法计算深熔作用的峰期温压条件。以代表性的含红刚玉黑云二长片麻岩(样品 1509GB)为例，其 MnO、

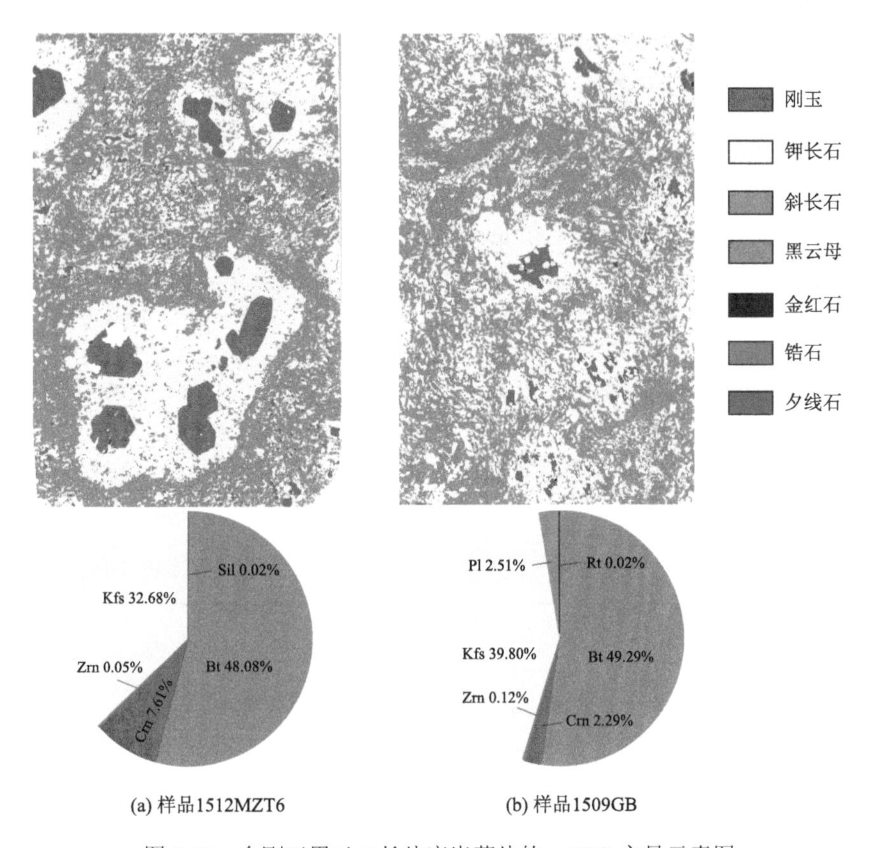

(a) 样品1512MZT6　　(b) 样品1509GB

图 5-23　含刚玉黑云二长片麻岩薄片的 μ-XRF 主量元素图

(a)含蓝刚玉黑云二长片麻岩(样品 1512MZT6)；(b)含红刚玉黑云二长片麻岩(样品 1509GB)

图例显示了每种矿物含量的比例；白色部分是玻璃。矿物缩写符号的含义见文献(Whitney and Evans, 2010)

P_2O_5含量均小于 0.05%(质量分数)，且样品中缺乏富 Fe^{3+}的矿物，所测的矿物中 Fe^{3+}含量都很低，因此可以不考虑 Mn、P、Fe^{3+}，选择 NCKFMASHT(Na_2O-CaO-K_2O-FeO-MgO-Al_2O_3-SiO_2-H_2O-TiO_2)岩石体系，运用 Perple X 软件(Connolly, 2005)以及内部一致热力学数据库(Holland and Powell, 2011)进行 *P-T* 视剖面图计算。相关矿物的固溶体活动模型是：熔体、石榴子石、黑云母、白云母(White et al., 2014)、长石(Fuhrman and Lindsley, 1988)、尖晶石(White et al., 2002)。其中，铝硅酸盐矿物(夕线石/蓝晶石)、金红石、刚玉和水视为纯端元。利用 μ-XRF 图像得到样品平衡矿物的含量(图 5-23)与各个矿物对应的电子探针成分计算得到有效全岩成分，根据 μ-XRF 图像准确得到含水矿物黑云母的含量，然后结合黑云母中的 H-Ti 替代(White et al., 2007; Groppo et al., 2013)得到准确的全岩水含量(表 5-1)。

表 5-1　含刚玉黑云二长片麻岩的全岩成分和刚玉相图计算的有效全岩成分

矿物	全岩成分(质量分数)/%		矿物	模拟成分(摩尔分数)/%
	样品 1512MZT6	样品 1509GB		样品 1509GB
SiO_2	49.89	51.72	SiO_2	51.17
Al_2O_3	28.62	25.98	Al_2O_3	14.45
TiO_2	0.81	1.04	TiO_2	1.81
Fe_2O_3	0.77	0.49	FeO	6.24
FeO	3.83	2.83	CaO	0.08
CaO	0.21	0.40	MgO	10.93
MgO	2.45	3.28	K_2O	7.64
K_2O	9.86	9.41	Na_2O	1.36
Na_2O	1.71	2.36	H_2O	6.32
MnO	0.03	0.03	总计	100
P_2O_5	0.01	0.01		
LOI	1.14	1.05		
总计	99.33	98.59*		

*总量偏低是由于岩石中含有较多高含量 Ba 的长石。

样品 1509GB 的 *P-T* 视剖面图见图 5-24，主要的矿物相关系是：在高温区域内出现了熔体，固相线出现在 740～850℃/5～15 kbar。样品中的自形金红石出现在浅色体中，指示其是熔体直接结晶形成的，因此样品的峰期矿物组合是黑云母+钾长石+刚玉+熔体(图 5-24)，在视剖面图上稳定存在大于 870℃、6 kbar 的区域。在该矿物组合中，黑云母的 Ti 含量等值线在相图中与压力轴近似平行，说明黑云母中的 Ti 含量主要受控于温度的变化，随着温度的升高，其 Ti 值升高。采用黑云母 Ti 含量最高等值线(0.25 a.p.f.u.)来确定深熔作用的峰期条件，得到的温压条件为 900～950℃和 9～14 kabr。

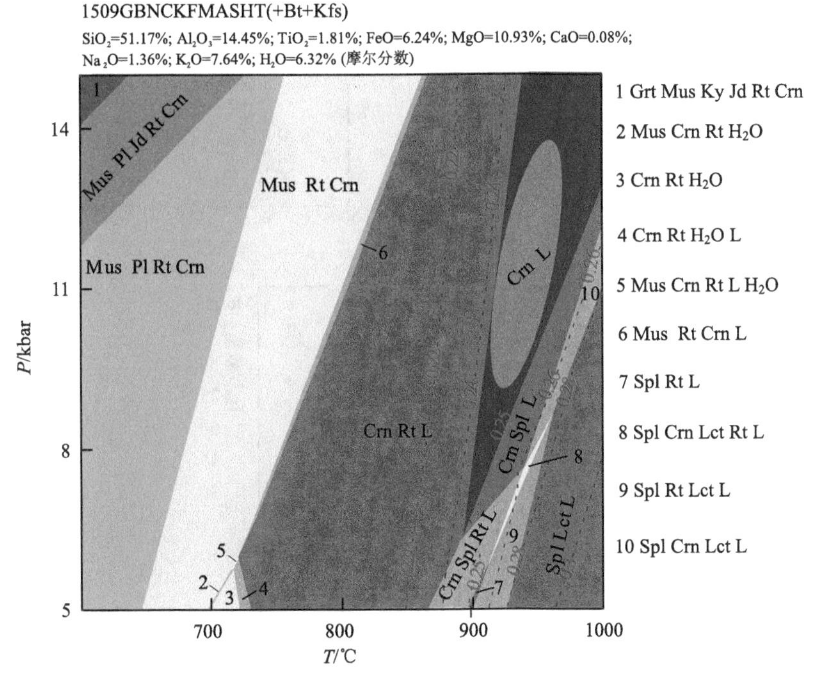

图 5-24　含红刚玉黑云二长片麻岩(样品 1509GB)的 P-T 视剖面图

红色部分熔体出现，绿色部分熔体没有出现；蓝色虚线是黑云母的 Ti(a.p.f.u.)含量等值线；灰色椭圆代表峰期温压。矿物缩写符号的含义见文献(Whitney and Evans, 2010)

对含红刚玉黑云二长片麻岩(样品 1509GB)中的特征矿物(红刚玉、白云母以及熔体)体积含量的变化进行 *P-T* 视剖面研究，结果(图 5-25)显示随着温度的升高或者压力的降低，岩石中白云母含量不断地减少，而刚玉与熔体的含量不断增加。到达岩石的变质峰期后，白云母已经消耗殆尽，与岩相学的观察结果一致。另外，在峰期变质阶段所产生的熔体含量较为有限，与含刚玉黑云二长片麻岩的野外表现一致。伴随着白云母的减少和熔体的增加，刚玉含量开始不断增加，并于经过峰期变质后逐步开始下降，表明刚玉被熔体熔蚀或形成尖晶石、堇青石等矿物，与样品中部分刚玉斑晶发育熔蚀结构的特征一致。通过上述讨论，可以推导出如下结论：含刚玉黑云二长片麻岩原岩是硅不饱和的，并含有大量的白云母；岩石在折返过程中，压力降低或者温度升高导致白云母不断被消耗，而岩石发生脱水熔融反应，形成熔体和转熔刚玉；含刚玉黑云二长片麻岩到达峰期变质阶段后，岩石中白云母被完全消耗。

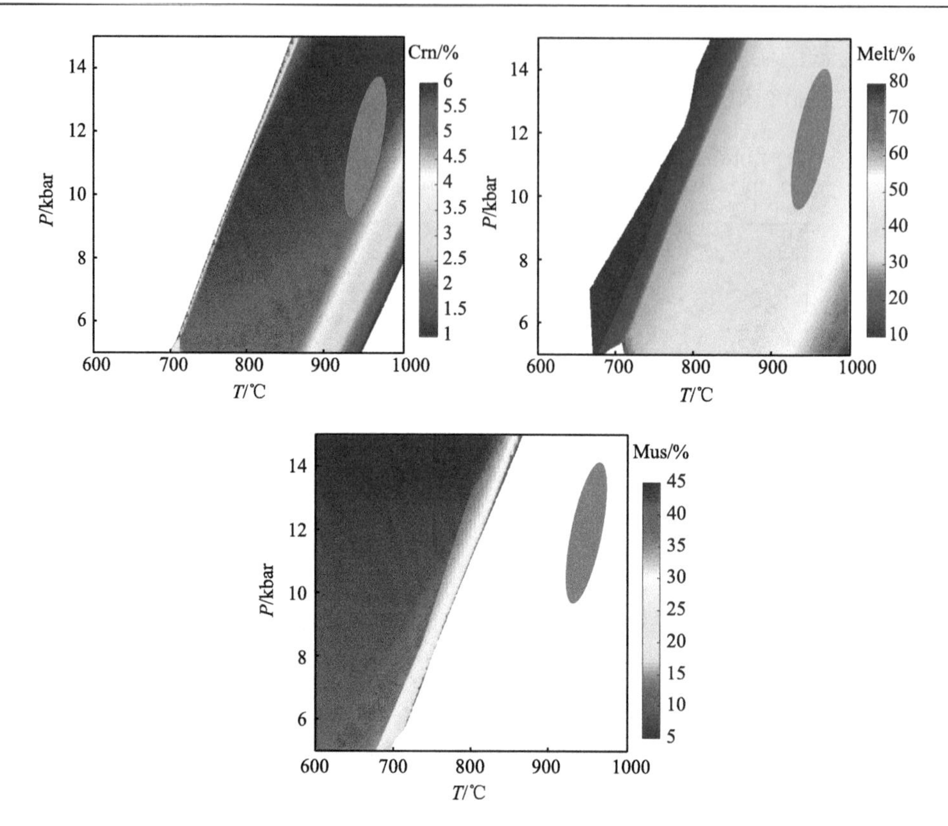

图 5-25　含红刚玉黑云二长片麻岩(样品 1509GB)中刚玉(Crn)、熔体(Melt)和白云母(Mus)的矿物含量比例图(体积分数)

图中椭圆与图 5-24 中相同

根据上述含刚玉黑云二长片麻岩等岩石的系统研究，并结合研究区榴辉岩、富铝片麻岩以及花岗质片麻岩等岩石的研究成果，进一步证明北大别磨子潭地区不同类型变质岩经历了类似的多阶段变质演化过程，包括折返期间的超高温麻粒岩相变质作用及相关的深熔作用。含刚玉黑云二长片麻岩及相关岩石中岩浆锆石核部的新元古代年龄和锆石幔部的三叠纪变质年龄记录，表明了北大别含刚玉黑云二长片麻岩及相关岩石都曾参与了华南陆块的三叠纪大陆深俯冲。其中，含刚玉黑云二长片麻岩记录了顺时针的变质 *P-T-t* 轨迹，即在印支期经历了峰期超高压榴辉岩相之后的多阶段近等温减压(包括高温-超高温麻粒岩相变质叠加)过程，以及再降压冷却的顺时针 *P-T-t* 演化轨迹。在(206±3)Ma，深俯冲的变质岩折返至下地壳深度，发生了近等温减压的超高温麻粒岩相变质作用，同时伴随着部分熔融的发生，形成了深熔成因的刚玉(图 5-26)：其具体的形成机制是白云母在硅不饱和的岩石体系下发生的减压脱水熔融，发生的温压条件为 $T=900\sim950$℃、P

= 0.9～1.4 GPa。随后，在约 185 Ma 的折返抬升至中-上地壳过程中又经历了角闪岩相退变质作用。

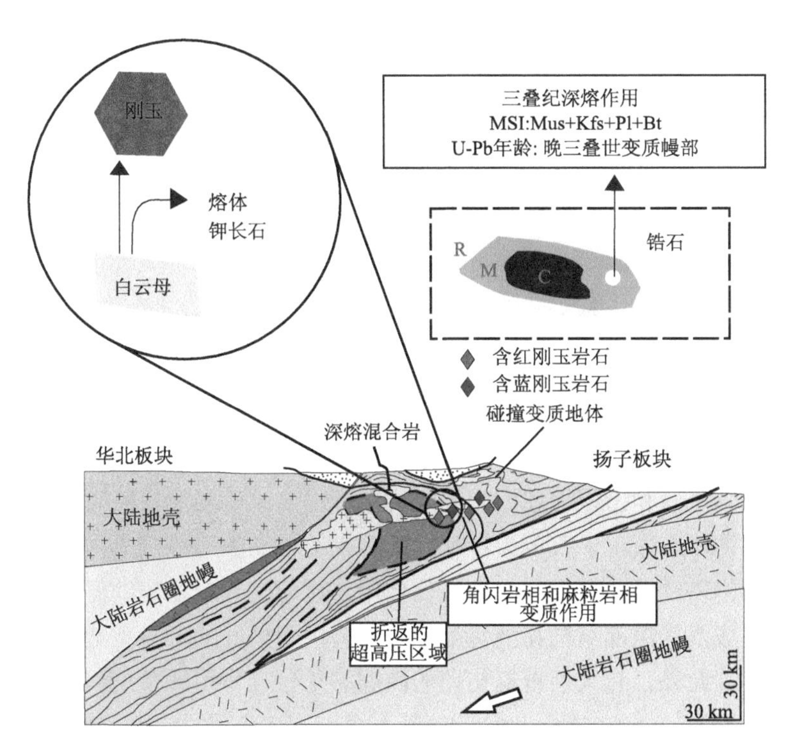

图 5-26　北大别含深熔刚玉黑云二长片麻岩的形成示意图

MSI，变质锆石中多相矿物包裹体，矿物缩写符号含义见文献(Whitney and Evans, 2010)；C，核部；M，幔部；R，边部

第六章　多阶段变质演化

第一节　多阶段演化与变质 *P-T-t* 轨迹

第三章、第四章和第五章的综合研究结果表明，北大别主要包含原岩为新元古代的榴辉岩、花岗片麻岩类和含刚玉黑云二长片麻岩等不同类型的高级变质岩，都属于扬子三叠纪深俯冲陆壳的一部分（下地壳），共同经历了中生代多阶段高温变质演化过程，表现为顺时针 *P-T-t* 轨迹（图 6-1），属于典型的高温变质带，而且，在中生代大陆碰撞和山根垮塌期间还经历了麻粒岩相等多阶段快速折返、变质叠加并伴随多期深熔作用，表现为特征性的多期细粒矿物后成合晶组合和多种类型减压出溶结构以及部分熔融和混合岩化作用。这为深入了解俯冲碰撞造山带根部带的岩石组成及其深部结构和演化过程等，提供了极好的天然观测实验室和重要的研究靶区。此外，北大别折返初期的高温减压熔融作用涉及（榴辉岩中）多硅白云母的减压熔融（850℃，14～15.7 kbar）、（含刚玉黑云二长片麻岩中）白云母的脱水熔融（900～950℃，9～14 kbar）和（混合岩中）黑云母的脱水熔融（872～941℃，8.2～10 kbar）以及碰撞后山根垮塌期间有水加入的加热熔融（水致熔融）（榴辉岩：约 700℃/5～7 kbar；花岗质片麻岩：665～789℃/2.3～4.4 kbar）（图 6-1）。不同类型的深熔作用机制造成了不同的岩石学记录和地球化学效应，如折返早期高温减压熔融造成榴辉岩的轻稀土元素明显亏损（图 3-45 和图 3-54）、白云母脱水熔融形成含刚玉黑云二长片麻岩（Li et al., 2020b）、黑云母脱水熔融形成含石榴子石浅色体（Yang et al., 2020）以及山根垮塌期间的水致熔融形成的混合岩中多种类型的浅色体（Yang et al., 2020）。

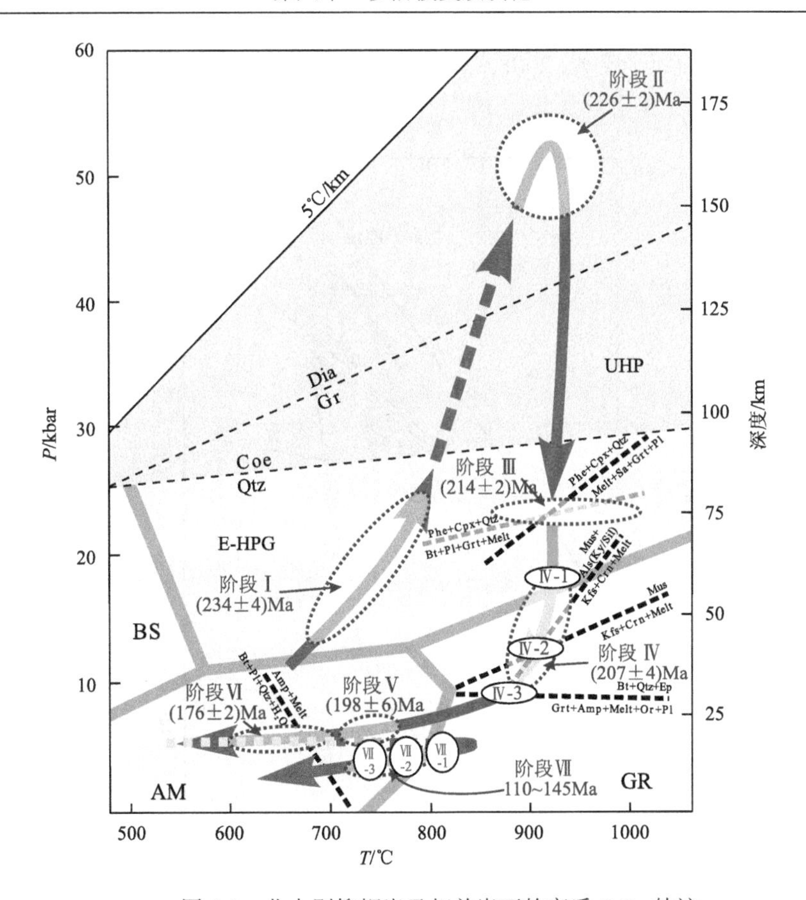

图 6-1　北大别榴辉岩及相关岩石的变质 *P-T-t* 轨迹

草绿色线及箭头为北大别杂岩带 *P-T-t* 演化轨迹，包括折返初期(207±4) Ma 的减压脱水熔融；红色线及箭头代表碰撞后，山根垮塌阶段软流圈地幔上涌造成的热变质和水致熔融(110～145 Ma)。阶段Ⅰ，前进变质作用；阶段Ⅱ，超高压榴辉岩相变质作用；阶段Ⅲ，石英榴辉岩相退变质；阶段Ⅳ，麻粒岩相退变质，涉及Ⅳ-1 多硅白云母脱水熔融、Ⅳ-2 白云母脱水熔融和Ⅳ-3 黑云母脱水熔融；阶段Ⅴ，高角闪岩相退变质；阶段Ⅵ，低角闪岩相退变质；阶段Ⅶ，白垩纪山根垮塌及部分熔融和混合岩化作用，涉及混合岩中Ⅶ-1 富角闪石浅色体、Ⅶ-2 贫角闪石浅色体和Ⅶ-3 富钾长石浅色体形成阶段。Dia，金刚石；Gr，石墨；Coe，柯石英；Phe，多硅白云母；Cpx，单斜辉石；Qtz，石英；Bt，黑云母；Pl，斜长石；Grt，石榴子石；Sa，透长石；Mus，白云母；Als，铝硅酸盐矿物；Amp，角闪石；Kfs，钾长石；Ky，蓝晶石；Sil，夕线石；Or，正长石；Crn，刚玉；Ep，绿帘石；Melt，熔体；BS，蓝片岩相；AM，角闪岩相；GR，麻粒岩相；E-HPG，榴辉岩-高压麻粒岩相；UHP，超高压变质相

第二节　北大别与中大别和南大别变质 *P-T-t* 轨迹的差异性

根据已发表的年代学和岩石学资料，以及第二章至第五章的内容，重建的大别山北大别、中大别和南大别三个含榴辉岩构造岩石单位具有不同的变质 *P-T-t*

演化轨迹(刘贻灿和李曙光, 2008; Liu et al., 2011a)(图 6-2)，揭示它们具有明显不同的变质演化过程和折返历史。

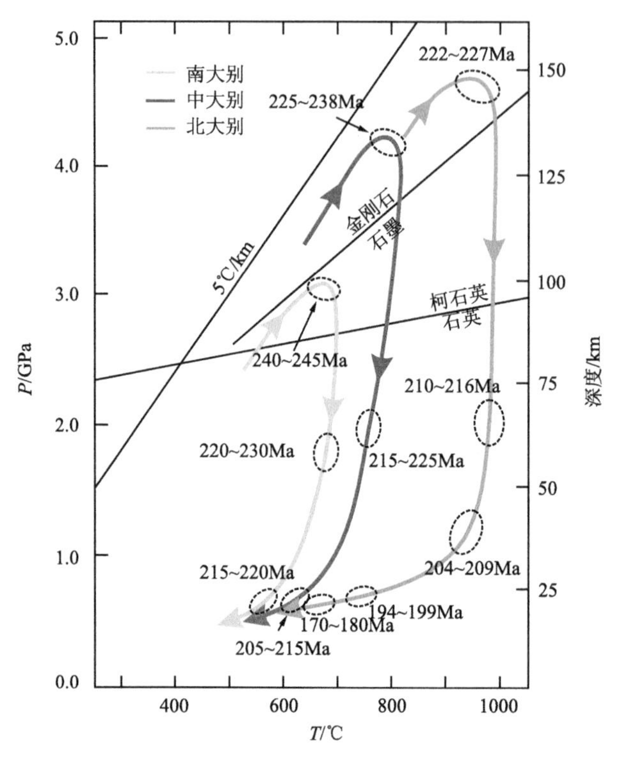

图 6-2　大别山三个含榴辉岩构造岩石单位的 P-T-t 轨迹

资料来源：据 Liu 等(2011a)修改

第三节　大别山深俯冲陆壳的多板片差异性折返

根据第三章至第五章所述的北大别研究成果，结合中大别和南大别已发表的岩石学、地球化学和年代学等方面的资料，证明大别山三个含榴辉岩岩石单位具有不同的岩石组成、原岩性质和演化过程。因此，揭示了大别山中生代深俯冲陆壳内部曾发生多层次拆离、解耦与多板片差异性折返(图 6-3)，为俯冲陆壳内部多层次拆离和多板片差异性折返机制(Liu et al., 2007d, 2011a; 刘贻灿和李曙光, 2008)的建立提供了关键证据。此外，大别山中生代俯冲陆壳在晚三叠世(约 220 Ma)至少俯冲到了华北东南缘蚌埠一带地壳深部，并使五河杂岩的早前寒武纪变质基底岩石发生了变质叠加和部分熔融以及为怀远县荆山和凤阳县老山等地侏罗纪(约 160 Ma)花岗岩的形成提供了源区(许文良等, 2004; 王安东等, 2009; Su et al., 2023)。

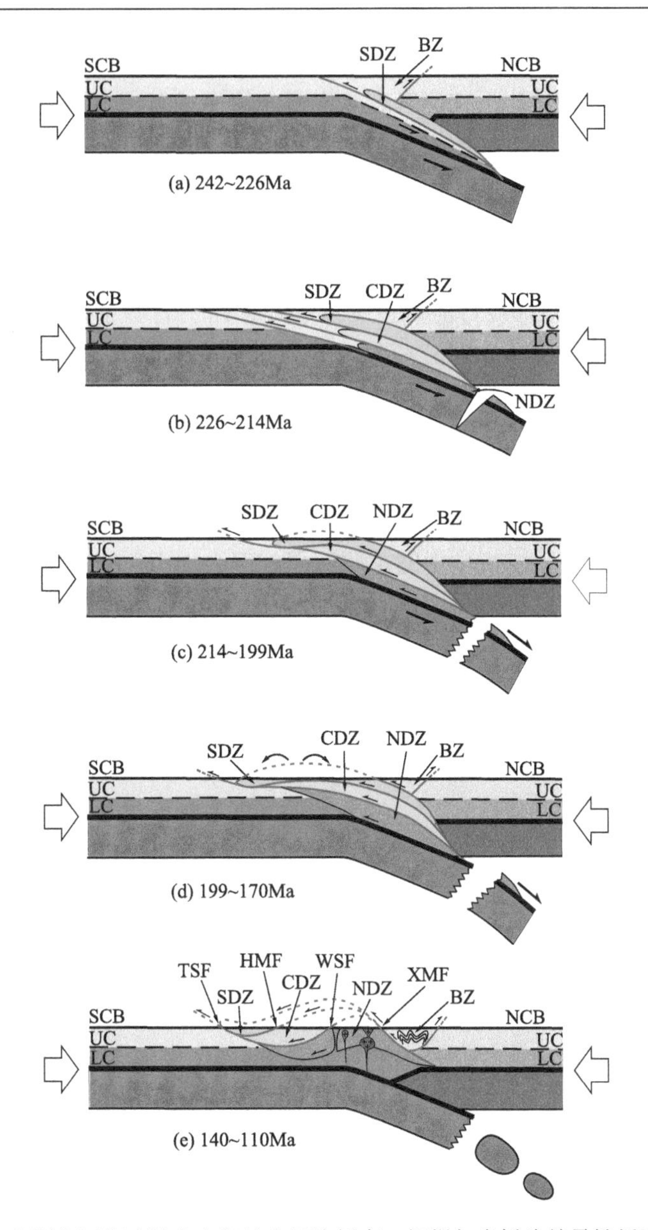

图 6-3　大别山深俯冲陆壳内部的多层次拆离、解耦与多板片差异性折返的模型

UC，上地壳；LC，下地壳；NCB，华北陆块；SCB，华南陆块；其他符号的含义与图 2-2、图 3-1 相同

资料来源：据 Liu 等(2011a)修改

值得强调的是，北大别经历了多阶段快速折返与缓慢冷却历史，以及在折返初期经历了高温减压和麻粒岩相变质叠加过程(Liu et al., 2011b, 2015; Groppo et al., 2015; Deng et al., 2019; Li et al., 2020b; Yang et al., 2020)，这些与中大别含柯石英

超高压变质岩以及南大别低温榴辉岩的快速折返与快速冷却过程完全不同(Liu et al., 2011a)。这也许是北大别榴辉岩等岩石中很少见有保留早期超高压变质证据的重要原因，因为慢的冷却速率，特别是折返初期长时间处于高温(>900℃)条件下以及麻粒岩相和角闪岩相退变质作用有可能使超高压岩石部分或全部转变为低压矿物组合(Liou and Zhang, 1996; Carswell et al., 2000; Mosenfelder et al., 2005)，如早期超硅单斜辉石(绿辉石)因减压转变为低硅单斜辉石、石英以及柯石英可能已转变为石英或多晶石英(目前呈包裹体形式存在于石榴子石中且主晶石榴子石常伴有放射状胀裂纹)[图 3-4(g)和图 3-17(e)、(f)]。而且，在折返早期，北大别榴辉岩等岩石在下地壳深度和高压麻粒岩相条件(1.1～1.4 GPa)下保持了超过850℃的平衡温度，以及近等温减压和缓慢冷却过程有可能造成矿物的快速扩散(Nakano et al., 2007)和柯石英的完全分解(Ghiribelli et al., 2002; Faryad et al., 2010)，甚至可能完全消失(Tsai and Liou, 2000)。因此，这也许是造成少数同行怀疑北大别经历过超高压变质作用的重要原因。而大别山三个含榴辉岩的俯冲地壳岩片的差异折返过程，可能是因为俯冲陆壳内部不同地壳层次的岩石力学性质差异，以及其造成的在不同深度发生的多次拆离、解耦(Meissner and Mooney, 1998; Liu et al., 2007d; 刘贻灿和李曙光, 2008)，这也是陆壳区别于洋壳俯冲-折返过程的关键之处。

参考文献

陈丹玲, 刘良, 廖小莹, 等, 2019. 北秦岭高压—超高压岩石的时空分布、*P-T-t* 演化及其形成机制. 地球科学, 44(12): 4017-4027.

陈江峰, 董树文, 邓衍尧, 等, 1993. 大别造山带钾氩年龄的解释: 差异上升的地块. 地质论评, 39(1): 17-22.

陈能松, 刘嵘, 孙敏, 等, 2006. 北大别黄土岭长英质麻粒岩的原岩、变质作用及源区热事件年龄的锆石 LA-ICPMS U-Pb 测年约束. 地球科学, 31(3): 294-300.

陈廷愚, 牛宝贵, 刘志刚, 等, 1991. 大别山腹地燕山期岩浆作用和变质作用的同位素年代学研究及其地质意义. 地质学报, 65: 329-336, 389.

陈跃志, 桑宝梁, 1995. 佛子岭群变质岩石学变质作用及时代的初步研究. 中国区域地质, (3): 280-288.

第五春荣, 孙勇, 刘良, 等, 2010. 北秦岭宽坪岩群的解体及新元古代 N-MORB. 岩石学报, 26: 2025-2038.

董树文, 孙先如, 张勇, 等, 1993. 大别山碰撞造山带基本结构. 科学通报, 38(6): 542-545.

董树文, 王小凤, 黄德志, 1996. 大别山超高压变质带内浅变质岩片的发现及意义. 科学通报, 41(9): 815-820.

董云鹏, 张国伟, 杨钊, 等, 2007. 西秦岭武山 E-MORB 型蛇绿岩及相关火山岩地球化学. 中国科学(D 辑), 37(S1): 199-208.

葛宁洁, 夏群科, 吴元保, 等, 2003. 北大别燕子河片麻岩的锆石 U-Pb 年龄: 印支期变质事件的确定. 岩石学报, 19(3): 513-516.

龚松林, 陈能松, 李晓彦, 等, 2007. 北大别两类浅色体的锆石 LA-ICPMS 年龄: 古元古代深熔作用和三叠纪俯冲证据? 高校地质学报, 13(3): 574-580.

古晓锋, 刘贻灿, 邓亮鹏, 2013. 北大别罗田榴辉岩的同位素年代学和岩石成因及其在折返过程中的元素和同位素行为. 科学通报, 58: 2132-2137.

古晓锋, 刘贻灿, 刘佳, 2017. 大别山镁铁质下地壳的 Pb 同位素成分: 来自榴辉岩的制约. 地球科学与环境学报, 39(1): 34-46.

郭彩莲, 陈丹玲, 樊伟, 等, 2010. 豫西二郎坪满子营花岗岩体地球化学及年代学研究. 岩石矿物学杂志, 29(1): 15-22.

海恩慈, 徐树桐, 周海渊, 等, 1986. 安徽省大别山北部的红刚玉. 科学通报, 31(11): 857-861.

侯振辉, 李曙光, 陈能松, 等, 2005. 大别造山带惠兰山镁铁质麻粒岩 Sm-Nd 和锆石 SHRIMP U-Pb 年代学及锆石微量元素地球化学. 中国科学(D 辑), 35(12): 1103-1111.

江来利, 刘贻灿, 吴维平, 等, 2002. 大别山北部漫水河灰色片麻岩的锆石 U-Pb 年龄及其地质意义. 地球化学, 31(1): 66-70.

江来利, SIEBEL W, 陈福坤, 等, 2005. 大别造山带北部卢镇关杂岩的U-Pb锆石年龄. 中国科学(D辑: 地球科学), 35: 411-419.

金福全, 颜怀学, 吕培基, 等, 1987. 北淮阳区地层研究的新进展——论北淮阳区的地层层序. 合肥工业大学学报, 9(地质专辑): 3-12.

孔凡梅, 李旭平, 赵令权, 等, 2017. 昌乐地区新生代碱性玄武岩中刚玉、尖晶石巨晶岩目学、矿物化学特征. 地质论评, 63(2): 441-457.

孔令耀, 郭盼, 万俊, 等, 2022. 大别造山带中元古代变沉积岩碎屑锆石U-Pb年代学与Hf同位素特征及其地质意义. 地球科学, 47(4): 1333-1348.

李龙, 郑永飞, 周建波, 2001. 中国大陆地壳铅同位素演化的动力学模型. 岩石学报, 17(1): 61-68.

李秋立, 李曙光, 侯振辉, 等, 2004. 青龙山榴辉岩高压变质新生锆石SHRIMP U-Pb定年、微量元素及矿物包裹体研究. 科学通报, 49(22): 2329-2334.

李秋立, 杨亚楠, 石永红, 等, 2013. 榴辉岩中金红石U-Pb定年: 对大陆碰撞造山带形成和演化的制约. 科学通报, 58(23): 2279-2284.

李任伟, 孟庆任, 李双应, 2005. 大别山及邻区侏罗和石炭纪时期盆—山耦合: 来自沉积记录的认识. 岩石学报, 21(4): 1133-1143.

李任伟, 万渝生, 陈振宇, 等, 2004. 根据碎屑锆石SHRIMP U-Pb测年恢复早侏罗世大别造山带源区特征. 中国科学(D辑), 34(4): 320-328.

李曙光, 安诗超, 2014. 变质岩同位素年代学: Rb-Sr和Sm-Nd体系. 地学前缘, 21(3): 246-255.

李曙光, 何永胜, 王水炯, 2013. 大别造山带的去山根过程与机制: 碰撞后岩浆岩的年代学和地球化学制约. 科学通报, 58(23): 2316-2322.

李曙光, 洪吉安, 李惠民, 等, 1999. 大别山辉石岩—辉长岩体的锆石U-Pb年龄及其地质意义. 高校地质学报, 5(3): 351-352, 354-355.

李曙光, 黄方, 周红英, 等, 2001. 大别山双河超高压变质岩及北部片麻岩的U-Pb同位素组成——对超高压岩石折返机制的制约. 中国科学(D辑: 地球科学), 31(12): 977-984.

李曙光, 李惠民, 陈移之, 等, 1997. 大别山—苏鲁地体超高压变质年代学—Ⅱ. 锆石U-Pb同位素体系. 中国科学(D辑): 地球科学, 23(3): 200-206.

李曙光, 李秋立, 侯振辉, 等, 2005. 大别山超高压变质岩的冷却史及折返机制. 岩石学报, 21: 1117-1124.

李曙光, 刘德良, 陈移之, 等, 1992. 大别山南麓含柯石英榴辉岩的Sm-Nd同位素年龄. 科学通报, 37(4): 346-349.

李双应, 金福全, 王道轩, 等, 2011. 地层证据——对大别造山带汇聚历史的制约. 地质科学, 46(2): 288-307.

李远, 刘贻灿, 杨阳, 等, 2018. 大别山宿松变质带花岗片麻岩的锆石U-Pb年龄和Hf同位素成分. 地球科学与环境学报, 40(1): 61-75.

刘良, 廖小莹, 张成立, 等, 2013. 北秦岭高压-超高压岩石的多期变质时代及其地质意义. 岩石学报, 29(5): 1634-1656.

刘晓春, 李三忠, 江博明, 2015. 桐柏-红安造山带的构造演化: 从大洋俯冲/增生到陆陆碰撞.

中国科学: 地球科学, 45: 1088-1108.
刘雅琴, 胡克, 1999. 中国中部高铝质超高压变质岩. 岩石学报, 15(4): 548-556.
刘贻灿, 邓亮鹏, 古晓锋, 2015. 大陆俯冲碰撞带高温超高压变质岩的多阶段折返与部分熔融. 中国科学: 地球科学, 45: 752-769.
刘贻灿, 邓亮鹏, 古晓锋, 等, 2014. 北大别的多阶段高温变质作用与部分熔融及其地球动力学过程和大地构造意义. 地质科学, 49(2): 355-367.
刘贻灿, 侯克斌, 杨阳, 等, 2021. 大别山北淮阳带奥陶纪花岗岩的厘定及其对北秦岭东延的启示. 大地构造与成矿学, 45(2): 401-412.
刘贻灿, 李曙光, 2005. 大别山下地壳岩石及其深俯冲. 岩石学报, 21(4): 1059-1066.
刘贻灿, 李曙光, 2008. 俯冲陆壳内部的拆离和超高压岩石的多板片差异折返: 以大别—苏鲁造山带为例. 科学通报, 53(18): 2153-2165.
刘贻灿, 李曙光, 古晓锋, 等, 2006. 北淮阳王母观橄榄辉长岩锆石SHRIMP U-Pb年龄及其地质意义. 科学通报, 51(18): 2175-2180.
刘贻灿, 李曙光, 徐树桐, 等, 2000a. 大别山北部榴辉岩和英云闪长质片麻岩锆石 U-Pb 年龄及多期变质增生. 高校地质学报, 6(3): 417-423.
刘贻灿, 刘理湘, 古晓锋, 等, 2010. 大别山北淮阳带西段新元古代浅变质花岗岩的发现及其大地构造意义. 科学通报, 55(24): 2391-2399.
刘贻灿, 刘理湘, 古晓锋, 等, 2011. 大别山北淮阳带西段新元古代浅变质岩片的岩石组成及其大地构造意义. 地质科学, 46(2): 273-287.
刘贻灿, 王辉, 杨阳, 等, 2020. 大别山北淮阳带东段石榴斜长角闪岩石炭纪变质作用的测定. 地球科学, 45(2): 355-366.
刘贻灿, 徐树桐, 江来利, 等, 1996. 佛子岭群的岩石地球化学及构造环境. 安徽地质, 6(2): 1-6.
刘贻灿, 徐树桐, 江来利, 等, 1997. 大别山造山带北部麻粒岩相岩石的若干特征. 安徽地质, 7(2): 7-14.
刘贻灿, 徐树桐, 江来利, 等, 1998. 大别山北部的变质复理石推覆体. 中国区域地质, 17(2): 156-162.
刘贻灿, 徐树桐, 江来利, 等, 1999. 大别山北部中酸性片麻岩的岩石地球化学特征及其古大地构造意义. 大地构造与成矿学, 23(3): 222-229.
刘贻灿, 徐树桐, 江来利, 等, 2001a. 大别山北部超高压变质大理岩及其地质意义. 矿物岩石地球化学通报, 20(2): 88-92.
刘贻灿, 徐树桐, 李曙光, 等, 2000b. 大别山北部鹿吐石铺含石榴子石斜长角闪岩的变质特征及 Rb-Sr 同位素年龄. 安徽地质, 10(3): 194-198.
刘贻灿, 徐树桐, 李曙光, 等, 2001b. 大别山北部镁铁—超镁铁质岩带中榴辉岩的分布与变质温压条件. 地质学报, 75(3): 385-395.
刘贻灿, 徐树桐, 李曙光, 等, 2005. “罗田穹隆”中的下地壳俯冲成因榴辉岩及其地质意义. 地球科学, 30(1): 71-77.
刘贻灿, 徐树桐, 刘颖, 等, 2002. 大别山北部榴辉岩的 Pb 同位素特征. 矿物岩石, 22(3): 33-36.
刘贻灿, 杨阳, 2022. 大别造山带的野外实践和研究方法. 合肥: 中国科学技术大学出版社.

刘贻灿, 杨阳, 姜为佳, 等, 2019a. 大别造山带在大陆裂解、地壳的俯冲—折返及山根垮塌期间的多期部分熔融作用. 地球科学, 44(12): 4195-4202.

刘贻灿, 杨阳, 李洋, 2019b. 北大别的多期深熔作用及山根垮塌的新证据. 地质科学, 54(3): 664-677.

刘贻灿, 张成伟, 2020. 深俯冲地壳的折返: 研究现状与展望. 中国科学: 地球科学, 50(12): 1748-1769.

马昌前, 明厚利, 杨坤光, 2004. 大别山北麓的奥陶纪岩浆弧: 侵入岩年代学和地球化学证据. 岩石学报, 20(3): 393-402.

马昌前, 杨坤光, 明厚利, 等, 2003. 大别山中生代地壳从挤压转向伸展的时间: 花岗岩的证据. 中国科学(D 辑: 地球科学), 33(9): 817-827.

牛宝贵, 富云莲, 刘志刚, 等, 1994. 桐柏-大别山主要构造热事件及 $^{40}Ar/^{39}Ar$ 地质定年研究. 地球学报, 15(1-2): 20-34.

裴先治, 丁仁平, 李佐臣, 等, 2009. 西秦岭北缘早古生代天水—武山构造带及其构造演化. 地质学报, 83(11): 1547-1564.

邱啸飞, 江拓, 吴年文, 等, 2020. 大别造山带新太古代地壳岩石和古元古代混合岩化作用: 来自锆石 U-Pb 年代学和 Hf 同位素证据. 地质学报, 94(3): 729-738.

桑宝梁, 陈跃志, 邵桂清, 1987. 安徽西南部宿松河塌浅变质石英角斑岩系的特征及铷锶年龄. 岩石学报, 3(1): 56-63.

石永红, 康涛, 李秋立, 等, 2011. 北大别北东地区榴辉岩温度条件分析. 岩石学报, 27(10): 3021-3040.

石永红, 王次松, 康涛, 等, 2012. 安徽省宿松变质杂岩岩石学特征和锆石 U-Pb 年龄研究. 岩石学报, 28(10): 3389-3402.

孙卫东, 李曙光, 肖益林, 等, 1995. 北秦岭黑河丹凤群岛弧火山岩建造的发现及其构造意义. 大地构造与成矿学, 19(3): 227-236.

孙先如, 1994. 安徽大别山北部发现兰刚玉. 安徽地质, 4(4): 76.

孙先如, 周作祯, 1994. 安徽大别山北部红刚玉岩石的成因. 岩石学报, 10(3): 275-289.

索书田, 钟增球, 游振东, 2000. 大别地块超高压变质期后伸展变形及超高压变质岩石折返过程. 中国科学(D 辑: 地球科学), 30(1): 9-17.

王安东, 刘贻灿, 古晓锋, 等, 2009. 蚌埠老山含石榴子石片麻状花岗岩的锆石 SHRIMP U-Pb 年龄及其对华南俯冲陆壳再循环的意义. 矿物岩石, 29(2): 38-43.

王道轩, 刘因, 李双应, 等, 2001. 大别超高压变质岩折返至地表的时间下限: 大别山北麓晚侏罗世砾岩中发现榴辉岩砾石. 科学通报, 46(14): 1216-1220.

王国灿, 杨巍然, 1996. 大别山核部罗田穹隆形成的构造及年代学证据. 地球科学, 21(5): 524-528.

王辉, 刘贻灿, 杨阳, 等, 2019. 北淮阳带东段铁冲石榴斜长角闪岩的变质演化和 P-T 轨迹. 矿物岩石, 39(4): 97-108.

王汝成, 王硕, 邱检生, 等, 2006. 东海超高压榴辉岩中绿帘石、褐帘石、磷灰石和钍石集合体的电子探针成分和化学定年研究. 岩石学报, 22(7): 1855-1866.

王薇, 朱光, 张帅, 等, 2017. 合肥盆地中生代地层时代与源区的碎屑锆石证据. 地质论评, 63(4): 955-977.

王智慧, 石永红, 侯振辉, 等, 2021. 从 *P-T-t* 空间变化型式探析大别山北缘地质演化过程. 岩石学报, 37(7): 2153-2178.

魏春景, 单振刚, 1997. 安徽省大别山南部宿松杂岩变质作用研究. 岩石学报, 13(3): 356-368.

吴维平, 徐树桐, 江来利, 等, 1998. 中国东部大别山超高压变质杂岩中的石英硬玉岩带. 岩石学报, 14(1): 60-70.

谢智, 陈江峰, 张巽, 等, 2001. 大别造山带北部石竹河片麻岩的锆石 U-Pb 年龄及其地质意义. 岩石学报, 17: 139-144.

徐树桐, 江来利, 刘贻灿, 等, 1992. 大别山区(安徽部分)的构造格局和演化过程. 地质学报, 66(1): 1-14, 97.

徐树桐, 江来利, 刘贻灿, 等, 1995. 大别山区特征性构造—岩石单位分带及其形成和演化. 合肥: 安徽省地质科学研究所: 1-107.

徐树桐, 江来利, 张勇, 等, 1989. 大别山(安徽部分)推覆体的构造演化和找矿远景. 合肥: 安徽省地质科学研究所: 1-86.

徐树桐, 刘贻灿, 陈冠宝, 等, 2003. 大别山、苏鲁地区榴辉岩中新发现的微粒金刚石. 科学通报, 48(10): 1069-1075.

徐树桐, 刘贻灿, 江来利, 等, 1994. 大别山的构造格局和演化. 北京: 科学出版社: 1-175.

徐树桐, 刘贻灿, 江来利, 等, 2002. 大别山造山带的构造几何学和运动学. 合肥: 中国科学技术大学出版社.

徐树桐, 刘贻灿, 苏文, 等, 1999. 大别山超高压变质带面理化榴辉岩中变形石榴石的几何学和运动学特征及其大地构造意义. 岩石学报, 15(3): 321-337.

徐树桐, 苏文, 刘贻灿, 等, 1991. 大别山东段高压变质岩中的金刚石. 科学通报, 36(17): 1318-1321.

徐树桐, 吴维平, 苏文, 等, 1998. 大别山东部榴辉岩带中的变质花岗岩及其大地构造意义. 岩石学报, 14(1): 42-59.

徐树桐, 吴维平, 肖万生, 等, 2006. 大别山南部天然碳硅石. 岩石矿物学杂志, 25(4): 314-322.

许文良, 王清海, 杨德彬, 等, 2004. 蚌埠荆山"混合花岗岩"SHRIMP 锆石 U-Pb 定年及其地质意义. 中国科学(D 辑), 34(5): 423-428.

许志琴, 李源, 梁凤华, 等, 2015."秦岭—大别—苏鲁"造山带中"古特提斯缝合带"的连接. 地质学报, 89(4): 671-680.

许志琴, 卢一伦, 汤耀庆, 1988. 东秦岭复合山链的形成变形、演化及板块动力学. 北京: 中国环境科学出版社.

许志琴, 曾令森, 梁凤华, 等, 2005. 大陆板片多重性俯冲与折返的动力学模式—苏鲁高压-超高压变质地体的折返年龄限定. 岩石矿物学杂志, 24(5): 357-368.

薛怀民, 董树文, 刘晓春, 2003. 北大别大山坑二长花岗片麻岩的地球化学特征与锆石 U-Pb 年代学. 地球科学进展, 18(2): 192-197.

杨栋栋, 李双应, 赵大千, 等, 2012. 大别山北缘石炭系碎屑岩地球化学及碎屑锆石年代学分析及其对物源区大地构造属性判别的制约. 岩石学报, 28: 2619-2628.

杨经绥, 许志琴, 裴先治, 等, 2002. 秦岭发现金刚石: 横贯中国中部巨型超高压变质带新证据及古生代和中生代两期深俯冲作用的识别. 地质学报, 76(4): 484-495.

杨阳, 刘贻灿, 李远, 2024. 大别山宿松变质带～1.38 Ga 花岗质岩浆作用的厘定及其对Columbia 超大陆裂解的启示. 大地构造与成矿学, 48(5): 1078-1089.

游振东, 陈能松, 1995. 大别山区深部地壳的变质岩石学证迹: 罗田惠兰山一带的麻粒岩研究. 岩石学报, 11(2): 137-147.

翟明国, 从柏林, 陈晶, 等, 1995. 大别山区变质岩中蓝晶石的几种退变质反应及其所指示的动力学过程. 岩石学报, 11(3): 257-272.

张成立, 刘良, 王涛, 等, 2013. 北秦岭早古生代大陆碰撞过程中的花岗岩浆作用. 科学通报, 58: 2323-2329.

张国伟, 1988. 秦岭造山带的形成及其演化. 西安: 西北大学出版社.

张国伟, 张本仁, 袁学成, 等, 2001. 秦岭造山带与大陆动力学. 北京: 科学出版社.

张宏飞, 高山, 张本仁, 等, 2001. 大别山地壳结构的 Pb 同位素地球化学示踪. 地球化学, 30(4): 395-401.

张理刚, 1988. 长石铅和矿石铅同位素组成及其地质意义. 矿床地质, 7(2): 55-64.

张泽明, 钟增球, 游振东, 等, 2000. 北大别木子店石榴辉石岩的麻粒岩相退变质作用. 地球科学—中国地质大学学报, 25(3): 295-301.

钟增球, 索书田, 游振东, 1998. 大别山高压、超高压变质期后伸展构造格局. 地球科学, 23(3): 225-229.

朱光, 刘国生, DUNLAP W J, 等, 2004. 郯庐断裂带同造山走滑运动的 $^{40}Ar/^{39}Ar$ 年代学证据. 科学通报, 49(2): 190-198.

朱永峰, MASSONNE H J, 2005. 磷灰石中磁黄铁矿出溶结构的发现. 岩石学报, 21(2): 405-410.

ACOSTA-VIGIL A, LONDON D, MORGAN G B, et al., 2003. Solubility of excess alumina in hydrous granitic melts in equilibrium with peraluminous minerals at 700-800℃ and 200MPa, and applications of the aluminum saturation index. Contributions to Mineralogy and Petrology, 146: 100-119.

AI Y, 1994. A revision of the garnet-clinopyroxene Fe^{2+}-Mg exchange geothermometer. Contributions to Mineralogy and Petrology, 115: 467-473.

AMES L, ZHOU G Z, XIONG B C, 1996. Geochronology and isotopic character of ultrahigh-pressure metamorphism with implications for collision of the Sino-Korean and Yangtze cratons, central China. Tectonics, 15: 472-489.

AN S C, Li S G, LIU Z, 2018. Modification of the Sm-Nd isotopic system in garnet induced by retrogressive fluids. Journal of Metamorphic Geology, 36: 1039-1048.

ANDREWS E R, BILLEN M I, 2009. Rheologic controls on the dynamics of slab detachment. Tectonophysics, 464: 60-69.

ATHERTON M P, PETFORD N, 1993. Generation of sodium-rich magmas from newly underplated basaltic crust. Nature, 362: 144-146.

AUBAUD C, HAURI E H, HIRSCHMANN M M, 2004. Hydrogen partition coefficients between nominally anhydrous minerals and basaltic melts. Geophysical Research Letters, 31: L20611.

AUZANNEAU E, VIELZEUF D, SCHMIDT M W, 2006. Experimental evidence of decompression melting during exhumation of subducted continental crust. Contributions to Mineralogy and Petrology, 152: 125-148.

AYERS J C, DELACRUZ K, MILLER C, et al., 2003. Experimental study of zircon coarsening in quartzite $\pm H_2O$ at 1.0 GPa and 1000°C, with implications for geochronological studies of high-grade metamorphism. American Mineralogist, 88(2-3): 365-376.

AYERS J C, DUNKLE S, GAO S, et al., 2002. Constraints on timing of peak and retrograde metamorphism in the Dabie Shan Ultrahigh-Pressure Metamorphic Belt, east-central China, using U-Th-Pb dating of zircon and monazite. Chemical Geology, 186(3): 315-331.

AYRES M, HARRIS N, 1997. REE fractionation and Nd-isotope disequilibrium during crustal anatexis: Constraints from Himalayan leucogranites. Chemical Geology, 139: 249-269.

BAIRD D J, NELSON K D, KNAPP J H, et al., 1996. Crustal structure and evolution of the Trans-Hudson orogen: Results from seismic reflection profiling. Tectonics, 15(2): 416-426.

BALDWIN J A, BROWN M, SCHMITZ M D, 2007. First application of titanium-in-zircon thermometry to ultrahigh-temperature metamorphism. Geology, 35: 295-298.

BARR S R, TEMPERLEY S, TARNEY J, 1999. Lateral growth of the continental crust through deep level subduction-accretion: A re-evaluation of central Greek Rhodope. Lithos, 46(1): 69-94.

BARRAUD J, GARDIEN V, ALLEMAND P, et al., 2004. Analogue models of melt-flow networks in folding migmatites. Journal of Structural Geology, 26: 307-324.

BAZIOTIS I, MPOSKOS E, PERDIKATSIS V, 2008. Geochemistry of amphibolitized eclogites and cross-cutting tonalitic—trondhjemitic dykes in the Metamorphic Kimi Complex in East Rhodppe (N.E. Greece): Implications for partial melting at the base of a thickened crust. International Journal of Earth Sciences, 97: 459-477.

BEA F, PEREIRA M D, STROH A, 1994. Mineral/leucosome trace-element partitioning in a peraluminous migmatite (a laser ablation-ICP-MS study). Chemical Geology, 117(1-4): 294-312.

BEARD J S, LOFGREN G E, 1991. Dehydration melting and water-saturated melting of basaltic and andesitic greenstones and amphibolites at 1, 3 and 6-9 kb. Journal of Petrology, 32(2): 365-401.

BEAUMONT C, ELLIS S, HAMILTON J, et al., 1996. Mechanical model for subduction-collision tectonics of Alpine-type compressional orogens. Geology, 24(8): 675-678.

BELOUSOVA E, GRIFFIN W, O'REILLY S Y, et al., 2002. Igneous zircon: Trace element composition as an indicator of source rock type. Contributions to Mineralogy and Petrology, 143(5): 602-622.

BENISEK A, DACHS E, KROLL H, 2010. A ternary feldspar-mixing model based on calorimetric data: Development and application. Contributions to Mineralogy and Petrology, 160: 327-337.

BERGER A, BURRI T, ALT-EPPING P, et al., 2008. Tectonically controlled fluid flow and water-assisted melting in the middle crust: An example from the Central Alps. Lithos, 102: 598-615.

BERZIN R, ONCKEN O, KNAPP J H, et al., 1996. Orogenic evolution of the Ural Mountains: Results from an integrated seismic experiment. Science, 274: 220-221.

BLUNDY J D, HOLLAND T J B, 1990. Calcic amphibole equilibria and a new amphibole-plagioclase geothermometer. Contributions to Mineralogy and Petrology, 104(2): 208-224.

BONNET A L, CORRIVEAU L, LA FLÈCHE M R, 2005. Chemical imprint of highly metamorphosed volcanic-hosted hydrothermal alterations in the La Romaine Supracrustal Belt, eastern Grenville Province, Quebec. Canadian Journal of Earth Sciences, 42: 1783-1814.

BOUSQUET R, 2008. Metamorphic heterogeneities within a single HP unit: Overprint effect or metamorphic mix? Lithos, 103: 46-69.

BOYNTON W V, 1984. Cosmochemistry of the Rare Earth Elements: Meteorite studies// HENDERSON P. Rare Earth Element Geochemistry. Amsterdam: Elsevier: 63-114.

BRAUN I, RAITH M, KUMAR G R, 1996. Dehydration—melting phenomena in leptynitic gneisses and the generation of leucogranites: A case study from the Kerala khondalite belt, southern India. Journal of Petrology, 37(6): 1285-1305.

BROWN E H, 1977. The crossite content of Ca-amphibole as a guide to pressure of metamorphism. Journal of Petrology, 18(1): 53-72.

BROWN M, 1994. The generation, segregation, ascent and emplacement of granite magma: The migmatite-to-crustally-derived granite connection in thickened orogens. Earth Science Reviews, 36: 83-130.

BROWN M, 2001. Orogeny, migmatites and leucogranites: A review. Indian Academy of Science (Earth and Planetary Science), 110: 313-336.

BROWN M, 2004. The mechanism of melt extraction from lower continental crust of orogens. Transactions of the Royal Society of Edinburgh: Earth Sciences, 95: 35-48.

BROWN M, 2007. Metamorphism, plate tectonics, and the supercontinent cycle. Earth Science Frontiers, 14(1): 1-18.

BROWN M, 2009. Metamorphic patterns in orogenic systems and the geological record. Geological Society, London, special publications, 318: 37-74.

BROWN M, 2014. The contribution of metamorphic petrology to understanding lithosphere evolution and geodynamics. Geoscience Frontiers, 5: 553-569.

BROWN M, KORHONEN F J, SIDDOWAY C S, 2011. Organizing melt flow through the crust. Elements, 7: 261-266.

BRYANT D L, AYERS J C, GAO S, et al., 2004. Geochemical, age, and isotopic constraints on the location of the Sino–Korean/Yangtze Suture and evolution of the Northern Dabie Complex, east central China. Geological Society of America Bulletin, 116: 698.

BURDA J, GAWEDA A, 2009. Shear-influenced partial melting in the Western Tatra metamorphic complex: Geochemistry and geochronology. Lithos, 110: 373-385.

BUROV E, FRANCOIS T, AGARD P, et al., 2014. Rheological and geodynamic controls on the mechanisms of subduction and HP/UHP exhumation of crustal rocks during continental collision: Insights from numerical models. Tectonophysics, 631: 212-250.

BURRI T, BERGER A, ENGI M, 2005. Tertiary migmatites in the central Alps: Regional distribution, field relations, conditions of formation and tectonic implications. Schweizerische Mineralogische and Petrographische Mitteilungen, 85(2): 215-232.

BURTON K W, KOHN M J, COHEN A S, et al., 1995. The relative diffusion of Pb, Nd, Sr and O in garnet. Earth and Planetary Science Letters, 133(1): 199-211.

BÜSCH W, SCHENIDER G, MEHNERT K, 1974. Initial melting at grain boundaries. Part Ⅱ: Melting in rocks of granodioritic, quartzdioritic and tonalitic composition. Neues Jahrbuch für Mineralogie, Monatshefte, 8: 345-370.

CADDICK M J, KONOPÁSEK J, THOMPSON A B, 2010. Preservation of garnet growth zoning and the duration of prograde metamorphism. Journal of Petrology, 51: 2327-2347.

CARBONELL R, PÉREZ-ESTAÚN A, GALLART J, et al., 1996. Crustal root beneath the urals: Wide-angle seismic evidence. Science, 274: 222-224.

CARRY N, GUEYDAN F, BRUN J P, et al., 2009. Mechanical decoupling of high-pressure crustal units during continental subduction. Earth and Planetary Science Letters, 278: 13-25.

CARSWELL D A, COMPAGNONI R, 2003. Ultra-high pressure metamorphism. European Mineral Union Notes in Mineralogy, 5: 1-508.

CARSWELL D A, O'BRIEN P J, WILSON R N, et al., 1997. Thermobarometry of phengite-bearing eclogites in the Dabie Mountains of central China. Journal of Metamorphic Geology, 15: 239-252.

CARSWELL D A, WILSON R N, ZHAI M, 2000. Metamorphic evolution, mineral chemistry and thermobarometry of schists and orthogneisses hosting ultra-high pressure eclogites in the Dabieshan of central China. Lithos, 52: 121-155.

CARTWRIGHT I, BARNICOAT A C, 1986. The generation of quartz-normative melts and corundum-bearing restites by crustal anatexis: Petrogenetic modelling based on an example from the Lewisian of North-West Scotland. Journal of Metamorphic Geology, 4(1): 79-99.

CASTELLI D, ROLFO F, COMPAGNONI R, et al., 1998. Metamorphic veins with kyanite, zoisite and quartz in the Zhu-Jia-Chong eclogite, Dabie Shan, China. Island Arc, 7: 159-173.

CAWOOD P A, BUCHAN C, 2007. Linking accretionary orogenesis with supercontinent assembly. Earth-Science Reviews, 82: 217-256.

CAWOOD P A, KRÖNER A, COLLINS W J, et al., 2009. Accretionary Orogens Through Earth History// CAWOOD P A, KRÖNER A. Accretionary Orogens in Space and Time. Geological Society, London, special publications, 318: 1-36.

CESARE B, FERRERO S, SALVIOLO-MARIANI E, et al., 2009. "Nanogranite" and glassy inclusions: The anatectic melt in migmatites and granulites. Geology, 37: 627-630.

CHAVAGNAC V, KRAMERS J D, NÄGLER T F, et al., 2001. The behaviour of Nd and Pb isotopes during 2.0 Ga migmatization in paragneisses of the Central Zone of the Limpopo Belt (South Africa and Botswana). Precambrian Research, 112: 51-86.

CHEMENDA A I, MATTAUER M, BOKUN A N, 1996. Continental subduction and a mechanism for exhumation of high-pressure metamorphic rocks: New modelling and field data from Oman. Earth and Planetary Science Letters, 143: 173-182.

CHEMENDA A I, MATTAUER M, MALAVIEILLE J, et al., 1995. A mechanism for syn-collisional rock exhumation and associated normal faulting: Results from physical modelling. Earth and Planetary Science Letters, 132(1-4): 225-232.

CHEN B, JAHN B M, WEI C J, 2002. Petrogenesis of Mesozoic granitoids in the Dabie UHP complex, Central China: Trace element and Nd-Sr isotope evidence. Lithos, 60: 67-88.

CHEN F K, GUO J H, JIANG L L, et al., 2003. Provenance of the Beihuaiyang lower-grade metamorphic zone of the Dabie ultrahigh-pressure collisional orogen, China: Evidence from zircon ages. Journal of Asian Earth Sciences, 22: 343-352.

CHEN F K, ZHU X Y, WANG W, et al., 2009. Single-grain detrital muscovite Rb-Sr isotopic composition as an indicator of provenance for the Carboniferous sedimentary rocks in northern Dabie, China. Geochemical Journal, 43: 257-273.

CHEN H, LIU X M, WANG K, 2020. Potassium isotope fractionation during chemical weathering of basalts. Earth and Planetary Science Letters, 539: 116-192.

CHEN N S, LI X Y, ZHANG Y X, et al., 2005. LA-ICPMS U-Pb zircon dating for felsic Granulite, Huangtuling area, North Dabieshan: Constraints on timing of its protolith and granulite-facies metamorphism, and thermal events in its provenance. Geological Journal of China Universities, 16 (4): 317-323.

CHEN N S, SUN M, YOU Z D, et al., 1998. Well-preserved garnet growth zoning in granulite from the Dabie Mountains, central China. Journal of Metamorphic Geology, 16: 213-222.

CHEN Y, YE K, LIU J B, et al., 2006. Multistage metamorphism of the Huangtuling granulite, Northern Dabie Orogen, eastern China: Implications for the tectonometamorphic evolution of subducted lower continental crust. Journal of Metamorphic Geology, 24: 633-654.

CHENG H, KING R L, NAKAMURA E, et al., 2009a. Transitional time of oceanic to continental subduction in the Dabie Orogen: Constraints from U-Pb, Lu-Hf, Sm-Nd and Ar-Ar multichronometric dating. Lithos, 101: 327-342.

CHENG H, NAKAMURA E, ZHOU Z, 2009b. Garnet Lu-Hf dating of retrograde fluid activity during ultrahigh-pressure metamorphic eclogites exhumation. Mineralogy and Petrology, 95: 315-326.

CHERNIAK D J, 1998. Pb diffusion in clinopyroxene. Chemical Geology, 150(1-2): 105-117.

CHERNIAK D J, HANCHAR J M, WATSON E B, 1997. Rare-earth diffusion in zircon. Chemical Geology, 134(4): 289-301.

CHOPIN C, 1984. Coesite and pure pyrope in high-grade blueschists of the Western Alps: A first record and some consequences. Contributions to Mineralogy and Petrology, 86(2): 107-118.

CHOPIN C, 2003. Ultrahigh-pressure metamorphism: Tracing continental crust into the mantle. Earth and Planetary Science Letters, 212: 1-14.

CHOPIN C, SOBOLEV N V, 1995. Principal mineralogic indicators of UHP in crustal rocks//COLEMAN R G, WANG X. Ultrahigh Pressure Metamorphism. Cambridge: Cambridge University Press: 96-133.

CLIFF R A, 1985. Isotopic dating in metamorphic belts. Journal of the Geological Society, 142(1): 97-110.

COLEMAN R G, LEE D E, BEATTY L B, et al., 1965. Eclogites and eclogites: Their differences and similarities. Geological Society of America Bulletin, 76: 483-508.

COLEMAN R G, WANG X M, 1995. Ultrahigh Pressure Metamorphism. Cambridge: Cambridge University Press: 1-528.

CONDIE K C, KRÖNER A, 2008. When did plate tectonics begin? Evidence from the geologic record//CONDIE K C, PEASE V. When Did Plate Tectonics begin on Planet Earth. Geological Society of America Special Paper, 440: 281-294.

CONG B L, 1996. Ultrahigh-pressure Metamorphic Rocks in the Dabieshan-Sulu Region of China. Beijing: Cience Press: 1-224.

CONG B L, WANG Q C, ZHAI M G, et al., 1994. Ultra-high pressure metamorphic rocks in the Dabie-Su-Lu Region, China: Their Formation and exhumation. Island Arc, 3(3): 135-150.

CONNOLLY J A D, 1990. Multivariable phase diagrams; an algorithm based on generalized thermodynamics. American Journal of Science, 290: 666-718.

CONNOLLY J A D, 2005. Computation of phase equilibria by linear programming: A tool for geodynamic modeling and its application to subduction zone decarbonation. Earth and Planetary Science Letters, 236: 524-541.

CONNOLLY J A D, 2009. The geodynamic equation of state: What and how. Geochemistry, Geophysics, Geosystems, 10: Q10014.

COOPER A F, PALIN J M, 2018. Two-sided accretion and polyphase metamorphism in the Haast Schist belt, New Zealand: Constraints from detrital zircon geochronology. Geological Society of America Bulletin, 130(9-10): 1501-1518.

CORFU F, HANCHAR J M, HOSKIN P W O, et al., 2003. Atlas of zircon textures. Reviews in Mineralogy and Geochemistry, 53(1): 469-500.

CRUCIANI G, FRANCESCHELLI M, GROPPO C, 2011. *P-T* evolution of eclogite-facies metabasite from NE Sardinia, Italy: Insights into the prograde evolution of Variscan eclogites. Lithos, 121(1-4): 135-150.

CRUCIANI G, FRANCESCHELLI M, GROPPO C, et al., 2012. Metamorphic evolution of non-equilibrated granulitized eclogite from Punta de li Tulchi (Variscan Sardinia) determined through texturally controlled thermodynamic modelling. Journal of Metamorphic Geology, 30(7): 667-685.

CRUCIANI G, FRANCESCHELLI M, JUNG S, et al., 2008. Amphibole-bearing migmatites from the Variscan Belt of NE Sardinia, Italy: Partial melting of mid-Ordovician igneous sources. Lithos, 105(3-4): 208-224.

DAHLQUIST J A, GALINDO C, PANKHURST R J, et al., 2007. Magmatic evolution of the Peñón Rosado granite: Petrogenesis of garnet-bearing granitoids. Lithos, 95: 177-207.

DALE J, HOLLAND T, POWELL R, 2000. Hornblende-garnet-plagioclase thermobarometry: A natural assemblage calibration of the thermodynamics of hornblende. Contributions to Mineralogy and Petrology, 140: 353-362.

DAVIES J H, VON BLANCKENBURG F, 1995. Slab breakoff: A model of lithosphere detachment and its test in the magmatism and deformation of collisional orogens. Earth and Planetary Science Letters, 129: 85-102.

DAWSON J B, 1968. Recent researches on kimberlite and diamond geology. Economic Geology, 63: 504-511.

DEFANT M J, DRUMMOND M S, 1990. Derivation of some modern arc magmas by melting of young subducted lithosphere. Nature, 347: 662-665.

DEFANT M J, KEPEZHINSKAS P, 2001. Evidence suggests slab melting in arc magmas. EOS, Transactions American Geophysical Union, 82: 65-68.

DELL'ANGELO L N, TULLIS J, 1988. Experimental deformation of partially melted granitic aggregates. Journal of Metamorphic Geology, 6(4): 495-515.

DENG L, LIU Y C, GROPPO C, et al., 2021. New constraints on *P-T-t* path of high-*T* eclogites in the Dabie Orogen, China. Lithos, 384-385: 105933.

DENG L P, LIU Y C, GU X F, et al., 2018. Partial melting of ultrahigh-pressure metamorphic rocks at convergent continental margins: Evidences, melt compositions and physical effects. Geoscience Frontiers, 9: 1229-1242.

DENG L P, LIU Y C, YANG Y, et al., 2019. Anatexis of high-*T* eclogites in the Dabie Orogen triggered by exhumation and post-orogenic collapse. European Journal of Mineralogy, 31: 889-903.

DENIEL C, VIDAL P, FERNANDEZ A, et al., 1987. Isotopic study of the Manaslu granite (Himalaya, Nepal); inferences on the age and source of Himalayan leucogranites. Contributions to Mineralogy and Petrology, 96: 78-92.

DEWEY J F, 1969. Evolution of the Appalachian/Caledonian Orogen. Nature, 222: 124-129.

DEWEY J F, 1988. Extensional collapse of orogens. Tectonics, 7: 1123-1139.

DEWEY J F, SPALL H, 1975. Pre-Mesozoic plate tectonics. Geology, 3: 422-424.

DOBRETSOV N L, SHATSKY V S, 2004. Exhumation of high-pressure rocks of the Kokchetav massif: Facts and models. Lithos, 78: 307-318.

DOBRETSOV N L, SOBOLEV N V, SHATSKY V S, et al., 1995. Geotectonic evolution of diamondiferous paragneisses, Kokchetav Complex, northern Kazakhstan: The geologic enigma of ultrahigh-pressure crustal rocks within a Paleozoic foldbelt. Island Arc, 4: 267-279.

DODSON M H, 1973. Closure temperature in cooling geochronological and petrological systems.

Contributions to Mineralogy and Petrology, 40: 259-274.

DONG S W, CHEN J F, HUANG D Z, 1998. Differential exhumation of tectonic units and ultrahigh-pressure metamorphic rocks in the Dabie Mountains, China. Island Arc, 7: 174-183.

DONG S W, GAO R, CONG B L, et al., 2004. Crustal structure of the southern Dabie ultrahigh-pressure orogen and Yangtze foreland from deep seismic reflection profiling. Terra Nova, 16: 319-324.

DONG Y P, LIU X M, NEUBAUER F, et al., 2013. Timing of Paleozoic amalgamation between the North China and South China Blocks: Evidence from detrital zircon U-Pb ages. Tectonophysics, 586: 173-191.

DONG Y P, SANTOSH M, 2016. Tectonic architecture and multiple orogeny of the Qinling Orogenic Belt, Central China. Gondwana Research, 29: 1-40.

DONG Y P, ZHANG G W, NEUBAUER F, et al., 2011. Tectonic evolution of the Qinling Orogen, China: Review and synthesis. Journal of Asian Earth Sciences, 41: 213-237.

DOWNES H, DUPUY C, LEYRELOUP A F, 1990. Crustal evolution of the Hercynian belt of Western Europe: Evidence from lower-crustal granulitic xenoliths (French Massif Central). Chemical Geology, 83: 209-231.

DURETZ T, GERYA T V, 2013. Slab detachment during continental collision: Influence of crustal rheology and interaction with lithospheric delamination. Tectonophysics, 602: 124-140.

EIDE E A, 1995. A Model for the Tectonic History of HP and UHPM Regions in East Central China// COLEMAN R G, WANG X. Ultrahigh-Pressure Metamorphism. Cambridge: Cambridge University Press: 391-426.

ELBURG M A, VAN BERGEN M, HOOGEWERFF J, et al., 2002. Geochemical trends across an arc-continent collision zone: Magma sources and slab-wedge transfer processes below the Pantar Strait volcanoes, Indonesia. Geochimica et Cosmochimica Acta, 66: 2771-2789.

ELLIS D J, GREEN D H, 1979. An experimental study of the effect of Ca upon garnet-clinopyroxene Fe-Mg exchange equilibria. Contributions to Mineralogy and Petrology, 71: 13-22.

ELVEVOLD S, GILOTTI J A, 2000. Pressure-temperature evolution of retrogressed kyanite eclogites, Weinschenk Island, North-East Greenland Caledonides. Lithos, 53: 127-147.

ENAMI M, LIOU J G, MATTINSON C G, 2004. Epidote minerals in high P/T metamorphic terranes: Subduction zone and high-to ultrahigh-pressure metamorphism. Epidotes, 56: 347-398.

ENGLAND P C, THOMPSON A B, 1984. Pressure-temperature-time paths of regional metamorphism Ⅰ. Heat transfer during the evolution of regions of thickened continental crust. Journal of Petrology, 25: 894-928.

ERNST W G, LIOU J, 2008. High-and ultrahigh-pressure metamorphism: Past results and future prospects. American Mineralogist, 93: 1771-1786.

ERNST W G, MARUYAMA S, WALLIS S, 1997. Buoyancy-driven, rapid exhumation of ultrahigh-pressure metamorphosed continental crust. Proceedings of the National Academy of Sciences, 94: 9532-9537.

EVANS B W, 1965. Application of a reaction-rate method to the breakdown equilibria of muscovite and muscovite plus quartz. American Journal of Science, 263: 647-667.

FARYAD S W, NAHODILOVÁ R, DOLEJŠ D, 2010. Incipient eclogite facies metamorphism in the Moldanubian granulites revealed by mineral inclusions in garnet. Lithos, 114: 54-69.

FAURE M, LIN W, SHU L, et al., 1999. Tectonics of the Dabieshan (eastern China) and possible exhumation mechanism of ultra high-pressure rocks. Terra Nova, 11: 251-258.

FEDO C M, NESBITT H W, YOUNG G M, 1995. Unraveling the effects of potassium metasomatism in sedimentary rocks and paleosols, with implications for paleoweathering conditions and provenance. Geology, 23(10): 921-924.

FENG P, WANG L, BROWN M, et al., 2021. Partial melting of ultrahigh-pressure eclogite by omphacite-breakdown facilitates exhumation of deeply-subducted crust. Earth and Planetary Science Letters, 554: 116664.

FERNANDO G W A R, DHARMAPRIYA P L, BAUMGARTNER L P, 2017. Silica-undersaturated reaction zones at a crust–mantle interface in the Highland Complex, Sri Lanka: Mass transfer and melt infiltration during high-temperature metasomatism. Lithos, 284: 237-256.

FERRANDO S, FREZZOTTI M L, ORIONE P, et al., 2010. Late-Alpine rodingitization in the Bellecombe meta-ophiolites (Aosta Valley, Italian Western Alps): Evidence from mineral assemblages and serpentinization-derived H_2-bearing brine. International Geology Review, 52: 1220-1243.

FERRERO S, BARTOLI O, CESARE B, et al., 2012. Microstructures of melt inclusions in anatectic metasedimentary rocks. Journal of Metamorphic Geology, 30: 303-322.

FERRY J M, WATSON E B, 2007. New thermodynamic models and revised calibrations for the Ti-in-zircon and Zr-in-rutile thermometers. Contributions to Mineralogy and Petrology, 154: 429-437.

FLOYD P A, LEVERIDGE B E, 1987. Tectonic environment of the Devonian Gramscatho Basin, South Cornwall: Framework mode and geochemical evidence from turbiditic sandstones. Journal of the Geological Society, 144(4): 531-542.

FRANZ L, ROMER R L, KLEMD R, et al., 2001. Eclogite-facies quartz veins within metabasites of the Dabie Shan (eastern China): Pressure-temperature-time-deformation path, composition of the fluid phase and fluid flow during exhumation of high-pressure rocks. Contributions to Mineralogy and Petrology, 141: 322-346.

FROST B R, CHACKO T, 1989. The granulite uncertainty principle: Limitations on thermobarometry in granulites. The Journal of Geology, 97(4): 435-450.

FUHRMAN M L, LINDSLEY D H, 1988. Ternary-feldspar modeling and thermometry. American Mineralogist, 73: 201-215.

GAO S, JIN Z M, JIN S Y, et al., 1998. Seismic velocity structure and composition of continental crust in the Dabie-Sulu area. Continental Dynamics, 3(1-2): 108-112.

GEBAUER D, SCHERTL H P, BRIX M, et al., 1997. 35 Ma old ultrahigh-pressure metamorphism and evidence for very rapid exhumation in the Dora Maira massif, Western Alps. Lithos, 41: 5-24.

GERYA T V, YUEN D A, MARESCH W V, 2004. Thermomechanical modelling of slab detachment. Earth and Planetary Science Letters, 226: 101-116.

GHIRIBELLI B, FREZZOTTI M L, PALMERI R, 2002. Coesite in eclogites of the Lanterman Range (Antarctica): Evidence from textural and Raman studies. European Journal of Mineralogy, 14: 355-360.

GILOTTI J A, 2013. The realm of ultrahigh-pressure metamorphism. Elements, 9: 255-260.

GILOTTI J A, JONES K A, ELVEVOLD S, 2008. Caledonian metamorphic patterns in Greenland//HIGGINS A K, GILOTTI J A, SMITH M P. The Greenland Caledonides: Evolution of the Northeast Margin of Laurentia. Geological Society of America Memoir, 202: 201-225.

GILOTTI J A, MCCLELLAND W C, 2007. Characteristics of, and a tectonic model for, ultrahigh-pressure metamorphism in the overriding plate of the Caledonian Orogen. International Geology Review, 49(9): 777-797.

GILOTTI J A, MCCLELLAND W C, 2011. Geochemical and geochronological evidence that the north-east Greenland ultrahigh-pressure terrane is Laurentian crust. The Journal of Geology, 119: 439-456.

GILOTTI J A, MCCLELLAND W C, WOODEN J L, 2014. Zircon captures exhumation of an ultrahigh-pressure terrane, North-East Greenland Caledonides. Gondwana Research, 25: 235-256.

GILOTTI J A, NUTMAN A P, BRUECKNER H K, 2004. Devonian to Carboniferous collision in the Greenland Caledonides: U-Pb zircon and Sm-Nd ages of high-pressure and ultrahigh-pressure metamorphism. Contributions to Mineralogy and Petrology, 148: 216-235.

GILOTTI J A, RAVNA E J K, 2002. First evidence for ultrahigh-pressure metamorphism in the North-East Greenland Caledonides. Geology, 30: 551-554.

GODARD G, 2010. Two orogenic cycles recorded in eclogite-facies gneiss from the southern Armorican Massif (France). European Journal of Mineralogy, 21(6): 1173-1190.

GREEN E C R, WHITE R W, DIENER J F A, et al., 2016. Activity-composition relations for the calculation of partial melting equilibria in metabasic rocks. Journal of Metamorphic Geology, 34: 845-869.

GREEN E, HOLLAND T, POWELL R, 2007. An order-disorder model for omphacitic pyroxenes in the system jadeite-diopside-hedenbergite-acmite, with applications to eclogitic rocks. American Mineralogist, 92(7): 1181-1189.

GROPPO C, BELTRANDO M, COMPAGNONI R, 2009. The *P-T* path of the ultra-high pressure Lago Di Cignana and adjoining high-pressure meta-ophiolitic units: Insights into the evolution of the subducting Tethyan slab. Journal of Metamorphic Geology, 27: 207-231.

GROPPO C, CASTELLI D, 2010. Prograde *P-T* evolution of a lawsonite eclogite from the monviso Meta-ophiolite (western Alps): Dehydration and redox reactions during subduction of oceanic

FeTi-oxide gabbro. Journal of Petrology, 51(12): 2489-2514.

GROPPO C, LOMBARDO B, ROLFO F, et al., 2007. Clockwise exhumation path of granulitized eclogites from the Ama Drime range (Eastern Himalayas). Journal of Metamorphic Geology, 25: 51-75.

GROPPO C, ROLFO F, INDARES A, 2012. Partial melting in the higher Himalayan crystallines of eastern Nepal: The effect of decompression and implications for the 'channel flow' model. Journal of Petrology, 53: 1057-1088.

GROPPO C, ROLFO F, LIU Y C, et al., 2015. *P-T* evolution of elusive UHP eclogites from the Luotian dome (North Dabie Zone, China): How far can the thermodynamic modeling lead us? Lithos, 226: 183-200.

GROPPO C, ROLFO F, MOSCA P, 2013. The cordierite-bearing anatectic rocks of the higher Himalayan crystallines (eastern Nepal): Low-pressure anatexis, melt productivity, melt loss and the preservation of cordierite. Journal of Metamorphic Geology, 31: 187-204.

GROPPO C, RUBATTO D, ROLFO F, et al., 2010. Early Oligocene partial melting in the Main Central Thrust Zone (Arunvalley, eastern Nepal Himalaya). Lithos, 118: 287-301.

GUILLOT S, LE FORT P, 1995. Geochemical constraints on the bimodal origin of High Himalayan leucogranites. Lithos, 35: 221-234.

GUO Z F, WILSON M, LIU J Q, 2007. Post-collisional adakites in South Tibet: Products of partial melting of subduction-modified lower crust. Lithos, 96: 205-224.

HACKER B, 2006. Pressures and temperatures of ultrahigh-pressure metamorphism: Implications for UHP tectonics and H_2O in subducting slabs. International Geology Review, 48: 1053-1066.

HACKER B R, CALVERT A, ZHANG R Y, et al., 2003. Ultrarapid exhumation of ultrahigh-pressure diamond-bearing metasedimentary rocks of the Kokchetav Massif, Kazakhstan? Lithos, 70: 61-75.

HACKER B R, RATSCHBACHER L, WEBB L, et al., 1998. U/Pb zircon ages constrain the architecture of the ultrahigh-pressure Qinling-Dabie Orogen, China. Earth and Planetary Science Letters, 161: 215-230.

HACKER B R, RATSCHBACHER L, WEBB L, et al., 2000. Exhumation of ultrahigh-pressure continental crust in east central China: Late Triassic-Early Jurassic tectonic unroofing. Journal of Geophysical Research: Solid Earth, 105(B6): 13339-13364.

HARLEY S L, 2008. Refining the *P-T* records of UHT crustal metamorphism. Journal of Metamorphic Geology, 26: 125-154.

HARRIS N, AYRES M, 1998. The implications of Sr-isotope disequilibrium for rates of prograde metamorphism and melt extraction in anatectic terrains//TRELOAR P J, O'BRIEN P J. What Drives Metamorphism and Metamorphic Reactions? Geological Society, London, special publications, 138: 171-182.

HARRISON T M, 1981. Diffusion of ^{40}Ar in hornblende. Contributions to Mineralogy and Petrology, 78(3): 324-331.

HARRISON W J, WOOD B J, 1980. An experimental investigation of the partitioning of REE between garnet and liquid with reference to the role of defect equilibria. Contributions to Mineralogy and Petrology, 72(2): 145-155.

HART S R, 1984. A large-scale isotope anomaly in the Southern Hemisphere mantle. Nature, 309: 753-757.

HAWKESWORTH C, TURNER S, PEATE D, et al., 1997. Elemental U and Th variations in island arc rocks: Implications for U-series isotopes. Chemical Geology, 139: 207-221.

HE Y S, LI S G, HOEFS J, et al., 2011. Post-collisional granitoids from the Dabie Orogen: New evidence for partial melting of a thickened continental crust. Geochimica et Cosmochimica Acta, 75: 3815-3838.

HE Y S, LI S G, HOEFS J, et al., 2013. Sr-Nd-Pb isotopic compositions of Early Cretaceous granitoids from the Dabie Orogen: Constraints on the recycled lower continental crust. Lithos, 156: 204-217.

HEMINGWAY B S, BOHLEN S R, HANKINS W B, et al., 1998. Heat capacity and thermodynamic properties for coesite and jadeite: Reexamination of the quartz–coesite equilibrium boundary. American Mineralogist, 83: 409-418.

HENRY D J, 2005. The Ti-saturation surface for low-to-medium pressure metapelitic biotites: Implications for geothermometry and Ti-substitution mechanisms. American Mineralogist, 90: 316-328.

HENSEN B J, ZHOU B, 1995. Retention of isotopic memory in garnets partially broken down during an overprinting granulite-facies metamorphism: Implications for the Sm-Nd closure temperature. Geology, 23(3): 225-228.

HERMANN J, 2002. Experimental constraints on phase relations in subducted continental crust. Contributions to Mineralogy and Petrology, 143: 219-235.

HERMANN J, GREEN D H, 2001. Experimental constraints on high pressure melting in subducted crust. Earth and Planetary Science Letters, 188: 149-168.

HERMANN J, RUBATTO D, 2003. Relating zircon and monazite domains to garnet growth zones: Age and duration of granulite facies metamorphism in the Val Malenco lower crust. Journal of Metamorphic Geology, 21(9): 833-852.

HERMANN J, RUBATTO D, KORSAKOV A, et al., 2001. Multiple zircon growth during fast exhumation of diamondiferous, deeply subducted continental crust (Kokchetav Massif, Kazakhstan). Contributions to Mineralogy and Petrology, 141: 66-82.

HERMANN J, SPANDLER C, HACK A, et al., 2006. Aqueous fluids and hydrous melts in high-pressure and ultra-high pressure rocks: Implications for element transfer in subduction zones. Lithos, 92(3-4): 399-417.

HERRON M M, 1988. Geochemical classification of terrigenous sands and shales from core or log data. SEPM Journal of Sedimentary Research, 58: 820-829.

HIRSCHMANN M M, TENNER T, AUBAUD C, et al., 2009. Dehydration melting of nominally anhydrous mantle: The primacy of partitioning. Physics of the Earth and Planetary Interiors, 176: 54-68.

HOFFMAN P F, 1999. The break-up of Rodinia, birth of Gondwana, true polar wander and the snowball Earth. Journal of African Earth Sciences, 28: 17-33.

HOLLAND T J B, 1980. The reaction albite = jadeite + quartz determined experimentally in the range 600-1200℃. American Mineralogist, 65: 129-134.

HOLLAND T J B, POWELL R, 1998. An internally consistent thermodynamic data set for phases of petrological interest. Journal of Metamorphic Geology, 16(3): 309-343.

HOLLAND T J B, POWELL R, 2011. An improved and extended internally consistent thermodynamic dataset for phases of petrological interest, involving a new equation of state for solids. Journal of Metamorphic Geology, 29: 333-383.

HOLLAND T, BLUNDY J, 1994. Non-ideal interactions in calcic amphiboles and their bearing on amphibole-plagioclase thermometry. Contributions to Mineralogy and Petrology, 116(4): 433-447.

HOLLISTER L S, 1993. The role of melt in the uplift and exhumation of orogenic belts. Chemical Geology, 108: 31-48.

HOLYOKE C W, RUSHMER T, 2002. An experimental study of grain scale melt segregation mechanisms in two common crustal rock types. Journal of Metamorphic Geology, 20: 493-512.

HOSKIN P W O, SCHALTEFFER U, 2003. The composition of zircon and igneous and metamorphic petrogenesis. Reviews in Mineralogy and Geochemistry, 53: 27-62.

HSÜ K J, 1968. Principles of mélanges and their bearing on the franciscan-Knoxville paradox. Geological Society of America Bulletin, 79: 1063-1074.

HSÜ K J, WANG Q C, LI J L, et al., 1987. Tectonic evolution of Qinling Mountains, China. Eclogae Geologicae Helvetiae, 80: 735-752.

HUANG F, LI S G, DONG F, et al., 2008. High-Mg adakitic rocks in the Dabie Orogen, central China: Implications for foundering mechanism of lower continental crust. Chemical Geology, 255(1-2): 1-13.

HUMPHRIES F J, CLIFF R A, 1982. Sm-Nd dating and cooling history of Scourian granulites, Sutherland. Nature, 295(5849): 515-517.

HWANG S L, SHEN P Y, CHU H T, et al., 2001. Genesis of microdiamonds from melt and associated multiphase inclusions in garnet of ultrahigh-pressure gneiss from Erzgebirge, Germany. Earth and Planetary Science Letters, 188: 9-15.

INDARES A, WHITE R W, POWELL R, 2008. Phase equilibria modelling of kyanite-bearing anatectic paragneisses from the central Grenville Province. Journal of Metamorphic Geology, 26: 815-836.

INGER S, HARRIS N, 1993. Geochemical constraints on leucogranite magmatism in the Langtang valley, Nepal Himalaya. Journal of Petrology, 34: 345-368.

ISOZAKI Y, MARUYAMA S, FURUOKA F, 1990. Accreted oceanic materials in Japan.

Tectonophysics, 181(1-4): 179-205.

JACOB D E, SCHMICKLER B, SCHULZE D J, 2003. Trace element geochemistry of coesite-bearing eclogites from the Roberts Victor kimberlite, Kaapvaal craton. Lithos, 71(2-4): 337-351.

JAHN B M, FAN Q C, YANG J J, et al., 2003. Petrogenesis of the Maowu pyroxenite-eclogite body from the UHP metamorphic terrane of Dabieshan: Chemical and isotopic constraints. Lithos, 70: 243-267.

JAHN B M, WU F Y, LO C H, et al., 1999. Crust-mantle interaction induced by deep subduction of the continental crust: Geochemical and Sr-Nd isotopic evidence from post-collisional mafic-ultramafic intrusions of the northern Dabie complex, central China. Chemical Geology, 157: 119-146.

JIAN P, KRÖNER A, ZHOU G Z, 2012. SHRIMP zircon U-Pb ages and REE partition for high-grade metamorphic rocks in the North Dabie complex: Insight into crustal evolution with respect to Triassic UHP metamorphism in east-central China. Chemical Geology, 328: 49-69.

JIAO S J, GUO J H, MAO Q, et al., 2011. Application of Zr-in-rutile thermometry: A case study from ultrahigh-temperature granulites of the Khondalite belt, North China Craton. Contributions to Mineralogy and Petrology, 162: 379-393.

JIN F Q, 1989. Carboniferous paleogeography and paleoenvironment between the North and South China blocks in Eastern China. Journal of Southeast Asian Earth Sciences, 3(1-4): 219-222.

JOHN T, SCHERER E E, HAASE K, et al., 2004. Trace element fractionation during fluid-induced eclogitization in a subducting slab: Trace element and Lu-Hf-Sm-Nd isotope systematics. Earth and Planetary Science Letters, 227(3-4): 441-456.

JOHNSON M C, RUTHERFORD M J, 1988. Experimental calibration of an aluminum-in-hornblende geobarometer applicable to calc-alkaline rocks. EOS, 69: 1511.

JOHNSTON A D, WYLLIE P J, 1988. Constraints on the origin of Archean trondhjemites based on phase relationships of Nûk gneiss with H_2O at 15 kbar. Contributions to Mineralogy and Petrology, 100: 35-46.

JUNG S, MEZGER K, 2001. Geochronology in migmatites-a Sm-Nd, U-Pb and Rb-Sr study from the Proterozoic Damara belt (Namibia): Implications for polyphase development of migmatites in high-grade terranes. Journal of Metamorphic Geology, 19(1): 77-97.

KATAYAMA I, MARUYAMA S, PARKINSON C D, et al., 2001. Ion micro-probe U–Pb zircon geochronology of peak and retrograde stages of ultrahigh-pressure metamorphic rocks from the Kokchetav massif, northern Kazakhstan. Earth and Planetary Science Letters, 188: 185-198.

KATSUBE A, HAYASAKA Y, SANTOSH M, et al., 2009. SHRIMP zircon U-Pb ages of eclogite and orthogneiss from Sulu ultrahigh-pressure zone in Yangkou Area, Eastern China. Gondwana Research, 15(2): 168-177.

KAY R W, KAY S M, 1993. Delamination and delamination magmatism. Tectonophysics, 219(1-3): 177-189.

KELSEY D E, CLARK C, HAND M, 2008. Thermobarometric modelling of zircon and monazite growth in melt-bearing systems: Examples using model metapelitic and metapsammitic granulites. Journal of Metamorphic Geology, 26: 199-212.

KELSEY D E, HAND M, 2015. On ultrahigh temperature crustal metamorphism: Phase equilibria, trace element thermometry, bulk composition, heat sources, timescales and tectonic settings. Geoscience Frontiers, 6: 311-356.

KELSEY D E, POWELL R, 2011. Progress in linking accessory mineral growth and breakdown to major mineral evolution in metamorphic rocks: A thermodynamic approach in the Na_2O-CaO-K_2O-FeO-MgO-Al_2O_3-SiO_2-H_2O-TiO_2-ZrO_2 system. Journal of Metamorphic Geology, 29: 151-166.

KENNEDY C S, KENNEDY G C, 1976. The equilibrium boundary between graphite and diamond. Journal of Geophysical Research, 81: 2467-2470.

KESSEL R, SCHMIDT M W, ULMER P, et al., 2005. Trace element signature of subduction-zone fluids, melts and supercritical liquids at 120-180 km depth. Nature, 437: 724-727.

KLEMD R, BRÖCKER M, 1999. Fluid influence on mineral reactions in ultrahigh-pressure granulites: A case study in the Snieznik Mts (West Sudetes, Poland). Contributions to Mineralogy and Petrology, 136(4): 358-373.

KOGISO T, TATSUMI Y, NAKANO S, 1997. Trace element transport during dehydration processes in the subducted oceanic crust: 1. Experiments and implications for the origin of ocean island basalts. Earth and Planetary Science Letters, 148: 193-205.

KOHN M J, CORRIE S L, MARKLEY C, 2015. The fall and rise of metamorphic zircon. American Mineralogist, 100(4): 897-908.

KOOIJMAN E, UPADHYAY D, MEZGER K, et al., 2011. Response of the U-Pb chronometer and trace elements in zircon to ultrahigh-temperature metamorphism: The Kadavur anorthosite complex, southern India. Chemical Geology, 290: 177-188.

KOSTOPOULOS D K, IOANNIDIS N M, SKLAVOUNOS S A, 2000. A new occurrence of ultrahigh-pressure metamorphism, central Macedonia, northern Greece: Evidence from graphitized diamonds? International Geology Review, 42: 545-554.

KROGH E J, 1988. The garnet-clinopyroxene Fe-Mg geothermometer — a reinterpretation of existing experimental-data. Contributions to Mineralogy and Petrology, 99(1): 44-48.

KROHE A, MPOSKOS E, 2002. Multiple generations of extensional detachments in the Rhodope Mountains (northern Greece): Evidence of episodic exhumation of high-pressure rocks. Geological Society, London, special publications, 204(1): 151-178.

KULLERUD K, NASIPURI P, RAVNA E J K, et al., 2012. Formation of corundum megacrysts during H_2O-saturated incongruent melting of feldspar: *P-T* pseudosection-based modelling from the Skattøra migmatite complex, North Norwegian Caledonides. Contributions to Mineralogy and Petrology, 164: 627-641.

LABROUSSE L, JOLIVET L, AGARD P, et al., 2002. Crustal-scale boudinage and migmatization of gneiss during their exhumation in the UHP Province of Western Norway. Terra Nova, 14: 263-270.

LABROUSSE L, PROUTEAU G, GANZHORN A C, 2011. Continental exhumation triggered by partial melting at ultrahigh pressure. Geology, 39: 1171-1174.

LAHTINEN R, KORJA A, NIRONEN M, et al., 2009. Palaeoproterozoic accretionary processes in Fennoscandia//CAWOODP A, KRÖNER A. Earth Accretionary Systems in Space and Time. Geological Society, London, special publications, 318: 237-256.

LANG H M, GILOTTI J A, 2015. Modeling the exhumation path of partially melted ultrahigh-pressure metapelites, North-East Greenland Caledonides. Lithos, 226: 131-146.

LANGER K, ROBARICK E, SOBOLEV N V, et al., 1993. Single-crystal spectra of garnets from diamondiferous high-pressure metamorphic rocks from Kazakhstan: Indications for OH-1, H_2O, and FeTi charge transfer. European Journal of Mineralogy, 5: 1091-1100.

LEAKE B E, 1968. Zoned garnets from the Galway granite and its aplites. Earth and Planetary Science Letters, 3: 311-316.

LEAKE B E, WOOLLEY A R, ARPS C E, et al., 1997. Nomenclature of amphiboles; report of the subcommittee on amphiboles of the International Mineralogical Association, Commission on New Minerals and Mineral Names. The Canadian Mineralogist, 35: 219-246.

LEECH M L, 2001. Arrested orogenic development: Eclogitization, delamination, and tectonic collapse. Earth and Planetary Science Letters, 185(1-2): 149-159.

LEECH M L, ERNST W G, 2000. Petrotectonic evolution of the high-to ultrahigh-pressure Maksyutov Complex, Karayanova Area, South Ural Mountains: Structural and oxygen isotope constraints. Lithos, 52(1-4): 235-252.

LI J Y, YANG T N, CHEN W, et al., 2003a. $^{40}Ar/^{39}Ar$ dating of deformation events and reconstruction of exhumation of ultrahigh-pressure metamorphic rocks in Donghai, East China. Acta Geologica Sinica-English Edition, 77: 155-168.

LI Q L, LI S G, ZHENG Y F, et al., 2003b. A high precision U-Pb age of metamorphic rutile in coesite-bearing eclogite from the Dabie Mountains in central China: A new constraint on the cooling history. Chemical Geology, 200: 255-265.

LI R W, LI S Y, JIN F Q, et al., 2004a. Provenance of Carboniferous sedimentary rocks in the northern margin of Dabie Mountains, central China and the tectonic significance: Constraints from trace elements, mineral chemistry and SHRIMP dating of zircons. Sedimentary Geology, 166: 245-264.

LI S G, HUANG F, LI H, 2002. Post-collisional lithosphere delamination of the Dabie-Sulu orogen. Chinese Science Bulletin, 47(3): 259-263.

LI S G, HUANG F, NIE Y H, et al., 2001. Geochemical and geochronological constraints on the suture location between the North and South China blocks in the Dabie Orogen, Central China. Physics and Chemistry of the Earth, part A: Solid Earth and Geodesy, 26: 655-672.

LI S G, JAGOUTZ E, CHEN Y Z, et al., 2000. Sm-Nd and Rb-Sr isotopic chronology and cooling history of ultrahigh pressure metamorphic rocks and their country rocks at Shuanghe in the Dabie Mountains, Central China. Geochimica et Cosmochimica Acta, 64: 1077-1093.

LI S G, WANG C X, DONG F, et al., 2009. Common Pb of UHP metamorphic rocks from the CCSD project (100-5000 m) suggesting decoupling between the slices within subducting continental crust and multiple thin slab exhumation. Tectonophysics, 475: 308-317.

LI S G, XIAO Y L, LIOU D L, et al., 1993. Collision of the North China and Yangtse Blocks and formation of coesite-bearing eclogites: Timing and processes. Chemical Geology, 109: 89-111.

LI X H, LI W X, LI Z X, et al., 2008. 850-790 Ma bimodal volcanic and intrusive rocks in northern Zhejiang, south China: A major episode of continental rift magmatism during the breakup of Rodinia. Lithos, 102: 341-357.

LI X H, LI Z X, GE W C, et al., 2003c. Neoproterozoic granitoids in South China: Crustal melting above a mantle plume at Ca. 825 Ma? Precambrian Research, 122(1): 45-83.

LI X P, ZHENG Y F, WU Y B, et al., 2004b. Low-*T* eclogite in the Dabie terrane of China: Petrological and isotopic constraints on fluid activity and radiometric dating. Contributions to Mineralogy and Petrology, 148: 443-470.

LI Y, LIU Y C, YANG Y, et al., 2017. New U-Pb geochronological constraints on formation and evolution of the Susong complex zone in the Dabie Orogen. Acta Geologica Sinica-English Edition, 91(5): 1915-1918.

LI Y, LIU Y C, YANG Y, et al., 2020a. Petrogenesis and tectonic significance of Neoproterozoic meta-basites and meta-granitoids within the central Dabie UHP zone, China: Geochronological and geochemical constraints. Gondwana Research, 78: 1-19.

LI Y, YANG Y, LIU Y C, et al., 2020b. Muscovite dehydration melting in silica-undersaturated systems: A case study from corundum-bearing anatectic rocks in the Dabie Orogen. Minerals, 10(3): 213.

LIATI A, GEBAUER D, 1999. Constraining the prograde and retrograde *P-T-t* path of Eocene HP rocks by SHRIMP dating of different zircon domains: Inferred rates of heating, burial, cooling and exhumation for central Rhodope, northern Greece. Contributions to Mineralogy and Petrology, 135: 340-354.

LIERMANN H P, ISACHSEN C, ALTENBERGER U, et al., 2002. Behavior of zircon during high-pressure, low-temperature metamorphism: Case study from the Internal Unit of the Sesia Zone (Western Italian Alps). European Journal of Mineralogy, 14(1): 61-71.

LIN W, ENAMI M, FAURE M, et al., 2007. Survival of eclogite xenolith in a Cretaceous granite intruding the Central Dabieshan migmatite gneiss dome (Eastern China) and its tectonic implications. International Journal of Earth Sciences, 96: 707-724.

LIOU J G, ZHANG R Y, 1996. Occurrences of intergranular coesite in ultrahigh-*P* rocks from the Sulu region, Eastern China; implications for lack of fluid during exhumation. American Mineralogist, 81: 1217-1221.

LIU D Y, JIAN P, KRÖNER A, et al., 2006a. Dating of prograde metamorphic events deciphered from episodic zircon growth in rocks of the Dabie-Sulu UHP complex, China. Earth and Planetary Science Letters, 250: 650-666.

LIU F L, GERDES A, LIOU J G, et al., 2006b. SHRIMP U-Pb zircon dating from Sulu-Dabie dolomitic marble, Eastern China: Constraints on prograde, ultrahigh-pressure and retrograde metamorphic ages. Journal of Metamorphic Geology, 24: 569-589.

LIU F L, GERDES A, ROBINSON P T, et al., 2007a. Zoned zircon from eclogite lenses in marbles from the Dabie-Sulu UHP terrane, China: A clear record of ultra-deep subduction and fast exhumation. Acta Geologica Sinica-English Edition, 81(2): 204-225.

LIU F L, GERDES A, XUE H M, 2009. Differential subduction and exhumation of crustal slices in the Sulu HP-UHP metamorphic terrane: Insights from mineral inclusions, trace elements, U-Pb and Lu-Hf isotope analyses of zircon in orthogneiss. Journal of Metamorphic Geology, 27: 805-825.

LIU F L, XU Z Q, LIOU J G, et al., 2002. Ultrahigh-pressure mineral inclusions in zircons from gneissic core samples of the Chinese Continental Scientific Drilling Site in Eastern China. European Journal of Mineralogy, 14(3): 499-512.

LIU F L, XU Z Q, LIOU J G, et al., 2004a. SHRIMP U-Pb ages of ultrahigh-pressure and retrograde metamorphism of gneisses, south-western Sulu terrane, Eastern China. Journal of Metamorphic Geology, 22: 315-326.

LIU J B, YE K, MARUYAMA S, et al., 2001. Mineral inclusions in zircon from gneisses in the ultrahigh-pressure zone of the Dabie Mountains, China. The Journal of Geology, 109: 523-535.

LIU L, LIAO X Y, WANG Y W, et al., 2016. Early Paleozoic tectonic evolution of the North Qinling Orogenic Belt in Central China: Insights on continental deep subduction and multiphase exhumation. Earth-Science Reviews, 159: 58-81.

LIU L, ZHANG J F, GREEN H W, et al., 2007b. Evidence of former stishovite in metamorphosed sediments, implying subduction to >350 km. Earth and Planetary Science Letters, 263: 180-191.

LIU S J, LI J H, SANTOSH M, 2010. First application of the revised Ti-in-zircon geothermometer to Paleoproterozoic ultrahigh-temperature granulites of Tuguiwula, Inner Mongolia, North China Craton. Contributions to Mineralogy and Petrology, 159: 225-235.

LIU X C, JAHN B M, DONG S W, et al., 2003. Neoproterozoic granitoid did not record ultrahigh-pressure metamorphism from the southern Dabieshan of China. The Journal of Geology, 111: 719-732.

LIU X C, JAHN B M, LI S Z, et al., 2013. U-Pb zircon age and geochemical constraints on tectonic evolution of the Paleozoic accretionary orogenic system in the Tongbai Orogen, central China. Tectonophysics, 599: 67-88.

LIU X C, JAHN B M, LIU D Y, et al., 2004b. SHRIMP U-Pb zircon dating of a metagabbro and eclogites from western Dabieshan (Hong’an Block), China, and its tectonic implications. Tectonophysics, 394(3-4): 171-192.

LIU Y C, DENG L P, GU X F, et al., 2015. Application of Ti-in-zircon and Zr-in-rutile thermometers to constrain high-temperature metamorphism in eclogites from the Dabie Orogen, central China. Gondwana Research, 27: 410-423.

LIU Y C, DENG L P, GU X F, et al., 2016. Multistage metamorphic evolution and *P-T-t* path of high-*T* eclogite from the North Dabie complex zone during continental subduction and exhumation. Acta Geologica Sinica-English Edition, 90: 759-760.

LIU Y C, GU X F, LI S G, et al., 2011a. Multistage metamorphic events in granulitized eclogites from the North Dabie complex zone, central China: Evidence from zircon U-Pb age, trace element and mineral inclusion. Lithos, 122: 107-121.

LIU Y C, GU X F, ROLFO F, et al., 2011b. Ultrahigh-pressure metamorphism and multistage exhumation of eclogite of the Luotian dome, North Dabie Complex Zone (central China): Evidence from mineral inclusions and decompression textures. Journal of Asian Earth Sciences, 42: 607-617.

LIU Y C, LI S G, GU X F, et al., 2007c. Ultrahigh-pressure eclogite transformed from mafic granulite in the Dabie Orogen, east-central China. Journal of Metamorphic Geology, 25: 975-989.

LIU Y C, LI S G, XU S T, 2007d. Zircon SHRIMP U-Pb dating for gneisses in northern Dabie high *T*/*P* metamorphic zone, central China: Implications for decoupling within subducted continental crust. Lithos, 96: 170-185.

LIU Y C, LI S G, XU S T, et al., 2004c. Retrogressive microstructures of the eclogites from the northern Dabie Mountains, central China: Evidence for rapid exhumation. Journal of China University of Geosciences, 15(4): 349-354.

LIU Y C, LI S G, XU S T, et al., 2005. Geochemistry and geochronology of eclogites from the northern Dabie Mountains, central China. Journal of Asian Earth Sciences, 25: 431-443.

LIU Y C, LIU L X, LI Y, et al., 2017. Zircon U-Pb geochronology and petrogenesis of metabasites from the western Beihuaiyang zone in the Hong'an Orogen, central China: Implications for detachment within subducting continental crust at shallow depths. Journal of Asian Earth Sciences, 145: 74-90.

LIU Y S, HU Z C, GAO S, et al., 2008. *In situ* analysis of major and trace elements of anhydrous minerals by LA-ICP-MS without applying an internal standard. Chemical Geology, 257: 34-43.

LUSTRINO M, 2005. How the delamination and detachment of lower crust can influence basaltic magmatism. Earth-Science Reviews, 72: 21-38.

LUSTRINO M, DALLAI L, 2003. On the origin of EM-Ⅰ end-member. Neues Jahrbuch für Mineralogie Abhandlungen, 179: 85-100.

MA W P, 1989. Tectonics of the Tongbai-Dabie fold belt. Journal of Southeast Asian Earth Sciences, 3(1-4): 77-85.

MALASPINA N, HERMANN J, SCAMBELLURI M, et al., 2006. Multistage metasomatism in ultrahigh-pressure mafic rocks from the North Dabie Complex (China). Lithos, 90: 19-42.

MARUYAMA S, LIOU J G, TERABAYASHI M, 1996. Blueschists and eclogites of the world and their exhumation. International Geology Review, 38: 485-594.

MARUYAMA S, LIOU J G, ZHANG R Y, 1994. Tectonic evolution of the ultrahigh-pressure (UHP) and high-pressure (HP) metamorphic belts from central China. Island Arc, 3: 112-121.

MASSONNE H J, 2001. First find of coesite in the ultrahigh-pressure metamorphic area of the central Erzgebirge, Germany. European Journal of Mineralogy, 13: 565-570.

MASSONNE H J, 2005. Involvement of crustal material in delamination of the lithosphere after continent-continent collision. International Geology Review, 47: 792-804.

MASSONNE H J, FOCKENBERG T, 2012. Melting of metasedimentary rocks at ultrahigh pressure—Insights from experiments and thermodynamic calculations. Lithosphere, 4: 269-285.

MASSONNE H J, O'BRIEN P J, 2003. The Bohemian Massif and the NW Himalaya//CARSWELL D A, COMPAGNONI R. Ultrahigh Pressure Metamorphism. EMU Notes Mineral, 5: 145-187.

MATTAUER M, MATTE P, MALAVIEILLE J, et al., 1985. Tectonics of the Qinling Belt: Build-up and evolution of eastern Asia. Nature, 317: 496-500.

MCCLELLAND W C, LAPEN T J, 2013. Linking time to the pressure-temperature path for ultrahigh-pressure rocks. Elements, 9: 273-279.

MEISSNER R, MOONEY W, 1998. Weakness of the lower continental crust: A condition for delamination, uplift, and escape. Tectonophysics, 296: 47-60.

MEISSNER R, TILMANN F, HAINES S, 2004. About the lithospheric structure of central Tibet, based on seismic data from the INDEPTH Ⅲ profile. Tectonophysics, 380: 1-25.

MEZGER K, ESSENE E J, HALLIDAY A N, 1992. Closure temperatures of the Sm-Nd system in metamorphic garnets. Earth and Planetary Science Letters, 113(3): 397-409.

MEZGER K, KROGSTAD E J, 1997. Interpretation of discordant U-Pb zircon ages: An evaluation. Journal of Metamorphic Geology, 15: 127-140.

MIYASHIRO A, 1961. Evolution of metamorphic belts. Journal of Petrology, 2(3): 277-311.

MÖLLER A, O'BRIEN P J, KENNEDY A, et al., 2002. Polyphase zircon in ultrahigh-temperature granulites (Rogaland, SW Norway): Constraints for Pb diffusion in zircon. Journal of Metamorphic Geology, 20(8): 727-740.

MORIMOTO N, FERGUSON A K, GINZBURG I V, et al., 1988. Nomenclature of pyroxenes. American Mineralogist, 73: 1123-1133.

MOSENFELDER J L, SCHERTL H P, SMYTH J R, et al., 2005. Factors in the preservation of coesite: The importance of fluid infiltration. American Mineralogist, 90: 779-789.

MPOSKOS E, KROHE A, 2006. Pressure-temperature-deformation paths of closely associated ultra-high-pressure (diamond-bearing) crustal and mantle rocks of the Kimi complex: Implications for the tectonic history of the Rhodope Mountains, northern Greece. Canadian Journal of Earth Sciences, 43: 1755-1776.

MPOSKOS E D, 2002. Petrology of the ultra-high pressure metamorphic Kimi complex in Rhodope (NE Greece): A new insight into the Alpine geodynamic evolution of the Rhodope. Bulletin of the Geological Society Greece, XXXIV(6): 2169-2188.

MPOSKOS E D, BAZIOTIS I, PALIKARI S, et al., 2004. Alpine UHP Metamorphism in the Kimi

Complex of the Rhodope HP Province N.E. Greece: Mineralogical and Textural Indicators. Florence//Proceedings of the 32rd International Geological Congress. Florence: Goldschmidt 2004 Meeting: 108.

MPOSKOS E D, KOSTOPOULOS D K, 2001. Diamond, former coesite and supersilicic garnet in metasedimentary rocks from the Greek Rhodope: A new ultrahigh-pressure metamorphic province established. Earth and Planetary Science Letters, 192: 497-506.

MPOSKOS E D, WAWRZENITZ N, 1995. Metapegmatites and pegmatites bracketing the time of HP-metamorphism in polymetamorphic rocks of the E Rhodope, N Greece: Petrological and geochronological constraints. Geological Society of Greece, 2(4): 602-608.

MUNYANYIWA H, HANSON R E, BLENKINSOP T G, et al., 1997. Geochemistry of amphibolites and quartzofeldspathic gneisses in the Pan-African Zambezi belt, northwest Zimbabwe: Evidence for bimodal magmatism in a continental rift setting. Precambrian Research, 81(3-4): 179-196.

MYROW P M, HUGHES N C, PAULSEN T S, et al., 2003. Integrated tectonostratigraphic analysis of the Himalaya and implications for its tectonic reconstruction. Earth and Planetary Science Letters, 212: 433-441.

NAGASAKI A, ENAMI M, 1998. Sr-bearing zoisite and epidote in ultra-high pressure (UHP) metamorphic rocks from the Su-Lu Province, Eastern China: An important Sr reservoir under UHP conditions. American Mineralogist, 83(3-4): 240-247.

NAKAMURA D, SVOJTKA M, NAEMURA K, et al., 2004. Very high-pressure (>4 GPa) eclogite associated with the Moldanubian Zone garnet peridotite (Nové Dvory, Czech Republic). Journal of Metamorphic Geology, 22: 593-603.

NAKANO N, OSANAI Y, OWADA M, 2007. Multiple breakdown and chemical equilibrium of silicic clinopyroxene under extreme metamorphic conditions in the Kontum Massif, central Vietnam. American Mineralogist, 92: 1844-1855.

NAKANO N, OSANAI Y, VAN NAM N, et al., 2018. Bauxite to eclogite: Evidence for Late Permian supracontinental subduction at the Red River shear zone, northern Vietnam. Lithos, 302: 37-49.

NANEY M T, 1983. Phase equilibria of rock-forming ferromagnesian silicates in granitic systems. American Journal of Science, 283(10): 993-1033.

NASDALA L, MASSONNE H J, 2000. Microdiamonds from the Saxonian Erzgebirge, Germany: *In situ* micro-Raman characterisation. European Journal of Mineralogy, 12: 495-498.

NEIVA A M R, 1995. Distribution of trace elements in feldspars of granitic aplites and pegmatites from Alijo-Sanfins, northern Portugal. Mineralogical Magazine, 59: 35-45.

NESBITT H W, YOUNG G M, 1982. Early Proterozoic climates and plate motions inferred from major element chemistry of lutites. Nature, 299: 715-717.

NEWTON R C, CHARLU T V, KLEPPA O J, 1980. Thermochemistry of the high structural state plagioclases. Geochimica et Cosmochimica Acta, 44(7): 933-941.

NEWTON R C, MANNING C E, 2008. Solubility of corundum in the system Al_2O_3–SiO_2–H_2O–

NaCl at 800℃ and 10 kbar. Chemical Geology, 249: 250-261.

O'BRIEN P J, 2001. Subduction followed by collision: Alpine and Himalayan examples. Physics of the Earth and Planetary Interiors, 127: 277-291.

OGASAWARA Y, FUKASAWA K, MARUYAMA S, 2002. Coesite exsolution from supersilicic titanite in UHP marble from the Kokchetav Massif, northern Kazakhstan. American Mineralogist, 87: 454-461.

OHTA T, ARAI H, 2007. Statistical empirical index of chemical weathering in igneous rocks: A new tool for evaluating the degree of weathering. Chemical Geology, 240: 280-297.

OKAMOTO K, LIOU J G, OGASAWARA Y, 2000. Petrology of the diamond-grade eclogite in the Kokchetav Massif, northern Kazakhstan. Island Arc, 9: 379-399.

OKAMOTO K, MARUYAMA S, 1998. Multi-anvil re-equilibration experiments of a Dabie Shan ultrahigh pressure eclogite within the diamond-stability fields. Island Arc, 7: 52-69.

OKAY A I, 1993. Petrology of a diamond and coesite-bearing metamorphic terrain: Dabie Shan, China. European Journal of Mineralogy, 5: 659-676.

OKAY A I, 1994. Sapphirine and Ti-clinohumite in ultra-high-pressure garnet-pyroxenite and eclogite from Dabie Shan, China. Contributions to Mineralogy and Petrology, 116: 145-155.

OKAY A I, S□ENGÖR A M C, 1992. Evidence for intracontinental thrust-related exhumation of the ultra-high-pressure rocks in China. Geology, 20: 411-414.

OKAY A I, S□ENGÖR A M C, SATIR M, 1993. Tectonics of an ultrahigh-pressure metamorphic terrane: The Dabie Shan/Tongbai Shan Orogen, China. Tectonics, 12: 1320-1334.

OKAY A I, XU S T, S□ENGO□R A M C, 1989. Coesite from the Dabie Shan eclogites, central China. European Journal of Mineralogy, 1: 595-598.

OXBURGH E R, 1972. Flake tectonics and continental collision. Nature, 239: 202-204.

PARKINSON C D, KATAYAMA I, 1999. Present-day ultrahigh-pressure conditions of coesite inclusions in zircon and garnet: Evidence from laser Raman microspectroscopy. Geology, 27(11): 979-982.

PATCHETT P J, WHITE W M, FELDMANN H, et al., 1984. Hafnium/rare earth element fractionation in the sedimentary system and crustal recycling into the Earth's mantle. Earth and Planetary Science Letters, 69: 365-378.

PATIÑO DOUCE A E, 2005. Vapor-absent melting of tonalite at 15-32 kbar. Journal of Petrology, 46: 275-290.

PATIÑO DOUCE A E, BEARD J S, 1995. Dehydration-melting of Biotite Gneiss and Quartz Amphibolite from 3 to 15 kbar. Journal of Petrology, 36: 707-738.

PATIÑO DOUCE A E, BEARD J S, 1996. Effects of P, $f(O_2)$and Mg/Fe ratio on dehydration melting of model metagreywackes. Journal of Petrology, 37: 999-1024.

PATIÑO DOUCE A E, MCCARTHY T C, 1998. Melting of crustal rocks during continental collision and subduction//HACKER B R, LIOU J G. When Continents Collide: Geodynamics and Geochemistry of Ultrahigh-Pressure Rocks. Dordrecht: Springer Netherlands: 27-55.

PATTISON D R M, HARTE B, 1991. Petrography and mineral chemistry of pelites//VOLL G, TÖPEL J, PATTISON D R M, et al. Equilibrium and Kinetics in Contact Metamorphism. Berlin, Heidelberg: Springer Berlin Heidelberg: 135-179.

PATTISON D R M, NEWTON R C, 1989. Reversed experimental calibration of the garnet-clinopyroxene Fe-Mg exchange thermometer. Contributions to Mineralogy and Petrology, 101: 87-103.

PEARCE J A, CANN J R, 1973. Tectonic setting of basic volcanic rocks determined using trace element analyses. Earth and Planetary Science Letters, 19(2): 290-300.

PERRAKI M, PROYER A, MPOSKOS E, et al., 2006. Raman micro-spectroscopy on diamond, graphite and other carbon polymorphs from the ultrahigh-pressure metamorphic Kimi Complex of the Rhodope Metamorphic Province, NE Greece. Earth and Planetary Science Letters, 241: 672-685.

PFIFFNER O A, ELLIS S, BEAUMONT C, 2000. Collision tectonics in the Swiss Alps: Insight from geodynamic modeling. Tectonics, 19: 1065-1094.

PLATT J P, LEGGETT J K, YOUNG J, et al., 1985. Large-scale sediment underplating in the Makran accretionary prism, southwest Pakistan. Geology, 13(7): 507-511.

PLYUSNINA L P, 1982. Geothermometry and geobarometry of plagioclase-hornblende bearing assemblages. Contributions to Mineralogy and Petrology, 80(2): 140-146.

POWELL R, HOLLAND T J B, 1999. Relating formulations of the thermodynamics of mineral solid solutions; activity modeling of pyroxenes, amphiboles, and micas. American Mineralogist, 84(1-2): 1-14.

POWELL R, HOLLAND T J B, 2008. On thermobarometry. Journal of Metamorphic Geology, 26: 155-179.

RÅHEIM A, GREEN D H, 1974. Experimental determination of the temperature and pressure dependence of the Fe-Mg partition coefficient for coexisting garnet and clinopyroxene. Contributions to Mineralogy and Petrology, 48: 179-203.

RAITH M M, SENGUPTA P, KOOIJMAN E, et al., 2010. Corundum-leucosome-bearing aluminous gneiss from Ayyarmalai, Southern Granulite Terrain, India: A textbook example of vapor phase-absent muscovite-melting in silica-undersaturated aluminous rocks. American Mineralogist, 95: 897-907.

RAKOTONDRAZAFY A F M, GIULIANI G, OHNENSTETTER D, et al., 2008. Gem corundum deposits of Madagascar: A review. Ore Geology Reviews, 34: 134-154.

RAPP R P, SHIMIZU N, NORMAN M D, et al., 1999. Reaction between slab derived melts and peridotite in the mantle wedge: Experimental constraints at 3.8 GPa. Chemical Geology, 160(4): 335-356.

RAPP R P, WATSON E B, 1995. Dehydration melting of metabasalt at 8-32 kbar: Implications for continental growth and crust-mantle recycling. Journal of Petrology, 36: 891-931.

RATSCHBACHER L, FRANZ L, ENKELMANN E, et al., 2006. The Sino-Korean–Yangtze suture, the Huwan detachment, and the Paleozoic—Tertiary exhumation of (ultra) high-pressure rocks along the Tongbai-Xinxian-Dabie Mountains//HACKER B R, MCCLELLAND W C, LIOU J G. Ultrahigh-Pressure Metamorphism: Deep continental subduction. Geological Society of America Special Paper, 403: 45-75.

RATSCHBACHER L, HACKER B R, CALVERT A, et al., 2003. Tectonics of the Qinling (Central China): Tectonostratigraphy, geochronology, and deformation history. Tectonophysics, 366: 1-53.

RATSCHBACHER L, HACKER B R, WEBB L E, et al., 2000. Exhumation of the ultrahigh-pressure continental crust in east central China: Cretaceous and Cenozoic unroofing and the Tan-Lu fault. Journal of Geophysical Research: Solid Earth, 105: 13303-13338.

RAVNA K, 2000. The garnet-clinopyroxene Fe^{2+}-Mg geothermometer: An updated calibration. Journal of Metamorphic Geology, 18: 211-219.

REINECKE T, 1998. Prograde high-to ultrahigh-pressure metamorphism and exhumation of oceanic sediments at Lago di Cignana, Zermatt-Saas Zone, western Alps. Lithos, 42: 147-189.

RENO B L, PICCOLI P M, BROWN M, et al., 2012. *In situ* monazite (U-Th)–Pb ages from the Southern Brasília Belt, Brazil: Constraints on the high-temperature retrograde evolution of HP granulites. Journal of Metamorphic Geology, 30: 81-112.

REY P, VANDERHAEGHE O, TEYSSIER C, 2001. Gravitational collapse of the continental crust: Definition, regimes and modes. Tectonophysics, 342: 435-449.

ROLFO F, COMPAGNONI R, WU W P, et al., 2004. A coherent lithostratigraphic unit in the coesite-eclogite complex of Dabie Shan, China: Geologic and petrologic evidence. Lithos, 73: 71-94.

ROSENBERG C L, HANDY M R, 2005. Experimental deformation of partially melted granite revisited: Implications for the continental crust. Journal of Metamorphic Geology, 23: 19-28.

RÖTZLER J, KRONER U, 2012. The Erzgebirge//ROMER R L, FÖRSTER H J, KRONER U, et al. Granites of the Erzgebirge: Relation of Magmatism to the Metamorphic and Tectonic Evolution of the Variscan Orogen, Chapter 4. GFZ German Research Centre for Geosciences: Scientific Technical Report, 12/15:53-71.

ROWLEY D B, XUE F, TUCKER R D, et al., 1997. Ages of ultrahigh pressure metamorphism and protolith orthogneisses from the eastern Dabie Shan: U/Pb zircon geochronology. Earth and Planetary Science Letters, 151: 191-203.

RUBATTO D, 2002. Zircon trace element geochemistry: Partitioning with garnet and the link between U-Pb ages and metamorphism. Chemical Geology, 184(1): 123-138.

RUBATTO D, GEBAUER D, COMPAGNONI R, 1999. Dating of eclogite-facies zircons: The age of Alpine metamorphism in the Sesia-Lanzo Zone (Western Alps). Earth and Planetary Science Letters, 167: 141-158.

RUBATTO D, HERMANN J, 2003. Zircon formation during fluid circulation in eclogites (Monviso, Western Alps): Implications for Zr and Hf budget in subduction zones. Geochimica et

Cosmochimica Acta, 67(12): 2173-2187.

RUBATTO D, HERMANN J, 2007. Zircon behaviour in deeply subducted rocks. Elements, 3(1): 31-35.

RUDNICK R L, GAO S, 2003. Composition of the Continental Crust// RUDNICK R L. Treatise on Geochemistry. Amsterdam: Elsevier: 1-64.

RUDNICK R L, WILLIAMS I S, 1987. Dating the lower crust by ion microprobe. Earth and Planetary Science Letters, 85(1): 145-161.

SAWYER E W, 2008. Altas of migmatites. The Canadian Mineralogist, special publication, 9: 1-371.

SAWYER E W, 2010. Migmatites formed by water-fluxed partial melting of a leucogranodiorite protolith: Microstructures in the residual rocks and source of the fluid. Lithos, 116: 273-286.

SAWYER E W, CESARE B, BROWN M, 2011. When the continental crust melts. Elements, 7: 229-234.

SCHALTEGGER U, FANNING C M, GÜNTHER D, et al., 1999. Growth, annealing and recrystallization of zircon and preservation of monazite in high-grade metamorphism: Conventional and *in situ* U-Pb isotope, cathodoluminescence and microchemical evidence. Contributions to Mineralogy and Petrology, 134: 186-201.

SCHERTL H P, OKAY A I, 1994. A coesite inclusion in dolomite in Dabie Shan, China: Petrological and rheological significance. European Journal of Mineralogy, 6: 995-1000.

SCHMID R, RYBERG T, RATSCHBACHER L, et al., 2001. Crustal structure of the eastern Dabie Shan interpreted from deep reflection and shallow tomographic data. Tectonophysics, 333: 347-359.

SCHMIDT M W, 1992. Amphibole composition in tonalite as a function of pressure: An experimental calibration of the Al-in-hornblende barometer. Contributions to Mineralogy and Petrology, 110(2-3): 304-310.

SCHMIDT M W, VIELZEUF D, AUZANNEAU E, 2004. Melting and dissolution of subducting crust at high pressures: The key role of white mica. Earth and Planetary Science Letters, 228: 65-84.

ŞENGÖR A M C, NATAL'IN B A, 1996. Turkic-type orogeny and its role in the making of the continental crust. Annual Review of Earth and Planetary Sciences, 24: 263-337.

SHAN H X, ZHAI M G, ZHU X Y, et al., 2016. Zircon U-Pb and Lu-Hf isotopic and geochemical constraints on the origin of the paragneisses from the Jiaobei terrane, North China Craton. Journal of Asian Earth Sciences, 115: 214-227.

SHATSKY V S, JAGOUTZ E, SOBOLEV N V, et al., 1999. Geochemistry and age of ultrahigh pressure metamorphic rocks from the Kokchetav massif (Northern Kazakhstan). Contributions to Mineralogy and Petrology, 137: 185-205.

SHEN J, WANG Y, LI S G, 2014. Common Pb isotope mapping of UHP metamorphic zones in Dabie Orogen, Central China: Implication for Pb isotopic structure of subducted continental crust. Geochimica et Cosmochimica Acta, 143: 115-131.

SIMONET C, FRITSCH E, LASNIER B, 2008. A classification of gem corundum deposits aimed towards gem exploration. Ore Geology Reviews, 34: 127-133.

SKJERLIE K P, JOHNSTON A D, 1996. Vapour-absent melting from 10 to 20 kbar of crustal rocks that contain multiple hydrous phases: Implications for anatexis in the deep to very deep continental crust and active continental margins. Journal of Petrology, 37: 661-691.

SLAGSTAD T, JAMIESON R A, CULSHAW N G, 2005. Formation, crystallization, and migration of melt in the mid-orogenic crust: Muskoka domain migmatites, Grenville Province, Ontario. Journal of Petrology, 46(5): 893-919.

SMITH D C, 1984. Coesite in clinopyroxene in the Caledonides and its implications for geodynamics. Nature, 310: 641-644.

SOBOLEV N V, SHATSKY V S, 1990. Diamond inclusions in garnets from metamorphic rocks: A new environment for diamond formation. Nature, 343: 742-746.

SOLGADI F, MOYEN J F, VANDERHAEGHE O, et al., 2007. Mantle implication in syn-orogenic granitoids from the Livradois, MCF. Canadian Mineralogist, 45: 581-606.

SONG S G, ZHANG L, CHEN J, et al., 2005. Sodic amphibole exsolutions in garnet from garnet-peridotite, North Qaidam UHPM belt, NW China: Implications for ultradeep-origin and hydroxyl defects in mantle garnets. American Mineralogist, 90: 814-820.

SPEAR F S, PYLE J M, 2002. Apatite, monazite, and xenotime in metamorphic rocks. Reviews in Mineralogy and Geochemistry, 48: 293-335.

SPRINGER W, SECK H A, 1997. Partial fusion of basic granulites at 5 to 15 kbar: Implications for the origin of TTG magmas. Contributions to Mineralogy and Petrology, 127: 30-45.

STEPANOV A S, HERMANN J, KORSAKOV A V, et al., 2014. Geochemistry of ultrahigh-pressure anatexis: Fractionation of elements in the Kokchetav gneisses during melting at diamond-facies conditions. Contributions to Mineralogy and Petrology, 167: 1002.

STERN R J, 2005. Evidence from ophiolites, blueschists, and ultrahigh-pressure metamorphic terranes that the modern episode of subduction tectonics began in Neoproterozoic time. Geology, 33(7): 557-560.

SU H Y, YANG Y, LIU Y C, et al., 2023. Mesozoic overprinting of the Precambrian Wuhe Complex, southeastern margin of the North China Craton: Insights from geochronology and geochemistry. Lithos, 440: 107029.

SU W, XU S T, JIANG L L, et al., 1996. Coesite from quartz-jadeitite in the Dabie Mountains, Eastern China. Mineralogical Magazine, 60: 659-662.

SUN M, CHEN N, ZHAO G, et al., 2008. U-Pb Zircon and Sm-Nd isotopic study of the huangtuling granulite, Dabie-Sulu belt, China: Implication for the Paleoproterozoic tectonic history of the Yangtze craton. American Journal of Science, 308: 469-483.

SUN S S, MCDONOUGH W F, 1989. Chemical and isotopic systematics of oceanic basalts: Implications for mantle composition and processes//SAUNDERS A D, NORRY M J. Magmatism in the Ocean Basins. Geological Society, London, special publications, 42(1):

313-345.

SUN W D, WILLIAMS I S, LI S G, 2002. Carboniferous and Triassic eclogites in the western Dabie Mountains, east-central China: Evidence for protracted convergence of the North and South China Blocks. Journal of Metamorphic Geology, 20: 873-886.

SZILAS K, GARDE A A, 2013. Mesoarchaean aluminous rocks at Storø, southern West Greenland: New age data and evidence of premetamorphic seafloor weathering of basalts. Chemical Geology, 354: 124-138.

SZILAS K, MAHER K, BIRD D K, 2016. Aluminous gneiss derived by weathering of basaltic source rocks in the Neoarchean Storø Supracrustal Belt, southern West Greenland. Chemical Geology, 441: 63-80.

TABATA H, YAMAUCHI K, MARUYAMA S, et al., 1998. Tracing the extent of a UHP metamorphic terrane: Mineral-inclusion study of zircons in gneisses from the Dabie Shan//HACKER B R, LIOU J G. When Continents Collide: Geodynamics and Geochemistry of Ultrahigh-Pressure Rocks. Dordrecht: Springer: 261-273.

TAJČMANOVÁ L, KONOPÁSEK J, SCHULMANN K, 2006. Thermal evolution of the orogenic lower crust during exhumation within a thickened Moldanubian root of the Variscan belt of Central Europe. Journal of Metamorphic Geology, 24(2): 119-134.

TANG H F, LIU C Q, NAKAI S, et al., 2007. Geochemistry of eclogites from the Dabie–Sulu terrane, Eastern China: New insights into protoliths and trace element behaviour during UHP metamorphism. Lithos, 95(3-4): 441-457.

TANG J, ZHENG Y F, WU Y B, et al., 2006. Zircon SHRIMP U-Pb dating, C and O isotopes for impure marbles from the Jiaobei terrane in the Sulu orogen: Implication for tectonic affinity. Precambrian Research, 144: 1-18.

TAYLOR R J M, HARLEY S L, HINTON R W, et al., 2015. Experimental determination of REE partition coefficients between zircon, garnet and melt: A key to understanding high-T crustal processes. Journal of Metamorphic Geology, 33: 231-248.

TEDESCHI M, LANARI P, RUBATTO D, et al., 2017. Reconstruction of multiple P-T-t stages from retrogressed mafic rocks: Subduction versus collision in the Southern Brasília Orogen (SE Brazil). Lithos, 294: 283-303.

TEDESCHI M, VIEIRA P L R, KUCHENBECKER M, et al., 2023. Unravelling the protracted U-Pb zircon geochronological record of high to ultrahigh temperature metamorphic rocks: Implications for provenance investigations. Geoscience Frontiers, 14: 101515.

TENG F Z, DAUPHAS N, HUANG S C, et al., 2013. Iron isotopic systematics of oceanic basalts. Geochimica et Cosmochimica Acta, 107: 12-26.

TENG F Z, LI W Y, KE S, et al., 2010. Magnesium isotopic composition of the Earth and chondrites. Geochimica et Cosmochimica Acta, 74(14): 4150-4166.

TIMMS N E, KINNY P D, REDDY S M, et al., 2011. Relationship among titanium, rare earth elements, U-Pb ages and deformation microstructures in zircon: Implications for Ti-in-zircon thermometry. Chemical Geology, 280: 33-46.

TOMKINS H S, POWELL R, ELLIS D J, 2007. The pressure dependence of the zirconium-in-rutile thermometer. Journal of Metamorphic Geology, 25: 703-713.

TSAI C H, LIOU J G, 2000. Eclogite-facies relics and inferred ultrahigh-pressure metamorphism in the North Dabie Complex, central-eastern China. American Mineralogist, 85: 1-8.

TSUJIMORI T, SISSON V B, LIOU J G, et al., 2006. Very-low-temperature record of the subduction process: A review of worldwide lawsonite eclogites. Lithos, 92: 609-624.

TUAL L, MÖLLER C, WHITEHOUSE M J, 2018. Tracking the prograde *P-T* path of Precambrian eclogite using Ti-in-quartz and Zr-in-rutile geothermobarometry. Contributions to Mineralogy and Petrology, 173: 56.

VAN KEKEN P E, KIEFER B, PEACOCK S M, 2002. High-resolution models of subduction zones: Implications for mineral dehydration reactions and the transport of water into the deep mantle. Geochemistry, Geophysics, Geosystems, 3(10): 1056.

VANDERHAEGHE O, 2012. The thermal-mechanical evolution of crustal orogenic belts at convergent plate boundaries: A reappraisal of the orogenic cycle. Journal of Geodynamics, 56-57: 124-145.

VANDERHAEGHE O, TEYSSIER C, 2001. Partial melting and flow of orogens. Tectonophysics, 342: 451-472.

VAVRA G, SCHMID R, GEBAUER D, 1999. Internal morphology, habit and U-Th-Pb microanalysis of amphibolite-to-granulite facies zircons: Geochronology of the Ivrea Zone (Southern Alps). Contributions to Mineralogy and Petrology, 134: 380-404.

VERDECCHIA S O, RAMACCIOTTI C D, CASQUET C, et al., 2022. Late Famatinian (440~410 Ma) overprint of Grenvillian metamorphism in Grt-St schists from the Sierra de Maz (Argentina): Phase equilibrium modelling, geochronology, and tectonic significance. Journal of Metamorphic Geology, 40(8): 1347-1381.

VERNON R H, 2011. Microstructures of melt-bearing regional metamorphic rocks//VAN REENEN D D, KRAMERS J D, MCCOURT S, et al. Origin and Evolution of Precambrian High-Grade Gneiss Terranes, with Special Emphasis on the Limpopo Complex of Southern Africa. Geological Society of America Memoir, 207: 1-11.

VIELZEUF D, HOLLOWAY J R, 1988. Experimental-determination of the fluid-absent melting relations in the pelitic system-Consequences for crustal differentiation. Contributions to Mineralogy and Petrology, 98: 257-276.

VIELZEUF D, SCHMIDT M, 2001. Melting relations in hydrous systems revisited: Application to metapelites, metagreywackes and metabasalts. Contributions to Mineralogy and Petrology, 141: 251-267.

VILLAROS A, STEVENS G, BUICK I S, 2009. Tracking S-type granite from source to emplacement: Clues from garnet in the Cape Granite Suite. Lithos, 112: 217-235.

VISONÀ D, LOMBARDO B, 2002. Two-mica and tourmaline leucogranites from the Everest-

Makalu Region (Nepal-Tibet). Himalayan leucogranite genesis by isobaric heating? Lithos, 62(3-4): 125-150.

VOLKOVA N I, FRENKEL A E, BUDANOV V I, et al., 2004. Geochemical signatures for eclogite protolith from the Maksyutov Complex, South Urals. Journal of Asian Earth Sciences, 23(5): 745-759.

WAKITA K, 2012. Mappable features of mélanges derived from Ocean Plate Stratigraphy in the Jurassic accretionary complexes of Mino and Chichibu terranes in Southwest Japan. Tectonophysics, 568: 74-85.

WALLIS S, TSUBOI M, SUZUKI K, et al., 2005. Role of partial melting in the evolution of the Sulu (eastern China) ultrahigh-pressure terrane. Geology, 33: 129-132.

WAN Y S, LI R W, WILDE S A, et al., 2005. UHP metamorphism and exhumation of the Dabie Orogen, China: Evidence from SHRIMP dating of zircon and monazite from a UHP granitic gneiss cobble from the Hefei Basin. Geochimica et Cosmochimica Acta, 69: 4333-4348.

WANG C Y, ZENG R S, MOONEY W D, et al., 2000. A crustal model of the ultrahigh-pressure Dabie Shan orogenic belt, China, derived from deep seismic refraction profiling. Journal of Geophysical Research, 105: 10857-10869.

WANG J H, SUN M, DENG S X, 2002. Geochronological constraints on the timing of migmatization in the Dabie Shan, East-central China. European Journal of Mineralogy, 14: 513-524.

WANG Q, WYMAN D A, XU J F, et al., 2007. Early Cretaceous adakitic granites in the Northern Dabie Complex, central China: Implications for partial melting and delamination of thickened lower crust. Geochimica et Cosmochimica Acta, 71: 2609-2636.

WANG Q C, CONG B L, 1999. Exhumation of UHP terranes: A case study from the Dabie Mountains, Eastern China. International Geology Review, 41: 994-1004.

WANG Q C, LIU X H, MARUYAMA S, et al., 1995. Top boundary of the Dabie UHPM rocks, central China. Journal of Southeast Asian Earth Sciences, 11(4): 295-300.

WANG S J, LI S G, AN S C, et al., 2012. A granulite record of multistage metamorphism and REE behavior in the Dabie Orogen: Constraints from zircon and rock-forming minerals. Lithos, 136: 109-125.

WANG S J, LI S G, CHEN L J, et al., 2013. Geochronology and geochemistry of leucosomes in the North Dabie Terrane, East China: Implication for post-UHPM crustal melting during exhumation. Contributions to Mineralogy and Petrology, 165: 1009-1029.

WANG S J, TENG F Z, LI S G, et al., 2014. Magnesium isotopic systematics of mafic rocks during continental subduction. Geochimica et Cosmochimica Acta, 143: 34-48.

WANG X M, LIOU J G, MAO H K, 1989. Coesite-bearing eclogite from the Dabie Mountains in central China. Geology, 17: 1085-1088.

WANG X M, LIOU J G, MARUYAMA S, 1992. Coesite-bearing eclogites from the Dabie Mountains, central China: Petrogenesis, *P-T* paths, and implications for regional tectonics. Journal of Geology, 100: 231-250.

WARREN C J, BEAUMONT C, JAMIESON R A, 2008. Deep subduction and rapid exhumation: Role of crustal strength and strain weakening in continental subduction and ultrahigh-pressure rock exhumation. Tectonics, 27: TC6002.

WATKINS J M, CLEMENS J D, TRELOAR P J, 2007. Archaean TTGs as sources of younger granitic magmas: Melting of sodic metatonalites at 0.6-1.2 GPa. Contributions to Mineralogy and Petrology, 154(1): 91-110.

WATSON E B, HARRISON T M, 1983. Zircon saturation revisited: Temperature and composition effects in a variety of crustal magma types. Earth and Planetary Science Letters, 64(2): 295-304.

WATSON E B, HARRISON T M, 2005. Zircon thermometer reveals minimum melting conditions on earliest Earth. Science, 308: 841-844.

WATSON E B, WARK D A, THOMAS J B, 2006. Crystallization thermometers for zircon and rutile. Contributions to Mineralogy and Petrology, 151: 413-433.

WATT G R, HARRIS J W, HARTE B, et al., 1994. A high-chromium corundum (ruby) inclusion in diamond from the São Luiz alluvial mine, Brazil. Mineralogical Magazine, 58: 490-493.

WAWRZENITZ N, ROMER R L, OBERHÄNSLI R, et al., 2006. Dating of subduction and differential exhumation of UHP rocks from the Central Dabie Complex (E-China): Constraints from microfabrics, Rb-Sr and U-Pb isotope systems. Lithos, 89: 174-201.

WEBB A, YIN A, HARRISON T, et al., 2011. Cenozoic tectonic history of the Himachal Himalaya (northwestern India), and its constraints on the formation mechanism of the Himalayan Orogen. Geosphere, 7: 1013-1061.

WEI C J, CUI Y, TIAN Z L, 2015. Metamorphic evolution of LT-UHP eclogite from the South Dabie Orogen, central China: An insight from phase equilibria modeling. Journal of Asian Earth Sciences, 111: 966-980.

WEI C J, LI Y J, YU Y, et al., 2010. Phase equilibria and metamorphic evolution of glaucophane-bearing UHP eclogites from the Western Dabieshan Terrane, Central China. Journal of Metamorphic Geology, 28: 647-666.

WEI C J, QIAN J H, TIAN Z L, 2013. Metamorphic evolution of medium-temperature ultra-high pressure (MT-UHP) eclogites from the South Dabie Orogen, Central China: An insight from phase equilibria modelling. Journal of Metamorphic Geology, 31: 755-774.

WEI C J, SHAN Z G, ZHANG L F, et al., 1998. Determination and geological significance of the eclogites from the northern Dabie Mountains, central China. Chinese Science Bulletin, 43(3): 253-256.

WEI C J, WANG W, CLARKE G L, et al., 2009. Metamorphism of high/ultrahigh-pressure pelitic-felsic schist in the South Tianshan Orogen, NW China: Phase equilibria and *P-T* path. Journal of Petrology, 50(10): 1973-1991.

WEINBERG R F, HASALOVÁ P, 2015. Water-fluxed melting of the continental crust: A review. Lithos, 212-215(1): 158-188.

WELLS P R A, 1977. Pyroxene thermometry in simple and complex systems. Contributions to

Mineralogy and Petrology, 62(2): 129-139.

WHITE R W, POWELL R, CLARKE G L, 2002. The interpretation of reaction textures in Fe-rich metapelitic granulites of the Musgrave Block, central Australia: Constraints from mineral equilibria calculations in the system K_2O-FeO-MgO-Al_2O_3-SiO_2-H_2O-TiO_2-Fe_2O_3. Journal of Metamorphic Geology, 20: 41-55.

WHITE R W, POWELL R, HOLLAND T J B, 2007. Progress relating to calculation of partial melting equilibria for metapelites. Journal of Metamorphic Geology, 25: 511-527.

WHITE R W, POWELL R, HOLLAND T J B, et al., 2014. New mineral activity-composition relations for thermodynamic calculations in metapelitic systems. Journal of Metamorphic Geology, 32: 261-286.

WHITEHOUSE M J, PLATT J P, 2003. Dating high-grade metamorphism—constraints from rare-earth elements in zircon and garnet. Contributions to Mineralogy and Petrology, 145: 61-74.

WHITNEY D L, EVANS B W, 2010. Abbreviations for names of rock-forming minerals. American Mineralogist, 95: 185-187.

WHITNEY D L, TEYSSIER C, FAYON A K, et al., 2003. Tectonic controls on metamorphism, partial melting, and intrusion: Timing and duration of regional metamorphism and magmatism in the Nigde Massif, Turkey. Tectonophysics, 376: 37-60.

WHITTINGTON A G, TRELOAR P J, 2002. Crustal anatexis and its relation to the exhumation of collisional orogenic belts, with particular reference to the Himalaya. Mineralogical Magazine, 66: 53-91.

WILLIAMS I S, BUICK I S, CARTWRIGHT I, 1996. An extended episode of early Mesoproterozoic metamorphic fluid flow in the Reynolds Range, central Australia. Journal of Metamorphic Geology, 14(1): 29-47.

WILLIAMSON B J, DOWNES H, THIRLWALL M F, 1992. The relationship between crustal magmatic underplating and granite genesis: An example from the Velay granite complex, Massif Central, France. Earth and Environmental Science Transactions of the Royal Society of Edinburgh: Earth Sciences, 83: 235-245.

WILSON J T, 1966. Did the Atlantic close and then re-open? Nature, 211: 676-681.

WINCHESTER J A, FLOYD P A, 1977. Geochemical discrimination of different magma series and their differentiation products using immobile elements. Chemical Geology, 20(4): 325-343.

WOLF M B, WYLLIE P J, 1993. Garnet growth during amphibolite anatexis: Implications of a garnetiferous restite. The Journal of Geology, 101: 357-373.

WOLF M B, WYLLIE P J, 1994. Dehydration-melting of amphibolite at 10 kbar: The effects of temperature and time. Contributions to Mineralogy and Petrology, 115: 369-383.

WOOD B J, 1974. The solubility of alumina in orthopyroxene coexisting with garnet. Contributions to Mineralogy and Petrology, 46(1): 1-15.

WOOD B J, BANNO S, 1973. Garnet-orthopyroxene and orthopyroxene-clinopyroxene relationships in simple and complex systems. Contributions to Mineralogy and Petrology, 42(2): 109-124.

WU F Y, CLIFT P D, YANG J H, 2007a. Zircon Hf isotopic constraints on the sources of the Indus Molasse, Ladakh Himalaya, India. Tectonics, 26: 1029-1044.

WU Y B, HANCHAR J M, GAO S, et al., 2009. Age and nature of eclogites in the Huwan shear zone, and the multi-stage evolution of the Qinling-Dabie-Sulu orogen, central China. Earth and Planetary Science Letters, 277: 345-354.

WU Y B, ZHENG Y F, GAO S, et al., 2008. Zircon U-Pb age and trace element evidence for Paleoproterozoic granulite-facies metamorphism and Archean crustal rocks in the Dabie Orogen. Lithos, 101: 308-322.

WU Y B, ZHENG Y F, ZHANG S B, et al., 2007b. Zircon U-Pb ages and Hf isotope compositions of migmatite from the North Dabie terrane in China: Constraints on partial melting. Journal of Metamorphic Geology, 25: 991-1009.

WU Z, YANG Y, LIU Y C, et al., 2023. Detrital zircon geochronology and provenance of metasedimentary rocks from the Susong complex zone in the Dabie Orogen. Acta Geologica Sinica-English Edition, 97(5): 1335-1354.

XIAO L, ZHANG H F, NI P Z, et al., 2007. LA-ICP-MS U-Pb zircon geochronology of early Neoproterozoic mafic-intermediat intrusions from NW margin of the Yangtze Block, South China: Implication for tectonic evolution. Precambrian Research, 154: 221-235.

XIAO Y L, HOEFS J, VAN DEN KERKHOF A M, et al., 2001. Geochemical constraints of the eclogite and granulite facies metamorphism as recognized in the Raobazhai complex from North Dabie Shan, China. Journal of Metamorphic Geology, 19: 3-19.

XIE Z, CHEN J F, CUI Y R, 2010. Episodic growth of zircon in UHP orthogneisses from the North Dabie Terrane of east-central China: Implications for crustal architecture of a collisional orogen. Journal of Metamorphic Geology, 28: 979-995.

XIE Z, ZHENG Y F, JAHN B M, et al., 2004. Sm-Nd and Rb-Sr dating of pyroxene-garnetite from North Dabie in east-central China: Problem of isotope disequilibrium due to retrograde metamorphism. Chemical Geology, 206: 137-158.

XU H J, MA C Q, YE K, 2007. Early Cretaceous granitoids and their implications for the collapse of the Dabie Orogen, Eastern China: SHRIMP zircon U-Pb dating and geochemistry. Chemical Geology, 240(3-4): 238-259.

XU H J, ZHANG J F, 2017. Anatexis witnessed post-collisional evolution of the Dabie Orogen, China. Journal of Asian Earth Sciences, 145: 278-296.

XU S T, JIANG L L, LIU Y C, et al., 1996. Structural Geology and Ultrahigh Pressure Metamorphic Belt of the Dabie Mountains in Anhui Province. 30th IGC Field Trip Guide T328. Beijing: Geological Publishing House: 1-40.

XU S T, LIU Y C, CHEN G B, et al., 2003. New finding of micro-diamonds in eclogites from Dabie-Sulu region in central-eastern China. Chinese Science Bulletin, 48: 988-994.

XU S T, LIU Y C, CHEN G B, et al., 2005. Microdiamonds, their classification and tectonic implications for the host eclogites from the Dabie and Su-Lu regions in central Eastern China.

Mineralogical Magazine, 69: 509-520.

XU S T, LIU Y C, SU W, et al., 2000. Discovery of the eclogite and its petrography in the Northern Dabie Mountain. Chinese Science Bulletin, 45: 273-278.

XU S T, OKAY A I, JI S Y, et al., 1992. Diamond from the Dabie Shan metamorphic rocks and its implication for tectonic setting. Science, 256: 80-82.

XU S T, WU W P, LU Y Q, et al., 2012. Tectonic setting of the low-grade metamorphic rocks of the Dabie Orogen, central Eastern China. Journal of Structural Geology, 37: 134-149.

XU Z Q, ZENG L S, LIU F L, et al., 2006. Polyphase subduction and exhumation of the Sulu high-pressure-ultrahigh-pressure metamorphic terrane. Geological Society of America Special Paper, 403: 792-113.

XUE F, ROWLEY D, TUCKER R, et al., 1997. U-Pb zircon ages of granitoid rocks in the North Dabie complex, eastern Dabie Shan, China. The Journal of Geology, 105: 744-753.

YAKYMCHUK C, SZILAS K, 2018. Corundum formation by metasomatic reactions in Archean metapelite, SW Greenland: Exploration vectors for ruby deposits within high-grade greenstone belts. Geoscience Frontiers, 9: 727-749.

YANG J J, POWELL R, 2006. Calculated phase relations in the system Na_2O-CaO-K_2O-FeO-MgO-Al_2O_3-SiO_2-H_2O with applications to UHP eclogites and whiteschists. Journal of Petrology, 47: 2047-2071.

YANG J S, WOODEN J L, WU C L, et al., 2003a. SHRIMP U-Pb dating of coesite-bearing zircon from the ultrahigh-pressure metamorphic rocks, Sulu terrane, East China. Journal of Metamorphic Geology, 21: 551-560.

YANG J S, XU Z Q, DOBRZHINETSKAYA L F, et al., 2003b. Discovery of metamorphic diamonds in central China: An indication of a > 4000-km-long zone of deep subduction resulting from multiple continental collisions. Terra Nova, 15: 370-379.

YANG W C, 2002. Geophysical profiling across the Sulu ultra-high-pressure metamorphic belt, Eastern China. Tectonophysics, 354: 277-288.

YANG W, TENG F Z, LI W Y, et al., 2016. Magnesium isotopic composition of the deep continental crust. American Mineralogist, 101(2): 243-252.

YANG Y, LIU Y C, LI Y, et al., 2020. Zircon U-Pb dating and petrogenesis of multiple episodes of anatexis in the North Dabie complex zone, central China. Minerals, 10: 618.

YANG Y, LIU Y C, LI Y, et al., 2022. Magmatism and related metamorphism as a response to mountain-root collapse of the Dabie Orogen: Constraints from geochronology and petrogeochemistry of metadiorites. Geological Society of America Bulletin, 134(7-8): 1877-1894.

YE K, CONG B L, YE D N, 2000. The possible subduction of continental material to depths greater than 200 km. Nature, 407: 734-736.

YIN C Y, TANG F, LIU Y Q, et al., 2005. U-Pb zircon age from the base of the Ediacaran Doushantuo Formation in the Yangtze Gorges, South China: Constraint on the age of Marinoan glaciation. Episodes, 28: 48-51.

YU S Y, ZHANG J X, SUN D Y, et al., 2015. Anatexis of ultrahigh-pressure eclogite during exhumation in the North Qaidam ultrahigh-pressure terrane: Constraints from petrology, zircon U-Pb dating, and geochemistry. Geological Society of America Bulletin, 127: 1290-1312.

YUAN X Y, NIU M L, CAI Q R, et al., 2021. Bimodal volcanic rocks in the northeastern margin of the Yangtze Block: Response to breakup of Rodinia supercontinent. Lithos, 390: 106-108.

ZACK T, LUVIZOTTOW G L, 2006. Application of rutile thermometry to eclogites. Mineralogy and Petrology, 88: 69-85.

ZACK T, MORAES R, KRONZ A, 2004. Temperature dependence of Zr in rutile: Empirical calibration of a rutile thermometer. Contributions to Mineralogy and Petrology, 148: 471-488.

ZARTMAN R E, DOE B R, 1981. Plumbotectonics-the model. Tectonophysics, 75: 135-162.

ZARTMAN R E, HAINES S M, 1988. The plumbotectonic model for Pb isotopic systematics among major terrestrial reservoirs - a case for bi-directional transport. Geochimica et Cosmochimica Acta, 52(6): 1327-1339.

ZENG L S, ASIMOW P D, SALEEBY J B, 2005a. Coupling of anatectic reactions and dissolution of accessory phases and the Sr and Nd isotope systematics of anatectic melts from a metasedimentary source. Geochimica et Cosmochimica Acta, 69: 3671-3682.

ZENG L S, SALEEBY J B, ASIMOW P, 2005b. Nd isotope disequilibrium during crustal anatexis: A record from the Goat Ranch migmatite complex, southern Sierra Nevada batholith, California. Geology, 33: 53-56.

ZHAI M G, CONG B L, ZHANG Q, et al., 1994. The northern Dabieshan terrain: A possible Andean-type arc. International Geology Review, 36: 867-883.

ZHAI M G, CONG B L, ZHAO Z Y, et al., 1995. Petrological-tectonic units in the coesite-bearing metamorphic terrain of the Dabie Mountains, central China and their geotectonic implications. Journal of Southeast Asian Earth Sciences, 11(1): 1-13.

ZHANG C W, YANG Y, LIU Y C, et al., 2023. UHP metamorphism, decompression anatexis and retrogression of garnet-bearing metagranite and granitic gneiss from the Dabie Orogen during continental collision. Lithos, 456-457: 107339.

ZHANG L F, SONG S G, LIOU J G, et al., 2005. Relict coesite exsolution in omphacite from Western Tianshan eclogites, China. American Mineralogist, 90(1): 181-186.

ZHANG R Y, LIOU J G, ERNST W G, et al., 1997. Metamorphic evolution of diamond-bearing and associated rocks from the Kokchetav Massif, northern Kazakhstan. Journal of Metamorphic Geology, 15: 479-496.

ZHANG R Y, LIOU J G, TSAI C H, 1996. Petrogenesis of a high-temperature metamorphic terrane: A new tectonic interpretation for the North Dabieshan, central China. Journal of Metamorphic Geology, 14: 319-333.

ZHANG Z M, SHEN K, WANG J L, et al., 2009. Petrological and geochronological constraints on the formation, subduction and exhumation of the continental crust in the southern Sulu orogen, eastern-central China. Tectonophysics, 475: 291-307.

ZHAO Z F, ZHENG Y F, WEI C S, et al., 2005. Zircon U-Pb age, element and C-O isotope geochemistry of post-collisional mafic-ultramafic rocks from the Dabie Orogen in east-central China. Lithos, 83: 1-28.

ZHAO Z F, ZHENG Y F, WEI C S, et al., 2007. Post-collisional granitoids from the Dabie Orogen in China: Zircon U-Pb age, element and O isotope evidence for recycling of subducted continental crust. Lithos, 93: 248-272.

ZHAO Z F, ZHENG Y F, WEI C S, et al., 2008. Zircon U-Pb ages, Hf and O isotopes constrain the crustal architecture of the ultrahigh-pressure Dabie Orogen in China. Chemical Geology, 253: 222-242.

ZHAO Z F, ZHENG Y F, WEI C S, et al., 2011. Origin of postcollisional magmatic rocks in the Dabie Orogen: Implications for crust-mantle interaction and crustal architecture. Lithos, 126: 99-114.

ZHENG Y F, FU B, XIAO Y L, et al., 1999. Hydrogen and oxygen isotope evidence for fluid-rock interactions in the stages of pre- and post-UHP metamorphism in the Dabie Mountains. Lithos, 46(4): 677-693.

ZHENG Y F, ZHOU J B, WU Y B, et al., 2005. Low-grade metamorphic rocks in the Dabie-Sulu orogenic belt: A passive-margin accretionary wedge deformed during continent subduction. International Geology Review, 47: 851-871.

ZHONG Z Q, SUO S T, YOU Z D, et al., 2001. Major constituents of the Dabie collisional orogenic belt and partial melting in the ultrahigh-pressure unit. International Geology Review, 43: 226-236.

ZHOU H W, LI X H, LIU Y, et al., 1999. Age of granulite from Huangtuling, Dabie Mountain: Pb-Pb dating of garnet by a stepwise dissolution technique. Chinese Science Bulletin, 44: 941-944.

ZHOU T, LI Q L, KLEMD R, et al., 2020. Multi-system geochronology of North Dabie eclogite: Ineffective garnet 'shielding' on rutile inclusions under multi-thermal conditions. Lithos, 368: 105573.

ZHU G, LIU G S, NIU M L, et al., 2009. Syn-collisional transform faulting of the Tan-Lu fault zone, East China. International Journal of Earth Sciences, 98: 135-155.

ZHU G, WANG Y S, WANG W, et al., 2017. An accreted micro-continent in the north of the Dabie Orogen, East China: Evidence from detrital zircon dating. Tectonophysics, 698: 47-64.

ZINDLER A, 1986. Chemical geodynamics. Annual Review of Earth and Planetary Sciences, 14: 493-571.

ZUBER M T, 1994. Folding a jelly sandwich. Nature, 371: 650.

后　记

第三章、第四章和第五章是本书的核心内容，重点介绍了笔者等关于北大别高温麻粒岩化榴辉岩、混合岩及碰撞后变质闪长岩和变质辉长岩、深熔成因的含刚玉黑云二长片麻岩等典型岩石相关的重要成果，集中反映了笔者研究团队近25年来有关北大别的主要突破性进展和创新性认识，并体现在如下四个方面。

(1) 根据野外地质调查以及系统的岩石学、同位素年代学和元素-同位素地球化学等方面的综合研究，厘定了北大别的主要变质岩组成，查明了北大别主要由原岩形成时代为新元古代的榴辉岩和花岗质片麻岩等岩石组成并经历了三叠纪深俯冲和高温超高压变质作用，证明了该带的主体属于扬子中生代深俯冲陆壳——下地壳岩片，解决了长期争议的“北大别的大地构造属性”。此外，该带还局部(主要零星出露于罗田穹隆地区)发育少量未参与三叠纪深俯冲的、原岩时代为太古宙(2.5～3.6 Ga)的扬子早前寒武纪变质基底岩石(相当于原“大别杂岩”或“大别群”中的麻粒岩相-角闪岩相变质岩，经历了约2.0 Ga变质作用和120～130 Ma的热事件叠加，是北大别碰撞后燕山期花岗岩形成的重要源区之一)以及来自中上地壳的副变质岩等。

(2) 率先系统揭示了北大别经历了三叠纪高温超高压变质作用、折返期间的高温-超高温麻粒岩相变质叠加和角闪岩相退变质作用等多阶段演化过程，以及晚三叠世折返早期的减压脱水熔融和早白垩世山根垮塌期间有水加入的加热熔融(或水致熔融)与混合岩化作用等；查明了北大别的多期深熔作用机制、时代和形成 *P-T* 条件以及含刚玉黑云二长片麻岩的成因和时代，为刚玉等变质成因矿产指明了找矿方向和研究新思路，并为碰撞后燕山期山根垮塌提供了新的岩石学和年代学方面的约束。其中，刚玉的深熔脱水成因机制及其形成条件(超高温麻粒岩相)和时代[(206±3) Ma]是首次系统研究而限定的。

(3) 重建了北大别榴辉岩及相关岩石中生代俯冲-折返到碰撞造山-山根垮塌的变质演化过程和 *P-T-t* 轨迹，涉及折返早期的麻粒岩相变质叠加、近等温减压和缓慢冷却过程以及山根垮塌期间的热变质作用等；系统证明了北大别与中大别和南大别分别属于扬子北缘不同的深俯冲(超高压)陆壳岩片，具有不同的原岩性质和岩石组合及折返历史，这对大别山中生代深俯冲陆壳内部多层次拆离、解耦和多板片差异折返机制的建立与完善起到了决定性的作用。

(4)探讨了北大别榴辉岩及相关岩石(混合岩和深熔成因的浅色体等)在中生代大陆俯冲-折返和部分熔融及碰撞后山根垮塌期间的元素与同位素行为，率先发现了榴辉岩折返早期减压深熔作用的地球化学方面的直接证据(造成轻稀土元素亏损)等。

综上所述，北大别属于扬子北缘中生代高温超高压变质带且经历了俯冲-折返和山根垮塌等多阶段演化，这些成果有助于人们对大别山中生代大陆俯冲-碰撞过程的深刻理解和准确认识，为汇聚板块边缘大陆碰撞造山带的根部带研究提供了极好范例。此外，根据我们的最新研究进展确定的大别山北淮阳带东段多个地体拼贴带(包括早新元古代的变质火山岩和中新元古代变质火山岩以及古生代岩浆弧、弧前盆地和弧后盆地沉积等具有不同构造属性与不同成因的多个构造岩片)涉及新元古代大陆裂解、古生代俯冲增生体系和中生代碰撞造山体系等。尤其是北淮阳带东段首次查明并厘定的古生代沟-弧-盆体系，这将为研究区与北秦岭和桐柏造山带的对比及进一步寻找有关金、银、铅等有色金属矿产提供极大的可能性和重要靶区，也为徐树桐等(1994)提出的大别山北淮阳带“找矿远景”提供了新的关键科学依据和理论支撑。